教育部高等学校软件工程专业教学指导委员会规划教材

高等学校软件工程专业系列教材

Web前端开发技术

——HTML、CSS、JavaScript

（第2版）

储久良　编著

清华大学出版社

北京

内 容 简 介

本书紧贴互联网行业发展对 Web 前端开发工程师岗位的技术与能力的要求，详细地介绍 HTML、CSS、DIV、JavaScript、DOM 与 BOM、浏览器兼容性测试、网站调试与发布等部分的基本语法和关键应用。内容编排结构合理，由浅入深，循序渐进地引导读者快速入门，并能提高初级及以上读者的实际应用水平，让读者能够快速适应移动互联网行业对 Web 前端开发工程师岗位的新要求。

全书共分为 17 章。第 1 章 Web 前端开发技术综述；第 2 章 HTML 基础；第 3 章格式化文本与段落；第 4 章列表；第 5 章超链接；第 6 章图像与多媒体文件；第 7 章 CSS 基础；第 8 章 DIV 与 SPAN；第 9 章 CSS 样式属性；第 10 章 DIV＋CSS 页面布局；第 11 章表格；第 12 章框架；第 13 章表单；第 14 章 JavaScript 基础；第 15 章 JavaScript 事件分析；第 16 章 DOM 和 BOM；第 17 章浏览器兼容性测试、网站调试与发布。每章均附有本章学习目标、本章小结、练习与实验、工具介绍或网站欣赏，便于读者学习和自主练习与提高，以期达到熟练掌握各类技术的目的。

本书可作为高等学校计算机科学与技术、软件工程、信息管理与信息系统、网络工程、物联网工程、信息科学技术、数字媒体技术及其他文、理科相关专业或计算机公共基础的"网页开发与设计"、"网页制作"、"Web 客户端编程"、"Web 前端开发技术"等课程教学的教材，也可供 IT 相关岗位的工程技术人员参考，还可以作为初学者自学读物。

图书在版编目（CIP）数据

Web 前端开发技术：HTML、CSS、JavaScript/储久良编著. —2 版. —北京：清华大学出版社，2016（2017.12重印）

（高等学校软件工程专业系列教材）

ISBN 978-7-302-43169-5

Ⅰ．①W… Ⅱ．①储… Ⅲ．①超文本标记语言－程序设计 ②网页制作工具－程序设计 ③JAVA语言－程序设计 Ⅳ．①TP312 ②TP393.092

中国版本图书馆 CIP 数据核字（2016）第 034874 号

责任编辑：魏江江　李　晔
封面设计：迷底书装
责任校对：梁　毅
责任印制：刘海龙

出版发行：清华大学出版社
　　　　网　　址：http://www.tup.com.cn，http://www.wqbook.com
　　　　地　　址：北京清华大学学研大厦 A 座　　　　邮　　编：100084
　　　　社 总 机：010-62770175　　　　　　　　　　邮　　购：010-62786544
　　　　投稿与读者服务：010-62776969，c-service@tup.tsinghua.edu.cn
　　　　质量反馈：010-62772015，zhiliang@tup.tsinghua.edu.cn
　　　　课件下载：http://www.tup.com.cn，010-62795954
印 刷 者：北京富博印刷有限公司
装 订 者：北京市密云县京文制本装订厂
经　　销：全国新华书店
开　　本：185mm×260mm　　**印　　张**：28.75　　　　　　**字　　数**：724 千字
版　　次：2013 年 7 月第 1 版　2016 年 8 月第 2 版　　**印　　次**：2017 年 12 月第 9 次印刷
印　　数：38001～43000
定　　价：49.50 元

产品编号：068327-01

再 版 前 言

　　本书第 1 版自 2013 年 7 月由清华大学出版社出版以来,受到全国各类高等院校的青睐。作为教材,本书使用地域已经覆盖全国 27 个省、直辖市、自治区,使用层次包括部、省属重点大学、普通本科院校、民办高校、独立学院及高职高专四个层次;并陆续被北京理工大学、西北农林科技大学、北京邮电大学、首都师范大学等 100 多所高等院校选作教材或教学参考书。在中国大学出版社协会举办的“第四届中国大学出版社图书奖”评选活动中本书荣获“优秀教材二等奖”。

　　Web 前端开发技术已经成为 21 世纪高等学校学生及 IT 从业人员跨入互联网世界的最基础的门槛技术。随着移动互联网技术及应用的不断发展,IT 行业对 Web 前端开发工程师应掌握的知识和能力要求也随之提高了,结合 IT 行业发展的需要和各类高等院校实际教学反馈,编者在保持第 1 版教材原有特色和编写风格的基础上,及时对本书的知识结构体系进行适应性修订,增加目前 IT 行业需要的页面布局技术、网站调试技术以及网站跨系统、跨设备、跨浏览器兼容性测试等相关技术知识,优化和精简小案例,补充了一些大型案例,以期满足专业教学和实践技能培养的需要。

　　教材编写特色

　　内容新颖全面:紧贴 Web 前端开发工程师的岗位的需求,精心策划教学内容。全面讲解 HTML、CSS、DIV、JavaScript、DOM 与 BOM、浏览器兼容性测试、网站调试与发布等内容。

　　实例真实丰富:从商业网站精选实例,每章再遴选一个经典的综合实例,将本章和相邻章节的知识融会贯通。

　　讲解图文并茂:使用大量图表、图片进行归纳与分析,以提高教学效率。

　　代码规范统一:提供风格统一、格式规范的源代码,培养读者良好的编程习惯。

　　本次修订内容

　　第 2 版修订教材共规划了 17 章。保留了第 1 版中第 1 章～第 6 章;将第 1 版中的第 7 章 CSS+DIV 基础拆分为第 2 版中的第 7 章 CSS 基础、第 8 章 DIV 与 SPAN;将第 1 版中的第 8 章 CSS+DIV 高级应用拆分为第 2 版中的第 9 章 CSS 样式属性、第 10 章 DIV+CSS 页面布局;将第 1 版中的第 9 章～第 14 章改编为第 2 版中的第 11 章～第 16 章;将第 1 版中的第 15 章的案例改编至第 2 版中第 16 章的综合实例中,并对案例内容和实现技术进行重新设计,增加 DIV、CSS、JavaScript 技术实现二级水平导航菜单、DOM 和 BOM 技术实现的图像切换功能及下拉列表框实现的友情链接导航功能;第 2 版中新增第 17 章浏览器兼容性测试、网站调试与发布。

　　第 2 版全书所有教学用例的文档类型定义改为 HTML5 精简格式＜! doctype html＞,增加元信息标记＜meta charset＝"UTF-8"＞,并将文件保存编码方式全部改为“UTF-8”

格式。

对所有教学用例进行优化和重组。提高了小案例的综合性、实用性，对每章的综合实例进行重新遴选，精简和优化了实现的代码，给出详细实现步骤，新增多例大型的实例。

每章结尾新增加"网站赏析"、"工具介绍"等课外资源，丰富读者自主探究和课外学习的资源。其中"网站赏析"5 处共列举 11 个网站案例；"工具介绍"12 处共列举 25 个常用的开发、格式化、调试工具软件等。

调整和补充了每章的习题与实验项目内容，更便于读者巩固所学知识和掌握应会的技能。删除所有章节的知识结构框架图。

主要内容

第 1 章和第 2 章重点介绍了 Web 起源、Web 特点与工作原理、Web 前端开发技术、开发工具及 HTML 基础语法和文档结构等知识；第 3 章～第 6 章重点介绍了 HTML 网页中格式化文本与段落、列表、超链接、图像与多媒体文件的应用；第 7 章～第 10 章重点介绍了 CSS 基础、DIV 与 SPAN、CSS 样式属性、DIV＋CSS 页面布局；第 11 章～第 13 章重点介绍了表格、框架、表单等页面布局技术；第 14 章～第 16 章重点介绍了 JavaScript 基础、JavaScript 程序结构、事件分析、DOM 与 BOM 初步应用；第 17 章重点介绍浏览器兼容性测试工具、网站调试工具与网站发布方法。

教学资源

为了方便各类高校选用本书进行教学和读者选书自学，再版书依然提供了大量的实例代码及其他资源。书中教学案例以统一格式进行命名，如 edu_2_1_1.html 表示第 2 章 2.1 节的第 1 个案例。每章资源以子目录形式存放，如 ch5 存放第 5 章的教学资源，有教学案例、图片、音视频等资源。同时还同步改编了配套实验与实践教材《Web 前端开发技术实验与实践——HTML、CSS、JavaScript》，除此之外，我们准备了各种辅助教学材料，包括：

(1) 一套完整的适合自主学习的 PPT 和教学精简版的 PPT。

(2) 一套完整的教学案例代码。

(3) 一套完整的教学与实验中所需的图片、文字、音视频素材。

(4) 一套完整的练习与实验参考答案。

(5) 六套完整的课程考试试卷及参考答案。

(6) 一个在线网络教学平台（智学苑——数字时代的学习方式(Beta)）(http://www.izhixue.com.cn/)，由清华大学出版社提供。

本书是编者主持全国教育信息技术研究十二五规划 2011 年专项课题"网络学习课程的开发与应用研究"(编号 116230341)、省级和南京理工大学高等教育教学改革研究立项课题及校级优秀课程建设(YK2015B10)和教材建设(YJC2016B12)的主要研究成果之一，是作者长期从事教学与科研工作的结晶。

全书再版修订由储久良负责总体策划、编辑、审校。南京理工大学王永利教授、叶庆生副教授、浙江工商大学贾波教授、西北农林科技大学蔚继承副教授、常熟理工学院高燕副教授、唐山学院党长青教授、顾永军副教授、南华大学赵艳辉副教授、河南工程学院张劳模副教授、成都大学于曦副教授、泰州学院刘立军副教授、花丽讲师、牡丹江大学谢凤静副教授等对教材的再版工作提出了很多宝贵意见，值此再版之际，对各位老师再次表示感谢！ 袁宝华、曹红根、高广银、姜枫、李丛、刘立军、花丽等老师参与教材及实例等内容的编写和章节内容校对等相关工作。在此,对本书所有参与者的辛勤劳动深表感谢。

本书的修订与再版得到清华大学出版社相关人员的大力支持与合作,在此谨表示衷心的感谢。另外长期使用本书作为教材的教师可以与出版社联系,申请使用智学苑——在线教学平台开通课程。

本书在修订的过程中,编者参阅了大量的 Web 前端开发、JavaScript 应用等方面的书籍与网络资源,在此对这些书籍与资源的作者表示感谢。由于移动互联网技术发展迅速,加上编者水平有限,书中的错误在所难免,恳请各位专家和读者批评指正。

编 者

2016 年 1 月

3

第 1 版前言

随着 Web 技术的迅速发展与普及应用,我国互联网行业的发展呈现快速增长良好的势头。截止到 2011 年年底我国拥有网民 5.13 亿人、各类网站 229.6 万个。飞速发展的互联网行业需要大量的从事网站设计、开发与运行维护的 Web 前端开发人才。Web 前端开发工程师这一职业在国内乃至国际上受到空前的重视,Web 前端开发是由 Web 1.0 时代的"网页制作"演变而来的。"Web 前端开发技术"这一课程应该作为高等学校各个专业必修的公共或基础课程,这一技术也应该成为 21 世纪高等学校学生及 IT 从业人员跨入互联网世界的最低门槛技术。所以培养具有扎实技术功底的 Web 前端开发人才任重道远,而开发培养"Web 前端开发工程师"专门的教材就显得越来越重要。

目前国内针对这一岗位技术的专门教材奇缺,市面上现有的网页制作类教材不能完全满足这一岗位对从业人员知识和能力的综合需求,经过多年教学与科研的探索,创作了这套教材,以期满足 IT 市场对相关岗位人才的需要。这套教材完全可以替代市面的"网页设计与开发"、"网页制作"、"Web 客户端编程"等类似教材。该教材既可以作为高等学校计算机科学与技术、软件工程、网络工程等相关专业的学科基础课程,也可以作为高等学校各专业的公选课和基础课程。

教材编写特色

内容新颖全面:紧贴 Web 前端开发工程师的岗位的需求,精心策划教学内容。全面讲解 HTML、CSS、DIV、JavaScript、DOM 与 BOM 等内容。

实例真实丰富:从商业网站精选实例,每章再遴选 1 个综合案例,将本章知识融会贯通。

讲解图文并茂:使用大量图表、图片进行归纳与分析,以提高教学效率。

综合案例经典:以网络课程网站为例全面剖析"Web 前端开发技术"网络课程的开发过程,提供综合案例源代码、素材、网页效果文件。

代码规范统一:提供风格统一、格式规范的源代码,培养读者良好的编程习惯。

主要内容

全书共规划 15 章,前 14 章讲解 Web 前端开发工程师所需掌握的 HTML、CSS、JavaScript 三大主流技术,第 15 章以高等学校网络课程网站建设为例,详细介绍了网络课程网站设计与开发的过程。第 1 和 2 章重点介绍了 Web 起源、Web 特点与工作原理、Web 前端开发技术、开发工具及 HTML 基础语法和框架结构等知识;第 3~6 章重点介绍了 HTML 网页中格式化文字与段落、列表、超链接、图片与多媒体文件的应用;第 7~8 章重点介绍了 CSS+DIV 基础、CSS+DIV 高级应用;第 9~11 章重点介绍了表格、框架、表单等页面布局技术;第 12~14 章重点介绍了 JavaScript 基础、JavaScript 程序结构、事件分析、DOM 与 BOM 初步应用;第 15 章重点介绍了网络课程网站设计与开发的方法与步骤。

教学资源

为了方便读者学习与使用,本书提供了大量的实例代码,这些程序均在教学资源中。教材中教学案例统一命名,格式如 edu_3_1_1.html,表示第 3 章 3.1 节的第 1 个案例。每章的资源以子目录形式存放,如 ch3 存放第 3 章的教学资源,有教学案例、图片、音视频等资源。

为了便于课程老师更好地使用本教材,编写一本配套实验与实践教材《Web 前端开发技术实验与实践》,除此之外,我们准备了各种辅助教学材料,具体包括如下:

(1)一套完整的 PPT 教案。

(2)一套完整的教学案例代码。

(3)一套完整的教学与实验中所需的图片、文字、音视频素材。

(4)一套完整的课程网站设计案例代码。

(5)一套完整的练习与实验参考答案。

本书是编者主持国家级、省级和校级教育教学改革立项课题的研究成果之一,各位作者在长期教学与科研工作中积累丰富的教学与工程实践经验。全书由储久良负责策划。具体分工如下:第 1 章、第 2 章和第 15 章由储久良编写;第 3 章、第 4 章和第 5 章由袁宝华编写;第 6 章、第 9 章和第 10 章由曹红根编写;第 7 章和第 8 章由高广银编写;第 11 章和第 12 章由姜枫编写;第 13 章和第 14 章由李丛编写。最后全书由储久良负责统稿、审校。

本书的编辑与出版得到清华大学出版社的大力支持与合作,在此谨表示衷心感谢。同时也感谢我的同事宦臣、沈群、陈军、刘家骏、张晓群、王鑫、李武刚等,他们参与部分图片、资料的编辑及文字校对工作。更要感谢为本书出版付出辛苦劳动的各位同仁。

本书虽然经过多次校对和审稿,但是由于编者水平有限,书中的错误或不足之处在所难免,恳请读者批评指正。

编　者

2013 年 3 月

目　　录

11

13

15

第 1 章

Web 前端开发技术综述

本章学习目标

Web 是一种典型的分布式应用结构。Web 应用中的信息交换与传输都要涉及到客户端和服务器端。因此,Web 开发技术分为客户端开发技术(也称为"Web 前端开发技术")和服务器端开发技术两大类。Web 前端(客户端)的主要任务是信息内容的呈现和用户界面 UI(User Interface)设计。Web 前端(客户端)开发技术主要包括 HTML(XHTML)、CSS、JavaScript、DOM、BOM、Ajax、jQuery 及其他插件技术。通过本章学习读者可以对 Web 前端开发技术有一个总体的认识。

Web 前端开发工程师应掌握以下内容:

- 了解 Web 发展历史。
- 了解 Web 前端开发工程师的职业需求。
- 掌握 Web 网站相关的基本概念。
- 理解各种 Web 前端开发技术及其在 Web 网页中的作用。
- 熟悉各种常用的 Web 前端开发工具、浏览器工具,并学会使用主流开发工具。

1.1 Web 概述

1980 年 Tim Berners-Lee(蒂姆•伯纳斯•李)在欧洲核子研究组织(European Organization for Nuclear Research,CERN)中最大的欧洲核子物理实验室(European Particle Physics Laboratory,EPPL)工作时建议建立一个以超文本系统为基础的项目,使得科学家之间能够分享和更新他们的研究结果。他与 Robert Cailliau(罗伯特•卡里奥)一起建立了一个叫做 ENQUIRE 的原型系统。

1984 年 Tim Berners-Lee 重返欧洲核子物理实验室,他恢复了自己过去的工作,并创造了万维网。为此他写了世界上第一个客户端浏览器(World Wide Web,也是一个编辑器)和第一个 Web 服务器 httpd(超文本传输协议守护进程)。Tim Berners-Lee 建立了世界上的第一个网站,网址是 http://info. cern. ch/hypertext/WWW/TheProject. html,现在的网址是 http://info. cern. ch/,如图 1-1-1 所示,并于 1991 年 8 月 6 日发布。它解释了什么是万维网,如何使用网页浏览器和如何建立一个 Web 服务器等。Tim Berners-Lee 后来在这个网站里列举了其他网站,因此它也是世界上第一个万维网导航站点。

1.1.1 Web 的起源

最早的网络构想可以追溯到 1980 年 Tim Berners-Lee 构建的 ENQUIRE 项目。这是一个类似于维基百科(wiki)的超文本在线编辑数据库。尽管这与现在使用的万维网大不相同,

图 1-1-1　万维网发明人和世界上的第一个网站

但是它们有许多相同的核心思想,甚至还包括一些 Tim Berners-Lee 的万维网之后的下一个项目语义网中的构想。

　　1989 年 3 月,Tim Berners-Lee 撰写了 Information Management:A Proposal(《关于信息化管理的建议》)一文,文中提及 ENQUIRE 并且描述了一个更加精巧的管理模型。1990 年 11 月 12 日他和 Robert Cailliau 合作提出了一个更加正式的关于万维网的建议。在 1990 年 11 月 13 日他在一台 NeXT 工作站(正式名称是 NeXT Computer)上写了第一个网页以实现他文中的想法,NeXT 工作站如图 1-1-2 所示,后来这台工作站成为世界上第一台互联网服务器。

图 1-1-2　蒂姆·伯纳斯·李使用的 NeXT 工作站

　　在那年的圣诞假期,Tim Berners-Lee 设计了一套开展网络工作所必需的所有工具:第一个万维网浏览器(同时也是编辑器)和第一个 Web 服务器。

　　1991 年 8 月 6 日,他在 alt.hypertext 新闻组上发布了万维网项目简介的文章,这一天标志着因特网上万维网公共服务的首次亮相。

　　万维网中至关重要的概念──超文本起源于 20 世纪 60 年代的几个项目。例如 Ted Nelson(泰德·尼尔森)的 Project Xanadu 项目和 Douglas Engelbart(道格拉斯·英格巴特)的 NLS 项目。这两个项目的灵感都是来源于 Vannevar Bush(万尼瓦尔·布什)在其 1945 年的论文《和我们想得一样》中为微缩胶片设计的"记忆延伸"(memex)系统。

　　Tim Berners-Lee 的另一个重大突破是将超文本嫁接到因特网上。在他的书 *Weaving the Web*(编织网络)中,他解释说他曾一再向这两种技术的使用者们建议它们的结合是可行的,但是却没有任何人响应他的建议,他最后只好自己执行了这个计划。他发明了一个全球网络资源唯一认证的系统:统一资源标识符(Uniform Resource Identifier,URI)。

　　为了让 World Wide Web 不被少数人所控制,Tim 组织成立了 World Wide Web Consortium,即通常所说的 W3C,致力于"引导 Web 发挥其最大潜力"。我们所熟知的 HTML 协议各个版本,都出自 W3C 会议。可贵的是,W3C 的 HTML 规范是以"建议"的形式发布,并不强迫任何厂商或个人接受。至于微软公司利用 HTML 协议的开放性扩展自己的标准,打败 Netscape,应该是 Tim 始料未及的事件。

1.1.2 Web 的特点

1. 易导航和图形化的界面

Web 非常流行的一个很重要的原因就在于它可以在一页上同时显示色彩丰富的图形和文本,而在 Web 之前 Internet 上的信息只有文本形式。Web 可以具有将图形、音频、视频等信息集于一体的特性。同时,Web 导航非常方便,只需要从一个链接跳到另一个链接,就可以在各个页面、各个站点之间进行浏览了。

2. 与平台无关性

无论计算机系统是什么平台,都可以通过 Internet 访问 WWW。浏览 WWW 对计算机系统平台没有任何限制。从 Windows、UNIX、Macintosh 以及其他平台都能通过一种叫做浏览器(Browser)的软件实现对 WWW 的访问。如 Netscape 的 Navigator、NCSA 的 Mosaic、Microsoft 的 Internet Explorer 等。

3. 分布式结构

大量的图形、音频和视频信息会占用相当大的磁盘空间,事先很难预知信息的多少。对于 Web 来说,信息可以放在不同的站点上,而没有必要集中在一起,浏览时只需要在浏览器中指明这个站点就可以了。这样就使物理上不一定在一个站点的信息在逻辑上是在一体的,从用户的角度来看这些信息也是一体的。

4. 动态性

由于各 Web 站点的信息包含站点本身的信息,信息的提供者可以经常对站上的信息进行更新与维护。一般来说,各信息站点都尽量保证信息的时效性,所以 Web 站点上的信息需要动态更新,这一点可以通过信息的提供者实时维护。

5. 交互性

Web 的交互性首先表现在它的超链接上,用户的浏览顺序和所访问的站点完全由用户自己决定。另外通过表单 Form 的形式可以从服务器方获得动态的信息。用户通过填写 Form 可以向服务器提交请求,服务器根据用户的请求返回响应信息。

1.1.3 Web 工作原理

用户通过客户端浏览器访问 Internet 上网站或者其他网络资源时,通常需要在客户端的浏览器的地址栏中输入需要访问网站的统一资源定位符(Uniform Resource Locator,URL),或者通过超链接方式链接到相关网页或网络资源;然后通过域名服务器进行全球域名解析,并根据解析结果决定访问指定 IP 地址(IP address)的网站或网页。

获取网站的 IP 后,客户端的浏览器向指定 IP 地址上的 Web 服务器发送一个 HTTP (Hypertext Transfer Protocol,超文本传输协议)请求;在通常情况下,Web 服务器会很快响应客户端的请求,将用户所需要的 HTML 文本、图片和构成该网页的其他一切文件发送回用户。如果需要访问到数据库系统中数据时,Web 服务器会将控制权转给应用服务器,根据 Web 服务器的数据请求读写数据库,并进行相关数据库的访问操作,应用服务器将数据查询响应发送给 Web 服务器,由 Web 服务器再将查询结果转发给客户端的浏览器;浏览器把将客户端请求的页面内容组成一个网页显示给用户。这就是 Web 的工作原理,如图 1-1-3 所示。

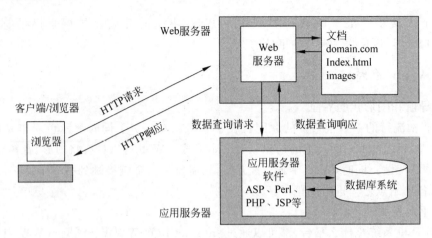

图 1-1-3　Web 工作原理

　　大多数网站的网页中会包含很多超链接,有内链接和外链接。内链接链接到本地网站内部资源,外链接链接到外部网站的其他网页或网络资源。通过超链接可以设置资源下载、页面浏览及链接其他网络资源。像这样通过超链接,把有用的相关资源组织在一起的集合,就形成了一个所谓的信息的“网”。这个网运行在因特网上,使用十分方便,就构成了最早在 1990 年年初 Tim Berners-Lee 所说的万维网。

1.2　Web 前端开发工程师职业需求

　　2005 年以后,互联网进入 Web 2.0 时代,各种类似桌面软件的 Web 应用大量涌现,网站的客户端(前端)由此发生了翻天覆地的变化。网站不再只是 Web 1.0 时代承载单一的文字和图片的信息提供者,各种 RM(Rich Media,富媒体)让网站的内容更加生动,网站上软件化的交互形式为用户提供了更好的使用体验。Web 2.0 时代更注重用户的交互作用,用户既是网站内容的浏览者,也是网站内容的提供者,这些网络应用需要前端技术来实现。

1.2.1　Web 前端开发的由来

　　Web 前端开发是从网页制作演变而来的,名称上有很明显的时代特征。在互联网的演化进程中,网页制作是 Web 1.0 时代的产物,那时网站只是信息的发布者,且主要内容以静态的方式呈现,用户仅是网站的浏览者(访客)。Web 前端开发工程师是一个很新的职业,在国内乃至国际上真正开始受到重视的时间不超过 5 年。

　　随着 Web 2.0 概念的普及和 W3C 组织的推广,网站重构的影响力正以惊人的速度增长。(X)HTML+CSS 布局、DHTML 和 AJAX 像一阵旋风,铺天盖地席卷而来,包括新浪、搜狐、网易、腾讯、淘宝等在内的各行各业的 IT 企业都对自己的网站进行了重构。

　　随着人们对用户体验的要求越来越高,前端开发的技术难度越来越大,Web 前端开发工程师这一职业终于从设计和制作不分的局面中独立出来。

　　我国互联网行业的发展呈现迅猛的增长势头,对网站开发、设计制作的人才需求随之大增。Web 前端开发正是运用 HTML、CSS、DIV、JavaScript、DOM、AJAX 等技术实现网站整体风格优化与改善用户体验的工作。在欧美技术发达国家里,前端开发和后台开发人员的比例为 1∶1,而在我国目前依旧在 1∶3 以下,人才缺口较大。截至 2015 年 12 月,中国网站总数为 423 万个。目前我国各行业领域几乎都要建设自己的网站,网络调查结果表明,未来几年,国内各大行业对 Web 前端开发方面的人才需求量将会大幅度提升,Web 前端开发工程师也会日益受到重视。

1.2.2 Web 前端开发工程师的职业要求

Web 前端开发工程师的职业要求是利用(X)HTML、CSS、JavaScript、DOM、AJAX 等各种 Web 技术进行产品的界面开发。编写标准、优化的代码,并增加交互动态功能,开发 JavaScript 以及 Flash 模块,同时结合后台开发技术模拟整体效果,进行富互联网应用(Rich Internet Applications,RIA)的 Web 开发,致力于通过技术改善用户体验,这需要对用户体验、交互操作流程及用户需求有深入理解。

一位优秀的 Web 前端开发工程师在知识体系上既要有广度,又要有深度。以前会 Photoshop 和 Dreamweaver 就可以制作网页,现在只掌握这些已经远远不够了。无论是在开发难度上,还是在开发方式上,现在的网页制作都更接近传统的网站后台开发,所以现在不再叫网页制作,而是叫 Web 前端开发。Web 前端开发在产品开发环节中的作用变得越来越重要,需要更专业的前端工程师才能做好,这方面的专业人才近年来备受青睐。Web 前端开发是一项很特殊的工作,涵盖的知识面非常广,要求既有具体的技术,又有抽象的理念。简单地说,其主要职责就是把网站的界面更好地呈现给用户。

Web 前端开发工程师具体技术要求如下:

(1) 必须掌握基本的 Web 前端开发技术,其中包括(X)HTML、CSS、JavaScript、DOM、BOM、Ajax 等。在掌握这些技术的同时,还要清楚地了解它们在不同浏览器上的兼容性情况、渲染原理和存在的问题。

(2) 必须掌握网站性能优化、搜索引擎优化(SEO)和服务器端开发技术的基础知识。

(3) 必须学会运用各种 Web 前端开发与测试工具进行辅助开发。

(4) 除了要掌握技术层面的知识,还要掌握理论层面的知识,包括代码的可维护性、组件的易用性、分层语义模板和浏览器分级支持等。

(5) 未来 Web 前端开发工程师还需要研究 HTML5、Web 视觉设计、网站配色、网站交互设计模式等相关技术。

1.3 Web 前端开发技术

随着 Internet 技术飞速发展与普及,Web 技术也在同步发展,并且应用领域越来越宽广。WWW(World Wide Web)已经是这个时代不可或缺的信息传播载体。全球范围内的资源互通互访、开放共享已经成为 WWW 最有实际应用价值的领域。开发具有用户动态交互、富媒体应用的新一代 Web 网站需要 HTML、CSS、JavaScript、DOM、AJAX 等组合技术,其中 HTML、CSS、JavaScript 三大技术称为"Web 标准三剑客"。

1.3.1 HTML

HTML(Hypertext Markup Language)是超文本标记语言。它是一种标记语言,而不是编程语言。HTML 是 Web 页面的结构。HTML 使用标记来描述网页。网页的内容包括标题、副标题、段落、无序列表、定义列表、表格、表单等。

1. HTML 语言

HTML 是 SGML(Standard Generalized Markup Language,标准通用标记语言)下的一

个应用(也称为一个子集),也是一种标准规范,它通过标记符号来标记要显示的网页中的各个部分。而 SGML 是一种定义电子文档结构和描述其内容的国际标准语言,是所有电子文档标记语言的起源。

HTML 文档是用来描述网页,由 HTML 标记和纯文本构成文本文件。Web 浏览器可以读取 HTML 文档,并以网页的形式显示出它们。浏览器不会显示 HTML 标记,而是使用标记来解释页面的内容,这些内容可以是文字、图像、动画、声音、表格、链接等。在浏览器的 URL 中输入网址,如 http://www.edu.cn,所看到的网页是浏览器对 HTML 文件进行解释的结果。如图 1-3-1 所示是中国教育与科研计算机网的首页。

图 1-3-1　中国教育和科研计算机网首页

在浏览网页时可以右击网页的任何位置,从弹出菜单中选择"查看源代码",可以浏览网页的源代码,如图 1-3-2 所示。其中<head>、<meta>、<title>、<link>等都是 HTML 的标记,浏览器能够正确地理解这些标记,并呈现给用户。

图 1-3-2　中国教育和科研计算机网首页源代码

下面简单介绍 HTML 超文本标记语言的发展历史。

- HTML 1.0：1993 年 6 月，互联网工程工作小组（IETF）发布工作草案。
- HTML 2.0：1995 年 11 月，发布 RFC1866，在 RFC2854 于 2000 年 6 月发布之后被宣布已经过时。
- HTML 3.2：1996 年 1 月 14 日发布，W3C 推荐标准。
- HTML 4.0：1997 年 12 月 18 日发布，W3C 推荐标准。
- HTML 4.01：1999 年 12 月 24 日发布，W3C 推荐标准。
- HTML 5：2014 年 10 月 28 日发布，W3C 推荐标准。

2. URL 统一资源定位器

URL（Uniform Resource Locator，统一资源定位器）也称为统一资源定位符，可以理解为网页地址。如同在网络上的门牌，是因特网上标准的资源的地址（Address）。它最初是由 Tim Berners-Lee 发明用来作为万维网的地址。现在它已经被万维网联盟编制为因特网标准 RFC1738。

URL 由协议、主机域名及路径和文件名等三个部分组成，其构成如下所示：

协议类型://服务器地址（端口号）/路径/文件名

第一部分是协议（或称为服务类型），如表 1-3-1 所示；

第二部分是资源主机的域名或 IP 地址（包括端口号），http 默认的端口号是 80；

第三部分是主机资源的具体地址，如目录和文件名等。

第一部分和第二部分之间用"://"符号隔开，第二部分和第三部分用"/"符号隔开。第一部分和第二部分是不可缺少的，第三部分有时可以省略。下面是一些例子：

```
http://info.cern.ch/www20/
http://www.edu.cn/kexuetansuo_12385/index.shtml
ftp://ftp.pku.edu.cn/
http://58.195.195.22:8089/web/index.html
```

表 1-3-1 URL 中的协议类型

序号	服务（协议）类型	含 义
1	http	超文本传输协议
2	https	用加密传送的超文本传输协议
3	ftp	文件传输协议
4	mailto	电子邮件地址
5	ldap	轻量目录访问协议
6	news	Usenet 新闻组
7	file	当地计算机或网上分享的文件
8	gopher	Internet Gopher Protocol（Internet 查找协议）

3. Web 服务器

Web 服务器也称为网站，是指在 Internet 上提供 Web 访问服务的站点，是由计算机软件和硬件组成的有机整体。必须为 Web 服务器配置 IP 地址和域名，才能对外提供 Web 服务。网站都是 B/S（Browser/Server）浏览器/服务器架构，采用 PHP、JSP、ASP 等技术开发而成。网站是若干个网页有序地组织在一起，用户看到的第一个网页也称为主页，所以主页的设计非常重要。

4. 超链接

Web 页面一般是由若干超链接构成。所谓超链接(Hyper Link)是指从一个网页指向另一个目标的连接关系,这个目标可以是另一个网页,也可以是相同网页上的不同位置,还可以是一个图片、一个电子邮件地址、一个文件,甚至是一个应用程序。

文本超链接在浏览器中表现为带有下划线的文字,将鼠标移动到文字上时,浏览器会将光标转变为手的形状。如图 1-3-3 所示为百度首页上的超链接。

图 1-3-3 百度首页

网页中超链接的格式如下所示:

```
<a href = "http://baike.baidu.com">百科</a>
```

代码中<a>与</a>是超链接的开始与结束标记;"百科"是超链接标题;href 是超链接的链接目标属性,当用户选择超链接"百科"时,网页就跳转到 href 所指向的目标网站 http://baike.baidu.com。

1.3.2 CSS

由于 Netscape 和 Microsoft 两家公司在自己的浏览器软件中不断地将新的 HTML 标记和属性(比如字体标记和颜色属性)添加到 HTML 规范中,导致创建具有清晰的文档内容并独立于文档表现层的站点变得越来越困难。为了解决这个问题,非营利的组织万维网联盟(W3C)肩负起了 HTML 标准化的使命,并在 HTML 4.0 之外创造出样式(Style)。所有的主流浏览器均支持层叠样式表 CSS。

1. CSS 的作用

级联样式表(Cascading Style Sheet,CSS),也称为层叠样式表。在设计 Web 网页时采用 CSS 技术,可以有效地对页面的布局、字体、颜色、背景和其他效果实现更加精确的控制。只要对相应的代码做一些简单的修改,就可以改变同一页面的不同部分,或者同一个网站的不同页面的外观和格式[1~3]。采用 CSS 技术是为了解决网页内容与表现分离的问题。

CSS 语言是一种标记语言,不需要编译,属于浏览器解释型语言,可以直接由浏览器解释执行。CSS 标准由 W3C 的 CSS 工作组制定和维护[4]。

【例 1-3-1】 CSS 样式应用。对主体 body 标记中的 2 个段落分别进行样式定义,CSS 如下所示,其页面效果如图 1-3-4 所示。

```
1   <! -- edu_1_3_1.html -->
2   <! doctype html >
3   < html lang = "en">
4     < head >
5     < meta charset = "UTF - 8">
6       < title > CSS 样式应用 </title>
7       < style type = "text/css">
8         p{
9           font - size:24px;             /* 设置字号 */
10          font - family:黑体;           /* 设置字体 */
11          text - indent:2em;            /* 设置首行缩进 */
12          color:#FF0000;                /* 设置颜色 */
13        }
14        #div1 p{
15          font - size:18px;             /* 设置字号 */
16          color:blue;                   /* 设置颜色 */
17          border:1px double #000099;    /* 设置边框样式 */
18        }
19      </style>
20    </head>
21    < body >
22      <p>这是独立段落!字号 24px</p>
23      < div id = "div1" class = "">
24        <p>这是图层中的段落!字号 18px</p>
25      </div>
26    </body>
27  </html>
```

代码中第 22 行使用的段落样式与第 24 行使用的段落样式是不同的。页面效果如图 1-3-4 所示。现在很多网站都设有网页换肤的功能,就是通过 CSS 样式文件来实现的。

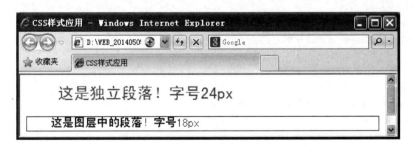

图 1-3-4　CSS 样式应用效果

2. CSS 的发展历史

- CSS1:1996 年 12 月 17 日发布,W3C 推荐标准;
- CSS2:1999 年 1 月 11 日发布,W3C 推荐标准,CSS2 添加了对媒介(打印机和听觉设备)、可下载字体的支持;

Web 前端开发技术综述

- CSS3：计划将 CSS 划分为更小的模块，这些模块包括盒子模型、列表模块、超链接方式、语言模块、背景和边框、文字特效、多栏布局等。

1.3.3 JavaScript

在 HTML 基础上，使用 JavaScript 可以开发交互式 Web 页面。JavaScript 的出现使得网页和用户之间实现了一种实时性的、动态的、交互性的关系，使网页包含更多活跃元素和更加精彩的内容[5,6]。这也是 JavaScript 与 HTML DOM 共同构成 Web 网页的行为。

1. JavaScript 由来

JavaScript 是一种基于对象和事件驱动并具有相对安全性的客户端脚本语言。同时也是一种广泛用于客户端 Web 开发的脚本语言，常用来给 HTML 网页添加动态的功能，例如响应用户的各种操作。JavaScript 最初由 Netscape(网景公司)的 Brendan Eich(布兰登·艾奇)设计，是一种由 Netscape 的 LiveScript 发展而来、原型化继承面向对象动态类型的客户端脚本语言，主要目的是为服务器端脚本语言提供数据验证的基本功能。在 Netscape 与 Sun 公司合作之后，LiveScript 更名为 JavaScript，同时 JavaScript 也成为原 Sun 公司的注册商标。欧洲计算机制造商协会(European Computer Manufacturers Association，ECMA)以 JavaScript 为基础制定了 ECMAScript 标准。

2. JavaScript 组成

一个完整的 JavaScript 实现是由以下 3 个不同部分组成的：

- 核心(ECMAScript)。
- 文档对象模型(Document Object Model，DOM)。
- 浏览器对象模型(Browser Object Model，BOM)。

JavaScript 程序其实是一个文本文件的文档，使用时需要嵌入到 HTML 文档中。所以，任何文本编辑器的软件都可以用来开发 JavaScript 程序，例如 1st JavaScript Editor。

【例 1-3-2】 JavaScript 初步应用。代码如下所示，其页面效果如图 1-3-5 所示。

```
1   <!-- edu_1_3_2.html -->
2   <!doctype html>
3   <html lang = "en">
4     <head>
5       <meta charset = "UTF - 8">
6       <title>JavaScript 的简单应用</title>
7     </head>
8     <body>
9       <script type = "text/javascript">
10        document.write("Hello, World!")    //直接在浏览器视窗显示
11        alert("Hello, World!")             //开启对话视窗显示
12      </script>
13    </body>
14  </html>
```

代码中第 10 行向网页输出"Hello，World!"；第 11 行通过告警消息框输出同样内容。

JavaScript 为网页增加互动性；JavaScript 能及时响应用户的操作，对提交表单做即时的检查，无须浪费时间交由 CGI 验证。

图 1-3-5　JavaScript 简单应用

1.3.4　HTML DOM

HTML DOM(Document Object Model)是 HTML 文档对象模型的缩写。根据 W3C DOM 规范,DOM 是一种与浏览器、平台语言无关的接口,使得用户可以访问页面上其他的标准组件。DOM 与 JavaScript 结合起来实现了 Web 网页的行为与结构的分离。

1. DOM 由来

DOM 的历史可以追溯至20世纪90年代后期 Microsoft 与 Netscape 两公司的"浏览器大战",双方为了在 JavaScript 与 JScript 方面一决生死,于是大规模地赋予浏览器强大的功能。微软公司在网页技术上加入了不少专属内容,如 VBScript、ActiveX 以及 DHTML 等,造成使用非微软公司平台及浏览器无法正常显示网页。

简单理解,DOM 解决了 Netscape 的 JavaScript 和 Microsoft 的 JScript 之间的冲突,为 Web 设计师和开发者提供了一个处理 HTML 或 XML 文档标准的方法,方便访问站点中的数据、脚本和表现层对象。

借助于 JavaScript 可以重构整个 HTML 文档,可以添加、移除、改变或重排页面上的元素。JavaScript 需要获得对 HTML 文档中所有元素进行访问的入口,这个入口连同对 HTML 元素进行添加、移动、改变或移除的方法和属性,都是通过文档对象模型 DOM 来获得的,HTML DOM 定义了访问和操作 HTML 文档的标准方法。

2. DOM 结构

DOM 是以层次结构组织的节点或信息片断的集合。DOM 将把整个页面规划成由节点层次构成的文档。这个层次结构允许开发人员在树中遍历特定节点信息。由于它是基于信息层次的,因而 DOM 被认为是基于树或基于对象的。

【例 1-3-3】 展示 DOM 树型结构。代码如下所示,其页面效果如图 1-3-6 所示。

图 1-3-6　DOM 树型结构的网页效果

```
1  <!-- edu_1_3_3.html -->
2  <!doctype html>
3  <html lang = "en">
4    <head>
```

Web 前端开发技术综述

```
5        < meta charset = "UTF - 8">
6        <title>DOM 树型结构</title>
7     </head >
8     < body >
9        <h3>网站导航</h3 >
10       < a href = "http://www.baidu.com">百度</a>
11       < a href = "http://www.163.com">网易</a>
12    </body >
13 </html>
```

HTML DOM 把 HTML 文档呈现为带有元素、属性和文本的树结构(节点树)。DOM 可被 JavaScript 用来读取、改变 HTML、XHTML 以及 XML 文档。利用 JavaScript 获取 HTML 文档,通过遍历获取 HTML 文档的所有节点,得到如图 1-3-7 所示的 DOM 树型结构。图中包含了根元素(<html>)、元素节点(<head>、<body>、<title>、<a>、<h3>)、文本节点(DOM 树型结构、网站导航、百度、网易)、属性节点(href)。

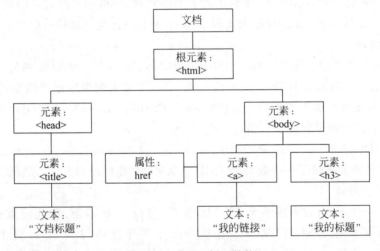

图 1-3-7　DOM 树型结构

3. HTML DOM Level

- DOM Level 1：1998 年 10 月发布,W3C 推荐规范。含有 DOM Core 和 DOM HTML 两个模块。
- DOM Level 2：引入 DOM 视图、DOM 事件、DOM 样式、DOM 遍历和范围;用于处理新的接口类型。
- DOM Level 3：引入以统一的方式载入和保持文档的方法,包含在新模块 DOM Load and Save 和 DOM Validation 方法,进一步扩展了 DOM。

1.3.5　BOM

BOM(Browser Object Model)也称浏览器对象模型。浏览器对象模型定义了 JavaScript 可以进行操作的浏览器的各个功能部件的接口,提供访问文档各个功能部件(如窗口本身、屏幕功能部件、浏览历史记录等)的途径以及操作方法。

IE 3.0 和 Netscape Navigator 3.0 浏览器提供了一个浏览器对象模型特性,可以对浏览器窗口进行访问和操作。使用 BOM,开发者可以移动窗口、改变状态栏中的文本以及执行其他与页面内容不直接相关的动作。由于没有相关的 BOM 标准,每种浏览器都有自己的 BOM 实现的方法。有一些事实上的标准,如具有一个窗口对象和一个导航对象,不过每种浏览器可以为这些对象或其他对象定义自己的属性和方法。

BOM 主要处理浏览器窗口和框架,不过通常浏览器特定的 JavaScript 扩展都被看作 BOM 的一部分。这些扩展包括:

- 弹出新的浏览器窗口。
- 移动、关闭浏览器窗口以及调整窗口大小。
- 提供 Web 浏览器详细信息的定位对象。
- 提供用户屏幕分辨率详细信息的屏幕对象。
- 对 cookie 的支持。
- Internet Explorer 对 BOM 进行扩展以包括 ActiveX 对象类,可以通过 JavaScript 来实现 ActiveX 对象。

常见 BOM 对象有 Window、Navigator、Screen、History、Location 等。

1.3.6 AJAX

AJAX(Asynchronous JavaScript and XML)也称异步 JavaScript 和 XML,在 Web 2.0 的热潮中,已成为人们谈论最多的技术术语。AJAX 是多种技术的综合,它使用 XHTML 和 CSS 标准化呈现,使用 DOM 实现动态显示和交互,使用 XML 和 XSTL 进行数据交换与处理,使用 XMLHttpRequest 对象进行异步数据读取,使用 JavaScript 绑定和处理所有数据。更重要的是它打破了使用页面重载的惯例技术组合,可以说 AJAX 已成为 Web 开发的重要武器。

传统的网页(不使用 AJAX)如果需要更新内容,必须重载整个网页面,而使用 AJAX 则可以部分更新网页内容。有很多使用 AJAX 的应用程序案例,如新浪微博、Google 地图、开心网等。

1. AJAX 的工作原理

AJAX 的核心是 JavaScript 对象 XMLHttpRequest。该对象在 Internet Explorer 5 中首次引入,它是一种支持异步请求的技术。简而言之,XMLHttpRequest 可以使用 JavaScript 向服务器提出请求并处理响应,而不阻塞用户。

通过 AJAX,可以使用 JavaScript 的 XMLHttpRequest 对象来直接与服务器进行通信,不再需要重载页面与 Web 服务器交换数据。

AJAX 在浏览器与 Web 服务器之间使用异步数据传输(HTTP 请求),这样就可使网页从服务器请求少量的信息,而不是整个页面。

2. AJAX 优点

AJAX 给我们带来的好处归纳起来有以下几点:

- 最大的一点是页面无刷新,在页面内与服务器通信,用户体验非常好。
- 使用异步方式与服务器通信,不打断用户的操作,具有更加迅速的响应能力。
- 可以把服务器负担的工作转嫁到客户端,利用客户端闲置的能力来处理,减轻服务器和带宽的负担,节约空间和宽带租用成本。AJAX 的原则是"按需取数据",可以最大限度地减少冗余请求、响应对服务器造成的负担。
- 基于标准化的并被广泛支持的技术,不需要下载插件或者小程序。

3. AJAX 的缺点

因为平时大多数关注的都是 AJAX 所带来的好处,诸如用户体验的提升,而对 AJAX 所带来的缺陷有所忽视。

下面所列是 AJAX 的缺陷：

- AJAX 破坏浏览器的前进与后退功能,使得用户的习惯得不到延续。
- 安全问题。
- 对搜索引擎的支持比较弱。
- 破坏了程序的异常机制。
- 违背了 URL 和资源定位的初衷。
- 一些手持设备(如智能手机、平板电脑等)现在还不能很好地支持它。

1.3.7 jQuery

jQuery 是一套跨浏览器的 JavaScript 库,简化 HTML 与 JavaScript 之间的操作。由 John Resig 在 2006 年 1 月的 BarCamp NYC 上发布第一个版本。目前是由 Dave Methvin 领导的开发团队进行开发。全球前 10 000 个访问最高的网站中,有 59% 使用了 jQuery,它是目前最受欢迎的 JavaScript 库。

jQuery 由美国人 John Resig 创建,至今已吸引了来自世界各地的众多 JavaScript 高手加入其开发团队,包括来自德国的 Jörn Zaefferer、罗马尼亚的 Stefan Petre 等。jQuery 是继 prototypeJS 框架之后又一个优秀的 JavaScript 框架。其宗旨是"Write Less,Do More",即"写更少的代码,做更多的事情"。

1. jQuery 库添加网页中方法

在 jQuery 的官方网站(http://jquery.com)中,下载最新版本的 jQuery 文件库,目前最新版本为 V2.1.1(jquery-2.1.1.min.js)。jQuery 库可以通过一行简单的标记被添加到网页中。添加格式如下：

```
<head>
    <script type = "text/javascript" src = " jquery-2.1.1.min.js "></script>
</head>
```

通过 script 标记的 src 属性引入外部 jQuery 文件库。

2. jQuery 库替代

若不想在自己的计算机上存放 jQuery 文件库,那么可以从 Google 或 Microsoft 内容分发网络(Content Delivery Network,CDN)加载 jQuery 核心文件。

1) 使用 Google 的 CDN

```
<head>
    <script src = "http://ajax.googleapis.com/ajax/libs/jquery/1.4.0/jquery.min.js"
        type = "text/javascript" ></script>
</head>
```

2) 使用 Microsoft 的 CDN

```
<head>
    <script src = "http://ajax.microsoft.com/ajax/jquery/jquery-1.4.min.js"
        type = "text/javascript"></script>
</head>
```

3. jQuery 库的特性

jQuery 是一个 JavaScript 函数库。

jQuery 库包含以下特性:

- HTML 元素选取。
- HTML 元素操作。
- CSS 操作。
- HTML 事件函数。
- JavaScript 特效和动画。
- HTML DOM 遍历和修改。
- AJAX。
- 实用工具。

【例 1-3-4】 jQuery 简单应用。代码如下所示,其页面效果如图 1-3-8 所示。

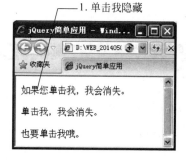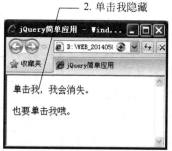

图 1-3-8　jQuery 简单应用

```
1   <! -- edu_1_3_4.html -->
2   <!doctype html >
3   < html lang = "en">
4       < head >
5           < meta charset = "UTF - 8">
6           <title> jQuery 简单应用</title>
7           < script src = "http://ajax.microsoft.com/ajax/jquery/jquery - 1.4.min.js"
8                   type = "text/javascript"></script >
9           < script >
10              $ (document).ready(function(){
11                  $ ("p").click(function(){
12                      $ (this).hide();
13                  });
14              });
15          </script >
16      </head >
17      < body >
18          < p >如果您单击我,我会消失.</p>
19          < p >单击我,我会消失.</p>
20          < p >也要单击我哦.</p>
21      </body >
22  </html >
```

代码中第 7 行和第 8 行是引用 Microsoft 的 CDN 上的 jQuery 文件库；第 9 行～第 15 行使用 jQuery 代码,页面加载后为所有的段落 p 标记绑定一个单击事件,当鼠标单击某一个段落后,该段落就隐藏起来,直到所有段落均隐藏程序运行结束；＄符号表示使用 jQuery 变量,＄()等价于 jQuery(),jQuery 语言一般采用链式书写代码,一次性找到满足条件的所有段落,实现隐式循环。

1.4　Web 前端开发工具

在 HTML 基础上,使用 JavaScript 可以开发交互式 Web 页面。JavaScript 的出现使得网页和用户之间实现了一种实时性的、动态的、交互性的关系,使网页包含更多活跃元素和更加精彩的内容[5,6]。而用于开发 Web 前端应用工具有很多,可以根据使用习惯进行选择。

1.4.1　NotePad

NotePad 是 Microsoft 的记事本程序,是 Windows 下的一个纯文本文件编辑器软件。它具备最基本的编辑功能,而且体积小巧,启动快,占用内存低,容易使用。适合于编辑 HTML、CSS、JavaScript、PHP、C/C++ 等语言。使用记事本编辑代码不会产生冗余代码。程序界面如图 1-4-1 所示。

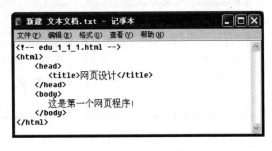

图 1-4-1　NotePad 程序界面

1.4.2　EditPlus

EditPlus 是 Windows 下的一个文本、HTML、PHP 以及 Java 编辑器。它不但是"记事本"的一个很好的代替工具,同时它也为网页制作者和程序设计员提供了许多强大的功能。对 HTML、PHP、Java、C/C++、CSS、ASP、Perl、JavaScript 和 VBScript 的语法有突出显示。同时,根据自定义语法文件它能够扩展支持其他程序语言。无缝网络浏览器预览 HTML 页面,以及 FTP 命令上载本地文件到 FTP 服务器。其他功能包括 HTML 工具栏、用户工具栏、行号、标尺、URL 突出显示、自动完成、素材文本、列选择、强大的搜索和替换、多重撤销/重做、拼写检查、自定义快捷键,以及更多其他功能。

EditPlus V4.0 软件程序界面如图 1-4-2 所示,其中 HTML 默认加载模板 tamplate.html 编码类型已经由 ANSI 改为 UTF-8,如图 1-4-3 所示。

使用此模板新建的 HTML 文档,自动保存为"UTF-8"格式。低版本的 EditPlus 软件编写的 HTML 文档的保存格式为 ANSI 编码。如果要修改以前低本的 HTML 文档,并在头部加上＜meta charset＝"UTF-8"＞的话,一定要通过"另保存"方式,修改文件的编码类型为"UTF-8",然后再保存,否则预览时会出现乱码。

如果用浏览器打开 HTML 文档时出现乱码,右击网页的任意地方,从弹出菜单中选择"编码",选择"简体中文(GB2312)"或"Unicode(UFT-8)"。

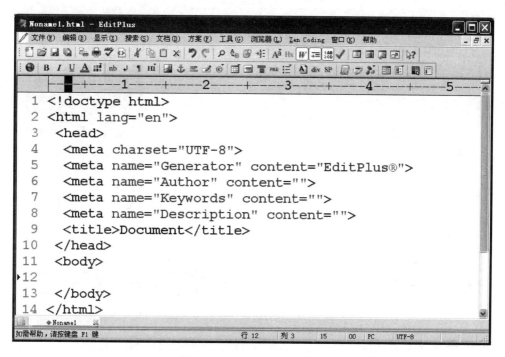

图 1-4-2　EditPlus 程序界面

图 1-4-3　模板编码类型

1.4.3　Adobe Dreamweaver

　　Adobe Dreamweaver(前称 Macromedia Dreamweaver)是 Adobe 公司的著名网站开发工具,是网页制作和管理网站于一身的所见即所得网页编辑器,利用它可以轻而易举地制作出跨越平台限制和跨越浏览器限制的充满动感的网页。程序界面如图 1-4-4 所示。

　　目前有 Mac 和 Windows 系统的版本。Adobe Dreamweaver CS6 提供了一套直观的可视界面,可以创建和编辑 HTML 网站和移动应用程序。

Web 前端开发技术综述

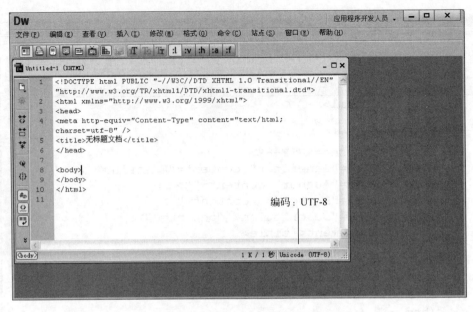

图 1-4-4　Dreamweaver 程序界面

　　Dreamweaver 支持最新的 Web 技术，包含 HTML 检查、HTML 格式控制、HTML 格式化选项、HomeSite、BBEdit 捆绑、可视化网页设计、图像编辑、全局查找替换、全 FTP 功能、处理 Flash 和 Shockwave 等富媒体格式和动态 HTML、基于团队的 Web 创作。在编辑上可以选择可视化方式或者源码编辑方式。

　　除了 NotePad、EditPlus、Dreamweaver 软件外，还有很多软件可以编写网页程序，在此不再一一举例。

1.5　浏览器工具

　　使用 HTML、CSS、JavaScript 组合技术设计的 Web 网站，需要经过发布，才能通过浏览器来观看其设计效果。基于 Internet 的各类网页浏览器有很多，据 StatCounter 和 Net Applications 两大市场研究公司统计分析，2014 年 1 月和 3 月全球浏览器市场份额统计结果表现：排名全球前五名的浏览器分别是 Microsoft IE、Google Chrome、Mozilla Firefox、Safari、Opera。由于两家公司计算方法不同，造成 IE 与 Chrome 排名顺序不同，其他 3 个浏览器排名均相同。其市场占有份额分别如图 1-5-1 和图 1-5-2 所示。

图 1-5-1　StatCounter 统计数据

图 1-5-2　Net Applications 统计数据

各类浏览器对应的标识如图 1-5-3 所示。作为 Web 前端开发工程师一定要了解不同浏览器的使用性能和特点，了解它们的差异性，在编写 Web 网页代码时才能充分考虑到浏览器的兼容性，让网站在不同浏览器中显示效果与风格相同。

图 1-5-3　主流浏览器对应的标识

1.5.1　Internet Explorer

Internet Explorer 是微软公司推出的一款网页浏览器。虽然自 2004 年以来 Internet Explorer 丢失了一部分市场占有率，但依然是使用最广泛的网页浏览器。竞争对手主要有 Chrome、Firefox、Safari、Opera 等。目前最新版本是 IE 10.0，用户可根据自己的计算机配置选择安装相关版本的浏览器。

1.5.2　Google Chrome

Google Chrome，又称 Google 浏览器，是一个由 Google 公司开发的开源网页浏览器。该浏览器基于其他开源代码软件所编写，包括 WebKit 和 Mozilla，目标是提升稳定性、速度和安全性，并创造出简单且高效的使用者界面。软件的名称是来自于称作 Chrome 的网络浏览器图形用户界面（Graphical User Interface，GUI）。软件的 beta 测试版本在 2008 年 9 月 2 日发布，提供 43 种语言版本，有支持 Windows、Mac OS X 和 Linux 版本并提供下载。Chrome 也成为使用最广泛的浏览器。

1.5.3　Mozilla Firefox

Mozilla Firefox 中文名通常称为“火狐”，是一个开源网页浏览器，使用 Gecko 引擎（即非 IE 内核），可以在多种操作系统如 Windows、Mac 和 Linux 上运行。Firefox 由 Mozilla 基金会与数百个志愿者所开发，原名“Phoenix”（凤凰），之后改名“Mozilla Firebird”（火鸟），再改为现在的名字，Firefox 的市场份额在全球荣居第三位。

1.5.4　Safari

Safari 苹果计算机的最新操作系统 Mac OS X 中新的浏览器，用来取代之前的 Internet Explorer for Mac。Safari 使用了 KDE 的 KHTML 作为浏览器的计算核心。目前该浏览器已支持 Windows 平台，但是与运行在 Mac OS X 上的 Safari 相比，有些功能出现丢失。Safari 也是 iPhone 手机、iPod Touch、iPad 平板电脑 iOS 的指定默认浏览器。

1.5.5　Opera

Opera 浏览器是一款由挪威 Opera Software ASA 公司制作的支持多页面标签式浏览的网络浏览器，是跨平台的浏览器，可以在 Windows、Mac、FreeBSD、Solaris、BeOS、OS/2、QNX、Linux 等多种操作系统上运行。Opera 浏览器创始于 1995 年 4 月，到 2015 年 8 月 6 日，官方发布的个人计算机用的最新版本为 Opera31。此外，Opera 还有手机用的版本，如在

Web 前端开发技术综述

Windows Mobile 和 Android 手机上安装的 Opera Mobile 和 Opera Mini，也支持多语言，包括简体中文和繁体中文。

1.6　综　合　实　例

以 Web 前端开发技术综合运用为例，介绍运用 HTML、CSS、JavaScript 三大技术实现 Web 网页设计。代码如下所示，其页面效果如图 1-6-1 所示。

```
1  <! -- edu_1_6_1.html -->
2  <! doctype html >
3  < html lang = "en">
4      < head >
5          < meta charset = "UTF - 8">
6          <title>Web 前端开发技术初步应用</title>
7          < style type = "text/css">
8              p{font - size:20px;color:red;text - indent:2em;}
9              h3{font - size:24px;font - style:bolder;color: #000099;}
10         </style >
11     </head >
12     < body >
13         < h3 >Web 前端开发技术</h3 >
14         < p >HTML </p >
15         < p >CSS </p >
16         < p >JavaScript </p >
17         < h3 >网络学习资源</h3 >
18         < a href = "http://www.w3school.com.cn/html/">HTML 教程</a >
19         < script type = "text/javascript">
20             alert("Web 前端开发工程师就业前景好、待遇高!");
21         </script >
22     </body >
23 </html >
```

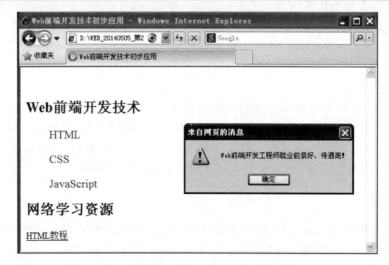

图 1-6-1　Web 前端开发技术综合实例页面

上述代码中第 4 行～第 11 行是 HTML 的头部,包含元信息标记的使用、页面标题和样式的定义。其中第 8 行定义段落 p 标记样式为字大小为 20px、颜色为红色、段落缩进 2 个字符;第 9 行定义 3 号标题字 h3 标记样式为字大小为 24px、字体风格特粗、颜色为#000099;第 12 行～第 22 行是 HTML 的主体,包含标题字、段落、超链接、脚本标记的定义,其中第 13 行、第 17 行定义 h3 标题字,第 14 行～第 16 行定义 3 个段落 p 标记,第 18 行定义超链接 a 标志,第 19 行～第 21 行定义脚本 script 标记,在其中插入告警消息框 alert()输出信息"Web 前端开发工程师就业前景好、待遇高!"。

本 章 小 结

本章从 Web 概述、Web 前端开发工程师职业要求、Web 前端开发技术、Web 前端开发工具、Web 浏览器等五大方面对 Web 前端开发技术进行综述。

重点阐述了 Web 概述、Web 起源、Web 特点、Web 工作原理。为适应互联网行业迅速发展对 IT 开发人才的需要,介绍了 Web 前端开发工程师这一紧缺岗位的职业需求。

Web 前端开发技术重点介绍了 Web 标准"三剑客",分别是 HTML、CSS、JavaScript,三者在网页设计中作用各不相同。其中 HTML 是 Web 网页的内容;CSS 是 Web 网页的表现。JavaScript 和 HTML DOM 是网页的行为,实现网页的动态、交互的功能。AJAX 在浏览器与 Web 服务器之间使用异步数据传输,这样就可使网页从服务器请求少量的信息,而不是整个页面。jQuery 是一套跨浏览器的 JavaScript 库,简化 HTML 与 JavaScript 之间的操作。

Web 前端开发工具重点介绍了目前 Web 前端开发常用的工具。

Web 浏览器重点介绍各大主流网络浏览器,通过使用了解浏览器之间的差异性。

练习与实验

练习 1

1. 选择题

(1) HTML 是一种( )语言。

    (A) 编译型   (B) 超文本标记

    (C) 高级程序设计   (D) 面向对象的编程

(2) 世界上第一个网页是( )。

    (A) http://www.w3c.org   (B) http://info.cern.ch

    (C) http://www.microsoft.com   (D) http://www.baidu.com

(3) 访问 FTP 站点使用的协议类型是( )。

    (A) http   (B) ftp   (C) https   (D) mailto

(4) 下列不是开发 HTML 网页的软件是( )。

    (A) EditPlus   (B) NotePad   (C) TextPad   (D) Visual BASIC

(5) 设计 JavaScript 语言的公司是( )。

    (A) Netscape   (B) Microsoft   (C) Sun   (D) Google

2. 填空题

(1) HTML 文档是由_____构成的_____文件。

(2) 世界上第一个网站的发明人是_____。

(3) 从 IE 浏览器菜单中选择_____命令,可以在打开的记事本中查看网页的源代码。

(4) 列出常用的 Web 前端开发工具(3 个以上)_____、_____、_____。

(5) HTML 的全称是_____。URL 的全称是_____。CSS 的全称是_____。AJAX 的全称是_____。

(6) 列出常用的主流网络浏览器(3 个以上)_____、_____、_____。

3. 简答题

(1) 简述 Web 的工作原理。

(2) 简述 Web 具有哪些特点。

(3) 写出 URL 的格式,并说明它的组成及作用。

(4) 分别说明 HTML、CSS、JavaScript 在 Web 网页设计中的作用。

实验 1

1. 学会使用 NotePad 和 EditPlus 等编辑软件将综合实例的代码输入到编辑器中,并进行调试,通过浏览器查看网页效果与图 1-6-1 进行比较。

2. 上机调试例 1-3-2、例 1-3-3 的 HTML 代码,学会使用各种编辑器软件。

3. 自行下载各种前端开发工具软件,并完成软件安装,练习使用这些软件。

 网站赏析

网站欣赏 2 例

1. 网站模板网站 http://www.templatemonster.com/,如图 1-1 所示。

图 1-1　TemplateMonster 网站首页

2. AT&T 网站 http://www.att.com/，如图 1-2 所示。

图 1-2　AT&T 网站首页

本章参考文献

[1]　曲高强等.网页制作 2001(中文版)使用详解.北京：电子工业出版社,2001：75.

[2]　沈炜,王槐三等.感受精彩 Dreamweaver8 经典商业网站大制作.北京：人民邮电出版社,2007：100.

[3]　丛书编委会.网页设计与制作实践教程.北京：清华大学出版社,2005：135.

[4]　毛红梅,宋正虹.Windows Vista＋Office 2007＋Internet 应用教程.北京：清华大学出版社,2009：337.

[5]　王晓军,田中雨,刘跃军等.JSP 动态网站开发基础教程与实验指导.北京：清华大学出版社,2008：220.

[6]　杨雪雁.电子商务概论.北京：北京大学出版社,2010：127.

第2章 HTML 基础

本章学习目标

通过 HTML 基础知识的学习,能够掌握 HTML 基本组成结构,理解 HTML 头部 head 和主体 body 两大部分在网页设计中的作用。理解 head、body 标记中可以包含哪些标记;理解 HTML 标记的作用及标记语法,理解标记的类型,学会编写简易的 Web 网页代码。

Web 前端开发工程师应掌握以下内容:

- 掌握 HTML 文档的基本结构。
- 理解标记类型、标记语法。
- 学会 body 标记属性的设置方法。
- 学会给网页添加注释。
- 理解元信息 meta 标记的作用。
- 了解 HTML 文档类型。

HTML 被用来结构化信息,例如标题、段落和列表等,也可用来在一定程度上描述文档的外观和语义。理解和掌握 HTML 基础知识是进行 Web 前端开发的基础。

2.1　HTML 文档结构

HTML 文档由头部 head 和主体 body 两个部分组成。头部 head 标记中可以定义标题、样式等,头部信息不显示在网页上;主体 body 标记中可以定义段落、标题字、超链接、脚本、表格、表单等元素,主体内容是网页要显示的信息[1,2]。

【例 2-1-1】 HTML 文档的基本结构展示。页面如图 2-1-1 所示。

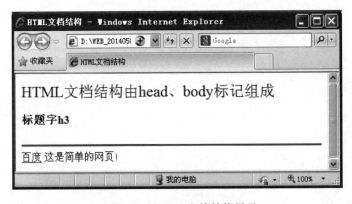

图 2-1-1　HTML 文档结构展示

```
1   <! --
2       程序名称：edu_2_1_1.html
3       程序功能：HTML 文档结构
4       设计人员：Web 前端开发工程师
5       设计时间：2015/10/18
6   -->
7   <!doctype html>
8   <html lang = "en">
9       <head>
10          <meta charset = "UTF - 8">
11          <title>HTML 文档结构</title>
12          <style type = "text/css">
13              p{font - size:24px;}
14          </style>
15      </head>
16      <body>
17          <p>HTML 文档结构由 head、body 标记组成</p>
18          <h3>标题字 h3</h3>
19          <hr size = "3" color = "red">
20          <a href = "http://www.baidu.com">百度</a>
21          <script type = "text/javascript">
22              document.write("这是简单的网页!");
23          </script>
24      </body>
25  </html>
```

  HTML 文档以<html>标记开始，以</html>标记结束。所有的 HTML 代码都位于这两个标记之间。浏览器根据 HTML 文档类型和内容来解释整个网页，然后呈现给用户。一般情况下，每个 HTML 文档都应该有且只有一个 HTML、HEAD 和 BODY 标记[2]。

  代码解释

  代码中第 8 行~第 25 行是 HTML 标记所包含的所有 HTML 代码；第 9 行~第 15 行是头部标记所包含的代码，头部标记所包含的内容不会在网页上显示；第 16 行~第 24 行是主体标记所包含的代码，也是网页要显示的主要信息。

2.2　头部 head

  HTML 文档的头部 head 标记主要包含页面标题标记、元信息标记、样式标记、脚本标记、超链接标记等。头部 head 标记所包含的信息一般不会显示在网页上。

2.2.1　标题 title 标记

1. 基本语法

```
<title>标题信息显示在浏览器的标题栏上</title>
```

2. 语法说明

title 标记是成对标记，<title>是开始标记，</title>是结束标记，两者之间的内容为显示在浏览器的标题栏上的信息。

【例 2-2-1】 标题 title 标记应用。代码如下，其页面效果如图 2-2-1 所示。

```
1   <!-- edu_2_2_1.html  -->
2   <!doctype html>
3   <html lang = "en">
4       <head>
5           <meta charset = "UTF-8">
6           <title>页面标题</title>
7       </head>
8       <body>
9           页面标题显示在浏览器的标题栏上
10      </body>
11  </html>
```

标题信息显示在浏览器标题栏

图 2-2-1　标题 title 标记应用

2.2.2　元信息 meta 标记

meta 标记用来描述一个 HTML 网页文档的属性，也称为元信息(meta-information)，这些信息并不会显示在浏览器的页面中。例如作者、日期和时间、网页描述、关键词、页面刷新等。meta 标记是单个标记，位于文档的头部，其属性定义了与文档相关联的"名称/值"对。

1. meta 标记

1）基本语法

```
<meta name = "" content = "">
<meta http-equiv = "" content = "">
```

2）属性说明

meta 属性主要分为两组：

（1）name 属性与 content 属性。

name 属性用于描述网页，它是"名称/值"形式中的名称，name 属性的值所描述的内容通过 content 属性表示，便于搜索引擎机器人查找、分类。其中最重要的是 description、keywords 和 robots。

（2）http-equiv 属性与 content 属性。

http-equiv 属性用于提供 HTTP 协议的响应头报文，它回应给浏览器一些有用的信息，以帮助正确和精确地显示网页内容。它是"名称/值"形式中的名称，http-equiv 属性的值所描述的内容通过 content 属性表示。meta 标记的属性、取值及说明如表 2-2-1 所示。

表 2-2-1　meta 标记的属性、取值及说明

属性	值	说　　明
name	author	定义网页作者
	description	定义网页简短描述
	keywords	定义网页关键词
	generator	定义编辑器
http-equiv	content-type	内容类型
	expires	网页缓存过期时间
	refresh	刷新与跳转(重定向)页面
	set-cookie	如果网页过期,那么存盘的 cookie 将被删除
content	some_text	定义与 http-equiv 或 name 属性相关的元信息

2. meta 标记的使用方法

1) name 属性设置

```
1  < meta name = "keywords" content = "信息参数" />
2  < meta name = "description" content = "信息参数" />
3  < meta name = "author" content = "信息参数"/>
4  < meta name = "generator" content = "信息参数" />
5  < meta name = "copyright" content = "信息参数">
6  < meta name = "robots" content = "信息参数">
```

robots 告诉搜索引擎机器人抓取哪些页面。其属性取值及说明如表 2-2-2 所示。

表 2-2-2　robots 属性值及说明

值	说　　明
all	文件将被检索,且页面上的链接可以被查询
none	文件将不被检索,且页面上的链接不可以被查询
index	文件将被检索
noindex	文件将不被检索,但页面上的链接可以被查询
follow	页面上的链接可以被查询
nofollow	文件将被检索,但页面上的链接不可以被查询

2) http-equiv 属性设置

```
1  < meta http - equiv = "cache - control " content = "no - cache">;
2  < meta http - equiv = "refresh" content = "时间; url = 网址参数">
3  < meta http - equiv = "content - type" content = "text/html; charset = 信息参数" />
4  < meta http - equiv = "expires" content = "信息参数" />
```

第 1 行说明禁止浏览器从本地计算机的缓存中访问页面内容,同时访问者将无法脱机浏览。第 2 行说明多少时间网页自动刷新,加上 URL 中的网址参数就代表多长时间自动链接其他网址。第 3 行中"content-type"代表的是 HTTP 协议的头部,它可以向浏览器传回一些有用的信息,以帮助正确和精确地显示网页内容,与之对应的属性值为 content,content 中的内容其实就是各个参数的变量值。第 4 行设置 meta 标记的 expires(期限),可以用于设定网页在缓存中的过期时间。一旦网页过期,必须到服务器上重新传输。网页到期时间设置格式如下所示:

```
<meta http-equiv = "expires" content = "Fri, 12 Jan 2001 18:18:18 GMT">
```

注意：必须使用 GMT 的时间格式，或直接设为 0(数字表示多少时间后过期)。

在 HTML5 规范和新版本软件中，第 3 行 meta 标记已经改为下列简洁形式：

```
<meta charset = "UTF-8">
```

【例 2-2-2】 元信息 meta 标记的应用，代码如下所示。

```
1   <!-- edu_2_2_2.html -->
2   <!doctype html>
3   <html lang = "en">
4       <head>
5           <title>中国教育和科研计算机网 CERNET</title>
6           <meta charset = "UTF-8">
7           <meta content = "IE = EmulateIE7" http-equiv = "X-UA-Compatible">
8           <meta name = "keywords" content = "中国教育网,中国教育,科研发展,教育信息化,CERNET,
    CERNET2,下一代互联网,人才,人才服务,教师招聘,教育资源,教育服务,教育博客,教育黄页,教育新
    闻,教育资讯" />
9           <meta name = "description" content = "中国教育网(中国教育和科研计算机网)是中国最
    权威的教育门户网站,是了解中国教育的对内、对外窗口。网站提供关于中国教育、科研发展、教育信息
    化、CERNET 等新闻动态、最新政策,并提供教师招聘、高考信息、考研信息、教育资源、教育博客、教育黄页
    等全面多样的教育服务。" />
10          <meta name = "copyright" content = "www.edu.cn" />
11          <meta content = "all" name = "robots" />
12      </head>
13      <body>
14          <p>这是中国教育和科研计算机网的头部部分标记的应用</p>
15      </body>
16  </html>
```

3. 代码解释

代码展示了"中国教育和科研计算机网"的首页部分经过改写后的代码。通过此段代码可以了解并掌握如何在开发网站首页的过程中正确地使用 meta 标记。代码中第 2 行是定义 HTML 文档类型(HTML5)；第 6 行~第 11 行使用 meta 标记分别定义属性 name、http-equiv 的值为 keyword、description、copyright、robots、X-UA-Compatible 及相应的 content 的属性值。

2.3　主体 body

主体 body 是一个 Web 页面的主要部分，其设置内容是读者实际看到的网页信息。所有 WWW 文档的主体部分都是由 body 标记定义的。在主体 body 标记中可以放置网页中所有的内容，如图片、图像、表格、文字、超链接等元素。

2.3.1　body 标记

1. 基本语法

```
1   <body>
2       这是网页的内容…
3   </body>
```

2. 语法说明

<body>是开始标记,</body>是结束标记。两者之间所包括的内容为网页上显示的信息。

【例 2-3-1】 在 body 标记中插入相关标记。代码如下所示,其页面效果如图 2-3-1 所示。

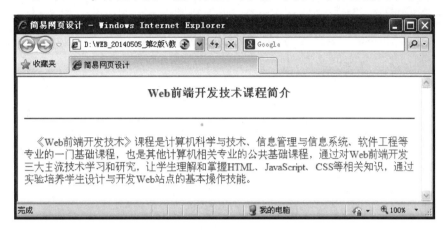

图 2-3-1 主体 body 标记的应用

```
1    <! -- edu_2_3_1.html -->
2    <!doctype html >
3    < html lang = "en">
4        < head >
5            < meta charset = "UTF - 8">
6            < title>简易网页设计</title>
7        </head >
8        < body text = "green">
9            < h3 align = "center"> Web 前端开发技术课程简介</h3 >
10           < hr color = "red">
11           < p >     《Web 前端开发技术》课程是计算机科学与技术、信息管理与
信息系统、软件工程等专业的一门基础课程,也是其他计算机相关专业的公共基础课程,通过对 Web 前
端开发三大主流技术学习和研究,让学生理解和掌握 HTML、JavaScript、CSS 等相关知识,通过实验培养
学生设计与开发 Web 站点的基本操作技能。</p>
12       </body >
13   </html >
```

3. 代码解释

代码中第 8 行～第 12 行是主体 body 标记所包含的代码;第 9 行是插入 3 号标题字 h3 标记修饰标题;第 10 行是插入水平分隔线标记并设置成红色;第 11 行是插入 1 个段落 p 标记介绍课程,其中 是插入 1 个空格,插入 4 个空格实现首行缩进 2 个字符。

2.3.2 body 标记属性

设置 body 标记属性可以改变 Web 页面显示效果。body 标记主要属性有 text、bgcolor、background、link、alink、vlink、topmargin、leftmargin。

1. 基本语法

```
< body leftmargin = "50px" topmargin = "50px" text = " # 000000" bgcolor = " # 339999"  link =
"blue" alink = "white" vlink = "red" background = "body_image.jpg">
```

29

第2章

2. 属性说明

body 标记属性、取值及说明如表 2-3-1 所示。

表 2-3-1　body 标记属性、取值及说明

属　性	值	说　明
text	rgb(r,g,b)	rgb 函数(整数)
	rgb(r%,g%,b%)	rgb 函数(百分比)
	#rrggbb 或 #rgb	十六进制数据(6 位或 3 位)
	colorname	颜色的英文名称
bgcolor	同上	规定文档的背景颜色。不赞成使用
alink	同上	规定文档中活动链接的颜色。不赞成使用
link	同上	规定文档中未访问链接的默认颜色。不赞成使用
vlink	同上	规定文档中已被访问链接的颜色。不赞成使用
background	URL	规定文档的背景图像。不赞成使用
topmargin	pixel	规定文档中上边距的大小
leftmargin	pixel	规定文档中左边距的大小

在网页设计中,HTML 提供了 4 种颜色设置方法:

- 使用 rgb(r,g,b),其中 r、g、b 是整数,取值范围为 0~255;
- 使用 rgb(r%,g%,b%),其中 r、g、b 是整数,取值范围为 0~100;
- 使用十六进制数表示可以采用 6 位或 3 位两种格式,例 #rrggbb 或 #rgb,其中 r、g、b 为十六进制数,取值范围为 0~9、A~F。6 位十六进制表示法中每一种颜色用 2 位十六进制数表示,rr 表示红色部分,gg 表示绿色部分,bb 表示蓝色部分。3 位十六进制表示法中每种颜色用一位十六进制数表示。例如表示红色的值,6 位十六进制和 3 位进制表示方法分别为 #FF0000、#F00。其中 3 位十六进制表示法可以转换为 6 位十六进制表示法,例如 #3F0,可转换为 #33FF00,其余类推。
- 使用颜色英文名称,如 red 表示红色,green 表示绿色,blue 表示蓝色等。

【例 2-3-2】　主体 body 标记属性的应用。代码如下所示,其页面效果如图 2-3-2 所示。

```
1   <!-- edu_2_3_2.html -->
2   <!doctype html>
3   <html lang = "en">
4       <head>
5           <meta charset = "UTF-8">
6           <title>body 属性应用</title>
7           <meta name = "Generator" content = "EditPlus">
8           <meta name = "Author" content = "储久良">
9           <style type = "text/css">
10              div{background:#99cccc;width:500px;height:150px;}
11          </style>
12      </head>
13      <body text = "rgb(00,00,00)" bgcolor = "#f0f0f0"   background = "" link = "rgb(0%,
    100%,0%)" alink = "white" vlink = "red" topmargin = "60px" leftmargin = "60px"   >
14          <div id = "" class = "">
15              <p>欢迎访问我们的站点,我们为您提供网站地图。</p>
16              网站导航:
17              <a href = "http://www.baidu.com">百度</a>
```

```
18                    <a href = "http://www.163.com">网易</a>
19                    <a href = "http://www.sina.com.cn">新浪</a>
20                    <a href = "http://www.sohu.com.cn">搜狐</a>
21            </div>
22        </body>
23  </html>
```

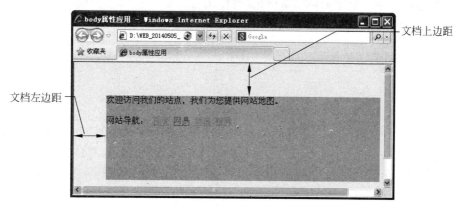

图 2-3-2　主体 body 标记属性的应用

3. 代码解释

代码中第 7 行说明网页是使用 EditPlus 软件编写的；第 8 行说明程序作者信息；第 10 行定义图层 div 的背景、宽度和高度；第 13 行设置 body 属性,其中设置网页信息显示的颜色为黑色、背景色为♯f0f0f0、链接的颜色为绿色、活动链接为白色、访问过链接为红色、网页中的文档左边距、上边距均为 60px；背景图片未加载,如果同时设置 bgcolor、background 的话,背景颜色将被背景图片遮挡住,除非背景图片的大小小于背景区域；第 15 行插入 1 个段落；第 17 行~第 20 行插入 4 个超链接。

2.4　HTML 基本语法

HTML 文档结构主要由若干标记构成,随着页面复杂程度的不同,所使用的标记数量和标记属性设置也不相同。掌握 HTML 标记语法和标记属性语法是设计 Web 页面的基础。

2.4.1　标记类型

HTML 标记是由尖括号包围的关键词,用于说明指定内容的外貌和特征,也可称为标签(Tag),本书统一约定为标记。<html></html>、<head></head>、<body></body>、
、<hr>等都是标记。标记类型通常分为单个标记和成对标记两种类型[3]。

1. 单个标记

仅使用单个标记就能够表达特定的意思,称为单个标记。W3C 定义的新标准(XHTML 1.0/HTML 4.01)建议单个标记应以"/"结尾,即<标记名称/>。

1)基本语法

```
<标记名称>或<标记名称/>
```

2）语法说明

最常用的单个标记有
、<hr>、<link>。
、
表示换行，<hr>、<hr/>表示水平分隔线，<link>表示链接标记。

2. 成对标记

HTML 标记通常是成对出现的，比如和。标记对中的第一个标记是开始标记（也称为首标记），第二个标记是结束标记（尾标记）。

1）基本语法

```
<标记名称>内容</标记名称>
```

2）语法说明

内容：是被成对标记说明特定外貌的部分。

例如，<html>与</html>之间的文本描述网页。<body>与</body>之间的文本是可见的页面内容。表示重要文本标记让浏览器将内容"表示重要文本"以标准粗体方式显示。<center>好好学习</center>标记让浏览器将内容"好好学习"以居中方式显示。

标记可以相互嵌套，但是不能交叉。尽管浏览器能够理解也不是好的编程习惯。

例如，将 h3 标记与 i 标记交叉了，错误代码如下所示：

```
<h3><i>这是错误的交叉嵌套的代码</h3></i>      <!—交叉嵌套错误 -->
```

正确代码如下所示：

```
<h3><i>这是正确嵌套不交叉的代码</i></h3>
```

2.4.2 HTML 属性

HTML 使用标记来描述网页，浏览器根据标记解释标记所包含内容的效果。每一个标记均定义了一个默认的显示效果，这些默认效果是通过标记的附加信息（也称为属性 Attribute）来定义。如果要修改某一个效果，那就需要修改该标记附加信息。

例如，段落 p 标记默认内容是居左对齐，如果需要将段落居中对齐显示，只需要设置对齐 align 属性。代码如下所示：

```
<p align = "center">这个段落居中显示</p>
```

1. 基本语法

```
<标记名称 属性名 1 = "属性值 1" 属性名 2 = "属性值 2" … 属性名 n = "属性值 n"></标记名称>
```

2. 语法说明

属性应在开始标记（首标记）内定义，且与首标记名称之间至少留有一个空格。例如，上例 p 标记中，align 为属性，center 为属性值，属性与属性值之间通过赋值号"＝"连接，属性值可以直接书写，也可以使用双引号""括起来。多个属性/值对之间至少留一个空格。

作为 Web 前端开发工程师应该养成一个良好的编写属性/值对的习惯，建议统一为属性值加上双引号,即属性名 n＝"属性值 n"。

下列写法也是正确的:

```
<p align = center>这个段落居中显示</p>
```

【例 2-4-1】 标记语法及属性语法的应用。代码如下所示,其页面效果如图 2-4-1 所示。

```
1    <! -- edu_2_4_1.html -->
2    <!doctype html>
3    < html lang = "en">
4       < head>
5          < meta charset = "UTF - 8">
6          < title>标记语法及属性语法应用 </title>
7          < style type = "text/css">
8             h2{text - align:center;background: #6699ff;padding:20px;}
9          </style>
10      </head>
11      < body background = "" text = "red">
12         < h2 align = "center">新  年  寄  语</h2>
13         < hr size = "2" color = " #6600ff" width = "100 %"/>
14         < p align = "left">        轻轻送上我忠诚的祈求和祝愿,祈求分别的
         时光像流水瞬间逝去,祝愿再会时,紧握的手中溢满友情和青春的力量。</p>
15         < p align = "right">        有一种跌倒叫站起,有一种失落叫收获,有
         一种失败叫成功——坚强些,朋友,明天将属于你!</p>
16      </body>
17   </html>
```

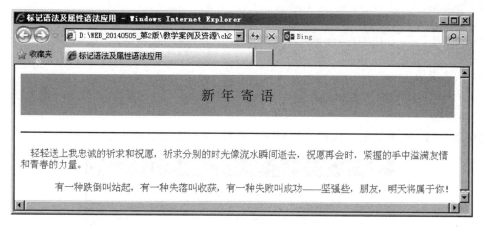

图 2-4-1　标记语法及属性语法应用

3. 代码解释

代码中第 4 行~第 10 行是 HTML 的头部,包含页面标题和样式的定义,其中样式标记中
定义标题字 h2 样式(对齐、背景和填充等属性);第 11 行~第 16 行是 HTML 的主体,包含标
题字、水平分隔线、段落等标记定义,其中第 11 行定义主体 body 的所有文本信息的颜色属性;
第 12 行定义标题字 h2 对齐 align 属性(居中对齐);第 13 行定义水平分隔线 hr 的粗细、颜
色、宽度等属性;第 14 行定义段落 p 的对齐 align 属性(左对齐);第 15 行定义段落 p 的对齐
align 属性(右对齐)。

2.5 注　释

为了提高代码的可读性、可维护性,作为 Web 前端开发工程师必须养成良好的编程习惯。通过注释标记给脚本代码或样式定义增加注释文本信息,可以给 Web 编程人员阅读和理解代码提供帮助,对后期软件维护和升级奠定基础。使用锯齿格式编写代码,即代码向右缩进 4 个字符,也可自定义缩进量。

在 HTML 代码中插入注释标记可以提高代码的可读性。浏览器不会解释注释标记,注释标记的内容也不会显示在页面上。

HTML 代码中添加注释的方法有两种:

- <！--注释信息-->。
- <comment>注释信息</comment>。

1. <！--注释信息-->

1) 基本语法

```
<! -- 显示一个段落  -->
```

2) 语法说明

以左尖括号和感叹号组合开始(<！--),以右尖括号(-->)结束。

2. 注释 comment 标记

1) 基本语法

```
<comment>显示一个段落</comment>
```

2) 语法说明

comment 标记是成对标记,以<comment>开始,以</comment>结束。标记包围的信息为注释内容。

【例 2-5-1】　给网页添加注释。代码如下所示,其页面效果如图 2-5-1 所示。

图 2-5-1　添加注释应用

```
1   <! -- edu_2_5_1.html -->
2   <!doctype html>
3   <html lang = "en">
```

```
4        < head >
5            < meta charset = "UTF - 8">
6            < title > 注释应用 </title>
7        </head>
8        < body >
9            < comment >显示一个段落</comment >
10           <p>这是一个段落</p>
11           < script type = "text/javascript">
12               <! --
13               document.write("HTML 注释的应用");
14               // -->
15           </script >
16       </body >
17   </html>
```

3. 代码解释

代码中第 1 行采用第 1 种注释方式；第 9 行采用第 2 种注释方式；第 11 行～第 15 行是在 body 标记中插入脚本标记，第 13 行是向页面输出信息。

2.6 HTML 文档编写规范

HTML 文档是 Web 网页的重要文本文件，也是 Web 前端开发工程师设计网站的重要信息载体。编写文档质量直接影响网站呈现形式、访问速度、网络流量和用户体验，所以遵循 HTML 文档编写规范十分重要。

2.6.1 HTML 代码书写规范

HTML 语法是 Web 页面设计应所遵循的基本规范，养成按规范编写代码，能够大大减少设计页面中存在的缺陷。下面是 HTML 页面编码时需要注意的基本规范[4]：

(1) HTML 标记是由尖括号包围的关键词。所有标记均以"＜"开始、以"＞"结束。结束的标记在开始标记名称前加上斜杠"/"。例如头部标记格式如下所示：

```
< head >   …   </head>
```

(2) 根据标记类型，正确书写标记，单个标记最好在右尖括号前加 1 个斜杠"/"，如换行标记是单个标记
，成对标记最好同时输入开始标记和结束标记，以免忘记。

(3) 标记可以相互嵌套（也称为包含），但不能交叉。如：

```
< head ><title>   …   </title></head>      <! -- 这是正确的书写格式 -->
< head ><style>   …</head></style>      <! -- 这是错误的书写格式 -->
```

(4) 书写 HTML 代码时不区分大小写，如头部标记写成＜HEAD＞、＜head＞、＜Head＞、＜HEAd＞都可以，但建议在同一个 Web 开发项目保持一种风格，如统一小写标记名称。

(5) 代码中包含任意多的回车符和空格在 HTML 页面显示时均不起作用。需要时可使用
和 来实现换行和插入空格。为了代码清晰，建议不同的标记都单独占一行。

（6）给标记设置属性时，属性值建议用双引号标注起来。如段落内容居中格式如下所示：

```
< p align = "center"> 这是段落信息居中显示 </p>
```

（7）书写开始与结束标记时，在左尖括号与标记名或与斜杠"/"之间不能留有多余空格，否则浏览器不能识别该标记，导致错误标记直接显示在页面上，影响页面美观效果。例如将【例 2-5-1】中第 7 行改成如下格式，错误的标记被显示在页面上，如图 2-6-1 所示。

```
< comment>显示一个段落< /comment >
```

图 2-6-1   添加注释应用

（8）编写 HTML 代码时，应该使用锯齿结构，即向右缩进 2～4 个字符，使代码结构清晰，提高代码的可读性，为后期阅读和维护提供帮助。

2.6.2　HTML 文档命名规则

HTML 文档是展示 Web 前端开发工程师成果的最好表示方式，为了便于文档规范化管理，在编写 HTML 文档时，必须遵循 HTML 文档命名规则[5]。

HTML 文档命名规则如下：

（1）文档的扩展名为 htm 或者 html，建议统一用 html。

（2）文档名称只可由英文字母、数字或下划线组成，建议以字母或下划线开始。

（3）文档名称中不能包含特殊符号，如空格、$ 、& 等。

（4）文档名称区分大小写，特别在 UNIX、Linux 系统中大小写表示的文件是不同。

（5）Web 服务器主页一般命名为 index. html 或 default. html。

2.7　HTML 文档类型

Web 世界中存在许多不同的文档。只有了解文档的类型，浏览器才能正确地显示文档。HTML 也有多个不同的版本，只有完全明白页面中使用的确切 HTML 版本，浏览器才能完全正确地显示出 HTML 页面。

2.7.1　<!DOCTYPE>标记

DOCTYPE 是 Document Type 的英文缩写，<!DOCTYPE>标记不是 HTML 标记。此标记可告知浏览器文档使用哪种 HTML 或 XHTML 规范。<!DOCTYPE>声明位于文档中的最前面的位置,处于<html>标记之前。

1. 基本语法

```
<!DOCTYPE element-name DTD-type DTD-name DTD-url>
```

2. 语法说明

- <!DOCTYPE>表示开始声明文档类型定义(Document Type Definition,DTD),其中 DOCTYPE 是关键字。
- element-name 指定该 DTD 的根元素名称。
- DTD-type 指定该 DTD 类型。设置为 PUBLIC,则表示该 DTD 是标准公用的,设置为 SYSTEM,则表示私人制定的。
- DTD-name 指定该 DTD 的文件名称。
- DTD-url 指定该 DTD 文件所在的 URL 地址。
- >是指结束 DTD 的声明。

2.7.2 DTD 类型

1. HTML 4.01 的 DTD 定义

HTML 4.01 中规定了 3 种 DTD 类型:严格 Strict、过渡 Transitional 以及框架 Frameset。

1) HTML Strict DTD

```
<!DOCTYPE HTML PUBLIC "-//W3C//DTD HTML 4.01//EN"
        "http://www.w3.org/TR/html4/strict.dtd">
```

2) HTML Transitional DTD

```
<!DOCTYPE HTML PUBLIC "-//W3C//DTD HTML 4.01 Transitional//EN"
        "http://www.w3.org/TR/html4/loose.dtd">
```

3) HTML Frameset DTD

```
<!DOCTYPE HTML PUBLIC "-//W3C//DTD HTML 4.01 Frameset//EN"
        "http://www.w3.org/TR/html4/frameset.dtd">
```

2. XHTML 1.0 的 DTD 定义

XHTML 1.0 规定了三种 XML 文档类型,以对应 Strict(严格类型)、Transitional(过渡类型)、Frameset(框架类型)三种类型的 DTD。

1) XHTML 1.0 Strict

```
<!DOCTYPE html PUBLIC "-//W3C//DTD XHTML 1.0 Strict//EN"
        "http://www.w3.org/TR/xhtml1/DTD/xhtml1-strict.dtd">
```

2) XHTML 1.0 Transitional

```
<!DOCTYPE html PUBLIC "-//W3C//DTD XHTML 1.0 Transitional//EN"
        "http://www.w3.org/TR/xhtml1/DTD/xhtml1-transitional.dtd">
```

3) XHTML 1.0 Frameset

```
<!DOCTYPE html PUBLIC " - //W3C//DTD XHTML 1.0 Frameset//EN"
        "http://www.w3.org/TR/xhtml1/DTD/xhtml1 - frameset.dtd">
```

3. HTML5 的 DTD 定义

```
<!doctype html>
```

在所有 HTML 文档中规定 doctype 是非常重要的,这样浏览器就能了解预期的文档类型。HTML 4.01 中的 doctype 需要对 DTD 进行引用,因为 HTML 4.01 基于 SGML。而 HTML 5 不基于 SGML,因此不需要对 DTD 进行引用,但是需要 doctype 来规范浏览器的行为(让浏览器按照它们应该的方式来运行)。

2.8 综合实例

以欢度元旦为主题,参照给定的 HTML 代码和图片资源,分别利用 NotePad、EditPlus 软件设计 Web 网页,效果如图 2-8-1 所示。在编写时要遵守 HTML 代码的编写规范,并养成良好的编码习惯。

图 2-8-1 综合实例应用

```
1  <! -- edu_2_8_1.html -->
2  <!doctype html>
3  <html lang = "en">
4     <head>
5         <meta charset = "UTF - 8">
```

```
6              <title>标记语法及属性语法应用 </title>
7              <style type = "text/css">
8                 div{text - align:center;}
9              </style>
10         </head>
11     < body bgcolor = "♯CDEBE6">
12         < h3 align = "center">欢度新年元旦</h3 >
13         < hr size = "2" color = "red" width = "100 %"/>
14         < p align = "left">    元旦(New Year's Day,New Year ),指一年开始
的第一天,也被称为"新历年"、"阳历年",在古代指阴历的正月初一。1949 年 9 月 27 日,中国人民政治
协商会议第一届全体会议正式确立公历 1 月 1 日为元旦。元旦是世界上很多国家或地区的法定假日。
</p>
15         < div id = "" class = "">
16             < img src = "yundan1.jpg" width = "300" height = "165">
17             < img src = "yundan2.jpg" width = "300" height = "165">
18         </div >
19         < hr size = "2" color = "red" width = "100 %"/>
20         < p align = "center">Web 前端开发技术工作室 Copyright &copy;2014 - 2016 </p>
21     </body >
22 </html>
```

上述代码中第 4 行~第 10 行是 HTML 的头部,包含元信息、标题和样式的定义;第 11 行~第 21 行是 HTML 的主体,包含标题字、水平分隔线、段落、图层、图像标记定义,其中第 11 行定义主体 body 的背景颜色属性;第 12 行、第 19 行定义标题字 h3 对齐 align 属性(居中对齐);第 13 行定义水平分隔线 hr 的粗细、颜色、宽度等属性;第 14 行定义段落 p 的对齐 align 属性(左对齐);第 15 行~第 18 行定义图层,图层内插入 2 个图像 img 标记,分别定义图像的宽度、高度、边框、提示文字、图片文件的 URL 等属性;第 20 行定义段落,说明版权信息。

本 章 小 结

本章主要介绍了 HTML 文件的基本结构。HTML 文档主要包含<html></html>、<head></head>、<body></body>3 个标记。

<body></body>是 HTML 文档的主体部分,其内容会显示在页面上。body 标记的常用属性有 text、bgcolor、background、link、vlink、alink、topmargin、leftmargin 等。在 head 标记中重点介绍了标题 title 和 meta 元信息标记,其中 meta 标记有两种属性,分别是 name、http-equiv,都是"属性/值"对中的属性,其值由属性 content 给定。

同时也介绍了 HTML 标记语法和属性语法。HTML 标记分为单个标记和成对标记。成对标记由开始标记和结束标记组成。标记属性必须在开始标记中定义,多个"属性/值"对之间至少空 1 个空格,首个属性与开始标记之间至少空 1 个空格。

HTML 4.01 和 XHTML 1.0 文档类型有三种:严格型(Strict)、过渡型(Transitional)、框架型(Frameset)。HTML5 文档类型改成简洁型<!doctype html>。

练习与实验

练习 2

1. 选择题

(1) 下列标记用于设置页面标题的标记是(　　　)。

 (A) ＜caption＞　　(B) ＜title＞　　(C) ＜html＞　　(D) ＜head＞

(2) 下列标记中能够显示网页内容的标记是(　　　)。

 (A) ＜title＞　　(B) ＜br＞　　(C) ＜html＞　　(D) ＜body＞

(3) 正确表达页面注释格式的是(　　　)。

 (A) ＜!--注释--＞　　　　　　　　　(B) ＜--注释--＞

 (C) ＜!注释＞　　　　　　　　　　　(D) ＜!comment＞

(4) 以下属性中不是 meta 元信息标记的属性是(　　　)。

 (A) name　　(B) color　　(C) content　　(D) http-equiv

(5) 设置 body 显示信息颜色为红色的属性是(　　　)。

 (A) text　　(B) color　　(C) bgcolor　　(D) background

(6) 以下标记不是成对标记的是(　　　)。

 (A) ＜html＞　　(B) ＜br＞　　(C) ＜body＞　　(D) ＜head＞

2. 填空题

(1) HTML 文档通常以_____或_____作为后缀名,网站的首页文件通常命名为_____或_____。

(2) HTML 文档是用来描述网页的,一般是由_____和_____等两部分组成。

(3) HTML 中标记分_____标记和_____标记两种。部分标记是单个标记,大多数标记是_____标记,由_____标记(或_____标记)和_____标记(或_____标记)组成。

(4) HTML 4.01 或 XHTML 1.0 的文档类型有 3 种,分别是_____、_____、_____。HTML5 中文档类型定义使用标记正确的写法是_____。

3. 简答题

(1) 简述一个 HTML 文档的基本结构应包含几个基本标记,并举例说明。

(2) 写出 HTML 文档命名规则。

实验 2

1. 分别使用 NotePad 和 EditPlus 软件编写符合以下要求的文档:标题为"求知家园",在浏览器窗口中显示"欢迎来到我们的求知家园",完成后的效果如图 2-1 所示。其中网页信息颜色为 blue、背景颜色为＃99ffff;水平分隔线粗细为 5、颜色为＃ff3333。

2. 使用 EditPlus 软件编写符合以下要求的文档:标题为"Google 搜索",在浏览器窗口中显示"欢迎使用 Google 搜索!"和 Google 图片,完成后的效果如图 2-2 所示。其中网页背景颜色为＃ffff33;水平分隔线粗细为 5、颜色为＃0033ff;图片名称为"google.png"。

网页中插入图片的方法格式如下:

```
< img src = "google.png" width = "275" height = "95" border = "0" alt = "">
```

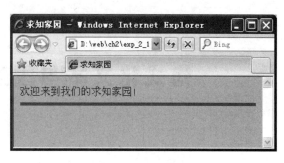

图 2-1 求知家园页面

图 2-2 Google 搜索页面

 工具介绍

1. NotePad++——文本编辑器

NotePad++是程序员必备的文本编辑器,软件小巧高效,支持 27 种编程语言,可以编辑 C、C++、Java、C♯、XML、HTML、PHP、JS 等。内置支持多达 27 种语法高亮度显示(包括各种常见的源代码、脚本,能够很好地支持),还支持自定义语言。

NotePad++官方网站 http://notepad-plus-plus.org/。

2. ExHtmlEditor——可视化的 HTML 编辑工具

ExHtmlEditor 是一个用于学习和编写 HTML 的工具。可以边写代码边实时可视化查看最后的结果。支持 HTML5、JavaScript 和 CSS3 元素。

环境要求:Windows XP SP3、Windows Vista、Windows 7、Windows 8、. NET Framework 4.0 等。

ExHtmlEditor 官方网站 https://exhtmleditor. codeplex. com/。

本章参考文献

[1] 严月浩. 基于. NET 平台的 Web 开发. 北京:北京大学出版社,2011:15.

[2] 刘涛. 网页设计技术. 北京:中国铁道出版社,2006:22-23.

[3] 陈尹立,陈国君. 大学计算机应用高级教程. 北京:清华大学出版社,2008:88.

[4] 本书编委会. HTML、CSS、JavaScript 标准教程实例版. 第 3 版. 北京:电子工业出版社,2011:19.

[5] 韩杰. 网页设计与制作. 西安:西安电子科技大学出版社,2010:101.

第3章 格式化文本与段落

本章学习目标

    网页内容排版包括文本格式化、段落格式化和整个页面的排版格式化,这是设计一个网页的基础。文本格式化标记基本分为字体标记、文字修饰标记。字体标记和文字修饰标记包括对于字体样式的一些特殊修改。段落格式分为段落标记、换行标记、水平分割线标记等。

    通过文本与段落格式化知识的学习,能够掌握页面内容的初步设计,理解并掌握 HTML 标题字标记、空格及特殊符号的使用。理解格式化标记中的文本修饰标记、计算机输出标记、引用和术语标记的语法及字体 font 标记语法及使用;理解段落与排版标记的语法,学会编写简易的 Web 页面代码。

    Web 前端开发工程师应掌握以下内容:

- 掌握标题字(h1~h6)标记语法及属性语法。
- 理解文本格式化标记类型与作用,并学会使用各种样式。
- 学会使用字体 font 标记。
- 学会使用段落与排版标记。
- 学会使用各类格式化标记设计简易的 Web 页面。

3.1 Web 页面初步设计

    Web 页面设计需要遵循简洁、一致性、有好的对比度的设计原则。简洁是指以满足人们的实际需求为目标,要求简练,准确。一致性是指网站中各个页面使用相同的页边距,页面中的每个元素与整个页面以及站点的色彩和风格上的一致性。对比度的目的强调突出关键内容,以吸引浏览者,鼓励他们去发掘更深层次的内容。

3.1.1 向 Web 页面添加文字信息

    在 HTML 文件中,主体内容被包含在<body></body>标记之间,同时 body 标记也有很多自身的属性,例如设置页面背景、设置页面边框间距等。

1. 基本语法

```
<body>向这里添加内容</body>
```

2. 语法说明

body 标记定义文档的主体。

body 标记包含文档的所有内容(比如文本、超链接、图像、表格和列表等)。

一个简单的 HTML 文档必须包含最基本必备的标记。

【例 3-1-1】 文档内容的应用。代码如下所示,其页面效果如图 3-1-1 所示。

```
1   <! -- edu_3_1_1.html -->
2   <!doctype html >
3   < html lang = "en">
4       < head >
5           < meta charset = "UTF - 8">
6           <title>文档的标题</title>
7       </head >
8       < body >
9           文档的内容…
10      </body >
11  </html >
```

图 3-1-1　添加文档内容

3. 代码解释

代码中第 4 行～第 7 行是 HTML 的头部,包含页面标题;第 8 行～第 10 行是 HTML 的主体,第 9 行是向主体中添加的文字信息。

3.1.2　标题字标记

标题字标记是由 h1～h6 共 6 种标记组成。标记中的字母 h 是英文 Heading 简称。作为标题字,h1 标记定义最大的标题字,h6 标记定义最小的标题字。h1 标记到 h6 标记属于块级标记,它们必须在 HTML 中首尾成对出现。浏览器会自动地在标题的前后添加空行。

1. 基本语法

```
< h1 align = "left|center|right|justify">1 号标题文字</h1 >
< h2 align = "left|center|right|justify">2 号标题文字</h2 >
< h3 align = "left|center|right|justify">3 号标题文字</h3 >
< h4 align = "left|center|right|justify">4 号标题文字</h4 >
< h5 align = "left|center|right|justify">5 号标题文字</h5 >
< h6 align = "left|center|right|justify">6 号标题文字</h6 >
```

2. 语法说明

h 后面的数字越小标题字越大。标题字标记的 align 属性用来定义标题字的对齐方式,对齐方式有 4 种,分别是 left、center、right、justify。但是一般推荐设计者使用 CSS 样式表来定义对齐方式。

【例 3-1-2】 标题字标记的应用。代码如下所示,其页面效果如图 3-1-2 所示。

```
1   <! -- edu_3_1_2.html -->
2   <!doctype html >
3   < html lang = "en">
4       < head >
5           < meta charset = "UTF - 8">
6           < title > 标题字应用 </title>
7       </head >
8       < body >
9           < h1 align = "center" > Web 前端开发技术</h1 >
10          < h2 align = "left" > Web 前端开发技术</h2 >
11          < h3 align = "center" > Web 前端开发技术</h3 >
```

格式化文本与段落

```
12        < h4 align = "right" > Web 前端开发技术</h4 >
13        < h5 align = "justify" > Web 前端开发技术</h5 >
14        < h6 align = "center" > Web 前端开发技术</h6 >
15      </body>
16 </html >
```

图 3-1-2　标题字应用

3. 代码解释

代码中第 4 行~第 7 行是 HTML 的头部,包含页面标题;第 8 行~第 15 行是 HTML 的主体,其中第 9 行 h1 标题字,居中显示;第 10 行 h2 标题字,左对齐,其余代码相似。

标题文字的大小由它们的重要性决定,等级越高的标题字号越大。在设计时要对各级标题有所规划,标题的内容能够准确地描述该段的内容,好的标题等级对于索引文档的内容能够起到重要的作用。

3.1.3　添加空格与特殊符号

在 HTML 文件中,添加空格的方式与其他文档添加空格的方式不同,网页中通过代码控制来添加空格,而在其他编辑器中通过键盘空格键来输入空格。

1. 基本语法

```
1  < body >
2       &lt;&reg;&times;
3  </body >
```

2. 语法说明

在网页中添加空格使用" ",其中"nbsp"是指 Non Breaking Space,空格数量与" "个数相同。

在网页中插入特殊字符与插入空格符号的方式相同。特殊符号对应的代码如表 3-1-1 所示。在 EditPlus V4.0 软件 HTML 工具栏中的特殊符号如图 3-1-3 所示。

表 3-1-1　特殊符号对应的代码

显示结果	说　　明	符号代码
	显示一个空格	
＜	小于	&lt;
＞	大于	&gt;
&	& 符号	&amp;
"	双引号	&quot;
©	版权	&copy;
®	注册商标	&reg;
×	乘号	&times;
÷	除号	&divide;

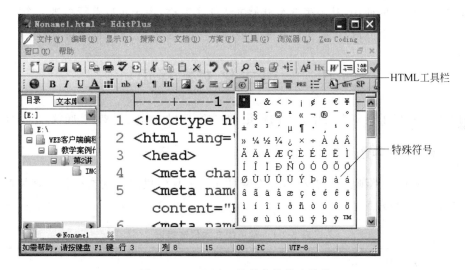

图 3-1-3　EditPlus 软件中的特殊符号

在 HTML 文件中特殊字符对应的代码,浏览器解释后会显示对应的特殊符号。

【例 3-1-3】　插入特殊符号的应用。代码如下所示,其页面效果如图 3-1-4 所示。

```
1  <! -- edu_3_1_3.html -->
2  <!doctype html>
3  <html lang = "en">
4    <head>
5        <meta charset = "UTF-8">
6        <title>插入特殊符号</title>
7    </head>
8    <body>
9            新浪科技讯 北京时间 11 月 21 日凌晨消息,台湾市场研究机构
Digitimes Research 周二发布报告称,预计 2013 年全球平板电脑销售量将会达到 2.1 亿台,超过笔记本
的年度销售量。<br>
10        <hr color = "blue">
11        <p align = "center">版权所有 &copy;新浪公司</p>
12    </body>
13  </html>
```

第 3 章

格式化文本与段落

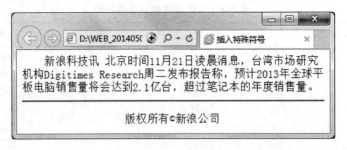

图 3-1-4 空格与特殊符号的应用

3. 代码解释

代码中第 4 行～第 7 行是 HTML 的头部,包含页面标题;第 8 行～第 12 行是 HTML 的主体,包含特殊字符的使用,其中第 9 行开始插入 4 个空格,用于实现首行缩进 2 个字符,行末插入
换行,第 10 行插入蓝色的水平分隔线,第 11 行插入(版权特殊符号)"©"。

3.2 格式化文本标记

HTML 中提供了很多格式化文本的标记,如文字加粗、斜体、下划线、底纹、上下标等。

3.2.1 文本修饰标记

文本修饰标记各类浏览器均支持,各类网页开发工具中仍然有这类标记。常见的文本修饰标记如表 3-2-1 所示。

表 3-2-1 常见的文本修饰标记

标　记	说　明
<b>软件工程专业!</b>	定义粗体
<i>软件工程专业!</i>	定义斜体
<u>软件工程专业!</u>	定义下划线
<del>软件工程专业!</del>	定义删除线
^{软件工程专业!}	定义上标
_{软件工程专业!}	定义下标
<strong>软件工程专业!</strong>	定义着重文字,与<b></b>效果相同
<em>软件工程专业!</em>	定义加重语气,与<i></i>效果相同
<small>软件工程专业!</small>	变小字号
<big>软件工程专业!</big>	变大字号

在 EditPlus V4.0 和 Adobe Dreamweaver CS6 以上版本中,已经使用<em></em>标记来表示强调的文本,替代<i></i>斜体标记;使用<strong></strong>标记来表示重要文本,替代<b></b>粗体标记。但<b></b>标记和<i></i>标记也还在使用。

3.2.2 计算机输出标记

常用的计算机输出标记如表 3-2-2 所示。

表 3-2-2　常用的计算机输出标记

标　　签	说　　明
\<code\>\</code\>	定义计算机代码
\<kbd\>\</kbd\>	定义键盘码
\<samp\>\</samp\>	定义计算机代码样本
\<tt\>\</tt\>	定义打字机代码
\<var\>\</var\>	定义变量
\<pre\>\</pre\>	定义预格式文本

3.2.3　引用和术语标记

常用的引用和术语标记如表 3-2-3 所示。

表 3-2-3　常用的引用和术语标记

标　　记	主　要　用　途
\<abbr\>etc.\</abbr\>	定义缩写
\<address\>江苏南京市\</address\>	定义地址
\<blockquote\>长的引用\</blockquote\>	定义长的引用
\<cite\>引用、引证\</cite\>	定义引用、引证
\<q\>引用短语\</q\>	定义短的引用语,IE 看不到引号,其余可以
\<dfn\>定义项目\</dfn\>	定义一个定义项目

【例 3-2-1】　文本修饰标记的应用。代码如下所示,其页面效果如图 3-2-1 所示。

```
1   <! -- edu_3_2_1.html -->
2   <!doctype html >
3   < html lang = "en">
4       < head >
5           < meta charset = "UTF - 8">
6           <title>文本修饰标记应用</title>
7       </head >
8       < body >
9           < center >
10              < h3 align = "center">文本修饰标记应用</h3 >
11              < hr size = "2" color = "red">
12              <comment>文本修饰标记应用</comment >< br >
13              <b>软件工程专业全国就业最好!</b>< br >
14              < i>软件工程专业全国就业最好!</i>< br >
15              < u>软件工程专业全国就业最好!</u>< br >
16              <del>软件工程专业全国就业最好!</del>< br >
17              X< sup >2 </sup >+ 2X + 5 = 0 < br >
18              X< sub >1</sub > = 2 < br >
19              < small>软件工程专业全国就业最好!</small>< br >
20              <big>软件工程专业全国就业最好!</big>< br >
21              < strong>软件工程!</strong >
22              < em>软件工程!</em >
23          </center >
24      </body >
25  </html>
```

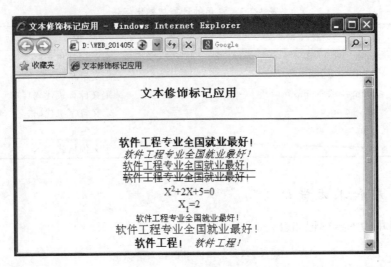

图 3-2-1　文本修饰标记应用

上述代码中第 8 行～第 24 行是 HTML 的主体部分,其中第 10 行是标题字标记的应用;第 12 行注释标记应用;第 13 行～第 22 行定义不同的文本修饰标记。

【**例 3-2-2**】　计算机输出标记的应用。代码如下所示,其页面效果如图 3-2-2 所示。

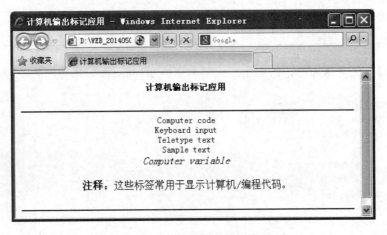

图 3-2-2　计算机输出标记应用

```
1   <! -- edu_3_2_2.html -->
2   <! doctype html >
3   < html lang = "en">
4       < head >
5           < meta charset = "UTF - 8">
6           <title>计算机输出标记应用</title>
7       </ head >
8   < body >
9       < center >
10          < comment >计算机输出标记应用</ comment >
11          < h5 >计算机输出标记应用</ h5 >
12          < hr size = "2" color = "blue">
13          < code > Computer code </ code ><br />
```

```
14              < kbd > Keyboard input </kbd >< br />
15              < tt > Teletype text </tt >< br />
16              < samp > Sample text </samp >< br />
17              < var > Computer variable </var >< br />
18              < p >
19              < b >注释: </b>这些标签常用于显示计算机/编程代码。
20              </p>
21              < hr size = "2" color = "blue">
22          </center >
23      </body >
24 </html >
```

上述代码中第 8 行~第 23 行是 HTML 的主体部分,其中第 10 行注释标记应用;第 11 行是标题字标记的应用;第 12 行是水平分隔线标记的应用;第 13 行~第 20 行定义不同的计算机输出标记。

【例 3-2-3】 引用、术语标记的应用。代码如下所示,其页面效果如图 3-2-3 和图 3-2-4 所示。

```
1  <! -- edu_3_2_3.html -->
2  <! doctype html >
3  < html lang = "en">
4      < head >
5          < meta charset = "UTF - 8">
6          < title >引用、术语标记应用</title>
7      </head >
8      < body >
9          < comment >引用、术语标记应用</comment >
10         < h5 >引用、术语标记应用</h5>
11         < hr size = "2" color = "blue">
12         这是缩写: The < abbr title = "People's Republic of China"> PRC </abbr > was founded
   in 1949.
13         < address >
14             地址: Written by < a href = "mailto:webmaster@ example.com"> Donald Duck </a >.<
   br >
15             Visit us at:< br >
16             Example.com < br >
17             Box 564, Disneyland < br >
18             USA
19         </address >
20         < h4 >这里是长的引用请注意,浏览器在 blockquote 元素前后添加了换行,并增加了外边
   距。: </h4 >
21         < blockquote >
22             This is a long quotation. This is a long quotation. This is a long quotation. This
   is a long quotation. This is a long quotation.
23         </blockquote >
24         < cite >引用、引证</cite >
25         < h4 >请注意,浏览器在引用的周围插入了引号。</h4 >
26         < p >Here comes a short quotation: < q >This is a short quotation </q ></p >
27         < dfn >定义项目</dfn >
28     </body >
29 </html >
```

格式化文本与段落

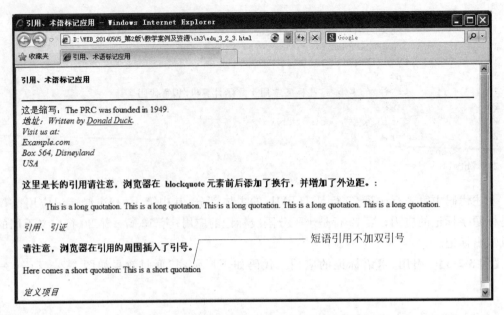

图 3-2-3　引用、术语标记(IE 浏览器)的应用

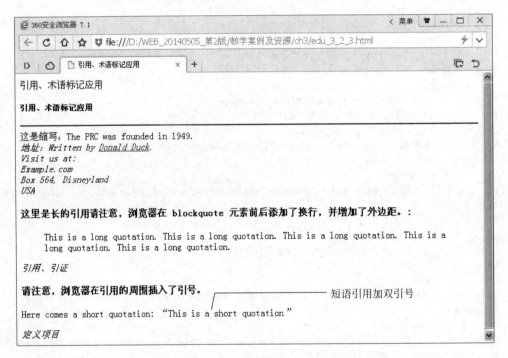

图 3-2-4　引用、术语标记(360 安全浏览器)的应用

代码解释

代码中第 8 行～第 28 行是 HTML 的主体部分,其中第 12 行缩写标记的应用;第 11 行～第 19 行是地址标记的应用;第 21 行～第 23 行是长块引用标记的应用;第 26 行是短块引用标记的应用。第 24 行、第 27 行分别是 cite、dfn 标记的应用。

3.2.4 字体 font 标记

在不指定任何样式的情况下,IE 浏览器会把字体显示为 3 号、黑色、宋体。因此设计网页时,根据需要更改不同段落的字体。

font 标记规定文本的字体系列、字体尺寸、字体颜色,所有浏览器均支持 font 标记。

1. 基本语法

```
< font face = ""  size = ""  color = "" >…</font>
```

2. 属性说明

font 标记的属性、值及其说明如表 3-2-4 所示。

表 3-2-4 font 标记的属性、值及其说明

属性	值	说明
size	+1~+7,1~7,-1~-7	正数字越大字号越大,负数字越大字号越小
color	rgb(r,g,b) rgb(r%,g%,b%) ♯rrggbb 或 ♯rgb colorname	规定文本的颜色。可以使用 rgb 函数、十六进制数、颜色英文名称来表达
face	字体 1,字体 2,…,字体 n	face 属性可以有多个值,用逗号分隔。字体使用方式为从左向右依次选用。只要前面字体不存在,则使用后一个字体,都不存在,使用默认"宋体"

属性 size 取值为整数 1~7,可以在数字的前面加上"+/-"符号,加上"+"表示字号比原来的字号大一些,加上"-"表示字号比原来的字号小些;属性 face 取值为计算机中安装的字体的名称,可以同时赋多个字体名称,每个名称之间用逗号分隔;属性 color 取值可以是颜色的英文名称、十六进制数、RGB()函数。

【例 3-2-4】 网页字体样式的应用。代码如下所示,其页面效果如图 3-2-5 所示。

```
1  <! -- edu_3_2_4.html -->
2  <! doctype html >
3  < html lang = "en">
4    < head >
5      < meta charset = "UTF-8">
6      <title>文字样式</title>
7    </head >
8    < body >
9      <strong>文字样式为黑体、颜色♯000fff、大小从-1~-7:</strong>
10       < font face = "黑体" size = "-1" color = "♯000fff">1 字</font >
11       < font face = "黑体" size = "-2" color = "♯000fff">2 字</font >
12       < font face = "黑体" size = "-3" color = "♯000fff">3 字</font >
13       < font face = "黑体" size = "-4" color = "♯000fff">4 字</font >
14       < font face = "黑体" size = "-5" color = "♯000fff">5 字</font >
15       < font face = "黑体" size = "-6" color = "♯000fff">6 字</font >
16       < font face = "黑体" size = "-7" color = "♯000fff">7 字</font ><br >
17     <strong>文字样式为宋体、颜色♯ff0066、大小从1~7:</strong>
18       < font face = "宋体" size = "1" color = "♯ff0066">1 字</font >
19       < font face = "宋体" size = "2" color = "♯ff0066">2 字</font >
20       < font face = "宋体" size = "3" color = "♯ff0066">3 字</font >
21       < font face = "宋体" size = "4" color = "♯ff0066">4 字</font >
```

```
22              <font face = "宋体" size = "5" color = "♯ff0066">5 字</font>
23              <font face = "宋体" size = "6" color = "♯ff0066">6 字</font>
24              <font face = "宋体" size = "7" color = "">7 字</font><br>
25          <strong>文字样式为隶书、颜色♯ff0066、大小从 +1～+7: </strong>
26              <font face = "黑体" size = " +1" color = "♯ff0066">1 字</font>
27              <font face = "黑体" size = " +2" color = "♯ff0066">2 字</font>
28              <font face = "黑体" size = " +3" color = "♯ff0066">3 字</font>
29              <font face = "黑体" size = " +4" color = "♯ff0066">4 字</font>
30              <font face = "黑体" size = " +5" color = "♯ff0066">5 字</font>
31              <font face = "黑体" size = " +6" color = "♯ff0066">6 字</font>
32              <font face = "黑体" size = " +7" color = "♯ff0066">7 字</font>
33      </body>
34 </html>
```

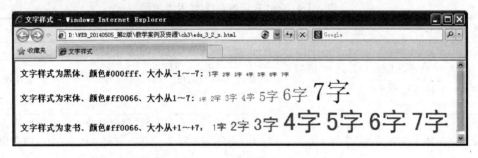

图 3-2-5　字体标记属性应用

3. 代码解释

代码中第 8 行～第 33 行是 HTML 的主体部分,其中第 10 行～第 16 行设置字体为"黑体、颜色为♯000fff、大小从−1～−7";第 18 行～第 24 行设置字体为"宋体、颜色为♯ff0066、大小从 1～7";第 26 行～第 32 行设置字体为"黑体、颜色为♯ff0066、大小为＋1～＋7"。

3.3　段落与排版标记

网页的外观是否美观,很大程度上取决于其排版。在页面中出现大段的文字,通常采用分段进行规划,对换行也有极其严格的划分。本节从段落的细节设置入手,利用段落标记自如地处理大段的文字。

3.3.1　段落 p 标记

几乎所有的 HTML 文档中都离不开段落,合理地使用段落会使文字的显示更加美观,表达更加清晰。段落 p 标记用来开始一个段落,它是一个块级标记,该标记中不能再包含其他的任何块级标记。

1. 基本语法

```
<p align = "left|center|right|justify">段落正文内容</p>
```

在 HTML 文件中,段落 p 标记是一个单个标记,但一般将它做成成对标记,所以可以给它加上结束标记</p>。利用 p 标记可以对网页中的文字信息进行段落的定义。段落 p 标记会自动在其前后创建一些空白。浏览器会自动添加这些空间,当然也可以在样式表中定义。

段落 p 标记的 align 属性有 4 个属性值,其说明如表 3-3-1 所示。

表 3-3-1　段落 p 标记 **align** 属性的值及说明

值	说　明	值	说　明
left	左对齐	right	右对齐
center	居中	justify	两端对齐

【例 3-3-1】　网页段落样式的应用。代码如下所示,页面如图 3-3-1 所示。

```
1  <! -- edu_3_3_1.html -->
2  <!doctype html>
3  <html lang = "en">
4      <head>
5          <meta charset = "UTF-8">
6          <title>段落样式应用</title>
7      </head>
8      <body>
9          <h5 align = "center">段落 p 标记对齐方式</h5>
10         <hr color = "blue">
11         <p align = "left">网页的外观是否美观,很大程度上取决于其排版。</p>
12         <p align = "center">网页的外观是否美观,很大程度上取决于其排版。</p>
13         <p align = "right">网页的外观是否美观,很大程度上取决于其排版。</p>
14     </body>
15 </html>
```

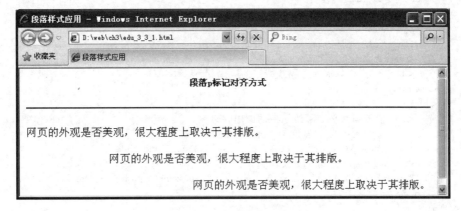

图 3-3-1　段落样式应用

2. 代码解释

代码中第 4 行~第 7 行是 HTML 的头部,包含页面标题;第 8 行~第 14 行是 HTML 的主体,包含多种段落样式,其中第 11 行左对齐,第 12 行为居中对齐,第 13 行为右对齐格式。

3.3.2　换行 br 标记

在 HTML 文件中,插入换行标记
的作用和普通文档插入回车的作用一样,都表示强制性换行。

基本语法

换行:
或

格式化文本与段落

在 HTML 文档中,换行 br 标记属于单个标志,表示插入换行符。

3.3.3　水平分隔线 hr 标记

对于网页设计而言,经常会使用水平分隔线将页面区域按照功能用途进行分隔。hr 标记是单个标记,可以在浏览器上显示一条线以分隔两个区域。

1. 基本语法

```
< hr width = "" size = "" color = "" align = "" noshade >
```

水平分隔线 hr 标记的属性、值及其说明如表 3-3-2 所示。

表 3-3-2　hr 标记的属性、值及其说明

属性	值	说　明
width	像素 px 或百分比	设置水平线宽度
size	整数,单位 px	设置水平线高度
noshade	noshade	设置水平线无阴影
color	rgb 函数、十六进制数,颜色英文名称	设置水平线颜色
align	left|center|right	设置水平线对齐方式

【例 3-3-2】　换行与水平分隔线标记的应用。代码如下所示,其页面效果如图 3-3-2 所示。

```
1   <! -- edu_3_3_2.html -->
2   <!doctype html>
3   < html lang = "en">
4       < head >
5           < meta charset = "UTF - 8">
6           < title >换行与水平分隔线标记的应用</title>
7       </head >
8       < body >
9           < h4 >换行与水平分隔线标记的应用</h4 >
10          < p >< em >大小为 3、宽度为 60 %、居中</em ></p >
11          < hr size = "3" width = "60 %" color = " # 330099" noshade >
12          < strong >宽度为 600px、大小为 5、绿色、居右对齐</strong >< br >< br >
13          < hr width = "600px" size = "5" color = " # 00ee99" align = "right">
14      </body >
15  </html >
```

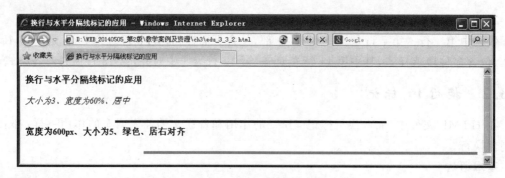

图 3-3-2　插入水平分隔线

2. 代码解释

代码中第4行～第7行是HTML的头部，包含页面标题；第8行～第14行是HTML的主体部分，第11行插入1条"大小为3、宽度为60%、居中"水平分隔线；第13行插入1条"大小为5、宽度为600px、居右对齐"水平分隔线。

3.3.4 内容居中 center 标记

对网页中的文字、图片或者其他对象以居中方式显示。

基本语法

```
<center>居中显示的内容</center>
```

3.3.5 段落缩进 blockquote 标记

段落缩进（也称为"块引用"）blockquote 标记引用的内容必须是块级标记，浏览器在 blockquote 标记前后添加了换行，并增加了外边距。一对 blockquote 标记能够向右缩进5个西文字符的位置。

1. 基本语法

```
<blockquote>需要缩进的内容</blockquote>
```

【例3-3-3】 居中与块引用标记的应用。代码如下所示，其页面效果如图3-3-3所示。

```
1   <!-- edu_3_3_3.html -->
2   <!doctype html>
3   <html lang = "en">
4       <head>
5           <meta charset = "UTF-8">
6           <title>居中与块引用标记的应用</title>
7       </head>
8       <body>
9           <center>
10              <h5>居中显示信息</h5>
11              <p>这段文字将居中显示。</p>
12          </center>
13          <h5>段落缩进标记的应用</h5>
14          <hr color = "green">
15          <p>这行文字没有缩进</p>
16          <blockquote>这行文字行首缩进5个字符位置</blockquote>
17          <blockquote>
18              <blockquote>这行文字行首缩进10个字符位置</blockquote>
19          </blockquote>
20      </body>
21  </html>
```

2. 代码解释

代码中第9行～第12行设置5号标题字和段落进行居中显示。第15行此行文字没有设置块用，所以没有缩进；第16行设置块引用，所以此行文字行首缩进5个字符位置；第17行～第19行嵌套使用2个块引用标记，此行行首向右缩进10个字符的位置。

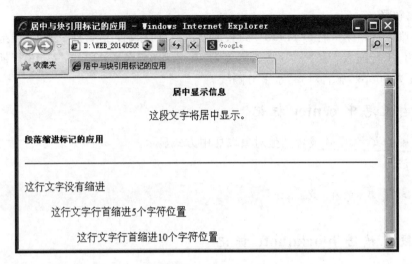

图 3-3-3　设置段落缩进

3.3.6　预格式化 pre 标记

在 HTML 中利用成对的<pre></pre>标记对网页中的文字段落进行预格式化，浏览器会完整保留设计者在源文件中所定义的格式，包括各种空格、缩进以及其他特殊格式。

1. 基本语法

```
< pre>预格式化文本 </pre >
```

【**例 3-3-4**】　预格式化的应用。代码如下所示，其页面效果如图 3-3-4 所示。

```
1   <! -- edu_3_3_4. html -->
2   <! doctype html >
3   < html lang = "en">
4       < head >
5           < meta charset = "UTF - 8">
6           < title>预格式化</title>
7       </head >
8       < body >
9           < pre >
10                      春 晓
11
12                  孟浩然
13                      春眠不觉晓，
14                                          处处闻啼鸟。
15                      夜来风雨声，
16                                          花落知多少。
17          </pre >
18      </body >
19  </html >
```

2. 代码解释

代码中第 4 行～第 7 行是 HTML 的头部，包含元信息、页面标题；第 8 行～第 18 行是 HTML 的主体，其中第 9 行～第 17 行对文字段落进行预格式化。

图 3-3-4　预格式化

3.4　综合实例

以"教育信息化十三五规划报告"为主题,参照给定的 HTML 代码,完成 Web 网页的设计,效果如图 3-4-1 所示。在编写时要遵守 HTML 代码的编写规范,并养成良好的编码习惯。

```
1  <!-- edu_3_4_1.html -->
2  <!doctype html>
3  <html lang = "en">
4      <head>
5          <meta charset = "UTF-8">
6          <title>教育信息化十三五规划报告</title>
7      </head>
8      <body>
9          <h2 align = "center">2016-2021 年教育信息化行业深度分析及"十三五"发展规划指导报告</h2>
10         <hr width = "100%" size = "3" color = "red">
11         <pre>
12                 细分报告: 教育信息化市场研究报告    教育信息化市场调查报告    教育信息化前景预测报告
13                         教育信息化市场分析报告    教育信息化市场评估报告    教育信息化重点企业报告
14                         教育信息化发展前景报告    教育信息化投资规划报告    教育信息化深度研究报告
15                         教育信息化投资前景报告    教育信息化项目调研报告
16         </pre>
17         <hr width = "100%" size = "1" color = "#000fff">
18         <h3>报告导读</h3>
19         <p>    本报告从国际教育信息化发展、国内教育信息化政策环境及发展、研发动态、进出口情况、重点生产企业、存在的问题及对策等多方面多角度阐述了教育信息化市场的发展,并在此基础上对教育信息化的发展前景做出了科学的预测,最后对教育信息化投资潜力进行了分析。</p>
20         <h3>郑重声明</h3>
21         <p><blockquote>本报告由中国报告大厅出版发行,报告著作权归宇博智业所有。本报告是宇博智业的研究与统计成果,有偿提供给购买报告的客户使用。未获得宇博智业书面授权,任何网站或媒体不得转载或引用,否则宇博智业有权依法追究其法律责任。如需订阅研究报告,请直接联系本网站,以便获得全程优质完善服务。</blockquote></p>
```

格式化文本与段落

```
22          < hr width = "100％" size = "1" color = "＃000fff">
23          < center > Copyright&copy; 中国报告大厅 京 ICP 备 11010674 号 - 2   京公网安备 11010502024380
</center >
24      </body >
25 </html >
```

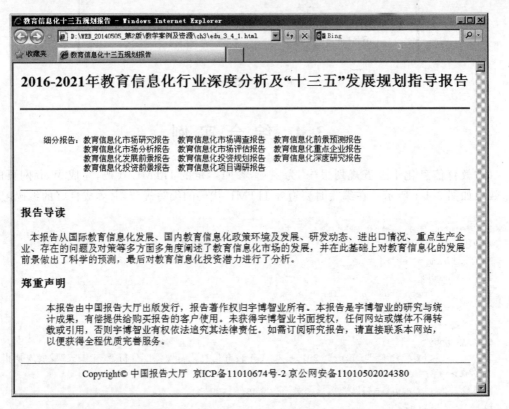

图 3-4-1   教育信息化十三五规划报告页面

上述代码中第 4 行～第 7 行是 HTML 的头部；第 8 行～第 24 行是 HTML 的主体,其中第 10 行、第 17 行定义 2 条水平分隔线；第 11 行～第 16 行应用预格式化标记；第 18 行和第 20 行应用标题字 h3 标记；第 19 行和第 21 行定义 2 个段落,分别应用空格和段落缩进标记；第 23 行应用居中标记和特殊符号。

本 章 小 结

本章主要介绍了格式化文字与段落的各种标记,包括标题字标记、字体标记、文本修饰标记以及段落相关的标记。<h1>～<h6>是标题字标记,通过 align 属性设置标题字的对齐方式。空格与特殊字符都需要通过代码控制来添加。字体标记主要通过 font 标记的属性改变字体、颜色、大小。文本修饰标记主要是对文本进行一些特殊的修饰。

段落与排版标记会使网页文字显得更加清晰,介绍了段落 p 标记、换行 br 标记、水平分隔线 hr 标记、内容居中 center 标记、段落缩进 blockquote 标记的使用方法。

在网页设计中,对网页的文字进行必要的布局并添加页面效果,从而使网页更加美观和丰富,要合理地使用本节介绍到的各种文字和段落标记。

练习与实验

练习 3

1. 选择题

(1) 下列不是字体标记的属性的是(　　)。

(A) align　　　　　　(B) size　　　　　　(C) color　　　　　　(D) face

(2) 关于标题字标记对齐方式,标记属性取值不正确的是(　　)。

(A) 居中对齐:<h1 align="middle">…</h1>

(B) 居右对齐:<h2 align="right">…</h2>

(C) 居左对齐:<h4 align="left">…</h4>

(D) 两端对齐:<h6 align="justify">…</h6>

(3) 下列选项中表示字体标记的是(　　)。

(A) <boby></body>　　　　　　　　(B) <font> </font>

(C)
　　　　　　　　　　　　　(D) <p></p>

(4) 下列选项中表示段落标记的是(　　)。

(A) <html></html>　　　　　　　　(B) <boby></body>

(C) <p></p>　　　　　　　　　　　(D) <pre></pre>

(5) 在 HTML 中,<h3></h3>是(　　)标记。

(A) 标题字　　　(B) 预格式化　　　(C) 换行　　　(D) 随意显示信息

(6) 下列标记中,设置页面标题的标记是(　　)。

(A) <title></title>　　　　　　　　(B) <caption></caption>

(C) <head> </head>　　　　　　　　(D) <html></html>

(7) 下列标记中表示单个标记的是(　　)。

(A) body 标记　　(B) br 标记　　(C) html 标记　　(D) title 标记

(8) <title></title>标记是放在(　　)标记内。

(A) <pre> </pre>　　　　　　　　　(B) <head> </head>

(C) <body> </body>　　　　　　　　(D) </head> <body>

(9) 下列选项中表示版权符号的是(　　)。

(A) &lt　　　　(B) >　　　　(C) ©　　　　(D) ®

(10) HTML 中<hr>的作用是(　　)。

(A) 插入一条水平分隔线　　　　　　(B) 换行

(C) 插入一个空格　　　　　　　　　(D) 加粗字体

2. 填空题

(1) HTML 网页文件的主体标记是_____,标记页面标题的标记是_____。

(2) 一个 HTML 文档的开始标记是_____;结束标记是_____。

(3) 设置文档标题以及其他不在 Web 网页上显示的信息的开始标记是_____;结束标记是_____。

(4) 网页中可显示的信息是包含在以_____为开始标记,以_____为结束标记之间。

格式化文本与段落

（5）网页标题会显示在浏览器的标题栏中，则网页标题可使用＿＿＿＿＿＿＿＿标记来定义。

（6）<center></center>标记的功能是＿＿＿＿＿＿＿。

（7）与标记<b></b>功能相同的标记是＿＿＿＿＿＿；与标记<i></i>功能相同的标记是＿＿＿＿＿＿。

3. 简答题

（1）简述格式化文本标记分几类，并举例说明。

（2）简述有哪些段落与排版标记以及其作用。

实验 3

1. 编写代码实现如图 3-1 所示的页面效果。设计要求：页面上方水平分隔线粗细为 1px、颜色为 #000fff，页面下方水平分隔线粗细为 1px、颜色为 #00ffff。

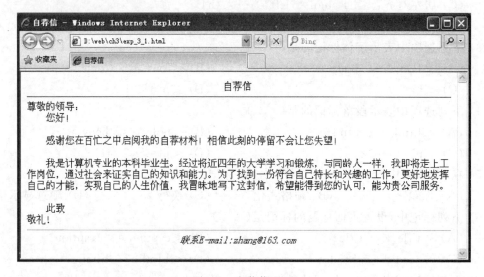

图 3-1　自荐信页面

2. 按如下要求设计 Web 页面，如图 3-2 所示。要求如下：

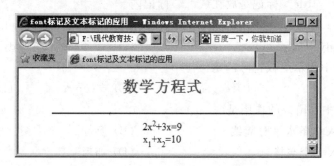

图 3-2　font 标记及文本标记的应用

（1）3 号标题字设置标题"数学方程式"，样式采用 style 标记定义，格式为字体大小 24px、颜色红色、文本居中对齐；

（2）一条宽度为 80%、大小为 2、颜色为蓝色的水平线；

（3）方程式 1：$2x^2 + 3x = 9$；

（4）方程式 2：$x_1 + x_2 = 10$；

（5）在头部插入样式标记，定义如下：

```
< style type = "text/css">
    h3{font - size:24px;color:red;text - align:center;}
</style >
```

 工具介绍

1. Fresh HTML——所见即所得（WYSIWYG）网页编辑器

Fresh HTML 是一个支持所见即所得功能的 HTML 编辑器，可以实现像编辑文本文件一样对 HTML 页面进行编辑。它使用方便，支持对 HTML 代码进行调整，以适合页面效果。它是一个免费软件，还保持了定期更新。

Fresh HTML 官方网站 http://fresh-html.cn.uptodown.com/。

2. 在线 HTML 编辑器 KindEditor

KindEditor 官方网站 http://kindeditor.net/。

格式化文本与段落

第4章　　　列　表

本章学习目标

在网页设计过程中,经常会使用列表来呈现页面信息,如网易、搜狐、新浪等大型 IT 网站的首页导航条基本上采用列表方式来显示信息。通过列表知识的学习,能够了解列表的类型,掌握无序列表、有序列表、定义列表的作用及使用方法;学会使用不同列表类型及嵌套列表来解决网页设计中所遇到的一些实际问题。

Web 前端开发工程师应掌握以下内容:

- 了解列表的类型。
- 掌握无序列表、有序列表、定义列表标记语法及属性语法。
- 学会使用无序、有序及定义列表设计 Web 网页。
- 学会使用列表嵌套设计小型网站首页。

网站首页中经常会把一些相关信息以简洁便于阅读的方式呈现出来,呈现方法一般采用列表来实现。网易、新浪、搜狐等大型 IT 网站均采用列表形式来呈现导航菜单。本章主要介绍常用的列表标记和属性语法。

4.1　列　表　概　述

列表能对网页中的相关信息进行合理的布局,将项目有序或无序地罗列在一起,从而方便用户浏览和操作。HTML 中列表一共有 5 种,分别是无序列表、有序列表、定义列表、菜单列表和目录列表。但常用的列表有 3 种,分别是无序列表、有序列表、定义列表。菜单列表和目录列表可作为无序列表的特例。列表类型如表 4-1-1 所示。

表 4-1-1　列表类型与标记符号

列表类型	标记符号	备注
无序列表	<ul>…</ul>	常用
菜单列表	<menu>…</menu>	不常用
目录列表	<dir>…</dir>	不常用
有序列表	<ol>…</ol>	常用
定义列表	<dl>…</dl>	常用

4.2　无　序　列　表

无序列表(Unordered List)ul 标记是成对标记,<ul>是开始标记,</ul>是结束标记,两者之间插入若干个列表项 li(List Items)标记,完成无序列表的插入。

1. 基本语法

```
1  < ul type = "">
2      < li type = "">项目名称</li>
3      < li type = "">项目名称</li>
4      < li type = "">项目名称</li>
5      …
6  </ul >
```

2. 语法说明

在无序列表 ul 标记之间必须使用<li></li>标记来添加列表项值。列表项 li 标记的 type 属性取值与无序列表 ul 标记的 type 属性相同。当设置列表项的 type 属性值后,该列表项前面的符号会改变,而其他未设置 type 属性的列表项前面的符号按原样显示。设置 ul 标记的 type 属性会使其所包含的列表项按统一风格显示,设置其中某一列表项的 type 属性值时只会影响它自身的显示风格,其他列表项按原样显示。

无序列表 ul 标记的 type 属性有 3 种取值,其属性值及说明如表 4-2-1 所示。

表 4-2-1   无序列表标记的属性及其说明

属　　性	值	说　　明
type	disc	实心圆形●
	circle	空心圆形○
	square	实心正方形■

【例 4-2-1】   无序列表的应用。代码如下所示,其页面效果如图 4-2-1 所示。

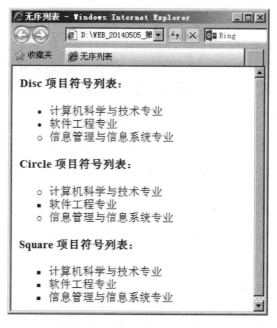

图 4-2-1   无序列表的应用

```
1   <! -- edu_4_2_1.html -->
2   <!doctype html>
3   < html lang = "en">
4      < head >
5          < meta charset = "UTF - 8">
6          <title>无序列表</title>
7      </head >
8      < body >
9          <h4>Disc 项目符号列表:</h4>
10         < ul type = "disc">
11             <li>计算机科学与技术专业</li>
12             <li>软件工程专业</li>
13             < li type = "circle">信息管理与信息系统专业</li>
14         </ul>
15         < h4 > Circle 项目符号列表:</h4>
16         < ul type = "circle">
17             <li>计算机科学与技术专业</li>
18             < li type = "square">软件工程专业</li>
19             <li>信息管理与信息系统专业</li>
20         </ul>
21         < h4 > Square 项目符号列表:</h4>
22         < ul type = "square">
23             <li>计算机科学与技术专业</li>
24             <li>软件工程专业</li>
25             <li>信息管理与信息系统专业</li>
26         </ul>
27      </body>
28 </html>
```

3. 代码解释

代码中第 10 行~第 14 行项目符号为实心圆形,除第 13 行定义了列表项的 type 属性值为 circle,所以此项前面显示空心圆;第 16 行~第 20 行项目符号为空心圆形,第 18 行定义了列表项的 type 属性值为 square,所以此项前面显示实心正方形;第 22 行~第 26 行项目符号为实心正方形。通过设置 type 属性值来改变列表项前面的符号。

4.3 有 序 列 表

有序列表(Ordered List)ol 标记是成对标记,以<ol>为起始标记,以</ol>为结束标记,在其间使用<li></li>标记完成有序列表项目的插入。

1. 基本语法

```
1   < ol type = "" start = "">
2      < li type = ""   value = "n">项目名称</li>
3      < li type = ""   value = "n">项目名称</li>
4      < li type = ""   value = "n">项目名称</li>
5      ...
6   </ol>
```

在<ol>、</ol>标记之间必须使用<li></li>标记来添加列表项值。

2. 属性说明

1) 列表 ol 标记的属性

- type：列表项前面的编号，由于编号是有序的，有 5 种不同类型。
- start：定义有序列表起始编号，如 start＝"2"，当 type＝"1"时，表示从第 2 个开始编号；当 type＝"A"，表示从 B 开始编号，其他依次类推。

2) 列表项 li 标记的属性

- type：只影响当前列表项前面编号类型，后续列表项前面编号依旧遵循 ol 标记的 type 属性的取值。
- value：改变当前列表项前编号的值，并影响其后所有列表项编号的值。

有序列表 ol 标记的属性、值及说明如表 4-3-1 所示。

表 4-3-1　有序列表的属性、值及说明

属性	值	说　　明
type	1	定义有序列表中列表项的项目符号为数字列表
	A	定义有序列表中列表项的项目符号为大写字母列表
	a	定义有序列表中列表项的项目符号为小写字母列表
	I	定义有序列表中列表项的项目符号为大写罗马字母列表
	i	定义有序列表中列表项的项目符号为小写罗马字母列表
start	数值	有序列表中列表项的起始数字

【例 4-3-1】　有序列表的应用。代码如下所示，其页面效果如图 4-3-1 所示。

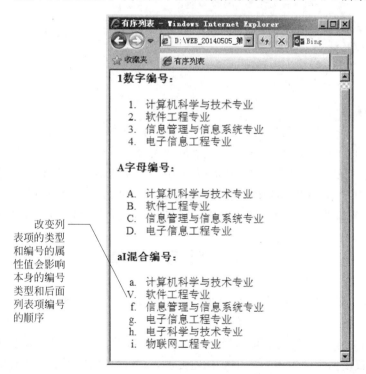

改变列表项的类型和编号的属性值会影响本身的编号类型和后面列表项编号的顺序

图 4-3-1　有序列表的应用

```
1   <! -- edu_4_3_1.html -->
2   <!doctype html>
3   < html lang = "en">
4       < head >
5           < meta charset = "UTF - 8">
6           <title>有序列表</title>
7       </head >
8       < body >
9           < h4 >1 数字编号:</h4 >
10          < ol >
11              <li>计算机科学与技术专业</li>
12              <li>软件工程专业</li>
13              <li>信息管理与信息系统专业</li>
14              <li>电子信息工程专业</li>
15          </ol >
16          < h4 >A 字母编号:</h4 >
17          < ol type = "A">
18              <li>计算机科学与技术专业</li>
19              <li>软件工程专业</li>
20              <li>信息管理与信息系统专业</li>
21              <li>电子信息工程专业</li>
22          </ol >
23          < h4 >aI 混合编号:</h4 >
24          < ol type = "a">
25              <li>计算机科学与技术专业</li>
26              < li type = "I" value = "5">软件工程专业</li>
27              <li>信息管理与信息系统专业</li>
28              <li>电子信息工程专业</li>
29              <li>电子科学与技术专业</li>
30              <li>物联网工程专业</li>
31          </ol >
32      </body >
33  </html >
```

3. 代码解释

代码中第 10 行~第 15 行实现数字编号的有序列表;第 17 行~第 22 行实现大写字母编号的有序列表,第 24 行~第 31 行实现小写字母和大写罗马数字混合编号的有序列表,由于第 26 行设置了列表项的 type 属性为 I、value 属性为 5,致使当前列表项前的编号变成大写罗马字母,开始顺序为 V,大写罗马字母中第 5 个正好是 V。从第 3 个列表项开始向后所有列表项的编号顺序随之发生改变,顺序从第 6 个小写字母 f 开始向后连续编号,分别是 f、g、h、i。

4.4 列 表 嵌 套

在一个列表中嵌入另一个列表,作为此列表的一部分,叫列表嵌套。有序列表、无序列表可以混合嵌套,浏览器都能够自动地嵌套排列[1]。

列表嵌套的优势:在设计网页时,经常遇到内容层次较多的情况,可以使用列表嵌套来表示,列表嵌套不仅使网页的内容布局更加合理美观,而且使其内容看起来更加简洁[2]。

列表嵌套的方式:列表既可以是无序列表的嵌套,也可以是有序列表的嵌套,还可以是无序列表和有序列表的混合嵌套。嵌套列表不可以交叉嵌套。如<ul><ol></ul></ol>就是错误的嵌套。当然定义列表也可以与无序列表、有序列表进行嵌套。

1. 基本语法

```
1  <ul>                    <! --   无序列表中嵌套有序列表   -->
2     <li>项目名称
3        <ol>                  <! --   有序列表中又嵌套无序列表  -->
4            <li>项目名称 </li>
5            <li>项目名称
6               <ul>
7                  <li>项目名称 </li>
8                  <li>项目名称 </li>
9                  …
10              </ul>
11           </li>
12           <li>项目名称 </li>…
13        </ol>
14    </li>
15    <li>项目名称 </li>
16    <li>项目名称 </li>
17 </ul>
```

【例 4-4-1】 有序列表和无序列表嵌套的应用。代码如下所示,其页面效果如图 4-4-1 所示。

```
1  <! -- edu_4_4_1.html -->
2  <!doctype html >
3  < html lang = "en">
4     < head >
5        < meta charset = "UTF - 8">
6        < title>有序列表和无序列表嵌套</title>
7     </head >
8     < body >
9        < h4 >图书分类</h4>
10       < ol type = "1">
11           < li >< h4 >计算机与电子信息</h4>
12              < ol type = "A">
13                 < li >数据库</li>
14                 < li >电子信息</li>
15                 < li >计算机组成与原理</li>
16                 < li >计算机基础
17                    < ul type = "disc">
18                       < li >计算机文化基础</li>
19                       < li >公共基础</li>
20                       < li >软件技术基础</li>
21                       < li >计算机导论</li>
22                       < li >计算思维</li>
23                    </ul>
24                 </li>
25              </ol>
26           </li>
27           < li >< h4 >理工</h4></li>
28           < li >< h4 >经管与人文</h4></li>
29       </ol>
30    </body>
31 </html>
```

2. 代码解释

代码中第 10 行~第 29 行定义有序列表,第 12 行~第 25 行在有序列表中嵌套了 1 个有序列表,第 17 行~第 23 行又在有序列表中嵌套了 1 个无序列表。

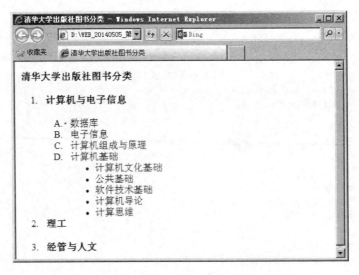

图 4-4-1　清华大学出版社图书分类

4.5　定 义 列 表

定义列表(Definition List)dl 标记是成对标记,以<dl>为首标记,以</dl>为尾标记。定义列表由 dt(definition term)标记和 dd(definition description)标记组成。定义列表中每一个元素的标题使用<dt>…</dt>标记定义;后面跟随<dd>…</dd>标记,用于描述列表中元素的内容。

1. 基本语法

```
1  <dl>
2     <dt>项目 1</dt>
3        <dd>描述 1</dd>
4        <dd>描述 2</dd>
5        <dd>描述 3</dd>
6     <dt>项目 2</dt>
7        <dd>描述 1</dd>
8        <dd>描述 2</dd>
9     …
10    <dt>项目 n</dt>
11 </dl>
```

2. 语法说明

在网页中每一个 dt 标记可由一个或多个 dd 标记组成。这两个标记只能在 dl 标记中使用。定义列表的每一列表项前面既没有符号,也没有编号。

【例 4-5-1】　定义列表展示联系人信息。代码如下所示,其页面效果如图 4-5-1 所示。

```
1  <!-- edu_4_5_1.html -->
2  <!doctype html>
3  <html lang = "en">
4     <head>
5        <meta charset = "UTF-8">
6        <title>定义列表</title>
```

```
7        </head>
8        <body>
9            <h4>定义列表展示联系人信息</h4>
10           <dl>
11               <dt>联系人:</dt>
12                   <dd>张有为之</dd>
13                   <dd>电话: 010-11011011</dd>
14                   <dd>E-mail: xyz@sina.com</dd>
15               <dt>联系地址:</dt>
16                   <dd>上海市复旦大学计算机系10计算机班</dd>
17               <dt>邮政编码:</dt>
18                   <dd>200433</dd>
19           </dl>
20       </body>
21   </html>
```

图 4-5-1　定义列表展示联系人信息

3. 代码解释

代码中第 10 行～第 19 行定义了定义列表,第 11 行、第 15 行、第 17 行定义了列表项的标题,第 12 行～第 14 行、第 16 行、第 18 行定义了列表项的描述。

4.6　综 合 实 例

以"今世缘茶吧"服务项目为例,设计简易茶吧网站首页,页面如图 4-6-1 所示。

```
1    <!-- edu_4_6_1.html -->
2    <!doctype html>
3    <html lang="en">
4        <head>
5            <meta charset="UTF-8">
6            <title>多种列表在网页中使用</title>
7        </head>
8        <body>
9            <h4>今世缘茶吧——服务项目</h4>
10           <img src="cb.jpg" width="400" height="250" border="0" alt="">
11           <ul>
12               <li>咖啡:20元</li>
```

```
13              <li>茶
14                 <ul>
15                    <li>红茶: 30 元</li>
16                    <li>绿茶
17                       <ul>
18                          <li>中国茶: 55 元</li>
19                          <li>非洲茶: 45 元</li>
20                       </ul>
21                    </li>
22                 </ul>
23              </li>
24              <li>牛奶: 10 元</li>
25        </ul>
26        <dl>
27           <dt>联系人:</dt>
28              <dd>阿汪</dd>
29              <dd>QQ: 98332213432 </dd>
30           <dt>联系地址:</dt>
31              <dd>中国台湾</dd>
32              <dt>邮政编码:</dt>
33              <dd>999079</dd>
34        </dl>
35     </body>
36 </html>
```

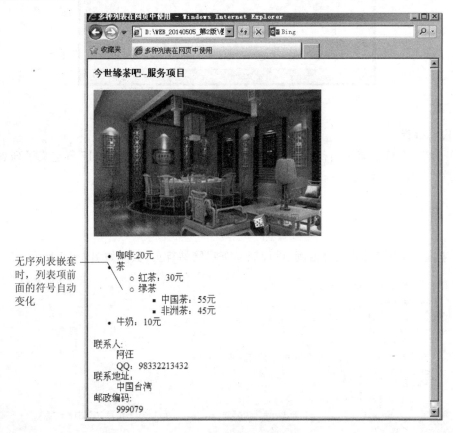

无序列表嵌套
时，列表项前
面的符号自动
变化

图 4-6-1　多种列表的应用

上述代码中第 10 行~第 25 行定义嵌套的无序列表,将茶分为红茶和绿茶,绿茶中又分为中国茶和非洲茶。第 26 行~第 34 行定义了定义列表,用于显示茶吧业主信息;第 10 行采用 img 标记插入 1 张茶吧设计效果图(cb. jpg)。其中无序列表多层嵌套时,每层列表项前面的符号会自动变化,依次为●、○、■。

本 章 小 结

本章介绍了 5 种类型 HTML 列表,分别是无序列表、有序列表、定义列表、菜单列表和目录列表。但常用的列表只有 3 种,分别是无序列表、有序列表、定义列表。菜单列表和目录列表可以认为是无序列表的特例。

列表可以嵌套,但不能交叉嵌套,否则会发生语法错误。列表可以由无序列表和有序列表的多层子列表构成,从而使得网页内容的呈现更具层次感和美观感。

无序列表的列表项有项目符号(3 种),有序列表的列表项有项目编号(5 种),定义列表项目前既没有编号,也没有符号。

练习与实验

练习 4

1. 选择题

(1) 下列 HTML 标记中,属于非成对标记的是(　　)。

(A) <ol>　　　　(B) <ul>　　　　(C) <meta>　　　　(D) <font>

(2) 下列标记中可以定义有序列表的标记是(　　)。

(A) <dl></dl>　　　　　　　　　(B) <ol></ol>

(C) <ul></ul>　　　　　　　　　(D) <dd></dd>

(3) 定义列表中项目描述使用的标记是(　　)。

(A) <dl></dl>　　　　　　　　　(B) <dd></dd>

(C) <dt></dt>　　　　　　　　　(D) <li></li>

(4) 无序列表的 type 属性默认值是(　　)。

(A) circle　　　　(B) square　　　　(C) disc　　　　(D) line

(5) 有序列表的编号种类有(　　)个。

(A) 3　　　　(B) 4　　　　(C) 1　　　　(D) 5

2. 填空题

(1) 在 HTML 文件中,ul 标记之间必须使用<li></li>标记作用是_____。

(2) 在 HTML 文件中,常用的列表有_____、_____及定义列表。

(3) 设置有序列表的_____属性可以改变编号的起始值,该属性值的类型是_____,表示从哪一个数字或字母开始编号。如果设置列表项的_____属性后可以使该项目前面的编号发生变化,但后续的列表项前面的编号仍遵循原来的编号规则,只是顺序发生了改变。

3. 简答题

(1) 简述列表类型及常用列表有哪些。

（2）简述定义列表与无序列表、有序列表的差异。

（3）简述无序列表与有序列表外在表现的差异。

实验 4

1. 编写代码实现 Windows 操作系统的各种版本的展示，如图 4-1 所示。

图 4-1　Windows 不同版本页面

2. 编写代码实现"第四届中国大学出版社图书奖公示"页面，如图 4-2 所示。要求如下：

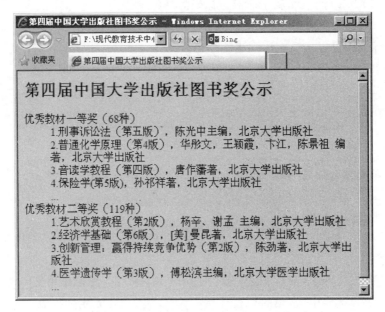

图 4-2　第四届中国大学出版社图书奖公示

（1）页面标题为："第四届中国大学出版社图书奖公示"；

（2）页面内容：2 号标题标记显示"第四届中国大学出版社图书奖公示"，页面背景色为"#ccffcc"，按图效果完成页面设计。

工具介绍

1. Brackets——强大免费的开源跨平台 Web 前端开发工具

Brackets 是一个免费、开源且跨平台的 HTML、CSS、JavaScript 前端 Web 集成开发环境（IDE 工具）。该项目由 Adobe 创建和维护，根据 MIT 许可证发布，支持 Windows、Linux 以及 OS X 平台。

Brackets 的特点是简约、优雅、快捷！它没有很多的视图或者面板，也无太多花哨的功能，它的核心目标是减少在开发过程中那些效率低下的重复性工作，例如浏览器刷新、修改元素的样式、搜索功能等。和 Sublime Text、Everedit 等通用代码编辑器不一样，Brackets 是专为 Web 前端开发而设计的。

Brackets 官方网站 http://brackets.io/。

2. jsFiddle——HTML、CSS、JavaScript 可视化在线调试工具

jsFiddle 是支持 HTML、CSS、JavaScript 代码可视化在线调试工具，支持多种应用和多种主流框架，用起来非常方便，而且还可以将调试好的结果以非常简洁的页面直接嵌入在其他网页里。对于网页设计师来说需要写演示用的 JavaScript 实例代码的时候，就完全可以在 jsFiddle 里面直接完成编写后调试，再将结果直接嵌入 Blog 正文里即可，真的是很方便的选择。类似的工具还有 jsbin.com，也非常不错。

jsfiddle 官方网站 http://jsfiddle.net/。

本章参考文献

[1]　尤克,常敏慧.网页制作教程.北京:机械工业出版社,2008:32.
[2]　本书编委会.HTML、CSS、JavaScript 标准教程实例版.第 3 版.北京:电子工业出版社,2011:58.

第5章 | 超 链 接

本章学习目标

　　超链接是一个计算机术语,是指从一个网页指向一个目标的连接关系。通过超链接知识的学习,能够掌握超链接的语法和创建方法,理解超链接的分类、路径等相关概念,学会利用超链接设置书签、文件下载、FTP下载、电子邮件等。会使用超链接设计 Web 网页导航。

　　Web 前端开发工程师应掌握以下内容:

- 掌握超链接的基本标记语法和属性语法。
- 理解超链接分类、路径、书签等概念。
- 学会使用超链接实现文件下载。
- 学会使用超链接实现 FTP 下载。
- 学会使用超链接实现电子邮件链接。
- 学会使用超链接实现图片链接。
- 学会使用超链接制作书签。

　　超链接能够让浏览者在各个独立的页面之间灵活地跳转,构成整个互联网的基础。很多网站的首页导航都是使用超链接来设计的,方便用户访问所需要的网页。超链接的默认样式是蓝色下划线文本,单击时会跳转到相应的页面。

5.1 超链接概述

　　由于超链接让各个独立网页有机地连接在一起构成一个网站。所谓超链接,是指从一个网页指向一个目标的连接关系,这个目标可以是另一个网页,也可以是相同网页上的不同位置,还可以是一个图片、一个电子邮件地址,一个文件,甚至是一个应用程序。用户通过浏览器浏览网页,打开页面上的超链接后,可以访问新的页面上的内容。例如百度首页如图 5-1-1 所示,单击网页中"新闻"链接,会跳转到百度新闻的首页。

图 5-1-1　百度首页和百度新闻页面

5.2 超链接语法、路径及分类

使用 a(Anchor)标记可以创建超链接。以<a>开始,以</a>结束,可以将图像、电子邮件地址、文件或应用程序作为超链接的目标。

5.2.1 超链接语法

在网页文件中,超链接通常使用链接 a 标记的 href(Hypertext Reference,超文本引用)属性建立目标对象,当前文档便是链接源,href 设置的属性值便是目标文件。

1. 基本语法

```
<a href = "url" name = "" title = "提示信息" target = "窗口名称">超链接标题</a>
```

2. 语法说明

超链接 a 标记是成对标记,<a>是开始标记,</a>是结束标记,其间内容为超链接标题。超链接由目的地址、链接标题、打开位置三部分组成。

3. 属性说明

- href:链接指向的目标文件。
- name:规定锚(anchor)的名称。
- title:指向链接的提示信息。
- target:指定打开的目标窗口,如表 5-2-1 所示。

表 5-2-1 target 属性、值及说明

属性	值	说　　明
target	_self	在当前框架中打开链接
	_blank	在一个全新的空白窗口中打开链接
	_top	在顶层框架中打开链接,也可以理解为在根框架中打开链接
	_parent	在当前框架的上一层打开链接
	framename	在指定的框架或浮动框架内打开链接,框架名称可以自定义

【例 5-2-1】 超链接的应用。代码如下所示,其页面效果如图 5-2-1 所示。

图 5-2-1 超链接的应用

```
1   <! -- edu_5_2_1.html -->
2   <!doctype html>
3   <html lang = "en">
4       <head>
5           <meta charset = "UTF - 8">
6           <title>超链接应用</title>
7       </head>
8       <body>
9           <h3>超链接导航</h3>
10          <a href = "http://www.baidu.com" title = "BaiDu">白度</a><br>
11          <a href = "http://www.edu.cn" target = "_blank" title = "CERNET">中国教育与科研计算
机网</a><br>
12          <a href = "http://www.sina.com.cn" target = "_self" title = "Sina">新浪</a>
13      </body>
14  </html>
```

4. 代码解释

代码中第 10 行～第 12 行在主体 body 标记插入 3 个超链接标记,分别设置了超链接的 href、title、target 属性。当光标移到超链接"中国教育与科研计算机网"时,会弹出提示信息 CERNET,如图 5-2-1 所示。通常文本超链接的标题会显示带下划线的蓝色文本。

5.2.2 超链接路径

在网页设计中超链接 a 标记的 href 属性定义链接所访问的目标地址,这也是路径。每一个网页都有一个相对固定的地址,就是统一资源定位符 URL,通过独立的 URL 可以访问不同网站上的不同的页面。在 HTML 文件中提供了 3 种路径,分别是绝对路径、相对路径、根路径。

1. 绝对路径

绝对路径指文件的完整路径,包括盘符或文件传输的协议 http、ftp 等,一般用于网站的外部链接。绝对路径有两种,一种是从盘符开始定义的文件路径,如 E:\web\index.html;一种是从协议开始定义的 URL 网址,例如中国教育与科研计算机网的网址 http://www.edu.cn[1]。

2. 相对路径

相对路径是指相对于当前文件的路径,从当前文件所在位置指向目的文件的路径[2]。采用相对路径是建立两个文件之间的相互关系,相对路径一般用于网站内部链接。相对位置的输入方法如表 5-2-2 所示。

表 5-2-2 相对位置的输入方法

相 对 位 置	输 入 方 法	代 码 示 例
同一目录	输入要链接的文档	<a href="tongzhi.html">通知</a>
链接上一目录	先输入"../",再输入目录名	<a href="../index.html">首页</a>
链接下一目录	先输入目录名,后加"/"	<a href="ks/note.html">考试通知</a>

3. 根路径

根路径是指从网站的最底层开始起,一般网站的根目录就是域名下对应的文件夹,例如 E 盘上存放一个网站,双击 E 盘进入到 E 盘看到的就是网站的根目录,这种路径就称为根路径,所以根路径以斜杠/开头,然后书写文件夹名,接着书写子文件夹名或文件名,以此类推,直到写完路径为止[2]。如:/web/news/show.html。根目录需要带盘符时,采用格式为 E|/web/news/

show. html,这表示 E 盘下 web/news 下的 show. html。这种写法在 Google 的 Chrome、Firefox 等浏览器能够支持。不过 IE 浏览器、360 安全浏览器不支持这种写法,正确写法如下所示:

```
< a href = "d:/web/news/show.html">显示信息</a>
```

根路径一般用于创建内部链接。通常不建议采用此种链接形式。

根路径和相对路径都是以某个位置为起点的相对路径,但是根路径一般用于有多台服务器的大型网站,建议路径概念不大熟悉的初学者在做链接时还是采用相对路径为宜。另外,为了避免链接错误的出现,不管使用何种类型的链接,站点的建立是必需的[3]。

5.2.3 超链接分类

在 HTML 文件中,超链接可以分为内部链接和外部链接两种。内部链接是指网站内部文件之间的链接,而外部链接是指网站内的文件链接到站点内容外的文件。将 URL 设置为相对路径为内部链接,而将 URL 设置为文件的绝对路径为外部链接。

【例 5-2-2】 内部链接和外部链接的应用。代码如下所示,其页面效果如图 5-2-2 所示。

```
1  <! -- edu_5_2_2.html -->
2  <!doctype html>
3  < html lang = "en">
4      < head >
5          < meta charset = "UTF - 8">
6          < title>内部链接和外部链接</title>
7      </head >
8      < body >
9          < h2>内部链接: </h2>
10         < p>< a href = "index.html">通知</a>指向网站内的页面链接</p>
11         < h2>外部链接: </h2>
12         < p>< a href = "http://www.163.com/">网易</a>指向网站外的页面链接</p>
13     </body >
14 </html >
```

图 5-2-2 内部链接和外部链接的应用

上述代码中第 10 行定义访问当前目录下 index. html 的内部链接,第 12 行定义访问网易网站的外部链接。

5.3 超链接的应用

在网络上能够通过链接,访问不同的资源或网页。链接对象也是多种多样,可分为文件、书签、FTP 站点、图像以及电子邮件等。

5.3.1 创建 HTTP 文件下载超链接

网站经常提供软件、文件等资料下载,下载文件的链接指向文件所在的相对路径或绝对路径,文件类型有 ∗.doc、∗.pdf、∗.exe、∗.rar 等。

1. 基本语法

```
<a href = "url">链接内容</a>
```

【例 5-3-1】 下载文件链接的应用。代码如下所示,其页面效果如图 5-3-1 所示。

```
1  <! -- edu_5_3_1.html -->
2  <!doctype html >
3  < html lang = "en">
4      < head >
5          < meta charset = "UTF - 8">
6          < title>下载文件</title >
7      </head >
8      < body >
9          < a href = "ch5.ppt">下载软件 ch5.ppt </a>
10     </body >
11 </html >
```

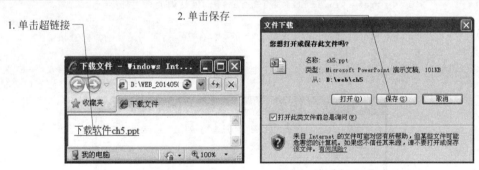

图 5-3-1 下载文件链接

2. 代码解释

代码中第 9 行定义 ch5.ppt 文件的下载链接,单击超链接进入文件下载页面。

5.3.2 创建页面书签链接

书签是指到文章内部的链接,可以实现段落间的任意跳转。实现这样的链接要先定义一个书签作为目标端点,再定义到书签的链接。链接到书签分为两种: 链接到同一页面中的书签和链接到不同页面中的书签。

1. 定义书签

通过设置超链接 a 标记的 name 属性来定义书签。

```
<a name = "书签名">书签标题</a>
```

name 属性的值是定义书签的名称,供书签链接引用的。超链接<a></a>之间的信息为书签的标题。

2. 定义书签链接

通过设置超链接 a 标记的 href 属性来定义书签链接。

1) 基本语法

```
<a href = "♯书签名">书签标题</a>          <!-- 同一页面内    -->
<a href = "URL♯书签名">书签标题</a>       <!--    不同页面间   -->
```

第一种是对于同一页面内的书签,第二种是不同页面间的书签,其中 URL 设置 HTML 文件名称,"♯书签名"表示引用名称为"书签名"的书签。

【**例 5-3-2**】 书签链接的应用。编写 edu_5_3_2.html 和 edu_5_3_2_1.html,代码如下所示,其页面效果如图 5-3-2 和图 5-3-3 所示。

```
1   <!-- edu_5_3_2.html -->
2   <!doctype html>
3   <html lang = "en">
4      <head>
5          <meta charset = "UTF-8">
6          <title>链接到同一页面的书签</title>
7      </head>
8      <body>
9          <h3><a name = "software">主流的网页设计软件</a></h3>
10         <ul>
11             <li><a href = "♯dw">Dreamweaver MX[同页]</a></li>
12             <li><a href = "♯fl">Flash MX[同页]</a></li>
13             <li><a href = "♯fw">Fireworks MX[同页]</a></li>
14             <li><a href = "edu_5_3_2_1.html♯EditPlus">EditPlus[异页]</a></li>
15         </ul>
16         <h2><a name = "dw">Dreamweaver MX</a></h2>
17         <p>    Dreamweaver 是美国 Macromedia 公司(现已被 Adobe 公司收
购,成为 Adobe Dreamweaver)开发的集网页制作和管理网站于一身的所见即所得网页编辑器,它是第一
套针对专业网页设计师特别发展的视觉化网页开发工具,利用它可以轻而易举地制作出跨越平台限制
和跨越浏览器限制的充满动感的网页。</p>
18         <h4 align = "right"><a href = "♯software">返回</a></h4>
19         <h2><a name = "fl">Flash MX</a></h2>
20         <p>    Flash 是美国 Macromedia 公司所设计的二维动画软件,全称
Macromedia Flash(被 Adobe 公司收购后称为 Adobe Flash),主要用于设计和编辑 Flash 文档。附带的
Macromedia Flash Player,用于播放 Flash 文档。
21         现在,Flash 已经被 Adobe 公司购买,最新版本为: Adobe Flash CS6 Professional,播放器也
更名为 Adobe Flash Player。</p>
22         <h4 align = "right"><a href = "♯software">返回</a></h4>
23         <h2><a name = "fw">Fireworks MX</a></h2>
24         <p>    Adobe Fireworks 可以加速 Web 设计与开发,是一款创建与
优化 Web 图像和快速构建网站与 Web 界面原型的理想工具。Fireworks 不仅具备编辑矢量图形与位图
图像的灵活性,还提供了一个预先构建资源的公用库,并可与 Adobe Photoshop、Adobe Illustrator、
Adobe Dreamweaver 和 Adobe Flash 软件进行集成。在 Fireworks 中将设计迅速转变为模型,或利用来自
Illustrator、Photoshop 和 Flash 的其他资源。然后直接置入 Dreamweaver 中轻松地进行开发与部署。
</p>
25         <h4 align = "right"><a href = "♯software">返回</a></h4>
26     </body>
27 </html>
```

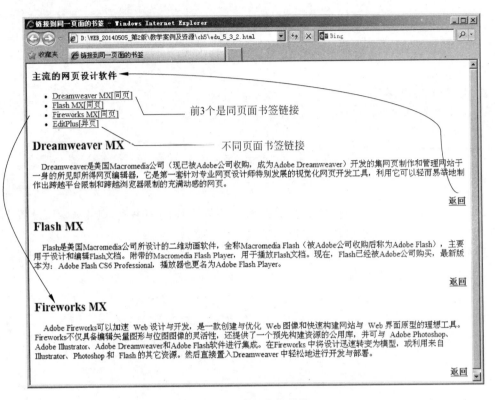

图 5-3-2　同页面书签链接

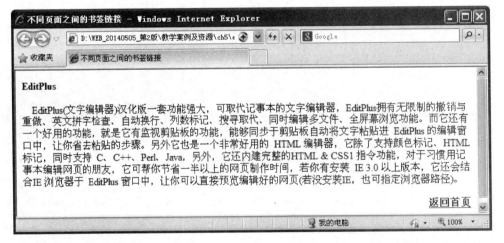

图 5-3-3　不同页面间书签链接

2）代码解释

代码中第 9 行定义根书签名称为"software"，供所有的"返回"书签链接引用；第 10 行～第 15 行利用无序列表定义 4 个书签链接，其中前 3 个为同页面书签链接，最后 1 个为不同页面的书签链接，跳转到 edu_5_3_2_1.html 页面上访问书签 EditPlus；第 16 行、第 19 行、第 23 行定义 3 个书签分别为 dw、fl、fw，供第 11 行、第 12 行、第 13 行的定义的书签链接引用；第 18 行、第 22 行、第 25 行定义"返回"书签链接，返回根书签所在位置。单击图 5-3-2 中的"EditPlus[异页]"访问 edu_5_3_2_1.html 页面上的 EditPlus 书签，如图 5-3-3 所示。

```
1   <! -- edu_5_3_2_1.html -->
2   <!doctype html >
3   < html lang = "en">
4       < head >
5           < meta charset = "UTF - 8">
6           <title>不同页面之间的书签链接 </title>
7       </head>
8       < body >
9           < h4 >< a name = "EditPlus"> EditPlus </a></h4>
10          <p >    EditPlus(文字编辑器)汉化版一套功能强大,可取代记事本
的文字编辑器,EditPlus 拥有无限制的撤销与重做、英文拼字检查、自动换行、列数标记、搜寻取代、同时
编辑多文件、全屏幕浏览功能。而它还有一个好用的功能,就是它有监视剪贴板的功能,能够同步于剪
贴板自动将文字粘贴进 EditPlus 的编辑窗口中,让你省去粘贴的步骤。另外它也是一个非常好用的
HTML 编辑器,它除了支持颜色标记、HTML 标记,同时支持 C、C++、Perl、Java,另外,它还内建完整的 HTML
& CSS1 指令功能,对于习惯用记事本编辑网页的朋友,它可帮你节省一半以上的网页制作时间,若你有
安装 IE 3.0 以上版本,它还会结合 IE 浏览器于 EditPlus 窗口中,让你可以直接预览编辑好的网页(若
没安装 IE,也可指定浏览器路径)。
11          </p>
12          < h4 align = "right">< a href = " edu_5_3_2.html♯software">返回首页</a></h4>
13      </body>
14  </html>
```

上述代码中第 9 行在标题字 h4 标记内定义书签名称为 EditPlus,作为 edu_5_3_2.html
页面的书签链接的目标。第 12 行定义返回 edu_5_3_2.html 页面的书签链接,单击"返回首
页"返回 edu_5_3_2.html 页面,如图 5-3-2 所示。

5.3.3　创建 FTP 站点访问超链接

FTP 服务器链接和网页链接区别在于所用协议不同,浏览网页采用 http 协议,而访问
FTP 服务器采用 FTP 协议链接。FTP 需要从服务器管理员处获得登录的权限。不过部分
FTP 服务器可以匿名访问,从而能获得一些公开的文件。

1. 基本语法

```
< a href = "ftp://服务器 IP 地址或域名">链接的文字</a>
```

【例 5-3-3】　FTP 站点链接的应用。代码如下所示,其页面效果如图 5-3-4 所示。

```
1   <! -- edu_5_3_3.html -->
2   <!doctype html >
3   < html lang = "en">
4       < head >
5           < meta charset = "UTF - 8">
6           < title >FTP 链接</title>
7       </head>
8       < body >
9           < h4 >这是 FTP 链接: < a href = "ftp://ftp.pku.edu.cn">北京大学 FTP 站点</a></h4>
10      </body>
11  </html>
```

2. 代码解释

代码中第 9 行创建"北京大学 FTP 站点"的链接,单击超链接后进入北京大学 FTP 站点。

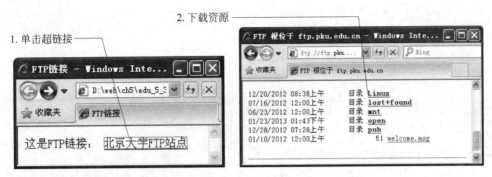

图 5-3-4　FTP 链接

5.3.4　创建图像超链接

将链接标题替换为一幅图像，浏览时单击链接标题，就可以打开链接目标文件。

1. 基本语法

```
< a href = "URL"><img src = ""></a>
```

使用<img>标记替代原来超链接的标题，即可实现图像链接。

【**例 5-3-4**】　图像链接的应用。代码如下所示，其页面效果如图 5-3-5 所示。

```
1   <! --  edu_5_3_4.html -->
2   <! doctype html >
3   < html lang = "en">
4       < head >
5           < meta charset = "UTF - 8">
6           <title>图像链接</title>
7       </head >
8       < body >
9           < h4 >单击图像进入 Google 搜索引擎</h4 >
10          < a href = "http://www.google.com.hk/"><img border = "0" src = "logo3w.png" /></a>
11      </body >
12  </html>
```

图 5-3-5　图像超链接

2. 代码解释

代码中第 10 行定义图像超链接到 Google 搜索引擎，并将一幅 Google 图像作为超链接的标题，单击 Google 图像可以进入 Google 搜索引擎页面。

5.3.5　创建电子邮件超链接

一般网站上都会设置"联系我们"这样的栏目或超链接,目的是方便用户及时与网站管理员进行沟通与联系,这就是常说的电子邮件链接。

1. 基本语法

```
<a href = "mailto:E-mail 地址[ ?subject = 邮件主题[& 参数 = 参数值]] ">链接内容</a>
```

邮件地址必须完整,例如 intel@qq.com。参数有 cc(抄送)、bcc(密送)、subject(主题)、body。多个收件人用";"分号分隔;多个参数用"&"链接,"&"与关键字之间不能留有空格;空格用"%20"替代。

举例如下:

```
<a href = "mailto:some@mysoft.com;jlchu@163.com?cc = xyz@163.com
& bcc = anbo@sina.com&subject = Hello%20again&body = 下周二开会讨论">发送邮件</a>
```

【例 5-3-5】　电子邮件链接的应用。代码如下所示,其页面效果如图 5-3-6 所示。

```
1  <!-- edu_5_3_5.html -->
2  <!doctype html>
3  <html lang = "en">
4   <head>
5    <meta charset = "UTF-8">
6         <title>电子邮件链接</title>
7    </head>
8    <body>
9         <h4>有问题可以给我</h4>
10        <a href = "mailto:someone@microsoft.com;xyz@163.com?cc = jlchu@163.com&bcc =
12345678@qq.com&subject = Hello%20again">发送邮件</a>
11        <p><b>注意:</b>应该使用 %20 来替换单词之间的空格,这样浏览器就可以正确地显
示文本了。</p>
12   </body>
13  </html>
```

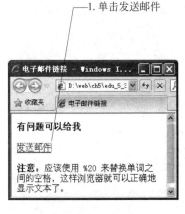

1. 单击发送邮件

2. 进入Outlook邮件

图 5-3-6　电子邮件链接

2. 代码解释

代码中第 10 行实现电子邮件链接。

5.4 综合实例

以"百度"首页为模板,设计百度仿真页面,效果如图 5-4-1 所示。

图 5-4-1　百度仿真页面

```
1   <! -- edu_5_4_1.html -->
2   <!doctype html>
3   < html lang = "en">
4       < head >
5           < meta charset = "UTF - 8">
6           <title>百度仿真页面</title>
7       </head >
8       < body >
9           < p align = "center"></a>< a href = "http://www.baidu.com">
10          < img border = "0" src = "baidu_sylogo1.gif" /></a></p>
11          < p align = "center">
12              < a href = "http://news.baidu.com" name = "tj_news">新  闻</a>
13              <b>网  页</b>
14              < a href = "http://tieba.baidu.com" name = "tj_tieba">贴  吧</a>
15              < a href = "http://zhidao.baidu.com" name = "tj_zhidao">知  道</a>
16              < a href = "http://music.baidu.com" name = "tj_mp3">音  乐</a>
17              < a href = "http://image.baidu.com" name = "tj_img">图  片</a>
18              < a href = "http://video.baidu.com" name = "tj_video">视  频</a>
19              < a href = "http://map.baidu.com" name = "tj_map">地  图</a>
20          </p>
21          < p align = "center">
22              < input type = "text" size = "60" name = "">
23              < input type = "button" name = "baidu" value = "百度一下">
24          </p>
25          < p align = "center">问题反馈请< a href = "mailto:someone@baidu.com?subject = 问题反
    馈">发送邮件</a></p>
26      </body>
27  </html>
```

上述代码中第9行～第10行实现百度图片链接；第11行～第20行在段落p标记插入7个文字超链接；第21行～第24行在段落p标记内分别插入文本输入框和普通按钮，用于仿真百度首页的搜索功能，第22行定义文本输入框长度为60个字符，第23行定义1个普通按钮；第25行实现电子邮件的链接。

本 章 小 结

本章主要学习了超链接的知识。重点介绍了超链接语法、超链接中路径。区别使用绝对路径、相对路径及根路径设置超链接目标。理解超链接的类型及每种类型适用场合，其中内部链接用于网站内部资源之间的链接，而外部链接用于网站外部的链接。

同时分别介绍了超链接的不同链接对象的语法和使用方法，下载文件链接指向具体文件的路径；书签链接指向文章内部的链接；FTP链接指向FTP站点；图像链接则是通过单击图像从而打开目标文件；电子邮件链接指向某个电子邮件地址。

练 习 与 实 验

练习 5

1. 选择题

(1) 下列电子邮件链接格式正确的是(　　)。

　　(A) ＜a href＝"mailto:xxx. com. cn? subject＝你好!"＞…＜/a＞

　　(B) ＜a href＝"mailto:xxx@. net? subject＝你好!"＞…＜/a＞

　　(C) ＜a href＝"mailto:xxx@com? subject＝你好!"＞…＜/a＞

　　(D) ＜a href＝"mailto:xxx@xxx. com? subject＝你好!"＞…＜/a＞

(2) 当链接指向(　　)文件时,不打开该文件,而是提供给浏览器下载。

　　(A) ASP　　　　　　(B) HTML　　　　　　(C) ZIP　　　　　　(D) CGI

(3) 下列选项中不是超链接的 target 属性取值的是(　　)。

　　(A) _self　　　　　　(B) _new　　　　　　(C) _blank　　　　　　(D) _top

(4) 在网页中,能够定义超链接的标记是(　　)。

　　(A) ＜link＞…＜/link＞　　　　　　　　(B) ＜h1＞…＜/h1＞

　　(C) ＜a＞…＜/a＞　　　　　　　　　　　(D) ＜ul＞…＜/ul＞

(5) ＜img＞标记中规定图像 URL 的属性是(　　)。

　　(A) href　　　　　　(B) src　　　　　　(C) type　　　　　　(D) align

(6) 在 HTML 中,要定义一个书签链接应该使用的语句是(　　)。

　　(A) ＜a href＝"#book1"＞text＜/a＞

　　(B) ＜a name＝"book1"＞text＜/a＞

　　(C) ＜a target＝"#book1"＞text＜/a＞

　　(D) ＜a link＝"#book1"＞text＜/a＞

2. 填空题

(1) 如果要创建一个指向电子邮件 someone@mail.com 的超链接,代码应该如下:

<a _____>指向 someone@mail.com 的超链接</a>

（2）在指定页内超链接的时候,如果在某一个位置使用了<a _____ ="target1">书签</a>语句定义了书签名为 target1,那么使用<a href=_____>书签链接</a>,当单击超链接时能够跳转到书签定义的位置。

（3）超链接路径分为_____、_____、_____。网站内部链接一般使用_____路径,当然_____路径也可以用于内部链接;外部链接一般使用_____路径。

3. 简答题

（1）简述什么是绝对路径和相对路径。

（2）写出制作页面书签的步骤,并举例说明。

实验 5

1. 根据提供图像和超链接资源完成图像页面导航设计,资源与对应的超链接如表 5-1 所示,如图 5-1 所示。编写符合以下要求的文档:在 HTML 文档中插入一张图片,为图片加上链接,指向它所在的网站。

表 5-1　图像与超链接对应关系

序号	图片名称	URL
1	ipadblank1.gif	http://www.apple.com.cn/iphone/
2	ipadblank2.gif	http://www.apple.com.cn/iphone/
3	ipadblank3.gif	http://www.apple.com.cn/macbook-pro/
4	ipadblank4.gif	http://www.apple.com.cn/supplierresponsibility/

图 5-1　图片超链接的页面

2. 按如下要求设计 Web 页面,如图 5-2 所示。要求如下:

（1）页面标题为"桂林山水风景图片";

（2）正文标题为红色"桂林山水风景图片",图片分别为 image51.jpg、image52.jpg、image53.jpg、image54.jpg;采用无序列表布局,每一个列表项的内容为图像链接,单击小图,可以浏览大图。

（3）定义样式。Img 标记样式为"宽度 100px、高度 100px、边框 0px";h3 标记样式为"红色、居中";ul 样式为"去除列表项前的符号、内容居中显示";li 样式为"显示方式行内显示(display:inline)、宽度 120px、行高 30px"。

图 5-2   桂林山水风景

1. TextPad——HTML、CSS、JavaScript 编辑工具

TextPad 是一个强大的替代 Windows 记事本 NotePad 的文本编辑器,多文档操作、拖放支持、文档大小无限制、无限撤销操作、完全支持中文双字节、语法加亮、拼写检查、便易的宏功能、强大的查找替换和正则表达式、丰富的编辑,可以编译、运行简单的 Java 程序。

TextPad 官方网站 http://www.textpad.com/。

2. UltraEdit——万能文件编辑器

UltraEdit 软件不仅可以编辑文字、Hex、ASCII 码,内建英文单字检查、C++ 及 VB 指令高亮显示等,具备多标签式的多文件编辑功能,而且即使开启很大的文件速度也很快。

软件内置多种编辑环境,可以定义所有的工具栏,支持众多格式文件编辑。用它编辑或修改一些程序文件也是非常方便的。

UltraEdit 官方网站 http://www.ultraedit.com/。

本章参考文献

[1] 潘明寒,刘永华.网页设计三合一实用教程.北京:中国电力出版社,2006:81.

[2] 胡崧,于慧.网站建设实例大制作.北京:中国青年出版社,2007:37.

[3] 蓝贞珍.中文 Dreamweaver MX 2004 网页制作教程.西安:西安电子科技大学出版社,2008:48.

第6章 图像与多媒体文件

本章学习目标

要构建资源丰富的网站,仅有文字和超链接还远远不够,还需要大量的图像、声音、视频、动画等多媒体信息来丰富网站的内容,吸引更多网络访问者的关注。大型商业网站非常注重 Web 前端开发技术的研究,通过组合各类前端开发技术来改善用户体验和增加用户互动环节,最大限度地获取商业利润。本章重点介绍图像、滚动文字、背景音乐等多媒体文件在 HTML 文件的使用方法。

Web 前端开发工程师应掌握以下内容:

- 掌握图像 img 标记语法及属性设置方法。
- 学会设置图像热区链接。
- 掌握滚动文字 marquee 标记语法及属性设置方法。
- 掌握背景音乐 bgsound 标记语法及属性设置方法。
- 掌握嵌入多媒体文件 embed 标记语法及属性设置方法。
- 学会采用超链接插入动画、音频和视频类等多媒体文件。

6.1 图 像

图像和多媒体文件作为网页中必不可少的元素,灵活地应用这些元素会给网页增添不少色彩。而且图像及其多媒体文件的直观、明了、绚丽和美观等都是文字无法替代的。

图像的格式五花八门,在网页上常见的图像格式有 JPG(Joint Photo graphic Experts Group)、GIF(Graphics Interchange Format)和 PNG(Portable Network Graphic Format)等。

HTML 文件中使用 img 标记在网页上插入图像。设置它属性可以控制图像的路径、尺寸和替换文字等各种功能。

6.1.1 插入图像

可以使用 HTML 的 img 标记将图像插入到网页中,也可以使用 CSS 设置成某元素的背景图像,而根据图像的格式不同,其适用的地方也不同。

1. 基本语法

```
< img src = "URL" alt = "替代文本">
```

2. 语法说明

- img 标记是单个标记,图像样式由 img 标记的属性决定。img 标记有两个必选属性,分别是 src、alt,其他属性为可选属性,具体属性、取值及说明如表 6-1-1 所示。

- src 指"source"。源属性的值是图像的 URL 地址。可以采用绝对路径或相对路径来表示文件的位置,如 src = "d:/web/ch6/images1.jpg" 是采用绝对路径,而 src = "images1.jpg" 是采用相对路径。

表 6-1-1 img 标记属性名、值及说明

属性	值	说　明
alt	text	规定图像的替代文本
src	URL	规定显示图像的 URL
name	text	规定图像的名称
height	pixels、%	定义图像的高度
width	pixels、%	设置图像的宽度
align	top|middle|bottom|left|center|right	规定如何根据周围的文本来排列图像,分水平、垂直两个方向
border	pixels	定义图像周围的边框
hspace	pixels	定义图像左侧和右侧的空白
vspace	pixels	定义图像顶部和底部的空白
usemap	URL	将图像定义为客户器端图像映射

【例 6-1-1】 在网页中插入图像。代码如下所示,其页面效果如图 6-1-1 所示。

```
1   <! -- edu_6_1_1.html -->
2   <!doctype html>
3   <html lang = "en">
4       <head>
5           <meta charset = "UTF - 8">
6           <title> 插入图像 </title>
7       </head>
8       <body>
9           <center>
10              <h2>网页中插入图像</h2>
11              <hr color = "#66ff33" width = "60%">
12              <img src = "images1.jpg" alt = "机房">
13          </center>
14      </body>
15  </html>
```

图 6-1-1 插入图像

图像与多媒体文件

3. 代码解释

代码中第 9 行～第 13 行采用居中标记将标题字、水平分隔线、图像居中显示。其中第 12 行采用相对路径在网页中插入图像 images1.jpg，图像格式为 JPEG。

6.1.2 设置图像的替代文本

img 标记的 alt 属性用来为图像设置替代文本。替代文本有两个作用：

- 浏览网页时，鼠标悬停在图像上，鼠标旁边会出现替代文本；
- 图像加载失效时，在图像的位置上会显示红色的"×"，并显示替代文本。

1. 基本语法

```
< img src = " URL " alt = "替代文本">
```

2. 语法说明

alt 属性：替代文本可以是中文也可以是英文。

【例 6-1-2】 设置图像的替代文本。代码如下所示，其页面效果如图 6-1-2 所示。

```
1  <! -- edu_6_1_2.html -->
2  <! doctype html>
3  < html lang = "en">
4      < head >
5          < meta charset = "UTF - 8">
6          < title > 插入图像 </title>
7      </head>
8      < body >
9          < center >
10             < h3 >网页中插入图像</h3>
11             < hr color = "＃3300ff">
12             < img src = "images1.jpg" alt = "网络机房" title = "eeee">
13         </center>
14     </body>
15 </html>
```

图 6-1-2　添加图像替代文字

3. 代码解释

代码中第 12 行插入一幅图像，并设置 alt 属性值为"网络机房"，当图像成功加载时，会显示图 6-1-2 左图效果，当图像加载不成功时，会显示右图的效果。

6.1.3 设置图像的高度和宽度

img 标记的 width 和 height 属性是用来设置图像的宽度和高度。默认情况下,网页中的图像大小就是由图像原来的宽度和高度来决定。如果不设置图像的宽度和高度,图像的大小和原图是一样的。

1. 基本语法

```
< img src = " URL " width = "value" height = "value">
```

2. 语法说明

- 图像高度和宽度的单位可以是像素,也可以是百分比。
- 在设置图像的宽度和高度的属性时,可以只设置宽度和高度中的其中之一,另一个属性将按原图像宽高等比例显示;同时设置两个属性时图像会发生变形[1]。

6.1.4 设置图像的边框

默认的图像是没有边框的,通过 img 标记的 border 属性可以为图像设置边框,可设置边框的宽度。但边框的颜色是不可以调整的,当未设置图像链接时,边框的颜色为黑色;当设置图像链接时,边框的颜色和链接文字颜色一致,默认为深蓝色。通过样式表可以修改边框的线型、宽度和颜色。

1. 基本语法

```
< img src = " URL " border = "value">
```

2. 语法说明

value 为边框线的宽度,用数字表示,单位为像素。

【例 6-1-3】 设置图像的高度、宽度及边框。代码如下所示,其页面效果如图 6-1-3 所示。

```
1   <! -- edu_6_1_3.html -->
2   <!doctype html >
3   < html lang = "en">
4       < head >
5           < meta charset = "UTF - 8">
6           <title>设置图像宽度、高度及边框</title>
7           < style type = "text/css">
8               ul{list - style - type:none;}
9               li{float:left;padding:0 20px;}
10          </style >
11      </head >
12      < body >
13          < h2 align = "center">设置图像宽度、高度及边框</h2>
14          < hr color = "♯6600cc">
15          < ul >
16              < li >< img src = "images1.jpg" alt = "原图"></li>
17              < li >< img src = "images1.jpg" width = "100px" alt = "宽度为 100 像素" border = "5"></li>
```

```
18              <li>< img src = " images1. jpg" width = "75px" height = "50px" alt = "宽 75 像素高
50 像素" border = "10"></li>
19          </ul >
20      </body >
21 </html >
```

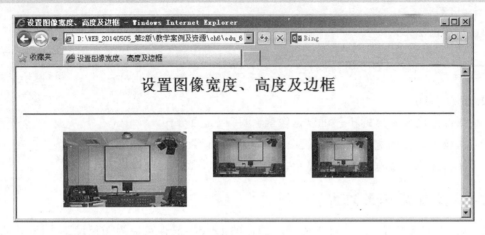

图 6-1-3　设置图像宽度和高度

3. 代码解释

代码中第 7 行~第 10 行在头部 head 标记中插入样式表,其中第 8 行定义 ul 标记的样式,样式的效果是去除列表项前的符号,第 9 行定义 li 标记的样式,样式的效果是将垂直排列的列表项转变成水平排列;第 15 行~第 19 行在主体 body 标记中插入 1 个无序列表,并在无序列表中利用列表项插入 3 个图像,并对图像分"不设置高度、宽度及边框"、"只设置宽度和边框"、"宽度、高度及边框同时设置"等情况进行设置,并通过替代文本显示。

6.1.5　设置图像对齐方式

图像和文字之间的对齐方式通过 img 标记中的 align 属性来设置。图像对齐方式分水平对齐和垂直对齐方式两种,其中水平对齐方式取值有 3 种:left、center、right,垂直对齐方式取值也有 3 种:top、middle、bottom,表示图像与同行文字的相对位置。

1. 基本语法

< img src = " URL " align = "value">

2. 语法说明

align 属性的值及其说明如表 6-1-2 所示。

表 6-1-2　align 属性的值及其说明

取　　值	说　　明
top	图像的顶端和当前行的文字顶端对齐,当前行高度相应扩大
middle	图像水平中线和当前行的文字中线对齐,当前行高度相应扩大
bottom	图像的底端和当前行的文字底端对齐,当前行高度相应扩大
left	图像左对齐,浮动游离于文字之外,文字环绕图像周围,文字行高度没有任何变化
center	图像中线和当前行的文字中线对齐,当前行高度相应扩大
right	图像右对齐,浮动游离于文字之外,文字环绕图像周围,文字行高度没有任何变化

【例 6-1-4】 图像对齐方式的设置,代码如下所示,其页面效果如图 6-1-4 所示。

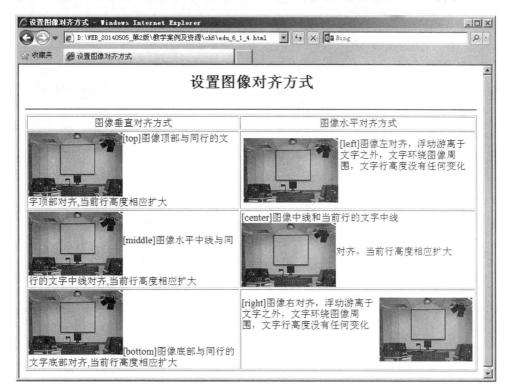

图 6-1-4   设置图像对齐方式

```
1    <! -- edu_6_1_4.html -->
2    <! doctype html >
3    < html lang = "en">
4        < head >
5            < meta charset = "UTF - 8">
6            < title > 设置图像对齐方式 </title>
7            < style type = "text/css">
8                img{width:150px;height:100px;}
9            </style>
10       </head>
11       < body >
12           < h2 align = "center">设置图像对齐方式</h2>
13           < hr color = "#009933">
14           < table border = "1">
15               < tr align = "center">
16                   <td>图像垂直对齐方式</td>
17                   <td>图像水平对齐方式</td>
18               </tr>
19               < tr >
20                   < td >< img src = "images2.jpg" align = "top">[top]图像顶部与同行的文字顶部
对齐,当前行高度相应扩大</td>
21                   < td >< img src = "images2.jpg" align = "left">[left]图像左对齐,浮动游离于
文字之外,文字环绕图像周围,文字行高度没有任何变化</td>
22               </tr>
23               < tr >
```

```
24              <td><img src = "images2.jpg" align = "middle">[middle]图像水平中线与同行
的文字中线对齐,当前行高度相应扩大</td>
25                  <td>[center]图像中线和当前行的文字中线<img src = "images2.jpg" align = "
center">对齐,当前行高度相应扩大</td>
26              </tr>
27              <tr>
28                  <td><img src = "images2.jpg" align = "bottom">[bottom]图像底部与同行的文
字底部对齐,当前行高度相应扩大</td>
29                  <td><img src = "images2.jpg" align = "right">[right]图像右对齐,浮动游离于
文字之外,文字环绕图像周围,文字行高度没有任何变化</td>
30              </tr>
31          </table>
32      </body>
33 </html>
```

3. 代码解释

代码中第 7 行~第 9 行在头部 head 标记中插入样式表,其中第 8 行定义 img 标记的宽度和高度(比原图缩小些);第 14 行~第 31 行在主体 body 标记中插入 1 个 4 行 2 列的表格,表格第 1 行设置图像对齐方式,表格第 2 行~第 4 行中每个单元格分别插入 1 张图像和 1 段文字。其中表格第 1 列单元格 3 张图分别设置了垂直对齐的上、中、下 3 种对齐方式,表格第 2 列单元格 3 张图分别设置了水平对齐的左、中、右 3 种对齐方式。

6.1.6 设置图像的间距

图像 img 标记的 hspace 和 vspace 属性用来控制图像的水平距离和垂直距离,而且两者均是以像素为单位。但在编写代码时不需要给属性值加上 px 单位,否则不会产生效果。

1. 基本语法

```
<img src = "URL"  hspace = "水平间距数值"  vspace = "垂直间距数值">
```

2. 语法说明

hspace 调整图像左右两边的空白距离,vspace 调整的是图像上下两边的空白距离。

【例 6-1-5】 设置图像的间距。代码如下所示,其页面效果如图 6-1-5 所示。

```
1  <!-- edu_6_1_5.html -->
2  <!doctype html>
3  <html lang = "en">
4      <head>
5          <meta charset = "UTF-8">
6          <title>设置图像间距</title>
7          <style type = "text/css">
8              img{width:100px;height:50px;}
9              body{text-align:center;}
10         </style>
11     </head>
12     <body>
13         <h2 align = "center">设置图像间距</h2>
14         <hr color = "#009933">
15         <table border = "1" bordercolor = "#6600ff">
16             <tr>
17                 <th>图像间距设置</th>
```

```
18                <th>图像排列效果</th>
19           </tr>
20           <tr>
21                <td> hspace = "0"/vspace = "0"</td>
22                <td><img src = "images2.jpg" alt = "hspace = 0"><img src = "images2.jpg" alt
= "hspace = 0"></td>
23           </tr>
24           <tr>
25                <td> hspace = "50"</td>
26                <td><img src = "images2.jpg"><img src = "images2.jpg" hspace = "50" alt = "
hspace = 50"></td>
27           </tr>
28           <tr>
29                <td> vspace = "50"</td>
30                <td><img src = "images2.jpg"><img src = "images2.jpg" vspace = "50" alt = "
vspace = 50"></td>
31           </tr>
32           <tr>
33                <td> hspace = "50"/vspace = "50"</td>
34                <td><img src = "images2.jpg"><img src = "images2.jpg"  hspace = 50 vspace
= 50 alt = "vspace = 50/space = 50"></td>
35           </tr>
36      </table>
37 </body>
38 </html>
```

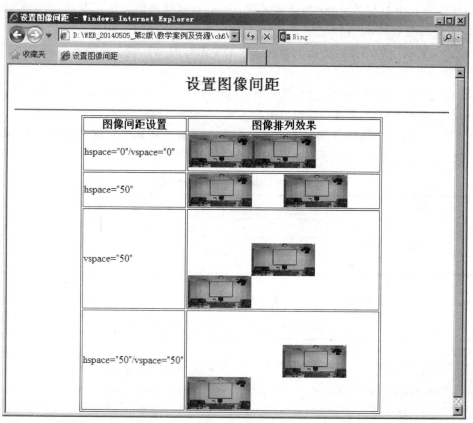

图 6-1-5　设置图像间距

图像与多媒体文件

3. 代码解释

代码中第 7 行~第 10 行在头部 head 标记中插入样式表,其中第 8 行定义 img 标记的宽度和高度(比原图缩小些),第 9 行定义 body 标记的内容居中显示;第 15 行~第 36 行在主体 body 标记中插入 1 个 5 行 2 列的表格,表格中第 1 行显示表格标题,表格中第 1 列单元格内插入设置图像间距的方式有 4 种,分别是不设置间距、只设置水平间距、只设置垂直间距、设置水平和垂直间距,表格中第 2 列单元格分别插入 2 张图像,并设置第 2 张图像的间距属性,值都为 50。

6.1.7 设置图像热区链接

除了对整幅图像设置超链接外,还可以将图像划分为若干区域,这叫做"热区",每个区域可设置不同的超链接。此时,包含热区的图像可以称为映射图像。

1. 基本语法

```
< img src = "图像地址" usemap = "♯映射图像名称">
< map name = "映射图像名称">
    < area shape = "热区形状" coords = "热区坐标" href = "URL">
</map >
```

2. 属性语法

usemap 属性将图像定义为客户端图像映射。图像映射指的是带有可单击区域的图像。usemap 属性与 map 标记的 name 属性相关联,usemap 属性的值以"♯"开始,后面紧跟"映射图像的名称",以建立<img>标记与<map></map>标记之间的关系。它指向特殊的<map>区域。用户计算机上的浏览器将把鼠标在图像上单击时的坐标转换成特定的行为,包括加载和显示另外一个文档。

map 标记是成对标记。name 属性映射图像的名称,与 img 标记的 usemap 属性的值关联。

area 标记是单个标记,定义图像映射中的区域。<area>标记总是嵌套在<map></map>标记中。该标记有 3 个属性分别是 shape、coords、href。href 属性定义此区域的目标 URL。shape 属性的取值如表 6-1-3 所示。

表 6-1-3 shape 属性、值及说明

属性	值	说　明
shape	rect	矩形区域
	circle	圆形区域
	poly	多边形区域

shape 与 coords 属性取值关系,如表 6-1-4 所示。

表 6-1-4 shape 与 coords 属性关系

shape 属性值	coords 属性值	说　明
rect	x1,y1,x2,y2	代表矩形两个顶点坐标
circle	center-x、center-y、radius	代表圆心和半径
poly	x1,y1,x2,y2,…,xi,yi,…,xn,yn,x1,y1	代表各顶点坐标(首、尾坐标相同,形成封闭图形)

【例 6-1-6】 图像热区链接的应用。代码如下所示,其页面效果如图 6-1-6 所示。

```
1    <! -- edu_6_1_6.html -->
2    <!doctype html>
3     < html lang = "en">
4        < head >
5            < meta charset = "UTF - 8">
6            < title >图像热区链接</title>
7        </head >
8        < body >
9            < p >
10               < a >< img src = "tu. jpg" align = "bottom" width = "200" height = "150" border = "3"
     alt = "美女" usemap = "♯ girl"></a>
11               < map name = "girl">
12                   < area shape = "circle" href = "http://www. baidu. com" coords = "50,50,30" alt
     = "百度">
13               </map >
14           </p >
15       </body >
16   </html >
```

1. 单击圆形图像热区   2. 进入百度页面

图 6-1-6　图像热区链接

3. 代码解释

代码中第 10 行定义图像链接,并在 img 标记中设置 usemap 属性引用图像热区 girl;第 11 行~第 13 行定义图像映射 map,第 12 行定义半径为 30px、圆心坐标为(50px,50px)的圆形热区,设置了热区超链接,鼠标指向热区时会显示"百度"提示信息,单击热区时会访问百度页面。

6.2　滚 动 文 字

设计一个更加生动的网站还需要在网页中添加多媒体元素。多媒体元素还可以更好地体现设计者的个性,通常滚动文字可以增加文字的动态效果。

6.2.1　添加滚动文字

通过 marquee 标记可以添加滚动文字(内容),增加动态效果,丰富网页的内容[1]。

1. 基本语法

```
< marquee width = "" height = "" bgcolor = "" direction = "up|down|left|right" behavior = "scroll|
slide|alternate" hspace = "" vspace = "" scrollamount = "" scrolldelay = "" loop = "" onmouseover =
"this. stop()" onMouseOut = "this. start()">滚动内容</marquee>
```

图像与多媒体文件

2. 语法说明

marquee 标记是成对标记,以<marquee>开始,以</marquee>结束,将需要滚动的内容放到 marquee 标记之间,同时也可以设置滚动内容的样式。

marquee 标记中 onMouseOver="this. stop()"属性值对的作用是当光标移动到滚动文字区域时,滚动内容将暂停滚动;onMouseOut="this. start()"属性值对的作用是当光标移出滚动文字区域时,滚动内容将继续滚动。

【**例 6-2-1**】 添加滚动文字。代码如下所示,其页面效果如图 6-2-1 所示。

```
1  <! -- edu_6_2_1.html -->
2  <!doctype html>
3  <html lang = "en">
4      <head>
5          <meta charset = "UTF-8">
6          <title>添加滚动文字</title>
7      </head>
8      <body>
9          <center>
10             <h3>添加滚动文字</h3>
11         </center>
12         <hr color = "#000066">
13         <marquee>
14             <font face = "隶书" size = "7" color = "#33cc33">该文字为滚动效果</font>
15         </marquee>
16     </body>
17 </html>
```

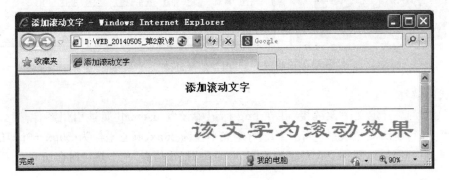

图 6-2-1　添加滚动文字

3. 代码解释

代码中第 13 行～第 15 行定义了滚动文字,文字的字体为隶书、字号为 20 像素、颜色为 #33cc33,滚动效果为默认方式,即从右向左单向滚动。

6.2.2　设置滚动文字背景颜色与滚动循环

为了能够突出显示滚动的文字内容,可以通过 bgcolor 属性为滚动文字添加背景颜色,这样在网页中就会更加明显。同时也可以设置滚动的次数。

1. 基本语法

```
<marquee bgcolor = "" loop = "5">滚动内容</marquee>
```

2. 语法说明

文字背景颜色采用 4 种方法，最常用的设置方法是十六进制和 rgb() 函数。

默认情况下，滚动文字将会不停地循环滚动，但使用 loop 属性就可以设置滚动文字的滚动循环次数。循环次数直接使用数字表示。一般为整数，−1 表示无限循环。

【例 6-2-2】 设置滚动文字的背景颜色及循环。代码如下所示，其页面效果如图 6-2-2 所示。

```
1   <! -- edu_6_2_2.html -->
2   <!doctype html>
3   <html lang = "en">
4       <head>
5           <meta charset = "UTF-8">
6           <title>设置滚动文字背景颜色及循环</title>
7           <style type = "text/css">
8               body{text-align:center;}
9           </style>
10      </head>
11      <body>
12          <h3 align = "center">设置滚动文字背景颜色及循环</h3>
13          <hr color = "#330099">
14          <marquee bgcolor = "#66ff33" loop = "2">
15              <font face = "隶书" size = "5">设置滚动文字背景颜色及循环 2 次</font>
16          </marquee>
17      </body>
18  </html>
```

图 6-2-2　设置滚动文字的背景颜色

3. 代码解释

代码中第 8 行定义 body 样式为内容居中；第 14 行定义了滚动文字的背景颜色为 #330099、循环滚动 2 次后即停止滚动。

6.2.3　设置滚动方向与滚动方式

在没有设定文字的滚动方向时，通常默认是从右到左的顺序滚动。在很多情况下，滚动文字可能需要从其他方向开始滚动，可以用 direction 属性进行设置。滚动文字的方向确定了以后，滚动文字就会一直滚动下去，如需要停止，则需要设置 behavior 属性来实现不同的滚动方式，如滚动一次就停止、交替滚动、循环滚动等。

1. 基本语法

```
<marquee direction = "滚动方向" behavior = "滚动方式">滚动内容</marquee>
```

2. 语法说明

direction 属性决定滚动方向,其取值及说明如表 6-2-1 所示。

表 6-2-1 direction 属性取值及说明

direction 属性值	说　　明	direction 属性值	说　　明
up	向上滚动	left	向左滚动,默认值
down	向下滚动	right	向右滚动

behavior 属性用来设置滚动方式,具体取值及说明如表 6-2-2 所示。

表 6-2-2 behavior 的属性取值及说明

behavior 取值	说　　明
scroll	循环往复滚动,为默认值
slide	滚动一次就停止
alternate	来回交替滚动

【例 6-2-3】 设置滚动文字的滚动方向及方式。代码如下所示,其页面效果如图 6-2-3 所示。

```
1   <! -- edu_6_2_3.html -->
2   <! doctype html>
3   < html lang = "en">
4       < head >
5           < meta charset = "UTF - 8">
6           < title > 设置滚动文字的方向及方式 </title>
7       </head >
8       < body >
9           < h3 align = "center">设置滚动文字的方向及方式</h3>
10          < hr color = "♯ff0066">
11          < marquee direction = "up" behavior = "alternate" bgcolor = "♯99ffcc" height = "80px"
width = "100 %">
12              < font face = "隶书" size = "5" color = "♯0033cc">此段文字为由下向上、交替滚动
</font >
13          </marquee >
14          < marquee behavior = "slide">
15              < font face = "隶书" size = "5" color = "♯ff0033">滚动一次</font>
16          </marquee >
17          < marquee behavior = "alternate">
18              < font face = "隶书" size = "5" color = "♯00ff00">交替滚动</font>
19          </marquee >
20          < marquee behavior = "scroll">
21              < font face = "隶书" size = "5" color = "♯000099">一直向前滚动</font>
22          </marquee >
23      </body >
24  </html>
```

3. 代码解释

代码中第 11 行定义了滚动文字的方向为向上滚动、滚动方式为交替滚动、背景为♯99ffcc;第 14 行定义了滚动文字滚动方式为滚动一次就停止;第 17 行定义了滚动文字滚动方式为交替滚动;第 20 行定义了滚动文字滚动方式为一直向前滚动。

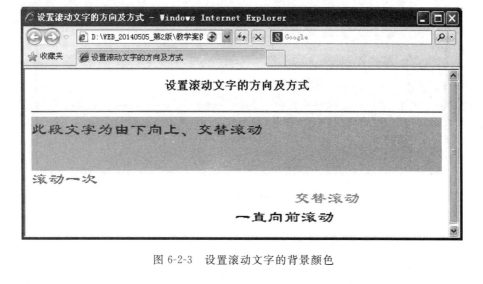

图 6-2-3　设置滚动文字的背景颜色

6.2.4　设置滚动速度与滚动延迟

设置滚动文字后,可能会考虑到滚动的快慢问题,scrollamount 属性可以设置滚动文字速度。滚动延迟就是滚动文字的暂停,使用 scrolldelay 属性来设置滚动文字的延迟时间。

1. 基本语法

```
< marquee scrollamount = "滚动速度" scrolldelay = "延迟时间" >滚动内容</marquee>
```

2. 语法说明

滚动速度实际上就是滚动文字每次移动的长度,这个长度用数字表示,单位为像素。

延迟时间以毫秒为单位,其值设置得越小滚动速度越快。

【例 6-2-4】　设置滚动速度与滚动时延。代码如下所示,其页面效果如图 6-2-4 所示。

```
1   <! -- edu_6_2_4.html -->
2   <! doctype html >
3   < html lang = "en">
4       < head >
5           < meta charset = "UTF - 8">
6           < title > 设置滚动文字的滚动速度与时延 </title>
7       </head >
8       < body >
9           < h3 align = "center">设置滚动文字的滚动速度与时延</h3 >
10          < hr color = "＃cc3399">
11          < marquee scrollamount = "20" scrolldelay = "100">
12              < font face = "隶书" size = "5">速度最快,时延 100 毫秒</font>
13          </marquee >
14          < marquee scrollamount = "10" scrolldelay = "150">
15              < font face = "隶书" size = "5">速度中等,时延 150 毫秒</font>
16          </marquee >
17          < marquee scrollamount = "5" scrolldelay = "200">
18              < font face = "隶书" size = "5">速度最慢,时延 200 毫秒</font>
19          </marquee >
20      </body >
21  </html >
```

图像与多媒体文件

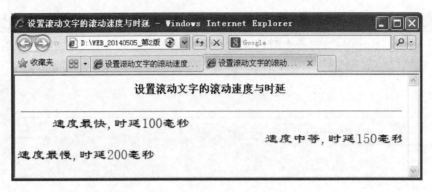

图 6-2-4　设置滚动文字的滚动速度

3. 代码解释

代码中第 11 行定义了滚动文字的滚动速度为 20px、滚动延迟时间为 100ms；第 14 行定义了滚动文字的滚动速度为 10px、滚动延迟时间为 150ms；第 17 行定义了滚动文字的滚动速度为 5px、滚动延迟时间为 200ms。

6.2.5　设置滚动范围与滚动空白空间

设置滚动范围就是设置滚动的背景面积范围，在默认情况下是和文字等高、浏览器等宽的一个颜色带。该面积可以通过 width 和 height 属性来控制。

设置滚动空白空间就是指滚动文字背景和它周围文字及图像之间的空白空间范围。默认情况下，滚动对象周围的文字或图像是与滚动背景紧密连接的，使用 hspace 和 vspace 可以设置它们之间的空白空间。

1. 基本语法

```
< marquee width = "" height = "" hspace = "" vspace = "" >滚动内容</marquee >
```

2. 语法说明

宽度值和高度值均用数字表示，单位为像素。

hspace、vspace 属性值是整数，单位为像素。

【例 6-2-5】　设置滚动范围与空白空间。代码如下所示，其页面效果如图 6-2-5 所示。

```
1   <! -- edu_6_2_5.html -->
2   < html >
3       < head >
4           <title> 设置滚动文字的滚动空白空间 </title>
5       </head >
6       < body >
7           < h3 align = "center">设置滚动文字的滚动空白空间</h3 >
8           < hr color = " ＃330099">
9           < marquee bgcolor = " ＃99ffcc" width = 400px height = 100px hspace = "100" vspace =
"100"  direction = "up">
10              < font face = "宋体" size = "3">设置滚动空白空间就是指滚动文字背景和它周围文
字及图像之间的空白空间范围。默认情况下,滚动对象周围的文字或图像是与滚动背景紧密连接的,使
用 hspace 和 vspace 可以设置它们之间的空白空间。</font>
11          </marquee >
12      </ body >
13  </html >
```

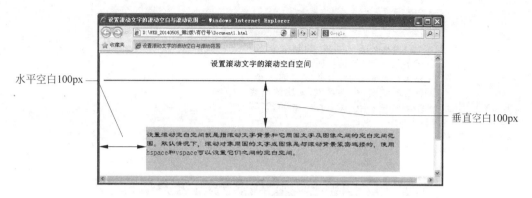

水平空白100px

垂直空白100px

图 6-2-5　设置滚动文字的滚动空白空间

3. 代码解释

代码中第 9 行定义了滚动文字的背景为♯99ffcc、宽度为 400px、高度为 100px、滚动方向为上滚、背景与周边元素水平空间空白为 100px,背景与周边元素垂直空白空间为 100px。

6.3　背景音乐与其他多媒体文件

除了滚动文字外,网页中的多媒体文件还包括音频文件和视频文件以及 Flash 文件,可以为网页增加背景音乐等效果。

6.3.1　添加背景音乐

在网页设计中使用 bgsound 标记可以为网页设置背景音乐。背景音乐既可以是音乐文件,也可以是声音文件,其中最常用的是 midi、mp3 和 wav 文件。

1. 基本语法

```
< bgsound src = "背景音乐地址" loop = "播放次数">
```

2. 语法说明

bgsound 标记是单个标记。常用的属性有 src 和 loop。

- src 属性用来指定背景音乐文件的地址或文件名称,而且音乐文件要加上后缀。
- loop 属性用来指定背景音乐播放的次数,正整数表示播放指定次数,infinite 和－1 表示播放无限次数,直到关闭当前浏览的页面为止。

【例 6-3-1】　背景音乐的应用。代码如下所示,其页面效果如图 6-3-1 所示。

```
1    <! -- edu_6_3_1.html -->
2    <!doctype html>
3    < html lang = "en">
4        < head >
5            < meta charset = "UTF - 8">
6            < title > 添加背景音乐 </title>
7        </head >
8        < body >
9            < bgsound src = "蔡琴明月几时有.mp3" loop = " - 1">
10           < center >
11               < font face = "黑体" size = "5">醉花阴</font>< br >
```

```
12                    <font size = "4">李清照</font>
13                    <hr size = "5" color = " ♯ 660099">
14                    <p>薄雾浓云愁永昼,瑞脑销金兽.<br>
15                    佳节又重阳,玉枕纱厨,半夜凉初透.<br>
16                    东篱把酒黄昏后,有暗香盈袖.<br>
17                    莫道不消魂,帘卷西风,人比黄花瘦.</p>
18                    <hr size = "5" color = " ♯ 660066">
19              </center>
20         </body>
21 </html>
```

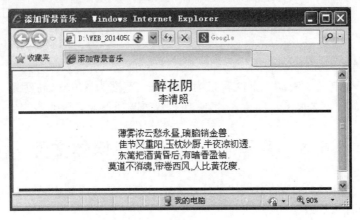

图 6-3-1　背景音乐的应用

3. 代码解释

代码中第 9 行定义了背景音乐,无限播放 exam01. mp3。第 14~17 行显示歌词。

6.3.2　插入音频和视频

使用 bgsound 标记只能设置背景音乐,但不会出现播放软件的控制界面。如果想播放除音乐外的其他媒体,只能使用＜embed＞＜/embed＞标记,可以播放的文件类型有 SWF、MOV、MP3、WMV、AVI、RMTB 等。

1. 基本语法

```
< embed src = "多媒体文件地址" width = "界面的宽度" height = "界面的高度"    autostart = "true|
false" loop = " true|false "></embed>
```

2. 语法说明

- src：设置媒体文件的路径。
- width、height：整型值。单位为像素,必须设置,否则无法显示播放界面。
- autostart：逻辑值。true 为自动播放；false 为不自动播放。
- loop：逻辑值。规定音频或视频文件是否循环。属性值为 true 时,音频或视频文件循环；属性值为 false 时,音频或视频文件不循环。

【例 6-3-2】　插入音频文件。代码如下所示,其页面效果如图 6-3-2 所示。

```
1   <! -- edu_6_3_2.html -->
2   <! doctype html >
3   < html lang = "en">
```

```
4        < head >
5            < meta charset = "UTF - 8">
6            < title > 嵌入多媒体文件 </title>
7        </head>
8        < body >
9            下面是嵌入的多媒体文件(mid):< br >
10           < embed src = "ch24_1. mid" width = "300" height = "100" autostart = "true" loop = "
false"></embed>
11       </body>
12  </html>
```

图 6-3-2   插入音频文件

3. 代码解释

代码中第 10 行通过 embed 标记嵌入了一个音频文件 ch24_1. mid。

6.3.3　插入 Flash 动画

除了 avi 等媒体文件之外,在网页中还可以嵌入 Flash 等类型的媒体文件,方法与 avi 媒体文件相同。与 6.3.2 节介绍插入音频和视频的语法类似。

【例 6-3-3】　页面中插入 Flash 文件。代码如下所示,其页面效果如图 6-3-3 所示。

```
1    <! -- edu_6_3_3. html -->
2    <! doctype html >
3    < html lang = "en">
4        < head >
5            < meta charset = "UTF - 8">
6            < title > 嵌入多媒体文件 </title>
7        </head>
8        < body >
9            < h3 align = "center">嵌入 flash 文件</h3>
10           < hr color = "♯ff00cc">
11           < center >
12               < embed src = "093zhy. swf" width = "400" height = "300"></embed>
13           </center>
14       </body>
15  </html>
```

代码中第 12 行通过 embed 标记嵌入了一个 Flash 文件 093zhy. swf。

图 6-3-3　插入 Flash 动画

6.4　综合实例

以"杭州华三通信技术有限公司"的主网站为例,运用图像、视频及背景音乐等多媒体元素来设计一个简化的 H3C 页面,如图 6-4-1 所示。

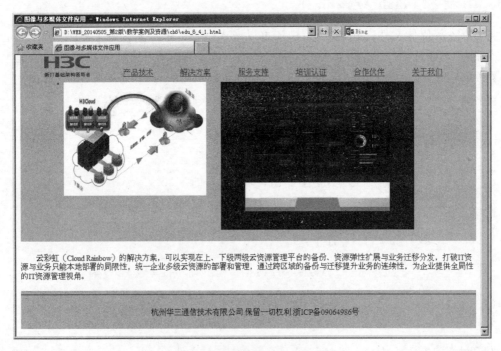

图 6-4-1　图像与多媒体文件应用

```
1   <! -- edu_6_4_1.html -->
2   <! doctype html >
3   < html lang = "en">
4       < head >
5           < meta charset = "UTF - 8">
6           <title>图像与多媒体文件应用</title>
7           < style type = "text/css">
8           ul{list - style - type:none;}
9           li{display:inline;margin:0px 10px;}
10          marquee{clear:both;}
11          p{text - indent:2em;}
12          #div1{background: #99ffcc;height:60px;padding:10px 50px;margin:0 auto;}
13          img{float:left;margin - left:50px;}
14          #ul1{float:left;padding - top:25px;padding - left:20px;}
15          #ul1 li{width:100px;}
16          #div2{background: #00cc00;height:500px;}
17          </style>
18      </head>
19      < body >
20          < div id = "div1" class = "">
21          < img src = "h3clogo.png" alt = "">
22          < ul id = "ul1">
23              < li >< a href = "">产品技术</a></li>
24              < li >< a href = "">解决方案</a></li>
25              < li >< a href = "">服务支持</a></li>
26              < li >< a href = "">培训认证</a></li>
27              < li >< a href = "">合作伙伴</a></li>
28              < li >< a href = "">关于我们</a></li>
29          </ul >
30          </div >
31          < div id = "div2" class = "">
32              < bgsound src = "exam01.mp3" >
33              < ul
34                  < li >< img src = "h3ccloud.jpg" width = "300" height = "230" border = "0" alt =
"">< /li>
35                  < li >< embed src = "h3c_newit1.swf" loop = "true" autostart = "true" width =
"400" height = "300"></embed></li>
36              </ul >
37              < marquee behavior = "alternate" direction = "up" height = "100px"   scrolldelay =
"500" bgcolor = " #ffffff">
38                  < p >云彩虹(Cloud Rainbow)的解决方案,可以实现在上、下级两级云资源管理平台的
备份、资源弹性扩展与业务迁移分发,打破 IT 资源与业务只能本地部署的局限性,统一企业多级云资源
的部署和管理,通过跨区域的备份与迁移提升业务的连续性,为企业提供全局性的 IT 资源管理视角。
</p>
39              </marquee >
40              < hr color = "red">
41              < p align = "center">杭州华三通信技术有限公司.保留一切权利.浙 ICP 备 09064986
号</p>
42          </div >
43      </body >
44  </html >
```

上述代码中第 20 行~第 30 行在第 1 个 div 中插入一个 H3C 公司的 logo 和一个导航菜
单;第 31 行~第 42 行在第 2 个 div 中分别插入背景音乐、图像、Flash、滚动文字等;第 8 行~

第
6
章

图像与多媒体文件

第 16 行分别定义 ul、li、marquee、img、p 等标记样式及♯div1、♯div2、♯ul1 等 id 样式。

本 章 小 结

本章主要介绍了在网页中插入图像、滚动文字、背景音乐及其他多媒体文件的方法。着重讲授了 img 标记、marquee 标记、bgsound 标记、embed 标记的语法及其属性的设置方法。

运用这些标记可以对所开发的网站进行重新布局、页面美化,不断改善用户体验,吸引更多网络访问者浏览自己的网站。

练 习 与 实 验

练习 6

1. 选择题

(1) 指定滚动文字的滚动延时正确的标记是(　　)。

(A) ＜marquee scrollamount="200"＞…＜/marquee＞

(B) ＜marquee loop="200"＞…＜/marquee＞

(C) ＜marquee auto="200"＞…＜/marquee＞

(D) ＜marquee scrolldelay="200"＞…＜/marquee＞

(2) 能够播放 Flash 和视频文件的 HTML 标记是(　　)。

(A) ＜embed src=""＞＜/embed＞　　　　(B) ＜bgsound src=""/＞

(C) ＜marquee＞＜/marquee＞　　　　　(D) ＜a href=""＞＜/a＞

(3) 嵌入背景音乐的正确的标记有(　　)。

(A) ＜backsound src=""＞

(B) ＜embed src="月亮代表我的心.mp3"＞＜/embed＞

(C) ＜a href="＊.mp3"＞＜/a＞

(D) ＜p＞＜/p＞

(4) ＜img alt="这是图像"＞,这个标记作用是(　　)。

(A) 添加图像链接

(B) 决定图像的排列方式

(C) 在浏览器完全读入图像时,在图像位置显示的文字

(D) 在浏览器尚未完全读入图像时,在图像的上方显示"×",并显示替代文本

(5) HTML 代码＜a href="♯"＞＜img src="/blog/name/images.jpg"＞＜/a＞表示(　　)。

(A) 按某种方式对齐加载的图像　　　(B) 设置一个图像链接

(C) 设置围绕一个图像的边框的大小　(D) 加入一条水平线

2. 填空题

(1) 网页中插入图像使用_____标记,插入背景音乐使用_____标记,插入多媒体文件使用_____标记,插入滚动文字使用_____标记。

(2) 在给图像指定超链接时,默认情况下总是会显示蓝色边框,如果不想显示蓝色边框,

应使用以下语句：<a href="test.html"><img src="image1.gif" _____></a>。

（3）热区 area 标记的 shape 属性取值为"rect"表示的热区的形状为_____；shape 属性取值为"circle"表示热区的形状为_____；shape 属性取值为"poly"表示热区的形状为_____。

3. 简答题

（1）设置滚动文字 marquee 标记的 hspace 和 vspace 属性作用是什么？

（2）使用<img>标记可以在页面中插入图像，如何设置图像的高度和宽度？如何设置替换文本？

实验 6

1. 编写相应 HTML 代码，通过设置图像的对齐方式，实现如图 6-1 所示效果。要求：运用图像的 align 属性的各种属性值，实现如图 6-1 所示的效果。

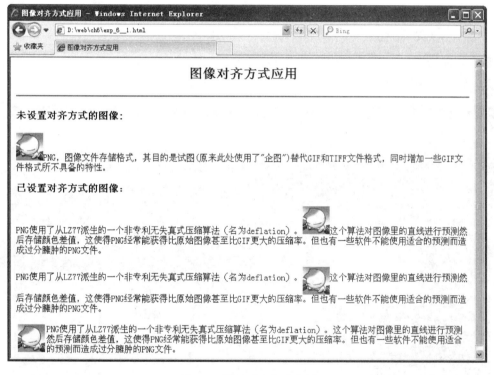

图 6-1　图像对齐方式应用

2. 设计一个图像画廊，页面效果如图 6-2 所示。采用无序列表加载 5 幅图像，并利用滚动文字 marquee 标记及其属性的设置实现 5 幅图像从右向左交替滚动显示。

设计中需要用到样式表（直接将下述代码插入到头部 head 标记中）如下所示：

```
<style type="text/css">
    img{width:100px;height:100px;border:2px #cc0066 ridge;}
    ul{list-style-type:none;}
    li{float:left;}
</style>
```

图像与多媒体文件

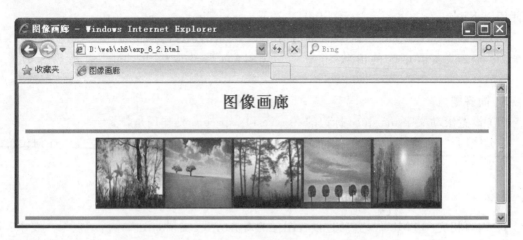

图 6-2　图像画廊

 网站赏析

国外网站欣赏 3 例

1. 网站 http://www.garzareyna.mx/，如图 6-3 所示。

图 6-3　garzareyna 网站首页

2. 网站 http://www.savvyfranchise.com/，如图 6-4 所示。

3. 网站 http://www.debdrex.com/，如图 6-5 所示。

图 6-4　savvyfranchise 网站首页

图 6-5　debdrex 网站首页

本章参考文献

[1]　本书编委会. HTML、CSS、JavaScript 标准教程实例版. 第 3 版. 北京：电子工业出版社，2011：58.

图像与多媒体文件

第7章　CSS　基　础

本章学习目标

通过 HTML 基础的学习,已经掌握了如何运用文字、段落、列表、图像、超链接及多媒体文件等标记及属性设置来简单美化网页,但在网页设计过程中经常会遇到需要对网页中的同样的内容进行重复的属性设置,这既浪费时间,也增加了代码冗余,还带来了后期网站改版维护困难等诸多问题,CSS 就是为了简化页面元素修饰、美化工作而诞生的。所以本章引入 CSS 层叠样式表,主要是为了实现对网页的字体、颜色、布局等元素进行精确控制,解决网页内容与网页表现分离的问题,进一步提高网站的可维护性,方便网站快速重构,实现网站定期换肤的功能。

Web 前端开发工程师应掌握以下内容:
- 了解 CSS 的概念、特点。
- 掌握 CSS 基本语法、选择器分类与声明的结构。
- 掌握 CSS 的定义及引用的方式。
- 理解 CSS 继承与层叠的含义。

CSS(Cascading Style Sheet)属于动态 HTML 技术,它扩充了 HTML 标记的属性设置,使得页面显示效果更加丰富,表现效果更加灵活,它与 DIV 的配合使用可以很好地对页面进行分割和布局。本章将介绍 CSS 和 DIV 基础。

7.1　CSS 概念

传统 HTML 网页设计往往是内容和表现混合,随着网站规模不断扩大,无论是修改网页还是维护网站都显得越来越困难。CSS 的诞生为网页设计注入了新鲜血液,它提供了丰富的样式手段,对页面布局等的控制也更加精确,同时能够实现内容和表现的分离,使得网站的设计风格趋向统一、维护更加容易,并且能够被多种浏览器支持。

7.1.1　CSS 的基本概念

CSS 层叠样式表,也称为级联样式表,用来进行网页风格设计。在网页设计时采用 CSS 技术,可以有效地对页面的布局、字体、颜色、背景和其他效果实现更加精确的控制。只要对相应的代码做一些简单的修改,既可以改变同一页面的不同部分效果,也可以改变同一个网站中不同网页的外观和格式。

7.1.2　传统 HTML 的缺点

HTML 标记是用来定义文档内容,比如通过 h1、p、table 等标记表达"这是标题"、"这是段落"、"这是表格"等信息,而文档布局由浏览器完成。随着新的 HTML 标记(比如字体标记和颜色属性)添加到 HTML 规范中,要实现页面美工、文档内容清晰、独立于文档表现层的站点变得越来越困难。传统 HTML 的缺点主要体现在如下几个方面。

1. 维护困难

为了修改某个特殊标记的格式,需要花费很多的时间,尤其对于整个网站而言,后期修改和维护的成本很高。

2. 标记不足

HTML 自身的标记并不丰富,很多标记都是为网页内容服务的,而关于美工的标记,例如文字间距、段落缩进等,这些 HTML 中都很难找到。

3. 网页过"胖"

由于对各种风格样式没有统一进行控制,用 HTML 编写的页面往往是体积过大,占用了很多宝贵的带宽。

4. 定位困难

在整体页面布局时,HTML 对于各个模块的位置调整显得捉襟见肘。

7.1.3   CSS 的特点

CSS 通过定义标记如何表现,对页面结构风格进行控制,分离文档的内容和表现,克服了传统 HTML 的缺点。将 CSS 嵌入在页面中,通过浏览器解释执行,而且 CSS 文件是文本文件,只要理解 HTML 都可以掌握它。其特点主要有:

(1) 页面的字体变得更漂亮,更容易编排。

(2) 可以轻松控制页面的布局。

(3) 可以在大多数浏览器上使用。

(4) 以前一些必须通过图像转换才能实现的功能,现在只要用 CSS 就可以轻松实现,页面下载更快。

(5) 可以使用一个 CSS 文件控制整个网站的显示风格。只要修改该 CSS 文件中相应的行,就可以改变整个网站上页面的显示样式。

7.1.4   CSS 的优势

CSS 可以称得上 Web 设计领域的一个突破,它的诞生使得网站开发者如鱼得水,其具有以下几点优势。

1. 表现和内容分离

CSS 通过定义 HTML 标记如何显示控制网页的格式,使得页面内容和表现分离,简化了网页格式设计,也使得对网页格式的修改更方便。

2. 增强了网页的表现力

CSS 样式属性提供了比 HTML 更多的格式设计功能。例如,可以通过 CSS 样式去掉网页中超链接的下划线,甚至可以为文字添加阴影、翻转效果等。

3. 使整个网站显示风格趋于统一

将 CSS 样式定义到样式表文件中,然后在多个网页中同时应用样式表文件中的样式,就可以确保多个网页具有一致的格式,并且可以随时更新样式表文件,实现自动更新多个网页的格式功能,从而大大降低了网站的开发与维护的成本。

7.1.5　CSS 的编辑方法

编辑 CSS 主要有两种方式：

（1）写在 HTML 文件里面的 CSS 规则。根据其位置又可以分为两种形式：一种是写在某个元素的属性部分，作为 style 属性的值；另一种是写在 head 标记里面，通过 style 标记包含。

（2）将 CSS 规则写在单独的文件里。建议采用此种方式，该文件称为 CSS 文件，它是纯文本文件，可以使用任何编辑器编辑，文件后缀名为 .css。在需要应用 CSS 规则的多个HTML 文件里面引用该 CSS 文件，从而实现内容和表现的分离，也提高了网站可维护性。

7.2　使用 CSS 控制 Web 页面

CSS 控制页面是通过 CSS 规则实现的，CSS 规则由选择器和声明组成，声明由属性和属性值对组成。CSS 提供了丰富的选择器类型，包括标记选择器、类选择器、id 选择器及伪类选择器等，能够灵活地对整个页面、页面中的某个标记或一类标记进行样式设置。此外，在HTML 页面中应用 CSS 规则的方式也比较灵活，包括行内（内联）样式表、内部样式表、链接外部样式表及导入外部样式表。

7.2.1　CSS 基本语法

CSS 就是一个包含一个或多个规则的文本文件。CSS 规则由两个主要的部分构成：选择器（Selector，选择符）和声明（Declaration）。

选择器通常是需要改变样式的 HTML 元素。

声明由一个或多个属性与属性值对组成。属性是 CSS 的关键字，如 font-family（字体）、color（颜色）和 border（边框）等。属性用于指定选择器某一方面的特性，而属性值则用于指定选择器的特性的具体特征。

1. 基本语法

```
selector {property1: value1; property2: value2; property3: value3; … }
选择器{属性 1:属性值 1; 属性 2:属性值 2; 属性 3:属性值 3; … }
```

2. 语法说明

1）选择器

选择器可以是 HTML 标记名称或者属性的值，也可以是自定义的标识符。

2）属性/属性值对

"属性：属性值"必须一一对应，属性与属性值之间必须用":"连接，每个属性/属性值对之间用分号（;）分隔。

3）属性

在 CSS 中对属性命名与脚本语言中对属性命名有一点不同，即属性名称的写法，在 CSS中，凡是属性名为两个或两个以上的单词构成时，单词之间以连词符号（-）分隔，例如背景颜色属性 background-color；而在脚本中，对象属性则连写成 backgroundColor，如果属性由两个以上单词构成，则从第二个单词开始向后，所有单词首字母必须大写。

下面是一个简单样式表的示例：

```
p{background-color:red; font-size:20px; color:green; }
```

上例的 CSS 规则中 p 为选择器，background-color、font-size、color 为属性，red、20px、green 为属性值，该 CSS 规则将 HTML 中的所有段落统一设置成"背景色为红色、字体大小为20 像素以及字体颜色为绿色"。通常为了增强样式定义的可读性，建议每行只描述一个属性，格式如下所示：

```
p{
    background-color:red;
    font-size:20px;
    color:green;
}
```

4) 复合属性

在 CSS 中，有些属性可以表示多个属性的值。如关于文字的设置，有 font-family(字体)、font-size(字体大小)、font-style(字体风格)，这些可以用一个属性 font 来表示，例如：

```
p{ font-style:italic; font-size:20px; font-family: 黑体; }
```

可以直接使用 p{ font:italic 20px 黑体；}来表示。

值得注意的是，使用 font 复合属性在一个声明中设置所有字体属性时，应按照 font-style、font-variant、font-weight、font-size/line-height、font-family 的顺序，可以不设置其中的某个值，比如" font:100% verdana；"仅设置了 font-size、font-family 属性，其他未设置的属性会使用其默认值。类似的复合属性还有 border、margin、padding 等。

5) 多个属性值

在 CSS 中，有些属性可以设置多个属性值，用逗号(,)分隔。例如：

```
selector{ font-family: "楷体_gb2312", "黑体", " Times New Roman "; }
```

该样式表说明了可以使用楷体_gb2312、黑体、Times New Roman 三种字体来设置 selector 的字体效果。若系统中找不到楷体_gb2312，则使用黑体；若也没有黑体，则使用 Times New Roman，即按出现的先后顺序优先选择。

6) CSS 注释

像其他语言一样，CSS 允许用户在源代码中嵌入注释。CSS 注释被浏览器忽略，不影响网页效果。注释有助于记住复杂的样式规则的作用、应用的范围等，便于样式规则的后期维护和应用。CSS 注释以字符"/ *"开始，以字符"* /"结束。下面是注释样例：

```
1  /*  这是多行注释    CSS 文件名:  out.css
2      功能说明: 定义样式
3  */
4  /* 单行注释    样式  段落 P */
5  p{
6      font-size:20px;      /* 行尾注释   定义字号 */
7      font-family:宋体;     /* 行尾注释    定义字体 */
8      color:#5588FF;       /* 行尾注释   定义颜色 */
9  }
```

"/ * … * /"这种格式可以单独一行书写,也可以写在语句的后面,可以注释 1 行,也可以注释多行。注释不能嵌套。

7.2.2　CSS 选择器类型

CSS 选择器主要有 4 种类型:标记选择器、类选择器、id 选择器及伪类选择器等。

1. 标记选择器

标记选择器(也可称为"元素选择器")即直接使用 HTML 标记名称作为选择器,它定义的样式作用于页面中所有与选择器同名的标记,前面的示例代码均属于标记选择器,这里不再详细介绍。

2. 类选择器

任何合法的 HTML 标记都可以使用 class 属性,class 属性用于定义页面上的 HTML 元素标记组,这些标记组通常具有相同的功能或作用,因此它们可以设置相同的样式规则。

首先创建类,用户需要给它命名,类名可以是任何形式,建议读者以描述性的名称来起名,这样对于整个代码的维护及协同开发有很大帮助。为类选择了名字之后,用户可以通过设置 class 属性为 HTML 标记分配类。如果是多个类要用空格分隔,那么 HTML 标记可以是多个类的一部分。示例代码如下所示:

```
1   <p class = "c2">著名诗人</p>
2   <ol class = "c1">
3       <li class = "c2">李白</li>
4       <li class = "c3 c4">杜甫</li>
5       <li>杜牧</li>
6   </ol>
```

在 HTML 标记中设置了 class 属性之后,用户可以使用它作为 CSS 的类选择器。

类选择器由点号"."及类名称直接相连构成。示例代码如下所示:

```
1.c2{ color:red; font - weight:bold; }
2.c3{ font - style:italic; }
```

标记选择器和类选择器可以联合使用,使用方式是标记选择器与类选择器直接相连,称为联合选择器,可以用来设置特定类中的特定标记。示例代码如下所示:

```
1 p.c2{ color:green; font - size:20px; }
2 li.c3{ color:red; }
```

在上面的代码中,前者选择所有 class="c2"的<p>元素,后者选择所有 class="c3"的<li>元素。

3. id 选择器

HTML 标记的 id 属性与 class 属性类似,可以用于各类标记中,也可以作为 CSS 选择器来使用。id 具有很多限制,只有页面上的标记(body 标记及其子标记)才能具有给定的 id。在 HTML 文件内,每个 id 属性的取值必须是唯一,只能用于指定的一个标记。id 属性的取值必须以字母开头,由字母、数字、下划线、连字符组成。如果作为 CSS 选择器使用,通常建议使用字母和数字及下划线组合作为 id 名称。

id 选择器由井号"#"及 id 属性值直接相连构成。示例代码如下所示：

```
1  # right{ color:red; text - align:right; font - size:20px; }
2  < p id = "right">使用 id 选择器设置样式。</p>
```

对于 CSS 来说，id 选择器与 class 选择器的功能很相似但不完全相同。一般来说，class 选择器更加灵活，能完成 id 选择器的所有作用，也能完成更加复杂的功能应用。如果对样式可重用性要求较高，则应该使用 class 选择器将新元素添加到类中来完成。对于需要唯一标识的页面元素，则可以使用 id 选择器。

4. 伪类选择器

前面介绍的选择器都是能够与 HTML 中具体标记对应的，但是像段落的第 1 行、超链接访问前与访问后等，就没有 HTML 标记与之对应，从而也没有简单的 CSS 选择器应用，为此 CSS 引进了伪类选择器。其用法如下：

```
标记:伪类名{ / * CSS 规则 * / }
```

常用伪类如表 7-2-1 所示。

表 7-2-1 常用伪类

伪类名	说　　明
link	设置 a 标记在未被访问前的样式
hover	设置 a 标记在鼠标悬停时的样式
active	设置 a 标记在被用户激活（在鼠标单击与释放之间）时的样式
visited	设置 a 标记在被访问后的样式
first-letter	作用于块，设置第一个字符的样式
first-line	作用于块，设置第一个行的样式表
first-child	设置第一个子标记的样式
lang	设置具有 lang 属性的标记的样式

【例 7-2-1】 伪类选择器演示。代码如下所示，其页面效果如图 7-2-1 所示。

```
1   <! -- edu_7_2_1.html -->
2   <! doctype html >
3   < html lang = "en">
4       < head >
5           < meta charset = "UTF - 8">
6           < title >选择器演示</title>
7           < style type = "text/css">
8               a:link{color:gray;text - decoration:none;}
9               a:visited{color:blue;text - decoration:none;}
10              a:hover{color:red;text - decoration:underline;}
11              a:active{color:yellow;text - decoration:underline;}
12              p:first - letter{font - weight:bold;font - family:"黑体";}
13              p:first - line{font - size:32px;}
14          </style>
15      </head>
16      < body >
17          <p>在支持 CSS 的浏览器中，链接的不同状态都可以不同的方式显示，这些状态包括：活动状态，已被访问状态，未被访问状态，和鼠标悬停状态。< br >
```

```
18          注意: a:hover 必须被置于 a:link 和 a:visited 之后,才是有效的。a:active 必须被置于
a:hover 之后,才是有效的。
19          </p>
20          < a href = "http://www.baidu.com">搜索一下: 百度</a>
21      </body>
22 </html>
```

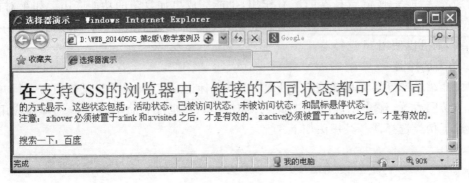

图 7-2-1　伪类选择器

5. 代码解释

代码中第 8 行~第 13 行定义伪类选择器,分别设置了超链接未访问、已访问、鼠标悬停、激活的样式以及段落第 1 行字号 32px、第 1 个字黑体加粗的样式。

特别应注意 a:hover 必须置于 a:link 和 a:visited 之后,才是有效的;a:active 必须置于 a:hover 之后,才是有效的。设置的顺序如下:

```
a:link{color:blue;}
a:visited{color:blue;}
a:hover{color:red;}
a:active{color:yellow;}
```

7.2.3　CSS 选择器声明

在声明各种 CSS 选择器时,如果某些选择器的风格是完全相同的,或者部分相同,都可以利用集体声明的方法,用“,”分隔多个选择器,对风格相同的 CSS 选择器同时声明。

1. 集体声明

集体声明示例代码如下:

```
h1,h2,h3,h4,h5,p{ color:purple; font - size:16px; }
h2. special, . special, #one{ text - decoration:underline;}
```

2. 全局声明

对于实际网站中的一些小型页面,例如弹出的小对话框和上传附件的小窗口等,希望这些页面中所有的标记都使用同一种 CSS 样式,但又不希望通过逐个加入集体声明列表的方式,这时可以利用全局声明符号“ * ”。示例代码如下:

```
1   * {
2       color:purple;
3       font - size:16px;
4   }
```

3. 派生选择器（上下文选择器）

另外，根据标记所在位置的上下文关系来定义样式，可以使标记更加简洁。派生选择器允许根据文档的上下文关系来确定某个标记的样式。通过合理地使用派生选择器，可以使 CSS 代码变得更加整洁。

例如，要让列表项<li>中的<strong>标记变为斜体字，而不是通常的粗体字，可以这样定义一个派生选择器：

```
1  li strong { font - style: italic; font - weight: normal; }
2  strong{ font - weight:bold; }
```

测试代码如下：

```
1  <p><strong>我是粗体字,不是斜体字,因为我不在列表当中,所以这个规则对我不起作用</strong></p>
2  <ol>
3      <li><strong>我是斜体字。这是因为 strong 元素位于 li 标记内。</strong></li>
4      <li>我是正常的字体。</li>
5  </ol>
```

在上面的例子中，有两个 strong 标记，但只有 li 元素中的 strong 元素的样式为斜体字，而且无须为 strong 标记定义特别的 class 或 id，应用派生选择器，代码更加简洁。

7.2.4 CSS 定义与引用

CSS 按其位置可以分为 4 种：内联样式表（Inline Style Sheet）、内部样式表（Internal Style Sheet）、链接外部样式表（Link External Style Sheet）以及导入外部样式表（Import External Style Sheet）。

1. 内联样式表（行内样式表）

内联样式表的 CSS 规则写在首标记内，只对所在的标记有效。几乎任何一个 HTML 标记上都可以设置 style 属性。属性值可以包含 CSS 规则的声明，不包含选择器。

1）基本语法

```
<标记 style = "属性 1: 属性值 1;属性 2: 属性值 2;…">修饰的内容</标记>
```

2）语法说明
- 标记是指 HTML 标记，如 p、h1、body 等标记。
- 标记的 style 定义的声明只对自身起作用。
- style 属性的值可以包含多个声明，每一声明之间用";"分隔。
- 标记自身定义的 style 样式优先于其他所有样式定义。

【例 7-2-2】 内联样式表的使用。代码如下所示，其页面效果如图 7-2-2 所示。

```
1  <! -- edu_7_2_2.html -->
2  <!doctype html >
3  < html lang = "en">
4      < head >
5          < meta charset = "UTF - 8">
6          <title>内联样式(Inline Style)</title>
7      </head>
```

```
 8        < body >
 9            < p style = "font - size:20px;font - style:italic;">这个内联样式(Inline Style)定义段
落文字大小 20 像素,文字风格为斜体。</p>
10            <p>这段文字没有使用内联样式。</p>
11        </body>
12 </html>
```

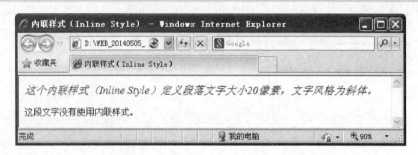

图 7-2-2　内联样式表

3)代码解释

代码中第 9 行采用内联样式表定义段落 p 标记的样式。通过设置 style 属性值为"font-size:20px;font-style:italic;"来实现。style 属性的值相当于 CSS 规则中声明部分,由多个"属性/值"对构成,"属性/值"对之间用";"分隔。

值得注意的是,内容和表现的分离是创建 CSS 的初衷,这一技术的产生将使内联样式的应用大为减色,使用 HTML+CSS 的方式更有意义。除非有特别的用途,否则开发者应该避免使用内联样式表。

2. 内部样式表

内部样式表写在 HTML 的<head></head>里面,只对所在的网页有效。使用<style></style>标记对来放置 CSS 规则。

1)基本语法

```
1  < style type = "text/css">
2      选择器 1{属性 1: 属性值 1;属性 2: 属性值 2;…}
3      选择器 2{属性 1: 属性值 1;属性 2: 属性值 2;…}
4      …
5      选择器 n{属性 1: 属性值 1;属性 2: 属性值 2;…}
6  </style>
```

2)语法说明

- style 标记是成对标记,有 1 个 type 属性是指 style 元素以 CSS 的语法定义。
- 选择器 1、…、选择器 n,可以定义 n 个选择器,再定义声明部分。
- 属性和属性值之间用冒号连接,"属性/属性值"对之间用分号分隔。

【例 7-2-3】 内部样式表的使用。代码如下所示,其页面效果如图 7-2-3 所示。

```
1  <! -- edu_7_2_3.html -->
2  <!doctype html >
3  < html lang = "en">
4      < head >
```

```
5              < meta charset = "UTF - 8">
6              <title>内部样式(Internal Style)</title>
7              < style type = "text/css">
8                  .int_css{
9                      border - width:2px;          /* 定义边框宽度 */
10                     border - style:solid;         /* 定义边框样式 */
11                     text - align:center;          /* 定义文本对齐方式 */
12                     color:red;                    /* 定义颜色 */
13                 }
14                 ♯ h1_css{
15                     font - size:28px;             /* 定义字体大小 */
16                     font - style:italic;          /* 定义字体样式 */
17                 }
18             </style>
19         </head >
20         < body >
21             < h1 class = "int_css">h1 这个标题使用类样式。</h1 >
22             < h1 id = "h1_css">h1 这个标题使用 ID 样式。</h1 >
23             < h1 >h1 这个标题没有使用样式。</h1 >
24         </body >
25     </html >
```

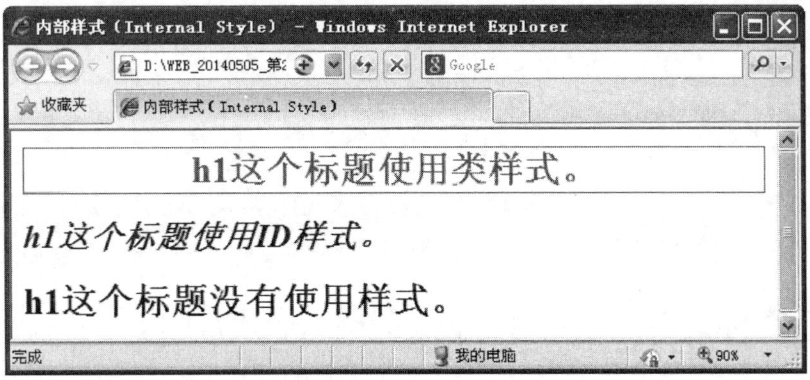

图 7-2-3　内部样式表

3) 代码解释

代码中第 7 行~第 18 行是定义内部样式表。其中第 8 行定义类选择器；第 14 行定义 ID 选择器；第 21 行引用类样式,只有设置了 class 属性值为 int_css 的标记规则才会生效。第 22 行引用 ID 样式,只有设置了 id 属性值为 h11 的标记规则才会生效。第 23 行是默认样式。

3. 外部样式表

外部样式表是将 CSS 规则写在以.css 为后缀的 CSS 文件里,在需要用到此样式的网页里引用该 CSS 文件。一个 CSS 文件可以供多个网页引用,从而实现整体页面风格统一设置。根据引用的方式不同可以分为链接外部样式表和导入外部样式表,它们形式上的区别在于链接外部样式表通过链接 link 标记,导入外部样式表必须在内部样式表内首行通过"@import url('外部样式文件');"来定义。

1) 链接外部样式表

(1) 基本语法。

```
< link type = "text/css" rel = "stylesheet" href = "out.css">
```

(2) 语法说明。

link 标记是单个标记,也是空标记,它仅包含属性。此标记只能存在于 head 部分,不过它可出现任何次数。link 属性、取值及说明如表 7-2-2 所示。

表 7-2-2   link 标记属性、取值及说明

属 性	取 值	说 明
type	MIME_type	规定被链接文档的 MIME 类型
rel	stylesheet	定义当前文档与被链接文档之间的关系
href	URL	定义被链接文档的位置

【例 7-2-4】   链接外部样式表的使用。代码如下所示,其页面效果如图 7-2-4 所示。

• CSS 文件 out.css。

```
1  /*样式表文件 out.css*/
2  .int_css{
3      border-width:2px;        /*定义边框宽度*/
4      border-style:solid;      /*定义边框样式*/
5      text-align:center;       /*定义文本对齐方式*/
6      color:green;             /*定义颜色*/
7  }
8  #h1_css{
9      font-size:28px;          /*定义字体大小*/
10     font-weight:bold;        /*定义字体粗细*/
11 }
```

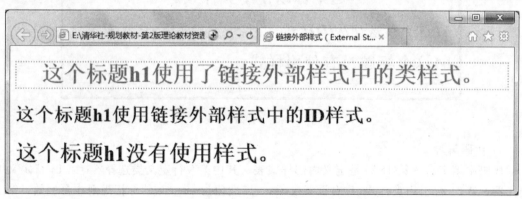

图 7-2-4   链接外部样式表

• HTML 文件 edu_7_2_4.html。

```
1  <!-- edu_7_2_4.html -->
2  <!doctype html>
3  <html lang="en">
4      <head>
5          <meta charset="UTF-8">
6          <title>链接外部样式(External Style)</title>
7          <link type="text/css" rel="stylesheet" href="out.css">
8      </head>
9      <body>
```

```
10        <h1 class = "int_css">这个标题 h1 使用了链接外部样式中的类样式。</h1>
11        <h1 id = "h1_css">这个标题 h1 使用链接外部样式中的 ID 样式。</h1>
12        <h1>这个标题 h1 没有使用样式。</h1>
13    </body>
14 </html>
```

（3）代码解释。

代码中第 7 行在 head 标记中插入 link 标记链接外部样式表文件 out. css,属性 href 的值为 CSS 文件的路径,可以是绝对路径或相对路径。第 10 行引用了外部样式表中定义的类选择器 int_css,该 h1 标题字样式生效。第 11 行引用了外部样式表中定义的 ID 选择器 # h1_css,该 h1 标题字样式生效。

2）导入外部样式表

（1）基本语法。

```
< style type = "text/css">
    @import   url("外部样式表文件 1 名称");
    @import   url("外部样式表文件 2 名称");
    选择器 1{属性 1: 属性值 1;属性 2: 属性值 2;…}
    选择器 2{属性 1: 属性值 1;属性 2: 属性值 2;…}
    …
    选择器 n{属性 1: 属性值 1;属性 2: 属性值 2;…}
</style>
```

（2）语法说明。

- 导入样式表必须在 style 标记内开头的位置定义,可以同时导入多个外部样式表,每条语句必须以";"结束。一般导入外部样式写在最前面,内部样式写在后面。
- "@import"必须连续书写,即"@"和"import"之间不能留有任何空格。
- url("外部样式表文件名称")中的文件名称必须是全称,含后缀名.css,如 out. css。

【例 7-2-5】 导入外部样式表的使用。代码如下所示,其页面效果如图 7-2-5 所示。

```
1  <! -- edu_7_2_5.html -->
2  <!doctype html>
3  < html lang = "en">
4      < head >
5          <meta charset = "UTF - 8">
6          <title>导入外部样式(External Style)</title>
7          < style type = "text/css">
8              @ import url("out.css");
9              @ import url("out1.css");
10             @ import url("out2.css");
11             # h2_css{
12                 font - size:24px;    /* 定义字体大小 */
13                 font - style:italic;  /* 定义字体样式 */
14             }
15         </style>
16     </head>
17     < body >
18         <h1 class = "int_css">这个标题 h1 使用了导入外部样式表中的类样式(int_css)。</h1>
19         <h2 id = "h2_css">这个标题 h2 使用内部样式中的 ID 样式(h2_css)。</h2>
20         <h2>这个标题 h2 没有使用样式,out1.css 和 out2.css 未定义。</h2>
21     </body>
22 </html>
```

CSS 基础

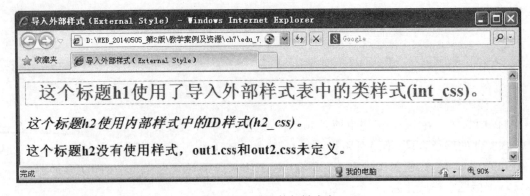

图 7-2-5　导入外部样式表

（3）代码解释。

代码中第 8 行～第 10 行通过"@import"导入 3 个外部样式表文件，分别是 out.css、out1.css、out2.css。第 18 行引用导入外部样式表中的类选择器 int_css，第 19 行引用的内部样式表中的 ID 样式 h2_css，第 20 行是默认样式。

外部样式表与内联样式表和内部样式表相比，具有以下优点：

- 便于复用。

一个外部 CSS 文件所定义的样式，可以被多个网页共用。

- 便于修改。

修改样式只需要修改 CSS 文件，无须修改每个网页。

- 提高显示速度。

样式写在网页里，网页文件变"胖"，增加网页传输的负担，降低网页显示速度。如果某 CSS 文件已被某网页引用并加载，则其他需要引用该 CSS 文件的网页时可以从缓存中直接读取该 CSS 文件，从而提高网页显示速度。

7.3　CSS 继承与层叠

CSS 继承即子标记会继承父标记的所有样式风格，并且可以在父标记样式风格的基础上再加以修改，产生新的样式，而子标记的样式风格完全不影响父标记。值得注意的是，并不是所有的属性都会自动传给子元素，有的属性不会继承父标记的属性值，例如边框属性就是非继承的。

CSS 的全称是"层叠样式表"，层叠特性和"继承"不一样，可以把层叠特性理解成"冲突"的解决方案，即对同一内容设置了多个不同类型样式产生冲突时的处理，CSS 规定如下优先级为：行内样式＞id 样式＞class 样式＞标记样式。

【例 7-3-1】　CSS 的继承与层叠。代码如下所示，其页面效果如图 7-3-1 所示。

```
1   <!-- edu_7_3_1.html -->
2   <!doctype html>
3   <html lang = "en">
4       <head>
5           <meta charset = "UTF-8">
```

```
6              <title>继承与层叠</title>
7              <style type="text/css">
8                  body{ font-size:12px; }/*元素样式*/
9                  .c1{ font-size:28px;  color:blue;font-family:"黑体";}/*class样式*/
10                 #p1,#p2{ font-family:"幼圆";font-size:36px;}/*id样式*/
11             </style>
12         </head>
13     <body>
14         这是body的文本内容。
15         <p>第一段 子标记p继承了父标记body的样式。</p>
16         <p class="c1">第二、三、四段都设置了class="c1"。</p>
17         <p class="c1" id="p1">第三段设置了id="p1"。</p>
18         <p class="c1" id="p2" style="font-family:'Arial Black';color:red;">行内样式
style="font-family:'Arial Black'; color:red;",优先级最高。</p>
19     </body>
20 </html>
```

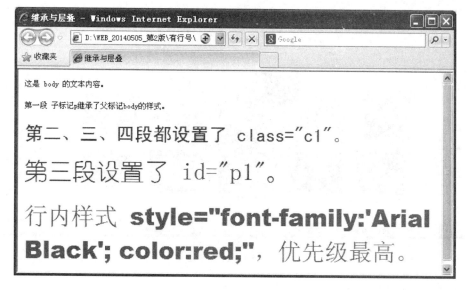

图 7-3-1 CSS 继承与层叠

代码解释

代码中第 15 行定义段落 p 标记与 body 中的文本样式一致,说明它继承了第 8 行所设置的其父标记样式。

第 16 行~第 18 行定义 3 个段落 p 标记均设置了 class 属性,根据显示效果,说明 class 样式的优先级高于标记样式。

第 17 行设置段落 p 标记的 id 和 class 属性。id 样式修改了字体为幼圆、字号为 36px,说明样式得到了应用,但颜色并没有发生变化,说明 id 样式优先级高于 class 样式。

第 18 行定义的段落 p 标记,同样设置了 id 属性,同时增加了行内样式设置,效果显示其字号为 36 像素,说明 id 样式得到了应用,但字体变为 Arial Black,而不是幼圆,说明行内样式优先级高于 id 样式;字的颜色变为红色,说明行内样式优先级高于 class 样式,即行内样式的优先级最高。

7.4 综合实例

设计 Web 页面时使用 CSS 来控制显示,将会使得页面结构清晰、代码量大大减少,而且便于维护,作为从事 Web 前端开发的工程师应该养成使用 CSS 实现页面内容和表现分离的编程习惯,并在实践中不断探索。

以"Hoverbox 图像画廊"(Hoverbox Image Gallery)为例,利用链接外部样式表 hoverbox.css 控制以无序列表方式排列的 5 行×4 列共 20 幅图像的样式,通过鼠标在某个图像上盘旋,实现大图像浏览。本例对原代码和样式文件进行了适当简化。

【例 7-4-1】 Hoverbox 图像画廊程序。实现代码如下所示,其页面效果如图 7-4-1 所示。

图 7-4-1 鼠标经过图片显示大图

* 主程序 edu_7_4_1.html。

```
1    <!-- edu_7_4_1.html -->
2    <!doctype html>
3    <html lang = "en">
4        <head>
5            <meta charset = "UTF-8">
6            <title>Hoverbox Image Gallery</title>
7            <link type = "text/css" rel = "stylesheet" href = 'hoverbox.css'  />
8        </head>
9        <body>
10           <div id = "" class = "">
11               <h1>鼠标经过图片显示大图(Hoverbox Image Gallery)</h1>
12               <ul class = "hoverbox">
13                   <li><a href = "#">
14                   <img src = "img/photo01.jpg" alt = "description" class = "preview" />
15                       <img src = "img/photo01.jpg" alt = "description" /></a>
16                   </li>
```

```
17              <li><a href = "#">
18                <img src = "img/photo02.jpg" alt = "description" class = "preview" />
19                  <img src = "img/photo02.jpg" alt = "description" /></a>
20              </li>
21              <li><a href = "#">
22                <img src = "img/photo03.jpg" alt = "description" class = "preview" />
23                  <img src = "img/photo03.jpg" alt = "description" /></a>
24              </li>
25              <li><a href = "#">
26                <img src = "img/photo04.jpg" alt = "description" class = "preview" />
27                  <img src = "img/photo04.jpg" alt = "description" /></a>
28              </li>
29              <li><a href = "#">
30                <img src = "img/photo05.jpg" alt = "description" class = "preview" />
31                  <img src = "img/photo05.jpg" alt = "description" /></a>
32              </li>
33              <li><a href = "#">
34                <img src = "img/photo06.jpg" alt = "description" class = "preview" />
35                  <img src = "img/photo06.jpg" alt = "description" /></a>
36              </li>
37              <li><a href = "#">
38                <img src = "img/photo07.jpg" alt = "description" class = "preview" />
39                  <img src = "img/photo07.jpg" alt = "description" /></a>
40              </li>
41              <li><a href = "#">
42                <img src = "img/photo08.jpg" alt = "description" class = "preview" />
43                  <img src = "img/photo08.jpg" alt = "description" /></a>
44              </li>
45              <li><a href = "#">
46                <img src = "img/photo09.jpg" alt = "description" class = "preview" />
47                  <img src = "img/photo09.jpg" alt = "description" /></a>
48              </li>
49              <li><a href = "#">
50                <img src = "img/photo10.jpg" alt = "description" class = "preview" />
51                  <img src = "img/photo10.jpg" alt = "description" /></a>
52              </li>
53          </ul>
54        </div>
55      </body>
56 </html>
```

• CSS 外部样式文件 hoverbox.css。

```
1  /* hoverbox.css */
2  *{                            /* 全局声明 */
3      border: 0;
4      margin: 0;
5      padding: 0;
6  }
7  /* = Basic HTML, Non-essential
8  --------------------------------------------------------------------- */
9  a{    text-decoration: none;}
10 div{                          /* 定义图层的样式 */
11   width:720px;
```

```
12    height:500px;
13    margin:0 auto;
14    padding:30px;
15    text－align:center;                      /*   定义内容居中显示   */
16 }
17 body{                                        /* 定义主体样式 */
18    position: relative;                       /* 位置属性为相对的 */
19    text－align:center;
20 }
21 h1{                                          /* 定义 H1 的样式   */
22    background: inherit;                       /* 定义背景属性取值为继承   */
23    border－bottom: 1px dashed ♯097;
24    color: ♯000099;
25    font: 17px Georgia, serif;
26    margin: 0 0 10px;
27    padding: 0 0 35px;
28    text－align: center;
29 }
30 / *   ＝Hoverbox Code
31  ------------------------------------------------------------------------ */
32 .hoverbox{cursor: default;list－style: none;}   /* 去掉列表项前的符号 */
33 .hoverbox a{cursor: default;}
34 .hoverbox a .preview{display: none;}            /* 大图初始加载为不显示   */
35 .hoverbox a:hover .preview{                     /* 派生选择器声明 */
36    display: block;                              /* 以块方式显示 */
37    position: absolute;                          /* 以绝对方式显示,图可以层叠 */
38    top: －33px;                                  /* 相对当前位置偏移量 */
39    left: －45px;                                 /* 相对当前位置偏移量 */
40    z－index: 1;                                  /* 表示在上层(原小图在底层) */
41 }
42 .hoverbox img{                                  /* 定义图像样式 */
43    background: ♯fff;
44    border－color: ♯aaa ♯ccc ♯ddd ♯bbb;
45    border－style: solid;
46    border－width: 1px;
47    color: inherit;
48    padding: 2px;
49    vertical－align: top;
50    width: 100px;
51    height: 75px;
52 }
53 .hoverbox li{                                   /* 定义列表项样式 */
54    background: ♯eee;                             /* ♯eee 等同于 ♯eeeeee,以下格式相同 */
55    border－color: ♯ddd ♯bbb ♯aaa ♯ccc;
56    border－style: solid;
57    border－width: 1px;
58    color: inherit;
59    float: left;                                 /* 设置图像向左浮动 */
60    display: inline;                             /* 设置为行内显示 */
61    margin: 3px;
62    padding: 5px;
63    position: relative;                          /* 位置为相对的方式 */
64 }
65 .hoverbox .preview{                             /* 定义大图样式   */
```

```
66          border - color: #000;
67          width: 200px;
68          height: 150px;
69    }
70    ul{padding:40px;margin:0 auto; }          /* 定义 ul 样式 */
```

代码解释

代码中第 10 行～第 54 行在 div 中插入 1 个无序列表,并在无序列表中插入 10 个列表项,在每 1 个列表项中插入 2 个图像超链接;其中 1 个图像在初始加载时通过.hoverbox a. preview 样式实现不显示,当鼠标在某一小图像上盘旋时通过在 hoverbox.css 中设置 position 和 z-index 属性的值来实现图像层叠,显示出大图像。本例仅显示 10 幅图像,分 2 行显示。

原始 Hoverbox 图像画廊页面 http://host. sonspring.com/hoverbox/。

本 章 小 结

本章介绍了 CSS 的基本概念以及如何使用 CSS 控制网页显示。

CSS 规则由选择器和声明组成,声明即"属性:属性值"对。选择器包括 id 选择器、类选择器、标记选择器、伪类选择器等,提供了不同的选取页面标记的方式。

根据 CSS 规则定义的位置不同,将 CSS 分为内联样式表、内部样式表、链接外部样式表以及导入外部样式表,其中内联样式表是在标记内设置 style 属性,且仅对该标记有效;内部样式表是在页面的 head 标记中加入 style 标记,在 style 标记里编写 CSS 规则,它对整个页面都有效;外部样式表是将 CSS 规则写在单独的文件里,要求该文件的后缀名为.css,称为 CSS 文件,需要应用规则的页面,通过 link 标记或者"@import"语句将独立的 CSS 文件引入到页面中,前者称为链接外部样式表,后者称为导入外部样式表。

CSS 继承性表明子标记将继承父标记的规则,CSS 层叠特性约定了规则冲突的解决方案。CSS 规定样式优先级从高到低为:行内样式>id 样式>class 样式>标记样式。

练习与实验

练习 7

1. 选择题

(1) CSS 的规则是由选择器和(   )构成的。

　　(A) 声明　　　　　　　(B) 标记选择符　　　(C) 类选择符　　　　(D) id 选择符

(2) 下列选项中 CSS 规则书写正确的是(   )。

　　(A) body:color=black　　　　　　　　(B) {body;color:black;}

　　(C) body{color:black;}　　　　　　　(D) {body:color=black;}

(3) 下列选项中正确定义所有段落内文字为标准粗体的是(   )。

　　(A) <p style=" font-size:bold; ">

　　(B) <p style=" font-weight:bold; ">

　　(C) p{font-size:bold;}

　　(D) p{font-weight:bold;}

(4) 在 CSS 中定义能多次引用样式的选择器是(　　)。

 (A) 超链接选择器   (B) 类选择器

 (C) id 选择器   (D) 标记选择器

(5) 下列选项中样式优先级最高的是(　　)。

 (A) 标记样式   (B) id 样式   (C) class 样式   (D) 行内样式

(6) 下列选项中导入外部样式表正确的是(　　)。

 (A) @import url("chu12015.css ")   (B) @import " chu2015.css "

 (C) <lik href=" chu12015.css "/>   (D) @import url("chu12015.css ");

2. 填空题

(1) 在 CSS 文件中,用 ♯ p1{},在 HTML 中 p 标记内使用_____属性引用样式;在 CSS 中使用. p2{}定义样式,在 HTML 中 p 标记内使用_____属性来引用样式。

(2) 引用外部 CSS 文件有两种方式:一是通过_____标记的_____属性;二是通过_____标记内_____来引用。

(3) CSS 文件的扩展名为_____。

3. 简答题

(1) 简述样式表的作用以及样式表与 HTML 文件之间的关系。

(2) CSS 按照其定义位置可分为哪几种? 分别如何使用?

(3) 如何理解 CSS 的继承与冲突特性?

(4) 简述 id 选择器与类选择器的异同点。

实验 7

1. 使用内联样式表及内部样式表,设计如图 7-1 所示的页面。设计要求:

(1) 使用标题字和段落标记进行文字显示,在内部样式表中定义 body 标记内信息"居中显示"、定义 p 标记字体为"隶书"。

(2) 通过 p 标记的 style 属性定义字体大小属性(font-size)的值分别为 150%、200%、250%。"朝辞白帝彩云间"不定义任何样式。

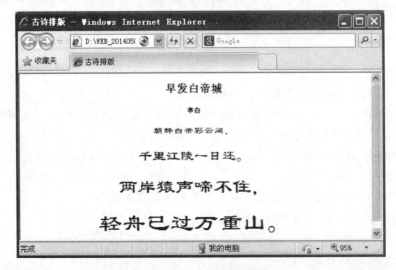

图 7-1　古诗排版效果图

2. 按如下要求设计"Web 前端开发工程师工作内容"页面,设计如图 7-2 所示的页面。要求如下:

(1) 页面标题为:"Web 前端开发工程师工作内容";

(2) 页面题目:1 号标题字显示"Web 前端开发工程师工作内容";3 号标题字显示"前端工程师在不同的公司,会有不同的职能,但称呼都是类似的。";

(3) 采用无序列表显示工作内容,分四个方面,分别是"做网站设计、网页界面开发,做网页界面开发,做网页界面开发、前台数据绑定和前台逻辑的处理,设计、开发、数据处理";每一个列表项显示一种不同风格的工作内容,其中第一个列表项 ID(li1)样式为"斜体、加粗、24px、黑体";第二个列表项类(li2)样式为"背景色♯9999cc、字符间距 1px";第三个列表项 ID(li3)样式为"字大小 18px、颜色红色";第四个列表项行内样式"颜色♯0000cc、背景色♯c0c0c0、隶书";

(4) 定义全局样式为"楷体、蓝色"。

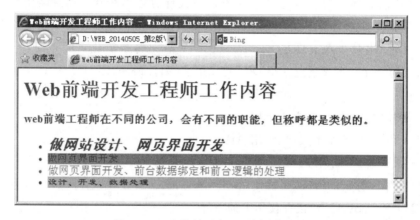

图 7-2　Web 前端开发工程师工作内容

工具介绍

1. TopStyle——CSS 编辑器

TopStyle 是一款功能强大的 CSS 辅助编辑设计工具,既可以轻松创建各种样式的文件,又可以方便对已有的样式进行编辑,其内置的 CSS 代码检查功能,可以帮助纠正样式表中的错误。在 HELP 文件中有详细的各种 CSS 指令介绍,非常适合 CSS 的初学者学习使用。最新版本是 TopStyle5(TopStyle50.exe)。

官方下载地址为 http://www.topstyle4.com/♯download/。

2. ColorImpact——颜色设计方案工具

ColorImpact 是一个应用于 Windows 平台上的颜色方案设计工具。在 Web 页面设计中提供出众的色彩整合方案,所以说 ColorImpact 是一个非常好的色彩选取工具,程序界面非常友好,提供多种色彩选取方式,支持屏幕直接取色,方便易用。

第 8 章 | DIV 与 SPAN

本章学习目标

通过 HTML 基础的学习,已经掌握了如何运用文字、段落、列表、图像、超链接及多媒体文件等标记及属性设置来简单美化网页,但在网页设计过程中经常会遇到需要对网页进行分区或切割成若干块,并在不同的分区或块中显示相关图、文、表等信息。除了表格、框架外,还有谁能胜任这项工作呢? 只有图层 DIV 可以。DIV 就是为了简化页面布局,配合 CSS 完成精彩的页面布局设计。本章重点介绍 DIV 定义语法、属性语法、多 DIV 和 DIV 嵌套布局等方面的知识。

Web 前端开发工程师应掌握以下内容:

- 掌握 DIV 标记的基本用法、常用属性。
- 理解 DIV 嵌套与层叠的含义。
- 掌握 SPAN 标记的语法,灵活使用 SPAN 标记。
- 掌握 DIV 与 SPAN 标记在使用上的差异。
- 学会使用 DIV+CSS 进行和简易页面布局。

8.1 DIV 图层

图层是设计网页时用于定位元素或者布局的一种技术,它可以将图层里包含的内容放置浏览器的任意位置,其包含的内容有文字、图像、动画甚至是图层。在一个网页文件中可以使用多个图层,图层与图层之间可以重叠,图层布局比表格的布局更加灵活。

8.1.1 DIV 定义

DIV(Division/Section)是分区或分节的意思,这意味着它的内容自动地开始一个新行。图层 DIV 标记是一个块级标记,可定义文档中的分区或节。可以通过<div>的 class 或 id 应用额外的样式。DIV 标记是成对标记,以<div>开始,以</div>结束。

1. 基本语法

```
<div id="" class="" style="">块包含的内容</div>
```

2. 语法说明

DIV 标记的属性、值及说明如表 8-1-1 所示。

表 8-1-1　DIV 标记的属性、值及说明

属性	值	说　　明
id	id	规定元素的唯一 id
class	classname	规定元素的类名(classname)
style	style_definition	规定元素的行内样式(inline style)

　　style 属性：设置层的样式，未定义前通过浏览器查看不到效果。图层 style 属性的取值可以由多个"属性/属性值"对构成。其中主要属性有：

- position 属性——定义层的定位方式，有 static、fixed、relative、absolute 四个属性值。常用 relative 和 absolute。若指定为 static 时，DIV 遵循 HTML 规则；若指定为 relative 时，可以用 top、left 来设置 DIV 在页面中的偏移，但是此时不可使用层叠；若指定为 absolute 时，可以用 top、left 对 DIV 进行绝对定位；若指定为 fixed 时，在 IE7 与 Firefox 中 DIV 的位置相对于屏幕固定不变，在 IE6 中没有效果。
- left、top 属性-来定义层左上角位置(左边距和上边距)。
- width、height 属性-定义层的宽度和高度。
- float 属性-设置层的浮动位置，可以向左、向右或不浮动。
- clear 属性-清除层内浮动，与浮动属性是一对作用相反的属性。可以清除向左、向右、左右两边浮动或允许浮动。
- z-index 属性-设置层的层叠的上、下层关系，设置此属性以实现多个图层层叠的效果。z-index 值越大，图层的位置越高。子层始终位于父层之上。

DIV 标记的 style 属性的取值中属性、值及说明如表 8-1-2 所示。

表 8-1-2　DIV 标记的 style 属性取值中属性、值及说明

属　　性	值	说　　明
position	static	表示静态定位，默认设置
	absolute	表示绝对定位，与位置属性配合使用
	relative	表示相对定位，图层不可层叠
	fixed	表示图层位置固定，不滚动
border	线粗细线型线颜色	边框，可以设置风格、粗细、颜色等属性
background-color	rgb()|十六进制数|英文颜色名	背景颜色
left	pixes|%	规定层左边距离
top	pixes|%	规定层与顶部的距离
width	pixes|%	规定层的宽度
height	pixes|%	规定层的高度
float	left|right|none	允许浮动元素在左边、右边及不浮动
clear	left|right|both|none	分别表示清除左边、右边、左右两边的浮动和允许左右两边有浮动
z-index	auto|数字	表示子层会按照父层的属性显示|无单位的整数或负数
overflow	scroll| visible | auto | hidden	内容溢出控制。分别表示始终显示滚动条、不显示滚动条，但超出部分可见、内容超出时显示滚动条、超出时隐藏内容
display	block|inline|none	表示按块元素显示、行内方式显示和隐藏等

8.1.2 DIV 应用

DIV 标记通常设置 id 或 class 属性来引用定义的样式,把文档分割为独立的、不同的部分,对文档进行布局。

【例 8-1-1】 DIV 标记的应用。代码如下所示,其页面效果如图 8-1-1 所示。

```
1   <!-- edu_8_1_1.html -->
2   <!doctype html>
3   <html lang = "en">
4      <head>
5          <meta charset = "UTF-8">
6          <style type = "text/css">
7              .inline_div{
8                  display:inline;
9              }
10             #div1{
11                 background-color:green;
12                 width:300px;
13                 height:100px;
14                 float:left;
15             }
16             #div3{
17                 background-color:yellow;
18                 color:black;
19                 font-size:200%;
20                 clear:both;
21             }
22         </style>
23     </head>
24     <body>
25         <div id = "div1" class = "inline_div">这是 div1 </div>
26         <div class = "inline_div">这是 div2 </div>
27         <div id = "div3">这是 div3 </div>
28     </body>
29 </html>
```

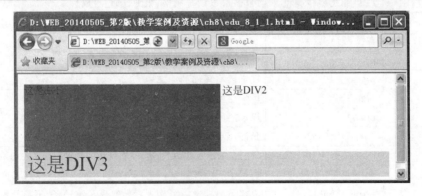

图 8-1-1　DIV 使用

上述代码中使用了 3 个 DIV 标记,从页面效果可以看出 DIV 是块标记,可以用来作文档分块; DIV1 与 DIV2 在一行显示,说明通过设置 display 属性可以改变其固有的性质。

8.2 图层嵌套与层叠

在图层中不仅可以包含文字、图像、动画等内容,还可以包含其他的图层,称为图层的嵌套。层与层之间可以不相交,也可以重叠,这就给页面布局带来了很大的灵活性,所以在设计网页时首先应设计好页面的结构,理清层与层之间的关系。

8.2.1 DIV 嵌套

多个 DIV 既可以单独使用,也可以互相包含,嵌套使用。一方面可以将页面分割成不同的块,块与块之间没有包含关系;另一方面又可以把功能相近的块组织到一个更大的块中,便于整体控制,即图层嵌套。

【例 8-2-1】 DIV 的嵌套。代码如下所示,其页面效果如图 8-2-1 所示。

图 8-2-1 div 嵌套

```
1   <! -- edu_8_2_1.html -->
2   <! doctype html >
3   < html lang = "en">
4       < head >
5           < meta charset = "UTF - 8">
6           < style type = "text/css">
7               .inline_div{display:inline;      }
8               #wrap{ width:400px;height:250px;border:2px solid black;}
9               #d1, #d2{
10                  height:100px;
11                  width:40 % ;
12                  background - color:green;
13                  margin:20px;     / * margin 表示边距 * /
14              }
15              #d2{background - color:yellow;}
16              #d3{
17                  height:100px;
18                  width:90 % ;
19                  border:2px solid black;
20                  background - color: #66ff33;
21                  margin:0 auto;
22              }
23              h3{font - size:28px;color: #0033ff;}
24          </style >
25      </head >
26      < body >
27          <h3 >图层嵌套的应用</h3 >
28          < div id = "wrap">
29              < div id = "d1" class = "inline_div"> div1 </div >
30              < div id = "d2" class = "inline_div"> div2 </div >
31              < div id = "d3"> div3 </div >
32          </div >
33      </body >
34  </html >
```

135

第 8 章

DIV 与 SPAN

上述代码中使用 4 个 DIV 标记演示其嵌套关系,外层<div id="wrap">里面包含 3 个
<div>,其中<div id="d1">与<div id="d2">在同一行,<div id="d3">在第二行。

8.2.2 DIV 层叠

多个 DIV 除了可以相互嵌套外,还可以层叠。DIV 层叠必须首先将 position 属性设置为
absolute,然后利用 z-index 属性控制层叠关系。

【例 8-2-2】 DIV 的层叠。代码如下所示,其页面效果如图 8-2-2 所示。

```
1  <!-- edu_8_2_2.html -->
2  <!doctype html>
3  <html lang = "en">
4     <head>
5        <meta charset = "UTF-8">
6        <style type = "text/css">
7           body{ margin:0;              /* margin 表示边距 */      }
8           div{
9              position:absolute;       /* 定位方式为绝对定位 */
10             width:200px;
11             height:200px;
12          }
13          #d1{
14             background-color:black;
15             z-index:0;               /* 该图层在最下面 */
16             color:white;
17          }
18          #d2{
19             background-color:red;
20             top:25px;
21             left:50px;
22             z-index:1;               /* 该图层在中间 */
23          }
24          #d3{
25             background-color:yellow;
26             top:50px;
27             left:100px;
28             z-index:2;               /* 该图层在最上面 */
29          }
30       </style>
31    </head>
32    <body>
33       <div id = "d1">div1</div>
34       <div id = "d2">div2</div>
35       <div id = "d3">div3</div>
36    </body>
37 </html>
```

上述代码中使用了 3 个 DIV 标记,DIV 标记 position 属性值为 absolute(绝对定位),再
设置 DIV 标记的宽度与高度;在子层中定义 top、left 等属性的值对其进行偏移定位,多个
DIV 就可能重叠;通过 z-index 属性设置其层叠关系,运行效果说明 z-index 值最大的图层位
于最上方。

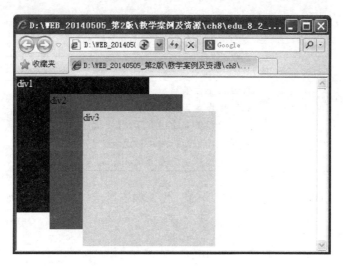

图 8-2-2　DIV 层叠

8.3　DIV 标记与 SPAN 标记

在使用 CSS 排版的页面中,DIV 标记和 SPAN 标记是两个常用的标记。利用这两个标记,加上 CSS 对其样式的控制,可以很方便地实现各种效果。

1. SPAN 标记的使用

DIV 标记是区块(block-level)容器标记,可以容纳段落、标题、表格、图像等各种 HTML 元素。只需对 DIV 标记进行样式控制,就可以对 DIV 内包含的各种元素进行样式控制。DIV 标记包含的元素会自动换行。

SPAN 标记是行内标记,也是行内元素(inline element),同样可以包含 HTML 的各种元素,只不过其中的元素会在一行内显示。在它前后不会自动换行。SPAN 标记没有结构上的意义,纯粹是应用样式,当其他行内元素都不适合时,就可以使用 SPAN 元素。

1)基本语法

```
<span id = "样式名称" class = "样式名称">…</span>
```

2)语法说明

如果不给 SPAN 标记应用样式,那么 SPAN 标记包含的元素不会有任何视觉上的变化,只有应用样式后,才会有效果。

2. DIV 与 SPAN 标记的区别

DIV 和 SPAN 标记默认情况下都没有对标记内的内容进行格式化或渲染,只有使用 CSS 来定义相应的样式时才会显示出不同[1~3]。

1)是否是块标记。DIV 标记是块标记,一般包含较大范围,在区域的前后会自动换行;而 SPAN 标记是行内标记,一般包含范围较窄,通常在一行内,在此区域的范围外不会自动换行。

2)是否可以互相包含。一般来说,DIV 标记可以包含 SPAN 标记,但 SPAN 标记不可能包含 DIV 标记。

但是块标记和行标记不是绝对的,通过定义 CSS 的 display 属性可以相互转化,display 属性的取值如表 8-3-1 所示。

表 8-3-1   display 属性的取值及说明

属性值	说　明
none	此元素不会被显示
inline	将对象设置为行内元素,在行内显示
block	将对象设置为块级元素,以块状显示,自动换行
inline-block	将对象设置为行内块标记
inherit	规定应该从父元素继承 display 属性的值

【例 8-3-1】 块元素和行元素的相互转化,代码如下所示,其页面效果如图 8-3-1 所示。

```
1  <! -- edu_8_3_1.html -->
2  <! doctype html >
3  < html lang = "en">
4     < head >
5        < meta charset = "UTF - 8">
6        < style type = "text/css">
7           div{
8              background - color: #f6f6f6;
9              color: #000000;
10             height:2em;
11             margin:2px;    /* margin 表示边距 */
12          }
13          .inline_disp{display:inline;      /* 改变 div 显示方式 */}
14          .block_disp{
15             display:block;   /* 改变 span 显示方式 */
16             height:2em;
17             background - color:rgb(200,200,200);
18             margin:2px;    /* margin 表示边距 */
19          }
20       </style>
21    </head>
22    < body >
23       < div id = "d1">这是 div1 </div >
24       < div id = "d2">这是 div2 </div >
25       < span id = "s1">这是 span1 </span >
26       < span id = "s2">这是 span2 </span >
27       < div id = "d3" class = "inline_disp">这是 div3 </div >
28       < div id = "d4" class = "inline_disp">这是 div4 </div >
29       < span id = "s3" class = "block_disp">这是 span3,在使用 CSS 排版的页面中,div 标记和
span 标记是两个常用的标记。利用这两个标记,加上 CSS 对其样式的控制,可以很方便地实现各种效
果。</span >
30       < span id = "s4" class = "block_disp">这是 span4,在使用 CSS 排版的页面中,div 标记和
span 标记是两个常用的标记。利用这两个标记,加上 CSS 对其样式的控制,可以很方便地实现各种效
果。</span >
31    </body >
32 </html >
```

上述代码中第 23 行～第 26 行说明了 DIV 和 SPAN 固有的特征,即 DIV 是块标记,SPAN 是行内标记。第 27 行～第 28 行说明设置 display 属性为 inline,可以将块标记 DIV 设置成行内显示;第 29 行～第 30 行说明设置 display 属性为 block,可以将行内标记 SPAN 改变成块形式显示。

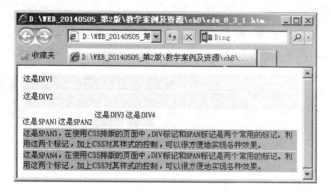

图 8-3-1　DIV 与 SPAN

8.4　综　合　实　例

本例以"苏州百特电器有限公司"首页作为参照网站,如图 8-4-1 所示,使用 DIV＋CSS 完成页面布局设计,设计效果与原网站(http://www.better-vac.com/)相似(省略图像幻灯片播放部分)。布局图如图 8-4-2 所示,实现页面如图 8-4-3 所示。

图 8-4-1　苏州百特电器有限公司网站首页

1. 页面布局规划

根据图 8-4-1 页面布局效果,我们很容易看出这是标准四行三列布局样式。使用布局绘图软件画出布局图,如图 8-4-2 左图所示。

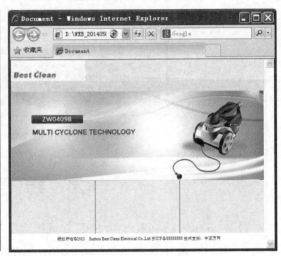

图 8-4-2　网站设计 DIV 布局

2. 写出 DIV 结构代码

使用 EditPlus 软件新建一个 HTML 文档,编写如下的 DIV 嵌套结构代码。

· header 部分的 DIV 结构。

```
1  < div id = "header" class = "">
2      < div id = "logo" class = ""></div>
3      < div id = "search" class = ""></div>
4      < div id = "nav" class = ""></div>
5  </div>
```

· picture 部分的 DIV 结构。

```
< div id = "picture" class = ""></div>
```

· mian 部分的 DIV 结构。

```
1  < div id = "main" class = "">
2      < div id = "left" class = ""></div>
3      < div id = "center" class = ""></div>
4      < div id = "right" class = ""></div>
5  </div>
```

· footer 部分的 DIV 结构。

```
< div id = "footer" class = ""></div>
```

3. 编写 best. css 文件

编写 CSS 文件,定义相应的 ID 样式,形成页面初步布局效果(如图 8-4-2 右图所示)。

```css
1   /*   best.css   */
2   *{font-size:12px;font-family:Times New Roman;color:#828282;}
3   body{
4       width:984px;height:800px;
5       padding:2px;margin:0 auto;
6   }
7   #header{
8       width:984px; height:120px;background:#FFFFFF;
9   }
10  #logo{
11      width:199px; height:80px;float:left;          /* 向左浮动 */
12      background:#FFFFFF url("logo.png") no-repeat left bottom;
13  }
14  #search{
15      width:785px; height:80px;
16      background:#FFFFFF; float:right;               /* 向右浮动 */
17  }
18  #nav{
19      width:984px; clear:both;                       /* 消除浮动 */
20      height:40px; background:#EBEBEB;
21  }
22  #picture{
23      width:984px;height:337px;
24      background:#828282;
25  }
26  #main{
27      width:984px; height:250px;
28      border-bottom:5px ridge #DEDEDE;
29  }
30  #left{
31      width:240px; height:200px;
32      background:#EEFFDD;float:left;
33      border-right:10px solid #FFFFFF;
34  }
35  #center{
36      width:466px;height:200px;
37      background:#EEFFDD;float:left;
38      border-right:5px solid #FFFFFF;
39  }
40  #right{
41      width:263px;height:200px;
42      background:#EEFFDD; float:right;
43  }
44  #footer{
45      clear:both; width:984px;
46      height:40px;   background:#F7F7F7;
47      text-align:center;
48  }
49  table{text-align:center;line-height:1.5em;}
50  a:link,a:visited,a:active{text-decoration:none;}
51  a:link,a:visited,a:active{color:#828282;}
52  #nav a:hover{color:#BF0000;text-decoration:none;}
53  #nav td{width:165px;height:40px;
54  text-align:center;vertical-align:middle;}
55  #line{background:url("line.png") no-repeat right center;}
56  ul{list-style:none;margin-left:10px;line-height:1.8em;}
57  #left li{border-bottom:1px dotted #009900;}
58  #left a:hover{color:#BF0000;text-decoration:underline;}
59  input{vertical-align:middle;padding:2px auto;}
60  #footer p{margin-top:20px;text-align:center;color:333333;}
```

4. 编写 HTML 代码

```
1   <! -- edu_8_4_1.html -->
2   <!doctype html>
3   <html lang = "en">
4       <head>
5           <meta charset = "UTF - 8">
6           <link rel = "stylesheet" href = "best.css" type = "text/css">
7           <title>苏州百特电器有限公司网站</title>
8       </head>
9       <body>
10          <div id = "header" class = "">
11              <div id = "logo" class = ""></div>
12              <div id = "search" class = "">
13              <table height = "80px" align = "right">
14                  <tr>
15                      <td colspan = "3">中文 | ENGLISH </td>
16                  </tr>
17                  <tr>
18                      <td>关键词: </td>
19                      <td><input type = "text" name = "" size = "25"></td>
20                      <td><input type = "image" src = "serach.png"></td>
21                  </tr>
22              </table>
23              </div>
24              <div id = "nav" class = "">
25              <table width = "100 %" height = "40px" align = "center">
26                  <tr>
27                      <td id = "line"><a href = "">首页</a></td>
28                      <td id = "line"><a href = "">关于我们</a></td>
29                      <td id = "line"><a href = "">产品展示</a></td>
30                      <td id = "line"><a href = "">新闻资讯</a></td>
31                      <td id = "line"><a href = "">人才招聘</a></td>
32                      <td><a href = "">联系我们</a></td>
33                  </tr>
34              </table>
35              </div>
36          </div>
37          <div id = "picture" class = ""><img src = "big_zw9021.png"></div>
38          <div id = "main" class = "">
39              <div id = "left" class = "">
40                  <img src = "xwzx.jpg" border = "0" alt = ""><input type = "image" src = "more.png">
41                  <ul>
42                      <li><a href = "">本公司正式上线欢迎您的访..</a>  2013 -
06 - 06 </li>
43                      <li><a href = "">本公司正式上线欢迎您的访..</a>  2013 -
06 - 06 </li>
44                      <li><a href = "">本公司正式上线欢迎您的访..</a>  2013 -
06 - 06 </li>
45                      <li><a href = "">本公司正式上线欢迎您的访..</a>  2013 -
06 - 06 </li>
46                      <li><a href = "">本公司正式上线欢迎您的访..</a>  2013 -
06 - 06 </li>
47                      <li><a href = "">本公司正式上线欢迎您的访..</a>  2013 -
06 - 06 </li>
48                  </ul>
49              </div>
50              <div id = "center" class = "">
```

```
51              < img src = "zxcp. jpg" border = "0" alt = "">
52              < input type = "image" src = "more. png">
53              < marquee onmouseover = "this. stop()" onmouseout = "this. start()">
54                  < img src = "ZW0409B. jpg" border = "0" alt = "ZW0409B">
55                  < img src = "ZW9021. jpg" border = "0" alt = "ZW9021">
56                  < img src = "ZL9012. jpg" border = "0" alt = "ZL9012">
57                  < img src = "ZW9020. jpg" border = "0" alt = "ZW9020">
58              </marquee >
59          </div >
60          < div id = "right" class = "">
61              < img src = "lianxi. png" border = "0" alt = "">
62              < ul >
63                  <li>咨询热线: </li>
64                  <li>固定电话: 0512 - 65787572 </li>
65                  < li > Email:eva@better - vac. com </li>
66              </ul >
67          </div >
68      </div >
69      < div id = "footer" class = "">
70          <p>版权所有 &copy;2013    Suzhou Best Clean Electrical Co.,Ltd
    苏 ICP 备 88888888    技术支持: 中国万网
71          </p>
72      </div >
73  </body >
74 </html>
```

图 8-4-3　网站仿真设计效果

DIV 与 SPAN

本 章 小 结

本章介绍了 DIV 及 SPAN 标记的基本语法以及两个标记在使用时的区别。一般而言，DIV 标记是块级标记，SPAN 标记是行内标记；DIV 标记可以自动换行，而 SPAN 标记则不可以；DIV 标记可能包含 DIV 和 SPAN 标记，但 SPAN 标记不可以包含 DIV 标记。但这两个标记外在表现可以通过设置 display 属性的值为 inline 或 block 来实现转换。

DIV、SPAN 标记必须配合 CSS 使用才能实现精确定位页面上每一个元素。通过 id、class 来引用已经定义的 CSS 文件中类选择器、ID 选择器及其他选择器。

练习与实验

练习 8

1. 选择题

(1) 下列选项中为行内标记的是(　　　)。

    (A) <p></p>　　　　　　　　　　(B) <div></div>

    (C) <span></span>　　　　　　　　(D) <pre></pre>

(2) 下列选项中能够实现两个图层 DIV 同时向右浮动的是(　　　)。

    (A) div{float:right;}　　　　　　　(B) div{float:none;}

    (C) div{float:left;}　　　　　　　　(D) div{clear:both;}

(3) 下列能够将 DIV 标记由块显示方式改为行内显示方式的选项是(　　　)。

    (A) div{overflow:hidden;}　　　　(B) div{display:inline;}

    (C) div{display:block;}　　　　　　(D) div{display:none;}

(4) 多个图层要实现层叠的必要条件是 position 属性的值必须是(　　　)。

    (A) static　　　　(B) relative　　　　(C) absolute　　　(D) fixed

(5) 下列选项中能够清除左右两边 DIV 浮动的属性是(　　　)。

    (A) clear　　　　(B) display　　　　(C) overflow　　　(D) float

2. 填空题

(1) 在 HTML 文件中，定义层的标记是_____;定义<span></span>标记样式可以通过定义 3 个属性来实现，它们分别是_____、_____、_____。

(2) 定位一个图层的位置可以通过 4 个属性来定位，为 left、_____、width、_____。

(3) 设置图层层叠关系可以通过设置_____属性来实现，其属性值越大，图层越层叠在上层。但前提条件是需要将_____属性的值设置为 absolute。

3. 简答题

(1) 简述<div>标记与<span>标记的异同点。

(2) 如何设置多个图层层叠关系?

实验 8

1. 利用<div>及<span>标记设计如图 8-1 所示的页面，写出实现的 HTML 代码。要求使用链接外部样式表。设计要求：

(1) 编写外部样式表文件，名称为 exp_8_1.css，采用链入外部样式表的方法。

(2) 加载图像文件名为 exp_8_1.jpg。

(3) 定义 2 个图层，最外层图层包含 1 个图像和 1 个子图层，在子图层内显示 4 行文字，用换行符换行。

(4) 对"央视"、"腾讯"、"跨界融合开放共赢"3 个词采用 SPAN 标记定义加粗样式。

(5) 对"联建杯"定义斜体、加粗、大小 24px。样式如下：

```
.it{font - style:italic;font - size:24px;font - weight:bold;}
```

图 8-1　新闻效果图

2. 按如下要求设计"匾牌设计"页面，如图 8-2 所示。要求如下：页面标题为"匾牌设计"；页面内容为 1 个图层中嵌入 1 个段落，段落的内容"海纳百川　有容乃大"；段落的样式为"斜体、特粗、70px 大小、行高 1.5 倍、隶书"；图层 div 的 ♯div0 样式为"宽度 800px、高度 100px、边框宽度 20px、线型 outset、颜色 ♯ff0000、填充 20px、边距 100px"；页面所有内容居中显示（body 标记的样式）。

图 8-2　匾牌设计

145

第 8 章

DIV 与 SPAN

 **工具介绍**

1. CSS3 Menu——CSS 菜单制作工具

CSS3 Menu 是一款制作网页导航菜单的工具。内有多种导航栏目样式模板和各类可供选择图标模板，使用它只要选择相应的导航模板和图标模板，在编辑界面输入导航栏目文字、调整好颜色，便可能快速制作出风格独特的 CSS 网页导航菜单。

2. CSS Tab Designer——CSS 菜单制作工具

CSS Tab Designer 是 CSS 多风格多级菜单制作工具，也是 CSS 编辑器，内置几十种漂亮的网页菜单方案，选中方案后，简单设置一下，就可以自动生成 HTML 代码，并包含所用到的图片资源。

3. Sothink Tree Menu——树状菜单制作工具

Sothink Tree Menu 是一个功能强大且易用的 JavaScript 树状菜单制作工具。它是 Sothink DHTML 菜单工具的成员之一，用户界面友善，这是 Sothink Tree Menu 一大特色，它可以在短时间内帮助 Web 前端开发人员创建符合众多浏览器的搜索引擎优化的代码而无须编写代码。

本章参考文献

[1] 黄玉春. CSS+DIV 网页布局技术教程. 北京：清华大学出版社，2012：131.

[2] 梁胜民，肖新峰，王占中等. CSS+XHTML+JavaScript 完全学习手册. 北京：清华大学出版社，2008：25.

[3] 何秀芳，周进，张淑菊. HTML XHTML CSS 网页制作从入门到精通. 北京：人民邮电出版社，2008：314.

第9章　CSS 样式属性

本章学习目标

通过 CSS、DIV 基础的学习,已经掌握 CSS 和 DIV 的基本概念和基础语法,掌握 CSS 四种样式的定义方法,并能够熟练地应用到网页设计当中去。但 CSS 最大的作用是实现网页的内容与表现的分离,要 CSS 发挥这一用途必须掌握 CSS 控制页面的文字、图像、颜色、列表等样式的属性是什么,然后再对这些元素的属性进行设置,使之达到精确控制页面每一元素的目的。本章重点介绍 CSS 盒子模型结构及构成盒子模型的边界(margin)、边框(border)、填充(padding)、内容(content)等相关属性(简称 MBPC),进而达到灵活运用 CSS+DIV 进行页面布局的目标。

Web 前端开发工程师应掌握以下内容:
- 熟悉 CSS 样式设置中常用的单位。
- 掌握控制文字、文本、背景、色彩、列表等样式的属性及设置方法。
- 理解 CSS 盒子模型。
- 掌握边框、边界、填充及内容等属性及设置方法。

9.1　CSS 属性值中的单位

设置 CSS 属性值的难点在于单位的选用。它覆盖范围较广,从长度单位到颜色单位,再到 URL 地址等。单位的取舍在很大程度上取决于用户的显示器和浏览器,不恰当地使用单位会给页面布局带来很多麻烦,因此属性值的单位设置需要慎重考虑,合理使用。

9.1.1　绝对单位

绝对单位在网页中很少使用,一般多用在传统平面印刷中,但在特殊场合使用绝对单位是很有必要的。绝对单位包括英寸、厘米、毫米、磅和 pica(皮卡)。
- 英寸(in):是使用最广泛的长度单位(1in=2.54cm)。
- 厘米(cm):生活中最常用的长度单位。
- 毫米(mm):在研究领域使用比较广泛。
- 磅(pt):在印刷领域使用较为广泛,也称为点。CSS 也常用 pt 设置字体大小,12 磅的字体等于 1/6 英寸大小(1pt=1/72in)。
- pica(pc):在印刷领域使用较多,1pc=12pt,所以也称为 12 点活字。

9.1.2　相对单位

相对单位与绝对单位相比显示大小不是固定的,它所设置的对象受屏幕分辨率、或视觉区域、浏览器设置以及相关元素的大小等因素影响。CSS 属性值中经常使用的相对单位包括 em、ex、px、%。

1. em

em 表示元素的字体高度,它能够根据字体的 font-size 属性值来确定单位的大小,例如:

```
p{font-size:24px;line-height:2em;   /*行高为 48px*/}
```

代码中设置字体大小为 24px,行高为 2em,即是字体大小的 2 倍,所以行高为 48px。如果 font-size 的单位为 em,则 em 的值将根据父元素的 font-size 属性值来确定。

2. ex

ex 表示根据所使用的字体中小写字母 x 的高度作为参考。在实际使用中,浏览器将通过 em 的值除以 2 得到 ex 的值。

3. px

px 表示根据屏幕像素点来确定的。这样不同的显示分辨率就会使相同取值的 px 单位所显示出来的效果截然不同。在实际设计过程中,建议 Web 前端开发工程师多使用相对单位 em,且在某一类型的单位上使用统一的单位。如在网站中可以统一使用 px 或 em。

4. 百分比%

百分比也是一个相对单位值。百分比的值总是通过另一个值来进行计算,一般参考父元素中相同属性的值。例如,如果父元素宽度为 200px,子元素的宽度为 50%,则子元素实际宽度为 100px。举例如下:

```
p{font-size:250%;line-height:150%;}
```

9.2   CSS 字体样式

使用 font 标记对页面元素进行字体、字号大小、颜色的设置所产生的样式也是有限,不够丰富。而在 CSS 中,通过 font 属性可以设置丰富多彩的文字样式。该属性是复合属性,它所包含的子属性如表 9-2-1 所示。

表 9-2-1   font 子属性表

属　　性	说　　明
font-size	设置字体的大小
font-style	设置字体的风格
font-variant	设置小型的大写字母字体
font-family	设置字体名
font-weight	设置字体的粗细

9.2.1   字体大小 font-size 属性

font-size 属性用于设置文本字体的大小,其值可以是绝对或相对值。绝对值将文本设置为指定的大小,不允许用户在所有浏览器中改变文本大小,这不利于可用性,但对确定了输出的物理尺寸时很有用;相对值是相对于周围的元素来设置大小,允许用户在浏览器中改变文本大小。

1. 基本语法

font – size:绝对大小|相对大小

2. 语法说明

（1）绝对大小：可以使用 in、cm、mm、pt、pc 等单位为 font-size 属性赋值。

（2）相对大小：可以使用 em、ex、px、％等单位为 font-size 属性赋值。

网页通常是为了浏览而不是印刷，建议用相对单位来定义字号，比如 px，W3C 推荐使用 em 尺寸单位，从而可以在所有浏览器中调整文本字体大小。

font-size 属性值也可以通过关键字来指定大小，font-size 属性值关键字有 xx-small、x-small、small、medium、large、x-large、xx-large 等。在不同的终端设备上浏览的效果会有些差异。

9.2.2 字体样式 font-style 属性

在 HTML 中，使用\\、\<i>\</i>标记可将文字设置成为斜体。在 CSS 中可以使用 font-style 属性设置字体的风格，例如显示斜体字样。

1. 基本语法

font – style:normal|italic|oblique

2. 语法说明

font-style 属性取值及说明如表 9-2-2 所示。

表 9-2-2　font-style 属性取值及说明

属性值	说　　明
normal	表示不使用斜体，是 font-style 属性的默认值
italic	表示使用斜体显示文字
oblique	表示使用倾斜字体显示

9.2.3 字体系列 font-family 属性

在 CSS 中使用 font 属性可以设置丰富的字体，美化页面的外观。其中 font-family 专门用于设置字体名称系列。

1. 基本语法

font – family:字体 1,字体 2, …,字体 n

2. 语法说明

属性值为多个字体名称时，可以使用逗号（,）分隔。浏览器依次查找字体，只要存在就使用该字体，不存在将会继续找下去，以此类推，直到最后一种字体，仍不存在则使用默认字体（宋体）。如果字体名称中出现空格，必须使用双引号将字体括起来，比如 Times New Roman。

【例 9-2-1】　设置字体大小、样式及字体名称。代码如下所示，其页面效果如图 9-2-1 所示。

```
1   <! -- edu_9_2_1.html -->
2   <!doctype html>
3   < html lang = "en">
4       < head >
5           < meta charset = "UTF - 8">
6           < title > 设置字体大小、样式及字体名称 </title>
7           < style type = "text/css">
8               h3{text - align:center;color:♯3300ff;}
9               hr{color:♯660066;}
10              ♯p1{font - size:20px;font - style:normal;font - family:宋体;}
11              ♯p2{font - size:200％;font - style:italic;font - family:楷体,隶书;}
12              ♯p3{font - size:x - small;font - style:oblique;font - family:楷体,宋揩体;}
13              ♯p4{font - size:xx - large;font - style:oblique;font - family:黑体,隶书,楷体
_gb2312;}
14          </style>
15      </head>
16      < body >
17          < h3 >设置字体大小、样式及字体名称</h3>
18          < hr >
19          < p id = "p1">字号大小 20px、字体正常、宋体</p>
20          < p id = "p2">字号大小 200％、字体斜体、隶书</p>
21          < p id = "p3">字号大小 x - small、字体歪斜体、宋体</p>
22          < p id = "p4">字号大小 xx - large、字体歪斜体、黑体</p>
23      </body>
24  </html>
```

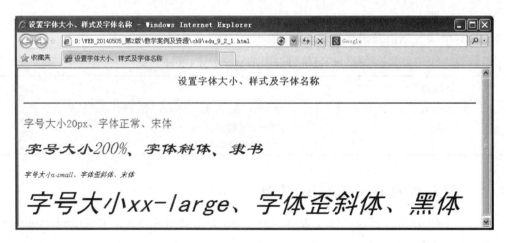

图 9-2-1　设置字体大小、样式及字体名称

9.2.4　字体变体 font-variant 属性

font-variant 属性用于设置字体变体,主要用于设置英文字体,实际上是设置文本字体是否为小型的大写字母。

1. 基本语法

```
font - variant: normal │ small - caps
```

2. 语法说明

font-variant 属性的参考值如表 9-2-3 所示。

<p align="center">表 9-2-3　font-variant 属性取值</p>

属性值	说　　明
normal	表示正常的字体,是 font-variant 属性的默认值
small-caps	表示使用小型的大写字母字体

9.2.5　字体粗细 font-weight 属性

在 HTML 中使用<strong></strong>或<b></b>标记来设置字体加粗。在 CSS 中可以使用 font-weight 属性用于设置文本字体的粗细[1,2]。

1. 基本语法

```
font – weight: normal | bold | bolder | lighter |100|200| … |900
```

2. 语法说明

font-weight 属性的参考值如表 9-2-4 所示。

<p align="center">表 9-2-4　font-weight 属性取值</p>

属性值	说　　明
normal	表示正常的字体,是 font-weight 属性的默认值
bold	表示标准的粗体
bolder	表示特粗体(为相对参数)
lighter	表示细体(为相对参数)
整数	取值为 100、200、…、900 来表示粗细程度,100 表示最细、400 等价于 normal、700 等价于 bold

9.2.6　字体 font 属性

font 属性是复合属性,一次完成多个字体属性的设置,包括字体粗细、风格、字体变体、大小/行高及字体名称。

1. 基本语法

```
font:font – style font – weight font – variant font – size/line – height font – family
```

2. 语法说明

- 利用 font 属性一次完成多个字体属性的设置,属性值与属性值之间必须使用空格隔开。
- 前三个属性值可以不分先后顺序,默认为 normal。
- 大小和字体名称系列必须显式指定,先设置大小,再设置字体系列。
- 需要设置行高时,可以写在字体大小的后面,中间用"/"分隔,行高为可选的属性。
- font 属性可以继承。

【例 9-2-2】　设置字体变体、粗细、复合属性。代码如下所示,其页面效果如图 9-2-2 所示。

```
1  <! -- edu_9_2_2.html -->
2  <! doctype html >
3  < html lang = "en">
```

```
4        < head >
5            < meta charset = "UTF-8">
6            <title> 设置字体变体、粗细、复合属性 </title>
7            < style type = "text/css">
8                h3{text-align:center;color:#3300ff;}
9                hr{color:#660066;}
10               #p1{font-variant:normal;font-weight:lighter;}
11               #p2{font-variant:small-caps;font-weight:bold;}
12               #p3{font-weight:600;font:italic 28px/40px 幼圆;}
13               #p4{font:italic  bolder small-caps 24px/1.5em 黑体;}
14           </style >
15       </head >
16       <body>
17           <h3>设置字体变体、粗细、复合属性 </h3>
18           < hr >
19           <p>此段文字正常显示 Welcome to you!</p>
20           < p id = "p1">此段文字 Welcome to you! 正常、较细字体。</p>
21           < p id = "p2">设置小型大写字母、字体标准粗体。</p>
22           < p id = "p3">设置字体粗细度为 600、斜体、大小 28px、行高 50px、字体幼圆</p>
23           < p id = "p4">设置字体风格斜体、特粗、小型大写字母 HTML、字号 24px/行高 1.5em、字体黑
体</p>
24       </body>
25  </html>
```

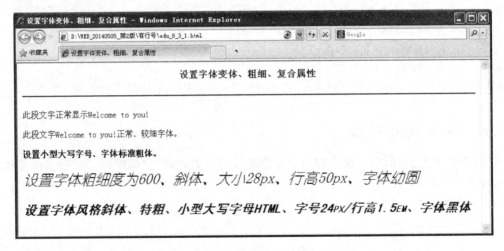

图 9-2-2　设置字体变体、粗细、复合属性

上述代码中第 7 行~第 14 行在 head 标记中插入内部样式表,并定义标题字 h3、水平分隔线 hr 标记样式和 4 个段落 id 样式。第 10 行定义字体正常、较细样式;第 11 行定义字体小型大写字母、标准粗体;第 12 行、第 13 行分别采用 font 复合属性定义了段落的样式。程序运行后,第 20 行~第 23 行分别应用样式 p1、p2、p3、p4,效果如页面中文字所示。

9.3　CSS 文本样式

在 CSS 中,不仅可以设置文字字体、大小、粗细、风格等,还可以对文本显示进行更精细排版设置。

9.3.1 字符间距 letter-spacing 属性

letter-spacing 间距属性可以设置字符与字符之间的距离。

1. 基本语法

```
letter - spacing:normal|长度单位
```

2. 语法说明

normal 表示默认间距,长度一般为正数,也可以使用负数,取决于浏览器是否支持。

word-spacing 属性主要针对英文单词,letter-spacing 属性对中文、英文字符串均起作用。

9.3.2 行距 line-height 属性

line-height 用于设置行与行之间的距离。

1. 基本语法

```
line - height : normal | length
```

2. 语法说明

normal:默认行高。

length:百分比、数字。由浮点数字和单位标识符组成的长度值,允许为负值。其百分比取值基于字体的高度尺寸。

9.3.3 首行缩进 text-indent 属性

在 HTML 中段落的首行往往需要通过插入 4 个" "才能实现首行空 2 个字符的排版格式,而在 CSS 中可以使用 text-indent 属性来设置首行缩进量。

1. 基本语法

```
text - indent:长度单位|百分比单位
```

2. 语法说明

长度单位可以使用绝对单位和相对单位,也可以使用百分比单位。

【例 9-3-1】 设置字符间距、行距及首行缩进。代码如下所示,其页面效果如图 9-3-1 所示。

```
1    <! -- edu_9_3_1.html -->
2    <!doctype html>
3    < html lang = "en">
4      < head >
5          < meta charset = "UTF - 8">
6          < title > 设置字符间距、行高及首行缩进</title>
7          < style type = "text/css">
8              h3{text - align:center;color: #3300ff;}
9              hr{color: #660066;}
10             #p1{letter - spacing:2px;line - height:1em;text - indent:2em;}
11             #p2{letter - spacing:4px;line - height:1.5em;text - indent:3em;}
12             #p3{letter - spacing:6px;line - height:2em;text - indent:4em;word - spacing:10px;}
13         </style>
14     </head>
```

```
15        <body>
16            <h3>设置字符间距、行高及首行缩进</h3>
17            <hr>
18            <p id="p1">[字符间距2px、行高1em、首行缩进2em]昨天上午,南京国际博览中心金陵会
议中心内欢声笑语,春意盎然,省委、省政府在这里举行春节团拜会。省领导罗志军、李学勇、张连珍等
与各界人士 1000 多人欢聚一堂,共迎传统新春佳节,向全省人民致以节日问候和美好祝福。</p>
19            <p id="p2">[字符间距4px、行高1.5em、首行缩进3em]昨天上午,南京国际博览中心金陵
会议中心内欢声笑语,春意盎然,省委、省政府在这里举行春节团拜会。省领导罗志军、李学勇、张连珍
等与各界人士 1000 多人欢聚一堂,共迎传统新春佳节,向全省人民致以节日问候和美好祝福。</p>
20            <p id="p3">[字符间距6px、行高2em、首行缩进4em、单词间距10px]昨天上午,南京国际
博览中心金陵会议中心内欢声笑语,春意盎然,省委、省政府在这里举行春节团拜会。省领导罗志军、李
学勇、张连珍等与各界人士 1000 多人欢聚一堂,共迎传统新春佳节,向全省人民致以节日问候和美好祝
福。</p>
21        </body>
22 </html>
```

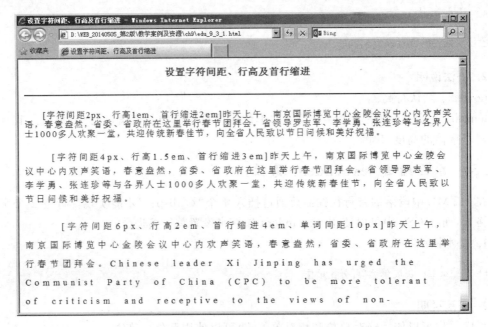

图 9-3-1   设置字符间距、行距及首行缩进

上述代码中第 18 行设置字符间距 2px、行高 1em、首行缩进 2em；第 19 行设置字符间距 4px、行高 1.5em、首行缩进 3em；第 20 行设置了字符间距 6px、行高 2em、首行缩进 4em、单词间距 10px。页面效果截然不同。

9.3.4   字符装饰 text-decoration 属性

字符装饰 text-decoration 属性主要用来完成文字加上、下划线和删除线等效果。

1. 基本语法

```
text - decoration : none| underline | overline | line-through
```

2. 语法说明

· none：表示文字无装饰。

- underline：表示文字加下划线。
- line-through：表示文字加贯穿线。
- overline：表示文字加上划线。

9.3.5　英文大小写转换 text-transform 属性

利用 text-transform 属性以转换英文大小写。

1. 基本语法

```
text - transform: capitalize| uppercase | lowercase| none
```

2. 语法说明

- capitalize：将每个单词的第一个字母转换成大写,其余不转换。
- uppercase：转换成大写。
- lowercase：转换成小写。
- none：不转换。

【例 9-3-2】　设置文字装饰及大小写转换。代码如下所示,其页面效果如图 9-3-2 所示。

```
1  <! -- edu_9_3_2.html -->
2  <! doctype html>
3  < html lang = "en">
4      < head>
5          < meta charset = "UTF - 8">
6          < title>设置文字装饰及大小写转换</title>
7          < style type = "text/css">
8              h3{text - align:center;color:#3300ff;}
9              hr{color:#660066;}
10             #p1{text - decoration:underline;text - transform:capitalize;}
11             #p2{text - decoration:line - through;text - transform:lowercase;}
12             #p3{text - decoration:overline;text - transform:uppercase;}
13         </style>
14     </head>
15     <body>
16         <h3>设置文字装饰及大小写转换</h3>
17         < hr>
18         < p id = "p1">[文字下划线、首字母大写 capitalize]Chinese leader Xi Jinping has urged
the Communist Party of China (CPC) to be more tolerant of criticism and receptive to the views of
non - communists.</p>
19         < p id = "p2">[文字删除线、字母小写 lowercase]Chinese leader Xi Jinping has urged the
Communist Party of China (CPC) to be more tolerant of criticism and receptive to the views of non -
communists.</p>
20         < p id = "p3">[文字上划线、字母大写 uppercase]Chinese leader Xi Jinping has urged the
Communist Party of China (CPC) to be more tolerant of criticism and receptive to the views of non -
communists.</p>
21     </body>
22 </html>
```

上述代码中第 18 行设置文字下划线、首字母大写 capitalize；第 19 行设置文字删除线、字母小写 lowercase；第 20 行设置了文字上划线、字母大写 uppercase。页面效果截然不同。

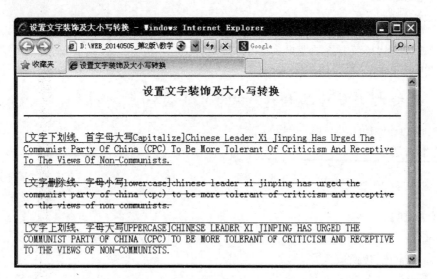

图 9-3-2　设置文字装饰及大小写转换

9.3.6　水平对齐 text-align 属性

text-align 属性规定元素的水平对齐方式。

1. 基本语法

```
text-align: left | right | center | justify
```

2. 语法说明

left：表示左对齐,默认值；

right：表示右对齐；

center：表示居中；

justify：表示两端对齐。

9.3.7　垂直对齐 vertical-align 属性

vertical-align 属性以设置元素的垂直对齐方式。

1. 基本语法

```
vertical-align: top |middle |bottom|text-top|text-bottom
```

2. 语法说明

语法中属性值及说明如表 9-3-1 所示。

表 9-3-1　vertical-align 属性值

属性值	说　　明
top	把元素的顶端与行中最高元素的顶端对齐
middle	把此元素放置在父元素的中部
bottom	把元素的顶端与行中最低的元素的顶端对齐
text-top	把元素的顶端与父元素字体的顶端对齐
text-bottom	把元素的底端与父元素字体的底端对齐

【例 9-3-3】 设置内容对齐方式。代码如下所示,其页面效果如图 9-3-3 所示。

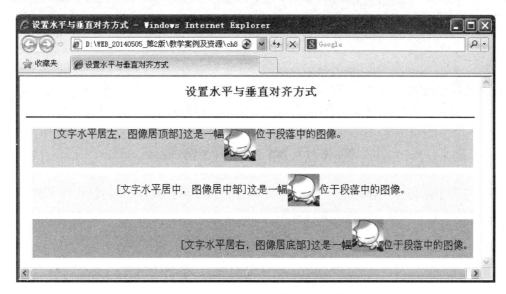

图 9-3-3 设置水平与垂直对齐方式

```
1    <!-- edu_9_3_3.html -->
2    <!doctype html>
3    <html lang = "en">
4        <head>
5            <meta charset = "UTF-8">
6            <title>设置水平与垂直对齐方式</title>
7            <style type = "text/css">
8                h3{text-align:center;color:#3300ff;}
9                hr{color:#660066;}
10               #div1{margin:10px;width:700px;height:60px;background:#ccffcc;
text-indent:2em;text-align:left;}
11               #div2{margin:10px;width:700px;height:60px;background:#ffffcc;
12               text-indent:2em;text-align:center;}
13               #div3{margin:10px;width:700px;height:60px;background:#99ff99;
text-indent:2em;text-align:right;}
14               img{width:50px;height:50px;}
15               #img1{vertical-align:text-top;}
16               #img2{vertical-align:middle;}
17               #img3{vertical-align:text-bottom;}
18           </style>
19       </head>
20       <body>
21           <h3>设置水平与垂直对齐方式</h3>
22           <hr>
23           <div id = "div1" class = "">
24               <p>[文字水平居左,图像居顶部]这是一幅<img id = "img1" src = "eg_cute.gif">位
于段落中的图像。</p>
25           </div>
26           <div id = "div2" class = "">
27               <p>[文字水平居中,图像居中部]这是一幅<img id = "img2" src = "eg_cute.gif">位
于段落中的图像。</p>
28           </div>
29           <div id = "div3" class = "">
```

CSS 样式属性

```
30              <p>[文字水平居右,图像居底部]这是一幅<img id="img3" src="eg_cute.gif">位
于段落中的图像。</p>
31          </div>
32      </body>
33 </html>
```

上述代码中第 23 行~第 25 行 div1 内设置文字水平居左,图像居顶部;第 26 行~第 28 行 div2 内设置文字水平居中,图像居中部;第 29~31 行 div3 设置内文字水平居右,图像居底部。

9.4 CSS 颜色与背景

网页设计中结构和内容仅是一方面,没有色彩的页面再精致也很难吸引人。CSS 中对于色彩、图像的设置也比较丰富和功能也很强大。

9.4.1 颜色 color 属性

color 属性用于设置元素字体的色彩,该属性的语法比较简单,但取值比较多样,可以是颜色名称、函数、十六进制数等形式。

1. 基本语法

```
color : rgb(r%, g%, b%)|rgb(r, g, b)|#FFFFFF|#3FE|colorname
```

2. 语法说明

(1) 颜色名称。使用 red、blue、yellow 等 CSS 预定义的表示颜色的参数。CSS 预定义 17 种颜色,如表 9-4-1 所示。

(2) 函数。使用 rgb(r,g,b) 或 rgb(r%, g%, b%),字母 R 或 r、G 或 g、B 或 b 分别表示颜色分量红色、绿色、蓝色,前者参数的取值为 0~255,后者参数的取值为 0~100。

(3) 十六进制数。使用 #rrggbb 或 #rgb 的形式,每位十六进制数的取值范围为 0~F,比如 #FFC0CB 表示 pink。例如 #3DF 效果与 #33DDFF 相同。

表 9-4-1 颜色名称、函数及数值

颜色名称	十六进制数	rgb 百分数	rgb 整数
Black	#000000	rgb (0%,0%,0%)	rgb (0,0,0)
White	#FFFFFF	rgb (100%,100%,100%)	rgb (255,255,255)
Red	#FF0000	rgb (100%,0%,0%)	rgb (255,0,0)
Yellow	#FFFF00	rgb (100%,100%,0%)	rgb (255,255,0)
Lime	#00FF00	rgb (0%,100%,0%)	rgb (0,255,0)
Aqua	#00FFFF	rgb (0%,100%,100%)	rgb (0,255,255)
Blue	#0000FF	rgb (0%,0%,100%)	rgb (0,0,255)
Fuchsia	#FF00FF	rgb (100%,0%,100%)	rgb (255,0,255)
Gray	#808080	rgb (50%,50%,50%)	rgb (128,128,128)
Silver	#c0c0c0	rgb (75%,75%,75%)	rgb (192,192,192)
Maroon	#800000	rgb (50%,0%,0%)	rgb (128,0,0)
Olive	#808000	rgb (50%,50%,0%)	rgb (128,128,0)
Green	#008000	rgb (0%,50%,0%)	rgb (0,128,0)
Teal	#008080	rgb (0%,50%,50%)	rgb (0,128,128)

9.4.2 背景 background 属性

background 属性用于设置指定元素(标记)的背景色彩、背景图案等,其子属性如表 9-4-2 所示。

表 9-4-2 background 子属性

属　　性	说　　明
background-color	用于对指定元素设置背景颜色
background-image	用于对指定元素设置背景图案
background-repeat	在背景图案小于指定元素的情况下,是否重复填充图案
background-attachment	用于指定设置的背景图案在元素滚动时是否一起滚动
background-position	用于指定背景图案的起始位置

1. 背景颜色 background-color 属性

在 HTML 中,可以使用标记的 bgcolor 属性来设置背景色。在 CSS 中则使用 background-color 来设置网页的背景颜色。语法同 color 类似。

2. 背景图像 background-image 属性

background-image 属性用于设置指定元素的背景图案。

1) 基本语法

```
background - image : url("图像文件名称")|none
```

2) 语法说明

* none:表示不用图像作为背景。
* url("图像文件名称"):表示图像的相对或绝对路径,如果图像文件和 CSS 文件在同一目录下,则可以直接使用图像文件名称。

【例 9-4-1】 设置页面文字颜色及背景图像。代码如下所示,其页面效果如图 9-4-1 所示。

图 9-4-1 设置背景图像及颜色

CSS 样式属性

```
1   <! -- edu_9_4_1.html -->
2   <! doctype html>
3   < html lang = "en">
4       < head >
5           < meta charset = "UTF - 8">
6           <title>设置页面文字颜色及背景图像</title>
7           < style type = "text/css">
8               h3{color: #0000ff; background - color: #9999ff;
    text - align:center; padding:10px;}
9               #p1{text - indent:2em; background - image:url("Header.jpg");}
10              #p2{text - indent:2em; background - image:url("cup.jpg")}
11          </style>
12      </head>
13      < body >
14          < h3 >设置页面文字颜色及背景图像</h3>
15          < p id = "p1">[大图 Header.jpg]昨天上午,南京国际博览中心金陵会议中心内欢声笑语,春
    意盎然,省委、省政府在这里举行春节团拜会。省领导罗志军、李学勇、张连珍等与各界人士 1000 多人
    欢聚一堂,共迎传统新春佳节,向全省人民致以节日问候和美好祝福。
16          </p>
17          < p id = "p2">[小图 cup.jpg]昨天上午,南京国际博览中心金陵会议中心内欢声笑语,春意
    盎然,省委、省政府在这里举行春节团拜会。省领导罗志军、李学勇、张连珍等与各界人士 1000 多人欢
    聚一堂,共迎传统新春佳节,向全省人民致以节日问候和美好祝福。
18          </p>
19      </body>
20  </html>
```

上述代码中第 15 行应用 id 样式 p1,设置背景图像为 header.jpg,第 17 行应用 id 样式 p2,设置背景图像为 cup.jpg,由于图像本身比较小,所以背景图像在水平方向重复填充了。

3. 背景图像重复 background-repeat 属性

background-repeat 属性用于设置背景图案的重叠覆盖方式。

1) 基本语法

```
background - repeat: repeat | no - repeat | repeat - x | repeat - y
```

2) 语法说明

- repeat:使用背景图像完全填充元素大小的空间。
- repeat-x:使用背景图像在水平方向从左到右填充元素大小的空间。
- repeat-y:使用背景图像在垂直方向从上到下填充元素大小的空间。
- no-repeat:不使用背景图像重复填充元素。

4. 背景附件 background-attachment 属性

background-attachment 背景附件属性设置背景图像是否随着滚动条一起滚动。

1) 基本语法

```
background - attachment : scroll | fixed
```

2) 语法说明

- scroll:表示在文字页面滚动时,背景附件一起滚动。

- fixed：表示在文字页面滚动时，背景附件固定不滚动。

5. 背景图像位置 background-position 属性

background-position 属性用于设置背景图像的具体的起始位置。

1）基本语法

```
background - position:百分数|长度|关键字
```

2）语法说明

图像的位置一般需要设置两个值，且用空格分隔。两个值的单位利用百分比或长度单位。第一个值表示水平位置，第二个值表示垂直位置。也可以只设置一个值，另一个值自动为 50％或居中位置[3]。关键字取值如表 9-4-3 所示。

表 9-4-3　background-position 属性值及说明

属　性　值	说　　　明
left|center|right	表示水平方向居左、居中、居右三个不同的位置
top|center|bottom	表示垂直方向顶部、中部、底部三个不同的位置。如果仅规定了一个值，另一个值将是 center
x％ y％	x％表示水平位置，y％表示垂直位置。左上角是 0％ 0％， 如果仅规定了一个值，另一个值将是 50％
xpos ypos	xpos 表示水平位置，ypos 表示垂直位置；左上角是 0 0， 如果仅规定了一个值，另一个值将是 50％

6. background 复合属性

背景 background 是复合属性，可以使用它一次性完成背景颜色、图像、重复、位置和附件的设置。

1）基本语法

```
background: background - color background - image background - repeat background - position
background - attachment
```

2）语法说明

语法中属性值的设置参考各属性进行设置。

【例 9-4-2】　设置背景图像重复、位置与附件的应用。代码如下所示，其页面效果如图 9-4-2 所示。

```
1   <! -- edu_9_4_2.html -->
2   <!doctype html>
3   <html lang = "en">
4       <head>
5           <meta charset = "UTF - 8">
6           <title>设置背景图像、位置与附件</title>
7           <style type = "text/css">
8               h3{color:♯ffffff;background - color:♯6600ff;
                    text - align:center;padding:10px;}
9               ♯p1{
10                  background - image:url("Header.jpg");
```

```
11                    background - repeat: no - repeat;
12                    background - position:center center;}
13               #p2{
14                    background - image:url("cup.jpg");
15                    background - attachment:fixed;}
16               #p3{width:100%;height:150px;
17                    background:#99ccff url("cup.jpg") no - repeat center center; }
18          </style>
19     </head>
20     <body>
21          <h3>设置背景图像、位置与附件</h3>
22          <p id = "p1">[图像水平垂直居中]昨天上午,南京国际博览中心金陵会议中心内欢声笑语,
春意盎然,省委、省政府在这里举行春节团拜会。省领导罗志军、李学勇、张连珍等与各界人士 1000 多
人欢聚一堂,共迎传统新春佳节,向全省人民致以节日问候和美好祝福。</p>
23          <p id = "p2">[图像水平居左到顶、固定]昨天上午,南京国际博览中心金陵会议中心内欢声
笑语,春意盎然,省委、省政府在这里举行春节团拜会。省领导罗志军、李学勇、张连珍等与各界人士
1000 多人欢聚一堂,共迎传统新春佳节,向全省人民致以节日问候和美好祝福。</p>
24          <p id = "p3">[背景复合属性应用]昨天上午,南京国际博览中心金陵会议中心内欢声笑语,
春意盎然,省委、省政府在这里举行春节团拜会。省领导罗志军、李学勇、张连珍等与各界人士 1000 多
人欢聚一堂,共迎传统新春佳节,向全省人民致以节日问候和美好祝福。</p>
25     </body>
26 </html>
```

图 9-4-2　设置背景图像重复、位置与附件

上述代码中定义 3 个 id 样式,p1 定义背景图像不重复且水平和垂直均居中,p2 定义背景
图像附件不随滚动条移动,p3 定义宽度和高度,并采用复合属性 background 设置背景颜色、
图像、重复、位置等。第 22 行应用 id 样式 p1,网页中图像不重复且水平、垂直均居中显示;第
23 行应用 id 样式 p2,网页中第 2 个段落背景图像重复填充整个区域,且在浏览器窗口缩小的

情况下背景图像不随滚动条移动。第 24 行应用 id 样式 p3，网页中第 3 个段落设置宽度为 100%、高度为 150px、背景颜色、图像、不重复、位置居中等。

9.5 CSS 列表样式

HTML 中常用列表有三种类型，分别是无序列表、有序列表和定义列表。在实际应用中，常使用无序列表来实现导航和新闻列表的设计；使用有序列表实现条文款项的表示；使用定义列表来制作图文混排的排版模式。列表对于设计有语义的 XHTML 文档非常重要。CSS 中提供了 list-style-type、list-style-image、list-style-position 属性来改变列表符号的样式。

9.5.1 列表类型 list-style-type 属性

有序列表和无序列表的列表项前面都有默认的列表编号和符号。在 CSS 中的 list-style-type 属性可以改变默认的列表符编号和符号。

1. 基本语法

```
list-style-type: 属性值
```

2. 语法说明

语法中属性取值如表 9-5-1 所示。

表 9-5-1　list-style-type 属性说明

属性值	说　　明
disc	实心圆●
circle	空心圆○
square	实心方块■
decimal	阿拉伯数字 123…
lower-roman	小写罗马数字 i ii iii …
upper-roman	大写罗马数字 Ⅰ Ⅱ Ⅲ Ⅳ …
lower-alpha	小写英文字母 abc…
upper-alpha	大写英文字母 ABC…
none	不使用项目符号

9.5.2 列表项图像 list-style-image 属性

使用 list-style-image 属性可以用一张小图像替换默认的列表项前面的符号或编号。

1. 基本语法

```
list-style-image: url("图像文件名称")|none
```

2. 语法说明

- url("图像文件名称")：图像文件名称必须包含路径，如果图像与 CSS 文件在同一目录，则直接使用图像文件名。

• none：不使用图像样式的列表符号。

9.5.3 列表符号位置 list-style-position 属性

在 CSS 中的 list-style-position 属性用于改变列表符和列表的相对位置。其取值如表 9-5-2 所示。

表 9-5-2 **list-style-position 属性**

属性值	说　　明
outside	默认值，将标记放在文本之外，而且任何换行文本在标记下均不对齐
inside	将标记放在文本之内，而且任何换行文本在标记下均对齐

上述 3 个属性是 list-style 属性的子属性，因而可以使用简写属性 list-style 进行设置，示例代码如下所示：

```
ul{list - style:url('list_marker.gif') outside square;}
```

【例 9-5-1】 CSS 列表属性综合应用。代码如下所示，其页面效果如图 9-5-1 所示。

```
1  <! -- edu_9_5_1.html -->
2  <!doctype html>
3  <html lang = "en">
4      <head>
5          <meta charset = "UTF - 8">
6          <title>CSS 列表属性综合应用</title>
7          <style type = "text/css">
8              h3{color:"#ffffff";background - color:#9999ff;text - align:center;}
9              #li1{list - style - type:square;}
10             #li2{list - style - type:upper - roman;}
11             #li3{list - style - image:url("smallico1.bmp");list - style - position:inside;}
12             #li4{list - style - image:url("smallico1.bmp");list - style - position:outside;}
13             .sp1{font - weight:bolder;color:blue;}
14         </style>
15     </head>
16     <body>
17         <h3>CSS 列表属性综合应用</h3>
18         <ul id = "li1">
19             <li>专业目录</li>
20             <ol id = "li2">
21                 <li>计算机科学与技术专业</li>
22                 <li>软件工程</li>
23                 <li>信息管理与信息系统</li>
24             </ol>
25             <li>图书</li>
26             <ul id = "li3">
27                 <li><span class = "sp1">[inside]</span>计算机网络:计算机网络所属现代词,
指的是将地理位置不同的具有独立功能的多台计算机及其外部设备,通过通信线路连接起来,在网络操作
系统,网络管理软件及网络通信协议的管理和协调下,实现资源共享和信息传递的计算机系统。</li>
```

```
28              <li id = "li4"><span class = "sp1">[outside]</span>数据库原理：是数据库初
  学者和初级开发人员不可多得的数据库宝典,其中融入了作者对数据库深入透彻的理解和丰富的实际
  操作经验。与第2版一样,本版也深入浅出地描绘了数据库原理及其应用。</li>
29          </ul>
30      <li>期刊目录</li>
31    </ul>
32  </body>
33 </html>
```

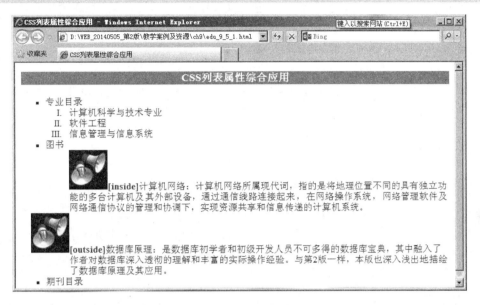

图 9-5-1　设置列表属性

上述代码中定义 4 个 id 样式,第 9 行定义列表样式类型为■;第 10 行定义列表样式类型
为大写罗马字母;第 11 行定义用图像代替列表项符号并使用 inside 格式,文本环绕图像;第
12 行定义用图像代替列表项符号并使用 outside 格式,图像悬挂在文本的左边,并不环绕,页
面效果如图 9-5-1 所示。

9.6　CSS 盒模型

9.6.1　CSS 盒模型结构

在网页设计中,每个元素都是长方形的盒子,便
产生了特定的盒子模型。盒子模型中,重要的概念有
边界(margin)、边框(border)、填充(padding)、内容
(content),简称为 MBPC 模型,如图 9-6-1 所示。边
界又称为外边界(也称为"外补丁"、"外空白")是盒子
边框与页面边界或其他盒子之间的距离。填充又称
为内边界(也称为"内补丁、内空白"),即内容与边框
之间的距离。

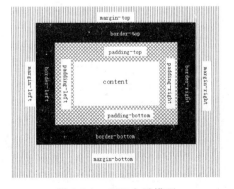

图 9-6-1　CSS 盒子模型

CSS 样式属性

9.6.2 边界属性设置

边界属性是 margin,也称为外边距,表示盒子边框与页面边界或其他盒子之间的距离,属性值为长度值、百分数或 auto,属性设置的效果是围绕元素边框的"空白"。

1. 基本语法

```
margin-(top|right|bottom|left):长度单位|百分比单位|auto
```

2. 语法说明

auto:表示采用默认值,浏览器计算边距。

长度单位和百分比单位:参考 9.1 节的介绍进行设置。

设置边界需要设置 4 个参数值,分别是表示"上、右、下、左"四个边。如果只设置 1 个参数值,则表示 4 个边界均相同。如果只设置 2 个参数值,第 1 个参数表示上、下边界值,第 2 个参数表示左、右边界。如果设置 3 个参数,第 1 个参数表示上边界,第 2 个参数表示左、右边界,第 3 个参数表示下边界。例如:

```
margin:10px 10px 20px 30px      /* 分别设置上、右、下、左边界 */
margin:10px                     /* 设置 4 个边界均为 10px */
margin:20px 10px                /* 设置上下边界为 20px、左右边界为 10px */
margin:10px 20px 10px           /* 设置上边界为 10px、左右边界为 20px、下边界为 10px */
p{margin-top:20px}
p{margin-right:2em}
h1{margin-bottom:30px}
h3{margin-left:200%}
```

【例 9-6-1】 设置边界属性。代码如下所示,其页面效果如图 9-6-2 所示。

```
1  <!-- edu_9_6_1.html -->
2  <!doctype html>
3  <html lang="en">
4      <head>
5          <meta charset="UTF-8">
6          <title>设置边界属性</title>
7          <style type="text/css">
8              #p1{background:#99ffcc;margin-top:20px;margin-left:20px;}
9              #p2{background:#99ffff;margin:20px 30px 20px;}
10         </style>
11     </head>
12     <body>
13         <h4>设置边界属性</h4>
14         <p id="p1">使用 CSS+DIV 进行页面布局是一种全新的体验,完全有别于传统的表格排版习惯。</p>
15         <p id="p2">使用 CSS+DIV 进行页面布局是一种全新的体验,完全有别于传统的表格排版习惯。</p>
16     </body>
17 </html>
```

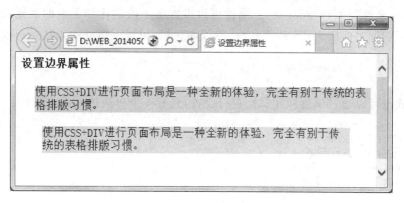

图 9-6-2　设置边界属性

3. 代码解释

代码中定义 2 个 id 样式,第 8 行定义段落 1 背景颜色为♯99ffcc、上边界为 20px、左边界为 20px;第 9 行定义段落 2 背景颜色为♯99ffff、上边界为 20px、左、右边界为 30px、下边界为 20px。

9.6.3　边框属性设置

边框属性是 border,用于设置边框的宽度(border-width)、风格(border-style)以及颜色(border-color)。

1. 边框样式 border-style 属性

border-style 属性用于设置不同风格的边框样式。

1)基本语法

border - style:none|hidden|dotted|dashed|solid|double | groove | ridge | inset | outset

2)语法说明

语法中的属性值如表 9-6-1 所示。

表 9-6-1　border-style 属性及说明

属性值	说　　明
none	定义无边框
hidden	与"none"相同。应用于表时例外,用于解决边框冲突
dotted	定义点状边框
dashed	定义虚线
solid	定义实线
double	定义双线。双线的宽度等于 border-width 的值
groove	定义 3D 凹槽边框。其效果取决于 border-color 的值
ridge	定义山脊状边框。其效果取决于 border-color 的值
inset	定义使页面沉入感边框。其效果取决于 border-color 的值
outset	定义使页面浮出感边框。其效果取决于 border-color 的值

与 margin 属性类似,border-style 属性可以设置多个值。比如下面的规则为类名为 cont 的段落定义了四种边框样式:实线上边框、点线右边框、虚线下边框和点线左边框。

```
p.cont{border - style: solid dotted dashed ;}
```

边框样式也可以通过单边样式属性进行设置,具有 4 个单边边框样式属性:

```
border - top - style: 样式值
border - right - style: 样式值
border - bottom - style: 样式值
border - left - style: 样式值
```

2. 边框宽度 border-width 属性

border-width 属性用于设置边框的宽度,其值可以是长度值或关键字 thin、medium(默认值)、thick。

1) 基本语法

```
border - width : medium | thin | thick | length
```

2) 语法说明

- medium:默认宽度。
- thin:小于默认宽度。
- thick:大于默认宽度。
- length:请参考 9.1 节的介绍进行设置。

border-width 属性可以设置多个值,下面示例代码的效果是设置上边框和下边框为细边框、右边框和左边框为 10px。

```
border - width: thin 10px;
```

边框宽度也可以通过单边宽度属性进行设置,具有 4 个单边边框宽度属性:

```
border - top - width: 样式值
border - right - width: 样式值
border - bottom - width: 样式值
border - left - width: 样式值
```

3. 边框颜色 border-color 属性

border-color 属性用于设置边框的颜色,与 color 类似。

border-color 属性可以设置多个值。

1) 基本语法

```
border - color :color
```

2) 语法说明

color 的值可以参考 9.4 节所给出的方法设置。边框颜色也可以通过单边颜色属性进行设置,具有 4 个单边边框颜色属性:

```
border - top - color: 样式值
border - right - color: 样式值
border - bottom - color: 样式值
border - left - color: 样式值
```

如果对上、下、左、右 4 条边框设置同样的样式、宽度、颜色,可以直接使用 border 属性,比如下面的示例代码为类名为 d2 的 DIV 设置了红色实线厚边框。

```
div.d2{border: thick solid red;}
```

4. 边框 border 复合属性

边框 border 是一个复合属性,可以一次设置边框的粗细、样式和颜色。

1)基本语法

```
border: border - width | border - style | border - color
```

2)语法说明

该属性是复合属性。请参阅各参数对应的属性。

【例 9-6-2】 设置边框属性。代码如下所示,其页面效果如图 9-6-3 所示。

```
1  <! -- edu_9_6_2.html -->
2  <!doctype html >
3  < html lang = "en">
4     < head >
5        < meta charset = "UTF - 8">
6        < title >设置边框</title >
7        < style type = "text/css">
8           ♯p1{background: ♯99ffcc;border:15px groove ♯33ff66 ;}
9           ♯p2{border - style: dashed solid;}
10          ♯p3{border - style:solid;border - width:8px 10px;}
11          h4{text - align:center;padding:10px;background: ♯99cc99;}
12       </style>
13    </head >
14    < body >
15       < h4 >设置边界</h4 >
16       < p id = "p1">使用 CSS + DIV 进行页面布局是一种全新的体验,完全有别于传统的表格排版
习惯。</p>
17       < p id = "p2">使用 CSS + DIV 进行页面布局是一种全新的体验,完全有别于传统的表格排版
习惯。</p>
18       < p id = "p3">使用 CSS + DIV 进行页面布局是一种全新的体验,完全有别于传统的表格排版
习惯。</p>
19    </body >
20 </html >
```

3)代码解释

代码中定义段落的 3 个 id 样式,第 8 行定义段落 1 背景颜色为♯99ffcc,采用 border 复合属性设置边框为粗细为 5px、线型为 groove、颜色为♯33ff66;第 9 行定义段落 2 边框样式上下边框为 dashed、左右边框为 solid;第 10 行定义段落 3 边框样式为实线型上下边框为 8px、左右边框为 10px。

169

第
9
章

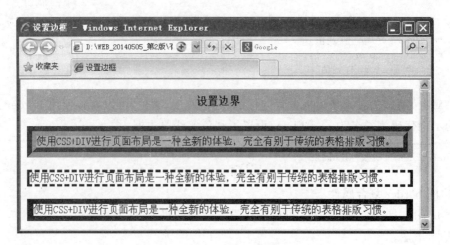

图 9-6-3 设置边框属性

9.6.4 填充属性设置

填充属性是 padding,也称为内边界,表示元素内容与边框之间的距离,属性值为长度值、百分数,属性设置的效果是包含在元素边框里面并围绕着元素内容的"元素背景",也称内空白。

1. 基本语法

```
padding:长度|百分比
```

2. 语法说明

padding 属性可以有 1 个、2 个、3 个和 4 个值。表示方法同边界属性设置类似。

填充效果也可以通过单边填充属性进行设置,具有 4 个单边填充属性。

- padding-top:长度|百分比。
- padding-right:长度|百分比。
- padding-bottom:长度|百分比。
- padding-left:长度|百分比。

padding 属性值的设置如下所示:

```
h1 { padding - top:10px;            /* 分别表示上内边界 */
     padding - right:0.5em;         /* 分别表示右内边界 */
     padding - bottom:5px;          /* 分别表示下内边界 */
     padding - left:20 % ;          /* 分别表示左内边界 */        }
p{padding:10px 20px 30px 40px}     /* 分别表示上、右、下、左内边界 */
```

【例 9-6-3】 设置填充属性。代码如下所示,其页面效果如图 9-6-4 所示。

```
1   <! -- edu_9_6_3. html -->
2   <! doctype html >
3   < html lang = "en">
4       < head >
5           < meta charset = "UTF - 8">
```

```
6                <title>设置填充属性</title>
7            < style type = "text/css">
8                #p1{background: #99ffcc;padding:15px 20px 15px;}
9                #p2{background: #99ff99;border - style:dashed;padding - top:20px;
padding - bottom:20px;}
10               #p3{background: #99cccc;border - style:solid;padding - left:50px;
padding - right:20px;}
11               h4{text - align:center;padding:10px;background: #99cc99;}
12           </style>
13       </head>
14       < body >
15          < h4 >设置填充属性</h4>
16          < p id = "p1">使用 CSS + DIV 进行页面布局是一种全新的体验,完全有别于传统的表格排版
习惯。</p>
17          < p id = "p2">       使用 CSS + DIV 进行页面布局是一种全新的体验,完全有别于传统的表格
排版习惯。</p>
18          < p id = "p3">       使用 CSS + DIV 进行页面布局是一种全新的体验,完全有别于传统的表格
排版习惯。</p>
19       </body>
20   </html>
```

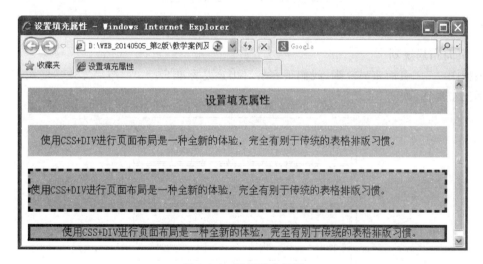

图 9-6-4　设置填充属性

3. 代码解释

代码中定义 3 个 id 样式,第 8 行定义段落 1 背景颜色为 #99ffcc,采用 padding 复合属性
设置内边界分别是上 15px、左右 20px、下 15px;第 9 行定义段落 2 背景颜色为 #99ff99,并设
置上内边界 20px、下内边界 20px;第 10 行定义段落 3 背景颜色为 #99cccc,并设置左内边界
50px、右内边界 20px。

9.7　综合实例

以上海美橙科技信息发展有限公司旗下网站-"建站之星"中提供通用模板(模板号:2576)为
例(http://sitestar.cndns.com/website/templates.aspx#),模仿设计"中国环宇科技有限公司"网
站,如图 9-7-1 所示。采用 DIV 完成布局设计,编写相关 CSS 文件完成页面美化工作。

图 9-7-1　通用模板截图

1. 页面布局规划

根据图 9-7-1 页面布局效果，我们很容易看出这是标准 5 行 2 列布局样式。使用布局绘图软件画出布局图，如图 9-7-2 所示。

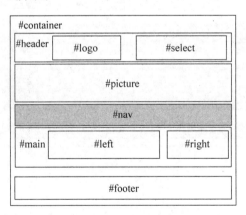

图 9-7-2　网站设计 DIV 布局

2. 写出 DIV 结构代码

使用 EditPlus 软件新建一个 HTML 文档，编写如下的 DIV 嵌套结构代码。

```
1   <div id = "container" class = "">
2       <div id = "header" class = "">
3           <div id = "logo" class = ""></div>
4           <div id = "select" class = ""></div>
5       </div>
6       <div id = "picture" class = ""></div>
7       <div id = "nav" class = "">     </div>
```

```
8      <div id="main" class="">
9          <div id="left" class=""></div>
10         <div id="right" class=""></div>
11     </div>
12     <div id="footer" class="">
13     </div>
14 </div>
```

3. 构造 huanyu.css 框架结构文件

根据 DIV 结构中的 ID 定义 CSS 文件中 id 样式,必须与 DIV 结构一一对应。

```
1  /* huanyu.css */
2  #container{}
3  #header{}
4  #logo{}
5  #picture{}
6  #main{}
7  #left{}
8  #right{}
9  #footer{}
```

4. 编写 HTML 代码

```
1  <!-- edu_9_7_1.html -->
2  <!doctype html>
3  <html lang="en">
4      <head>
5          <meta charset="UTF-8">
6          <title>中国环宇科技有限公司网站</title>
7          <link type="text/css" rel="stylesheet" href="css/huanyu.css">
8      </head>
9      <body>
10         <div id="container" class="">
11             <div id="header" class="">
12                 <div id="logo" class="">
13                     <img src="images/logo.png" border="0" alt="">
14                 </div>
15                 <div id="select" class="">
16                     <select name="" id="sel">
17                         <option value="" selected>简体中文</option>
18                         <option value="">繁体中文</option>
19                         <option value="">ENGLISH</option>
20                     </select>
21                 </div>
22             </div>
23             <div id="picture" class="">
24                 <img src="images/huanyu.jpg" width="990" height="345" border="0" alt="">
25             </div>
26             <div id="nav" class="">
27                 <table width="100%" height="40px" align="center" cellpadding=0px cellspacing=0px>
28                     <tr>
29                         <td><a href="">首页</a></td>
30                         <td><a href="">关于我们</a></td>
31                         <td><a href="">服务项目</a></td>
```

```
32              <td><a href = "">合作伙伴</a></td>
33              <td><a href = "">联系我们</a></td>
34            </tr>
35          </table>
36        </div>
37        <div id = "main" class = "">
38          <div id = "left" class = "">
39            <h1>关于我们</h1>
40            <div id = "left - up" class = "">
41              <img src = "images/xwjj.jpg" border = "0" alt = "">
42              <p>中国环宇科技有限公司是于 1985 年为了通过试验评价技术的支援
以提高产业技术而成立的试验评价机构,是和先进(发达)国家的试验、认证机构进行交流和合作的某代
表性机构。为了保护本国产业的各种认证制度日渐完善,为保护消费者安全和环境的各种制度的重要
性日趋增加,KTL 为适应形势的发展,从产品开发到获得认证的整个阶段提供支援,以帮助企业提高技
术能力以及拥有更强的竞争力。</p>
43            </div>
44            <div id = "left - down" class = "">
45              <img src = "images/ico1.gif" border = "0" alt = "">
46              <p id = "p1">我们的服务: 权威性的认证,严谨规范、完善周到的服务,
合理公平的费用,解除您在认证方面的后顾之忧。</p>
47            </div>
48          </div>
49          <div id = "right" class = "">
50            <h1>合作伙伴</h1>
51            <ul>
52              <li>XX 代办服务公司</li>
53              <li>香港 XX 企业服务有限公司</li>
54              <li>上海 XX 专利代办机构</li>
55              <li>中国某某商业合作社</li>
56              <li>南京某某商业银行</li>
57              <li>日本 XX 会社</li>
58              <li>中国某某商业合作社</li>
59            </ul>
60          </div>
61        </div>
62        <div id = "footer" class = "">
63          <p>COPY RIGHT &copy;   中国环宇科技有限公司         
 科技事业部支持 京备 XXXXX - 342</p>
64        </div>
65      </div>
66    </body>
67  </html>
```

5. 编写具有真实效果的 CSS 文件

```
1   /* huanyu.css */
2   * {font - size:12px;font - family:Times New Roman;}
3   #container{margin:0 auto;padding:0 auto;width:990px;}
4   #header{width:990px;height:65px;margin:0 auto;}
5   #logo{width:263px; height:65px; float:left;
6       background:url("images/logo.png") no - repeat left bottom;}
7   #select{width:727px; height:65px;
8       float:left;text - align:right;}
9   #select #sel{margin - top:15px;}
10  #picture{width:990px;height:345px; clear:both;}
11  #nav{width:990px;height:40px;
```

```
12        background:♯0099CC; border:0px;}
13 a:link,a:visited,a:active{text－decoration:none;color:♯FFFFFF;}
14 ♯nav a:hover{color:♯333333;text－decoration:none;background:♯F6F6F6;}
15 ♯nav a{width:194px;height:40px;}
16 td{line－height:40px;font－size:18px;text－align:center;vertical－align:middle;}
17 ♯main{width:990px; height:250px; }
18 ♯left{width:660px;height:250px;
19 float:left;line－height:1.5em;}
20 h1{color:♯0099FF;font－size:18px;
21        height:36px; border－bottom:2px solid ♯0099FF;}
22 ♯left img{float:left;width:220px;height:144px;}
23 ♯left－down{margin:0px auto;padding:0px;
24        clear:both;width:100%;height:70px;}
25 ♯left－down img{vertical－align:text－bottom;
26        width:60px;height:50px;vertical－align:bottom;}
27 ♯p1{padding－top:20px;height:30px;}
28 ♯right{width:290px;   height:250px;
29        float:right; border:1px solid ♯00ff00;}
30 ul{width:200px;height:100%;padding:0px;margin:0 auto;}
31 li{padding:0px;margin:0px;line－height:2em;
32 list－style－type:none;text－align:left;}
33 ♯footer{clear:both; width:990px;height:30px;
34        background:♯F7F7F7; border－top:2px solid ♯0099FF;}
35 ♯footer p{padding:10px auto;text－align:center;color:♯333333;}
```

本 章 小 结

本章主要介绍了 CSS 的各种样式属性,包括文字样式、文本样式、颜色、背景、列表等。这些属性有的具有子属性,从不同方面描述外观样式,因而比较灵活,既可以使用单个子属性定义某一方面的样式,也可以使用复合属性定义整体的样式,在使用时应注意属性与属性之间的顺序及制约关系。

同时也重点介绍了 CSS 盒模型,它是 CSS 的精华,同时也是学习的难点。如果把页面元素以"盒子"的方式呈现,那么便有了元素边界(margin,也称为外边界)、元素边框(border)、填充(padding,也称为内边界)、元素内容(content)这些重要概念。盒子具有 4 条边,所以这些属性都各有 4 个单边子属性,在使用时可以直接对某一条边应用单边子属性设置其样式,也可以按照一定顺序依次设置各边的样式,设置方式比较灵活。

练习与实验

练习 9

1. 选择题

(1) 下列不属于 CSS 盒模型的属性是(   )。

   (A) margin   (B) padding   (C) border   (D) font

(2) 边框的复合属性中不包括(   )。

   (A) 粗细   (B) 长短   (C) 颜色   (D) 样式

(3) 下列可以去掉文本超链接的下划线的是(   )。

   (A) a{text-decoration:no underline;}   (B) a{underline:none;}

（C）a{underline:false;}　　　　　　（D）a{text-decoration:none;}

（4）下列不属于 CSS 文本对齐属性取值的是（　　　）。

　　（A）auto　　　　　（B）left　　　　　（C）center　　　　　（D）right

（5）CSS 规则 p{margin:20px 10px;}的效果是（　　　）。

　　（A）仅设置了上边距为 20px，以及右边距为 10px。

　　（B）仅设置了上边距为 20px，以及下边距为 10px。

　　（C）设置了上、下边距为 20px，以及左、右边距为 10px。

　　（D）设置了上、右边距为 20px，以及下、左边距为 10px。

2. 填空题

（1）段落缩进的属性是_____；文本居中对齐的声明_____。

（2）实现背景图像在水平方向平铺的声明_____；设置背景图像位置的属性是_____。

（3）设置文字颜色为红色的声明(写出其值可能的所有形式)是 color:_____。

（4）声明"border:2px double red;"的含义是_____。

3. 简答题

（1）简述 CSS 盒模型概念。通过哪些属性可以描述一个具体的 CSS 盒模型？

（2）简述 CSS 列表样式属性及其取值情况。

实验 9

1. 编写效果如图 9-1 所示的网页。网页中由左、右两个图层构成，左边 DIV 设置背景图像，图像居中显示，右边 DIV 设置了背景图像填充效果，添加有效果文字内容。

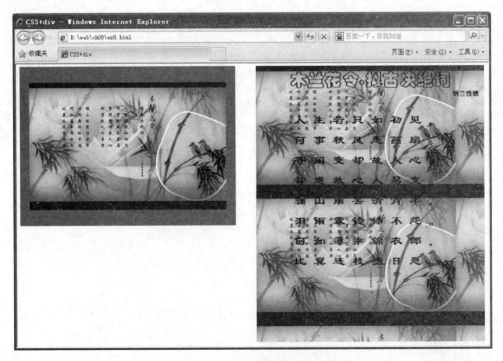

图 9-1　木兰花令效果图

设计要求：

（1）HTML 中 DIV 结构如下：

```
1  < div id = "wrap">
2      < div id = "pic"></div>
3      < div id = "text">
4          < div id = "title">木兰花令.拟古决绝词</div>
5          < div id = "author">纳兰性德</div>
6          < div id = "content">
7              <p>人生若只如初见,</p>
8              …
9          </div>
10      </div>
11 </div>
```

（2）内容为"人生若只如初见，何事秋风悲画扇。等闲变却故人心，却道故心人易变。骊山雨罢清宵半，泪雨霖铃终不怨。何如薄幸锦衣郎，比翼连枝当日愿。"

（3）样式说明。

♯wrap：宽度 900px、边界 0 auto、边框红色 2px 实线、上边界 5px。div：文本居中对齐。♯pic：宽度 420px、高度 300px、背景图像为 ex8.jpg、不重复位置居中、图像向左浮动、背景色为♯77A。♯text：背景图像为 ex8.jpg、向右浮动、宽度 420px、高度 500px、背景色为♯77A、填充为 10px、字体粗细为 bold。♯title：字体为"华文彩云"、大小为 32px。♯author：字号大小为 12px、字体为黑体、文字右对齐、下边界为 24px。p：字体为隶书、字号大小为 24px、边界为 2px、字符间距为 0.5em、行高为 1.5em、文字居中对。

2. 设计如图 9-2 所示的图文并茂的页面。其设计要求如下：

（1）插入图像为 cup.jpg，图像向左浮动、边框为"1px 虚线、颜色为 gray"、边界为"10px 10px 10px 0"、填充为 5px。

（2）Mobile 首字母样式为"大小 3em、向左浮动"。

（3）h1 样式为"文字居中、白色、背景为♯678"。

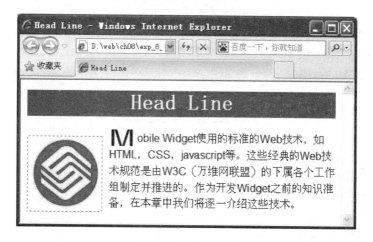

图 9-2　页面效果图

CSS 样式属性

1. Free CSS Toolbox——CSS 文件格式化检查工具

Free CSS Toolbox 是一款方便易用的 CSS 编辑软件,如图 9-3 所示。该软件具有快速创建和调整 CSS 代码、自动完成和语法高亮的 CSS 编辑容易、CSS 格式化/美化、轻松重新格式化、压缩 CSS 代码、CSS 检查/验证等功能,能够有效地提高了用户的工作效率。

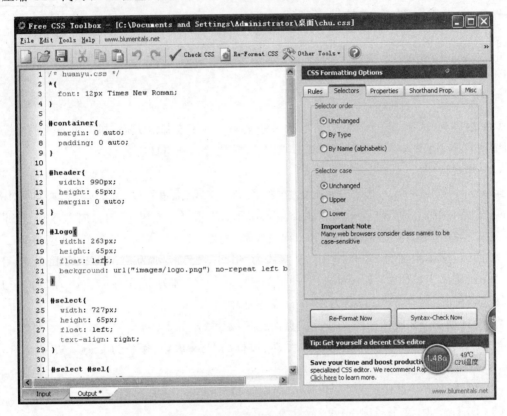

图 9-3　页面效果图

2. HTML、CSS、JavaScript 在线格式化工具

- 格式化 JavaScript 或 HTML,网址为 http://jsbeautifier.org/。
- 格式化 HTML、CSS 等,网址为 http://tools.arantius.com/tabifier。

本章参考文献

[1]　本书编委会. HTML、CSS、JavaScript 标准教程实例版. 第 3 版. 北京:电子工业出版社,2011:162,164.

[2]　胡崧. 网页设计技术伴侣 HTML/CSS/JavaScript 范例应用. 北京:中国青年出版社,2006:168,170.

[3]　张金霞. HTML 网页设计参考手册. 北京:清华大学出版社,2006:215.

第 10 章 DIV+CSS 页面布局

本章学习目标

经过 HTML、CSS 基础的学习，已经能够完成最基本的网页设计工作。要想从事 Web 前端开发工作，还需要掌握主流的页面布局技术，学会使用相关工具自行规划页面布局，能够独立编写对应的 CSS 文件，完成对页面所有元素精准控制，才能设计出风格独特、页面美观的商业网站。本章重点介绍使用 DIV+CSS 来规划各种页面布局方法、步骤以及 CSS 文件定义等，学会在不同的浏览器上进行页面效果的调试。

Web 前端开发工程师应掌握以下内容：

- 熟练地使用 DIV 标记的 CSS 各类属性。
- 掌握 CSS 定义与引用方法，学会使用外部样式表定义页面样式。
- 熟悉各类常见的页面布局类型，能够写出相应的 DIV 结构及 CSS 规则。
- 学会使用 DIV+CSS 进行页面布局，能够编写 HTML 代码和 CSS 文件。

10.1 页面布局设计

现在所有的主流的、大型的 IT 企业的网站布局几乎都采用 DIV、CSS 技术，有些甚至采用 DIV、CSS、表格混合进行页面布局。此类页面布局能够实现页面内容与表现的分离，提高网站访问速度、节省宽带、改善了用户的体验。DIV+CSS 组合技术完全有别于传统的表格排版习惯。通过 DIV+CSS 实现页面元素精确控制，网站风格、代码维护与更新变得十分容易，甚至是页面的拓扑结构都可以通过修改 CSS 属性来重新定位。

DIV+CSS 布局的步骤大致为：首先整体上对页面进行分块，接着按照分块设计使用 div 标记，并理清 div 标记的嵌套和层叠关系，然后对各 div 标记进行 CSS 定位，最后在各个分块中添加相应的内容。

下面重点介绍常用的页面布局案例。

10.1.1 "三行模式"或"三列模式"

此模式特点是把整个页面水平、垂直分成三个区域，其中"三行模式"将页面头部、主体及页脚三部分；"三列模式"将页面分成左、中、右三个部分，如图 10-1-1 所示。

根据页面布局情况，写出页面的 DIV 结构，两个模式 DIV 结构相似，具体代码如下：

```
<div id = "header" class = ""></div>
<div id = "main" class = ""></div>
<div id = "footer" class = ""></div>
```

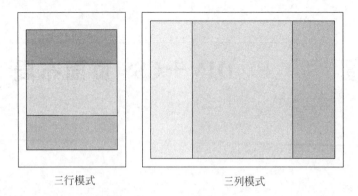

三行模式　　　　　　　三列模式

图 10-1-1　常用页面布局模式之一

然后编写相应的 CSS 文件,分别如下所示:

1. 三行模式

```
/* layout1.css */
#header{width:100%;height:120px;background:#223344;}
#main{width:100%;height:500px;background:#553344;}
#footer{width:100%;height:40px;background:#993344;}
```

2. 三列模式

```
/* layout2.css */
#left{width:30%;height:700px;background:#223344;float:left;}
#center{width:50%;height:700px;background:#553344; float:left;}
#right{width:20%;height:700px;background:#993344; float:left;}
```

10.1.2 "三行二列"、"三行三列"模式

此模式特点是先将整个页面水平分成三个区域,再将中间区域分成两列或三列,如图 10-1-2 所示。

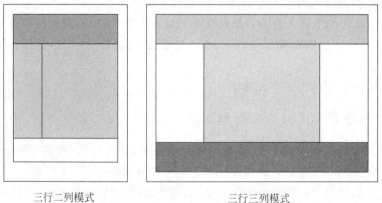

三行二列模式　　　　　　　三行三列模式

图 10-1-2　常用页面布局模式之二

对图 10-1-2 所示的页面进行布局 DIV 结构。两种模式的 DIV 结构分别如下：

- 三行二列模式的 DIV 结构。

```
1  < div id = "header" class = ""> header </div >
2  < div id = "main" class = "">
3      < div id = "left" class = ""> left </div >
4      < div id = "right" class = ""> right </div >
5  </div >
6  < div id = "footer" class = ""> footer </div >
```

- 三行三列模式的 DIV 结构。

```
1  < div id = "header" class = ""> header </div >
2  < div id = "main" class = "">
3      < div id = "left" class = ""> left </div >
4      < div id = "center" class = ""> center </div >
5      < div id = "right" class = ""> right </div >
6  </div >
7  < div id = "footer" class = ""> footer </div >
```

然后编写两种模式相应的 CSS 文件。

- 三行二列模式的 CSS 定义。

```
/* layout3.css */
# header{width:100%;height:120px;background:#99ff00;}
# main{width:100%;height:400px;background:#99ff99;}
# left{width:30%;height:100%;float:left;background:#999999;}
# right{width:70%;height:100%;float:left;background:#553344;}
# footer{clear:both;width:100%;height:80px;background:#66ff66;}
```

- 三行三列模式的 CSS 定义。

```
/* layout4.css */
# header{width:100%;height:120px;background:#99ff00;}
# main{width:100%;height:400px;background:#99ff99;}
# left{width:30%;height:100%;float:left;background:#999999;}
# center{width:40%;height:100%;float:left;background:#FF3344;}
# right{width:30%;height:100%;float:left;background:#553344;}
# footer{clear:both;width:100%;height:80px;background:#99ff66;}
```

在"三行三列模式"中，三列 DIV 可以同时向左、向右浮动，也可以左、中 DIV 向左、右 DIV 向右浮动或左 DIV 向左浮动，中、右 DIV 向右浮动。另外还可以左 DIV 向左浮动，右 DIV 向右浮动，中间 DIV 不浮动，而是设置填充 padding 属性来实现布局，只是中间 DIV（不浮动的 DIV）必须放在浮动 DIV 的后面才能生效，否则布局会混乱。

在实际使用 DIV 进行页面分块的过程中，需要注意的一个问题是，浮动的 DIV 的后续 DIV 中一定要先清除图层浮动，否则会影响其后 DIV 的显示效果。其具体方法如下：

```
#div_n{clear:both|left|right;}
```

- 三列中的中间 DIV 不浮动时的 DIV 结构。

```
1  <div id="header" class=""> header </div>
2  <div id="main" class="">
3      <div id="left" class=""> left </div>          <!-- 浮动的 div -->
4      <div id="right" class=""> right </div>        <!-- 浮动的 div -->
5      <div id="center" class=""> center </div>      <!-- 不浮动的 div -->
6  </div>
7  <div id="footer" class=""> footer </div>
```

- 三列中的中间 DIV 不浮动时的 CSS 文件定义。

```
/* layout4_1.css */
#header{width:100%;height:120px;background:#99ff00;}
#main{width:100%;height:400px;background:#99ff99;}
#left{width:30%;height:100%;float:left;background:#999999;}
#center{padding:0px 30%;height:100%;background:#FF3344;} /* 不浮动 div */
#right{width:30%;height:100%;float:right;background:#553344;}
#footer{clear:both;width:100%;height:80px;background:#99ff66;}
```

10.1.3 多行多列复杂模式

国内大型商业网站基本上是多行多列模式布局,如图 10-1-3 所示。例如中央人民政府、中关村在线、淘宝网、腾讯、网易、新浪、搜狐、人民网等网站采用"多行三列模式"。公安部、财政部、阿里巴巴、网上超市 1 号店、去哪儿网、赶集网等网站采用"多行四列模式"。其他大多数网站布局根据首页的长度变化而略有差异,在此不再一一叙述。

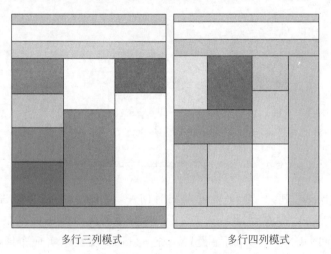

多行三列模式　　　　　多行四列模式

图 10-1-3　多行多列复杂模式

根据图 10-1-3 所示进行页面布局设计。此处仅对"多行三列模式"的页面布局进行 DIV 结构划分,"多行四列模式"读者可以自行模仿写出 DIV 结构。

- 多行三列模式的 DIV 结构。

```
1  < div id = "container" class = "">
2      < div id = "header" class = "">
3          < div id = "logo" class = ""> logo </div >
4          < div id = "nav" class = ""> nav </div >
5      </div >
6      < div id = "main" class = "">
7          < div id = "left" class = "">
8              < div id = "left_up_1" class = ""> left_up_1 </div >
9              < div id = "left_up_2" class = ""> left_up_2 </div >
10             < div id = "left_down_1" class = ""> left_down_1 </div >
11             < div id = "left_down_2" class = ""> left_down_2 </div >
12         </div >
13         < div id = "center" class = "">
14             < div id = "center_up" class = ""> center_up </div >
15             < div id = "center_down" class = ""> center_down </div >
16         </div >
17         < div id = "right" class = "">
18             < div id = "right_up" class = ""> right_up </div >
19             < div id = "right_down" class = ""> right_down </div >
20         </div >
21     </div >
22     < div id = "footer" class = ""> footer </div >
23 </div >
```

- 多行三列模式的 CSS 定义。

```
1  / *  layout5.css  * /
2  * {font - size:16px;margin:0 auto;padding:0px;}
3  # container{background: # 334455;width:100 % ;height:700px;}
4  # header{background: # FF4455;width:100 % ;height:150px;}
5  # logo{background: # FFDD55;width:100 % ;height:100px;}
6  # nav{background: # FFDD99;width:100 % ;height:50px;}
7  # main{background: # 33DD55;width:100 % ;height:500px;}
8  # left{background: # 33FBFB;width:33 % ;height:100 % ;float:left;}
9  # left_up_1{background: # 334455;width:100 % ;height:125px;}
10 # left_up_2{background: # 445566;width:100 % ;height:125px;}
11 # left_down_1{background: # 556677;width:100 % ;height:125px;}
12 # left_down_2{background: # 667788;width:100 % ;height:125px;}
13 # center{background: #88FBFB;width:34 % ;height:100 % ;float:left;}
14 # center_up{background: # 66ff66;width:100 % ;height:200px;}
15 # center_down{background: # 45DD22;width:100 % ;height:300px;}
16 # right{background: # DDFBFB;width:33 % ;height:100 % ;float:left;}
17 # right_up{background: # 55DDFB;width:100 % ;height:150px;}
18 # right_down{background: # 667733;width:100 % ;height:350px;}
19 # footer{background: # DDDD11;width:100 % ;height:50px;}
```

在 HTML 代码中链入外部样式表 layout5. css,并在浏览器中打开 edu_10_1_5. html 页面,效果如图 10-1-4 所示。

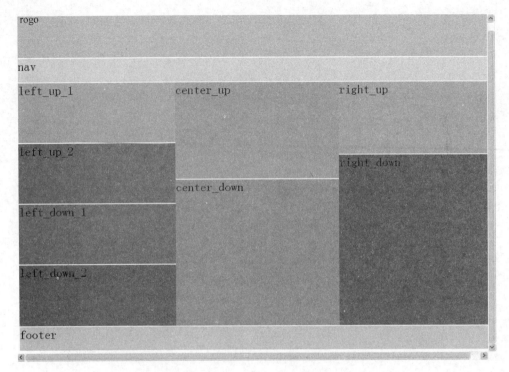

图 10-1-4　多行三列布局效果图

10.2　导航菜单设计

导航菜单是网站重要的组成部分。导航菜单的设计关系着网站的可用性和用户体验,有吸引力的导航能够吸引用户去浏览更多的网站内容。设计一个优秀的页面导航菜单会给网站增色不少。作为一名 Web 前端开发工程师必须掌握传统的网站导航菜单设计技巧,同时也需要学习响应式导航菜单的设计方法。

网站菜单表现形式丰富多样。从菜单层次上看,可以分为一级、二级和多级菜单。从排列方式上看,可分为水平导航、垂直导航菜单。从技术实现角度上看,导航菜单通常采用无序列表、表格、超链接和样式表相结合的方法来实现,也可以使用如 CSS3 Menu、jQuery 等第三方插件等技术来实现。

10.2.1　一级水平导航菜单

1. 采用"表格+超链接"来设计

使用表格布局设计一级导航菜单非常容易而且布局均匀,根据导航栏目数量确定表格的列数。采用 1 行 10 列表格,第 1 单元、第 10 单元格插入空格,留出左右边空白,其余单元格内插入超链接即可实现,代码如下所示:

```
1   <table>
2       <tr>
3           <td> </td>
4           <td><a href = " # ">首页</a></td>
```

```
5        <td><a href = "#">期刊介绍</a></td>
6        <td><a href = "#">编委会/董事会</a></td>
7        <td><a href = "#">常见问题及解答</a></td>
8        <td><a href = "#">常用文档下载</a></td>
9        <td><a href = "#">订阅</a></td>
10       <td><a href = "#">过刊浏览</a></td>
11       <td><a href = "#">优先出版</a></td>
12       <td> </td>
13     </tr>
14  </table>
```

上述代码中第 3 行、第 12 行单元格是插入空格,第 4 行~第 11 行单元格是利用超链接定义导航菜单。

对超链接和表格定义样式如下:

```
table{width:978px;height:40px;text - align:center;background:url("nav_blue.jpg");}
a:link,a:visited,a:hover,a:active{text - decoration:none;color: # FFFFFF;}
{color:red;border - bottom:5px solid # FF0000;}
```

应用上述 CSS 样式后导航菜单样式如图 10-2-1 所示。

图 10-2-1　采用表格和超链接制作导航菜单效果图

2. 采用"无序列表+超链接"来设计

采用无序列表设计"一级水平导航菜单"需要做两件事:一是要去掉列表项前面的符号;二是将垂直显示的列表项转换成水平显示。

以"计算机应用研究"杂志网站的导航为例,采用无序列表设计期刊网站的导航菜单,其实现的 HTML 代码如下所示:

```
1   < div id = "nav" class = "">
2      < div class = "navwrap">
3         < ul >
4            <li><a href = "/">首页</a></li>
5            <li><a href = "/html/intro.html">期刊介绍</a></li>
6            <li><a href = "/html/editorial_board.html">编委会/董事会</a></li>
7            <li><a href = "/html/faq.html">常见问题及解答</a></li>
8            <li><a href = "/html/downloads.html">常用文档下载</a></li>
9            <li><a href = "/html/subscribe.html">订阅</a></li>
10           <li><a href = "/article/01 - index.html">过刊浏览</a></li>
11           <li><a href = "/article/02 - index.html">优先出版</a></li>
12        </ul >
13     </div>
14  </div>
```

对无序列表、列表项分别定义如下的 CSS 样式后,导航菜单已由默认垂直排列状态改为水平排列方式,列表项前面没有符号,如图 10-2-2 所示。

```
1  /* 计算机应用研究杂志网站导航 CSS */
2  #nav {
3    width: 100%;font - size: 12px;
4    background: #004183 url("nav_blue.jpg") top center repeat - x;
5  }
6  .navwrap {
7    width: 978px; height: 40px; margin: 0 auto;
8    background: url("nav_blue.jpg") top center repeat - x;  /* 设置背景图像 */
9  }
10 ul{
11   width: 898px;height: 40px;
12   margin: 0;padding: 0 0 0 130px;
13   list - style: none;float: left;                /* 去除列表项前的符号,设置列表项浮动 */
14 }
15 li{float: left;}                                 /* 设置列表项浮动 */
16 a{
17   line - height: 40px;font - weight: bold;
18   margin: 0 10px;color: #fff;
19   text - decoration: none;
20 }
21 a:hover {color: #ff3d3d;}
```

图 10-2-2　采用无序列表和超链接制作导航菜单效果图

垂直一级菜单实现起来比较容易。因为列表项默认就是以垂直方式显示的,所以不再考虑如何控制列表项了,整体控制起来比较容易,采用表格和超链接、无序列表和超链接的方式均可以实现,此处不再赘述。

10.2.2　二级水平导航菜单

商业网站上导航菜单一般有多种表现形式,分别是一级导航菜单、二级导航菜单、多种形式并存的导航菜单。例如"淘宝论坛"(http://bbs. taobao. com/)、"京东网上商场"(http://www. jd. com/)主页就是采用多种形式并存的菜单的网站案例,如图 10-2-3 和图 10-2-4 所示。只是多级导航菜单的实现技术与二级导航菜单类似。

1. 下拉导航菜单

借助于 JavaScript 设计网站下拉菜单的案例比较多见,而采用纯 CSS 设计网站下拉菜单需要对样式进行详细的定义才能实现。不过要考虑到不同浏览器之间的兼容性。下面我们列举一个仅仅采用<ul></ul>、<li></li>、<a></a>等标记和 CSS 样式定义来实现一个简单的二级下拉菜单的设计过程,页面效果如图 10-2-5 所示。

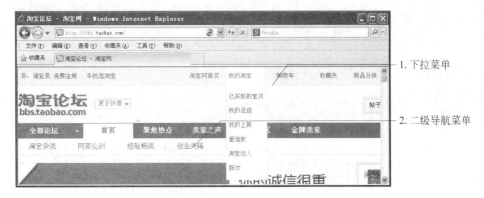

图 10-2-3 淘宝论坛首页导航菜单效果图

图 10-2-4 京东网上商场首页导航菜单效果图

图 10-2-5 下拉导航菜单效果图

具体设计步骤如下：

（1）编写下拉菜单的 HTML 代码，链接外部样式表，代码如下所示。

```
1   <! -- edu_10_2_6.html -->
2   <!doctype html>
3   <html lang = "en">
4       <head>
```

```
5           < meta charset = "UTF - 8">
6           < title > 下拉导航菜单</title>
7           < link rel = "stylesheet" href = "drapdownmenu. css" type = "text/css">
8       </head>
9       < body >
10          < ul >
11              < li >< a href = " # ">首页</a></li>
12              < li >< a href = " # "> jQuery 特效</a>
13                  < ul >
14                      < li >< a href = " # "> jQuery 图片特效</a></li>
15                      < li >< a href = " # "> jQuery 导航特效</a></li>
16                      < li >< a href = " # "> jQuery 选项卡特效</a></li>
17                      < li >< a href = " # "> jQuery 文字特效</a></li>
18                  </ul >
19              </li>
20              < li >< a href = " # "> JavaScript 特效</a></li>
21              < li >< a href = " # "> Flash 特效</a>
22                  < ul >
23                      < li >< a href = " # "> Flash 图片特效</a></li>
24                      < li >< a href = " # "> Flash 导航特效</a></li>
25                      < li >< a href = " # "> Flash 选项卡特效</a></li>
26                      < li >< a href = " # "> Flash 文字特效</a></li>
27                  </ul >
28              </li>
29              < li >< a href = " # "> div + css 教程</a></li>
30              < li >< a href = " # "> HTML5 教程</a></li>
31          </ul >
32      </body >
33  </html >
```

在不设置任何 CSS 类的情况下,下拉菜单的页面效果如图 10-2-6 所示。

图 10-2-6　无样式的下拉导航菜单效果图

(2) 逐步设置样式,让菜单越来越美。

① 定义 ul 的样式,设置边距和填充均为 0px。

```
ul {margin: 0px; padding: 0px;}   /* 考虑到不同浏览器兼容性,去除列表项前的符号 */
```

② 定义列表项样式,由垂直排列改为水平排列。应用后页面效果如图 10-2-7 所示。

```
ul li { height: 30px; width: 115px; list-style: none; float: left;
display: inline;  font: 0.9em Arial, Helvetica, sans-serif;}
```

这条规则定义了 li 标记为浮动、行内显示、宽度、高度、字体等样式。

图 10-2-7　应用规则后的下拉导航菜单效果图

③ 定义超链接的样式,应用规则后的页面效果如图 10-2-8 所示。

```
ul li a { color: #FFF; width: 113px; margin: 0px; padding: 0px 0px 0px 8px;
      text-decoration: none; display: block;  background: #808080;
 line-height: 29px; border-right: 1px solid #ccc; border-bottom: 1px solid #ccc;}
```

图 10-2-8　应用规则后的下拉导航菜单效果图

这一条规则的作用就是加上背景和菜单间的隔离线,把默认有下划线蓝色的文字变成白色无下划线。

④ 定义嵌套列表项和子菜单超链接的规则。

```
ul li ul li { height:25px; }
ul li ul li a {background: #666; line-height:24px;}   /* #666 等同于 #666666 */
```

此处第 1 条是设置子菜单的列表项目高度为 25px,以区别主菜单列表项;第 2 条规则是子菜单项中的超链接的背景改为 #666,并将行高调整为 24px。应用样式后的页面效果如图 10-2-9 所示。

图 10-2-9　应用规则后的下拉导航菜单效果图

⑤ 定义鼠标滑过某个菜单项时的样式。

```
ul li a:hover { background: #666; border - bottom:1px dashed #FF0000; }
```

此处定义了鼠标滑过时背景色和子菜单的背景色一样,定义底边框为 1px、点划线、红色,页面效果如图 10-2-10 所示。

图 10-2-10　应用规则后的下拉导航菜单效果图

⑥ 定义子菜单项初始状态为隐藏,页面效果如图 10-2-11 所示。

```
ul li ul { visibility: hidden; }      /* 也可以设置 display:none */
```

图 10-2-11　应用规则后的下拉导航菜单效果图

⑦ 定义鼠标滑过时下拉子菜单显示样式,页面效果如图 10-2-12 所示。

```
ul li:hover ul { visibility: visible; }            /* 也可以设置 display:block */
ul li ul li a:hover { background: #333; }          /* #333 等同于 #333333 */
```

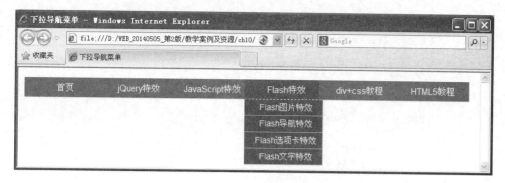

图 10-2-12　应用规则后的下拉导航菜单效果图

2. 横向二级导航菜单

所谓横向二级导航菜单,就是一层主菜单是水平排列、二层子菜单也是水平排列,各占一行,其中二层子菜单可能会占多行,取决于子菜单的数量。例如"携程旅行网官网"(http://www.ctrip.com/),如图 10-2-13 所示。

图 10-2-13　携程旅行网官网首页导航菜单效果图

采用纯 CSS 打造横向二级导航菜单,需要对 HTML 中的 div、ul、li、a 等标记进行样式定义,并应用样式。在设计下拉菜单的基础上,很容易实现横向二级导航菜单,如图 10-2-14所示。

图 10-2-14　横向二级导航菜单效果图

具体设计步骤如下:

(1) 设计 HTML 代码,与下拉菜单基本相似,代码如下所示。

```
1  <! -- edu_10_2_7.html -->
2  <!doctype html>
3  <html lang = "en">
```

192

```
4      < head >
5          < meta charset = "UTF - 8">
6          <title> 横向二级导航菜单</title>
7          < link rel = "stylesheet" href = "level2_menu.css" type = "text/css">
8      </head>
9      < body >
10         < div id = "menu" class = "">
11             < ul >
12                 < li >< a href = " # ">首页</a></li>
13                 < li >< a href = " # "> jQuery 特效</a>
14                     < div id = "submenu" class = "">
15                         < ul >
16                             < li >< a href = " # "> jQuery 图片特效</a></li>
17                             < li >< a href = " # "> jQuery 导航特效</a></li>
18                             < li >< a href = " # "> jQuery 选项卡特效</a></li>
19                             < li >< a href = " # "> jQuery 文字特效</a></li>
20                         </ul>
21                     </div>
22                 </li>
23                 < li >< a href = " # ">JavaScript 特效</a></li>
24                 < li >< a href = " # ">Flash 特效</a>
25                     < div id = "submenu" class = "">
26                         < ul >
27                             < li >< a href = " # ">Flash 图片特效</a></li>
28                             < li >< a href = " # ">Flash 导航特效</a></li>
29                             < li >< a href = " # ">Flash 选项卡特效</a></li>
30                             < li >< a href = " # ">Flash 文字特效</a></li>
31                         </ul>
32                     </div>
33                 </li>
34                 < li >< a href = " # ">div + css 教程</a></li>
35                 < li >< a href = " # ">HTML5 教程</a></li>
36             </ul>
37         </div>
38     </body>
39 </html>
```

与下拉菜单不同之处在于二级导航子菜单是放在 div 中,id 为 submenu,需要定义子菜单图层 div 的样式。

(2) 定义 HTML 中相关标记的样式。

```
1   /* 程序名称: level2_menu.css
2      作用对象: edu_10_2_6.html */
3   # menu{                          /* 定义外层图层样式 */
4     padding - left: 100px;
5     margin: 0 auto;
6     text - align: center;
7     width: 100 % ;
8     height: 60px;
9     background: #55AAEE;
10    border: 1px solid #333333;
11  }
12  # menu ul{                       /* 考虑到不同浏览器兼容性,去除列表项前的符号 */
```

```css
13    margin: 0px;
14    padding: 0px;
15  }
16  #submenu{                          /*定义存放子菜单的图层样式*/
17    width: 900px;                    /*不要为100%*/
18    height: 28px;
19    text-align: center;
20  }
21  #menu ul li {                      /*定义主菜单样式*/
22    height: 30px;
23    width: 115px;
24    list-style: none;                /*去除列表项符号*/
25    float: left;                     /*列表项向左浮动*/
26    display: inline;                 /*列表项为行内显示*/
27    font: 0.9em Arial, Helvetica, sans-serif;
28    text-align: center;
29  }
30  ul li a {                          /*定义主菜单中超链接样式*/
31    color: #FFF;
32    width: 114px;
33    margin: 0px;
34    padding: 0px 0px 0px 8px;
35    text-decoration: none;
36    display: block;                  /*超链接以块方式显示*/
37    background: #55A0FF;
38    line-height: 29px;
39    border-bottom: 1px solid #ccc;
40  }
41  ul li #submenu ul li {             /*定义子菜单中列表项的高度,与主菜单不同*/
42    height: 25px;
43  }
44  ul li #submenu ul li a {           /*定义子菜单中超链接的样式*/
45    background: #55AAEE;
46    line-height: 24px;
47  }
48  ul li a:hover{                     /*定义主菜单鼠标滑过时的样式*/
49    background: #666;
50    border-bottom: 1px dashed #FF0000;
51  }
52  ul li #submenu{                    /*定义子菜单初始状态为不显示*/
53    display: none;                   /*visibility: hidden;*/
54  }
55  #submenu ul li{                    /*定义子菜单中列表项的样式*/
56    height: 24px;
57    width: 113px;
58    list-style: none;
59    float: left;
60    display: inline;
61    font: 0.8em Arial, Helvetica, sans-serif;
62    text-align: center;
63  }
64  ul li:hover #submenu{              /*主菜单鼠标滑过时显示子菜单*/
65    display: block;                  /*visibility: visible;*/
66  }
67  ul li #submenu ul li a:hover{
68    background: #333;                /*子菜单鼠标滑过时指定新的背景颜色*/
69  }
```

参照下拉菜单中 CSS 规则的定义,很容易写出横向二级导航菜单的样式文件。目前商业网站中的导航菜单大多数是采用 DIV+CSS+JavaScript 技术或采用 DIV+CSS+jQuery 技术来设计响应式导航菜单,设计效果令人兴奋、令人满意。

10.3　综合实例

以"中国出版协会"(http://www.pac.org.cn/)网站的导航菜单为例,详细讲解网站页面构建的过程,效果如图 10-3-1 所示。

图 10-3-1　中国出版协会首页二级导航菜单效果图

中国出版协会网站中二级导航菜单是采用 DIV+CSS+jQuery 技术实现的,此处改用 DIV+CSS 技术来实现,在实现过程中将所有超链接的 href 属性设置为"#",并对原网站进行简化,只设计网站的头部、导航区域、新闻图像显示区域、底部版权区域等,省略了其他区域的信息的设计。

1. 网站页面 DIV 布局设计

```
1  < div class = "body - top">
2      < div class = "header">
3          < div class = "logo">
4              < div id = "nav_wrap" >
5                  < div id = "nav"> nav  </div >
6              </div >
7          </div>
8      </div>
9  </div>
10 < div class = "changeDiv">changeDiv </div >
11 < div class = "footer">footer </div >
```

2. 导航菜单结构设计

```
1    < ul class = "clearfix">
2        < li >< a href = "">首页</a>|</li>          <! -- 一级导航   -->
3        < li >< span class = "v">< a href = "#">协会概况</a>      <! -- 一级导航   -->
4            < div >
5                < a href = "#">协会简介</a>   <! -- 二级导航   -->
6                < a href = "#">大事记</a>     <! -- 二级导航   -->
7                < a href = "#">协会章程</a>   <! -- 二级导航   -->
8                < a href = "#">协会领导</a>   <! -- 二级导航   -->
9                < a href = "#">组织机构</a>   <! -- 二级导航   -->
10               < a href = "#">历史沿革</a>   <! -- 二级导航   -->
11           </div >
12       </li >
13       < li >< a href = "">新闻公告</a>|</li>     <! -- 一级导航   -->
14           ...
15   < ul >
```

3. 网站页面代码设计

```
1    <! -- edu_10_3_1.hmtl -->
2    <! doctype html >
3    < html lang = "en">
4        < head >
5            < meta charset = "UTF - 8">
6            < meta name = "keywords" content = "中国出版协会">
7            < meta name = "description" content = "中国出版协会">
8            < link rel = "stylesheet" href = "pac.css" type = "text/css">
9            < title >中国出版协会简化网站</title>
10       </head >
11       < body >
12           < div class = "body - top">
13               < div class = "header">
14                   < div class = "logo">
15                   < div id = "nav_wrap" >
16                       < div id = "nav">
17                           < ul class = "clearfix">
18                               < li >< span class = "v">
19                               < a href = "#" target = "_blank">首页</a>
20                               < span class = "cut_line">|</span></span>
21                               </li>
22                               < li >< span class = "v">
23                                   < a href = "#">协会概况</a></span>
24                                   < span class = "cut_line">|</span>
25                                   < div class = "kind_menu" style = "left: 40px">
26                                       < a href = "#">协会简介</a>< span >|</span>
27                                       < a href = "#">大事记</a>< span >|</span>
28                                       < a href = "#">协会章程</a>< span >|</span>
29                                       < a href = "#">协会领导</a>< span >|</span>
30                                       < a href = "#">组织机构</a>< span >|</span>
31                                       < a href = "#">历史沿革</a>< span >|</span>
32                                   </div>
33                               </li>
34                               < li >< span class = "v">
35                                   < a href = "#">新闻公告</a></span>
36                                   < span class = "cut_line">|</span>
```

```
37                              <div class = "kind_menu" style = "left:40px">
38                                  <a href = "#">协会动态</a><span>|</span>
39                                  <a href = "#">行业动态</a><span>|</span>
40                              </div>
41                          </li>
42                          <li><span class = "v">
43                              <a href = "#">领导讲话</a><span class = "cut_line">|</
span></span>
44                          </li>
45                          <li><span class = "v">
46                              <a href = "#">政策法规</a></span><span class = "cut_
line">|</span>
47                              <div class = "kind_menu" style = "left: 40px">
48                                  <a href = "#">政策发布</a><span>|</span>
49                                  <a href = "#">法律法规</a><span>|</span>
50                              </div>
51                          </li>
52                          <li><span class = "v">
53                              <a href = "#">工作简报</a></span><span class = "cut_
line">|</span>
54                              <div class = "kind_menu" style = "left: 40px">
55                              </div>
56                          </li>
57                          <li><span class = "v">
58                              <a href = "#">评奖表彰</a></span>
<span class = "cut_line">|</span>
59                              <div class = "kind_menu" style = "left: 40px">
60                              </div>
61                          </li>
62                          <li><span class = "v">
63                              <a href = "#">会员服务</a></span><span class = "cut_
line">|</span>
64                              <div class = "kind_menu" style = "left: 40px">
65                                  <a href = "#">会员单位</a><span>|</span>
66                                  <a href = "#">会员动态</a><span>|</span>
67                                  <a href = "#">申请入会</a><span>|</span>
68                                  <a href = "#">会员变更</a><span>|</span>
69                                  <a href = "#">会员风采</a><span>|</span>
70                                  <a href = "#">行业维权</a><span>|</span>
71                                  <a href = "#">行业自律</a><span>|</span>
72                                  <a href = "#">建言献策</a><span>|</span>
73                              </div>
74                          </li>
75                          <li><span class = "v">
76                              <a href = "#">教育培训</a></span><span class = "cut_
line">|</span>
77                              <div class = "kind_menu" style = "left: 40px">
78                              </div>
79                          </li>
80                          <li><span class = "v">
81                              <a href = "#">外事</a></span><span class = "cut_line">
|</span>
82                              <div class = "kind_menu" style = "left: 40px">
83                              </div>
```

```
84                              </li>
85                              <li>< span class = "v">
86                                  < a href = "♯">专家访谈</a></span>< span class = "cut_
line">|</span>
87                                  < div class = "kind_menu" style = "left: 40px">
88                                  </div>
89                              </li>
90                              <li>< span class = "v">
91                                  < a href = "♯">展会</a></span>< span class = "cut_line">|</
span>
92                                  < div class = "kind_menu" style = "left: 40px">
93                                  </div>
94                              </li>
95                              <li>< span class = "v">
96                                  < a href = "♯">行业研究</a></span>
97                                  < div class = "kind_menu" style = "left: 40px">
98                                      < a href = "♯">高端视点</a>< span>|</span>
99                                      < a href = "♯">理论专题</a>< span>|</span>
100                                     < a href = "♯">调研报告</a>< span>|</span>
101                                     < a href = "♯">在线调研</a>< span>|</span>
102                                 </div>
103                             </li>
104                         </ul >
105                     </div><! -- nav -->
106                 </div><! -- nav_wrap -->
107             </div>
108         </div>
109     </div>
110     < div class = "changeDiv">
111         < a href = "♯">< img src = "v9/20150213112820232.jpg" width = "960" height = "198"
alt = "中国出版年会召开" /></a>
112     </div>
113     < div class = "footer">
114         < div class = "" style = "padding - top:10px;margin - bottom:10px;" >
115             < a  href = "♯">关于我们</a> |
116             < a  href = "♯">网站地图</a> |
117             < a  href = "♯">版权声明</a>   |
118             < a  href = "♯">人才招聘</a>
119         </div>
120         < div>
121             < span>备案号: 京 ICP 备 05020570 号</span>< span>版权所有: 中国出版协会</
span>
122             < span>技术支持:< a href = "♯">北京中青文文化传媒有限公司</a></span>
123         </div>
124         < div>
125             < span>办公地址: 北京市东城区美术馆东街 22 号</span>
126             < span>邮编: 100010 </span>< span>电话: 010 - 65246062 </span>
127             < span>电子邮箱: cbanxie@163.com </span>
128         </div>
129     </body>
130 </html >
```

    上述代码中二级子菜单采用类为名 kind_menu 的 div 作为容器,内插入若干超链接作为二级子菜单,如代码中第 25 行~第 32 行、第 64 行~第 73 行等之间的 div 就是二级子菜单。

页面装载时不显示子菜单,当鼠标滑过一级菜单中的列表项时,通过样式定义显示二级子菜单。IE6 以下浏览器不支持,Chrome、Firefox、IE7 以上浏览器均支持。

4. 对象的显示与隐藏 CSS 规则设计

在 CSS 的布局中实现特定对象显示与隐藏方法有两种,分别介绍如下。

1) display 显示属性

设置或检索对象是否显示以及如何显示。

(1) 基本语法。

```
display:block|none|inline
```

(2) 语法说明。

block:用该值为对象之后添加新行。

none:与 visibility 属性的 hidden 值不同,其不为被隐藏的对象保留其物理空间。inline:用该值将从对象中删除行,内联方式显示对象。

举例如下:

```
1  #div1{display:none;}                  /* 让 div1 初始装载时不显示 */
2  #nav a:hover #div1{ display:block;}    /* 鼠标滑过时 div1 显示 */
```

2) visibility 可视属性

设置或检索是否显示对象。与 display 属性不同,此属性为隐藏的对象保留其占据的物理空间。如果希望对象为可视,其父对象也必须是可视的。

(1) 基本语法。

```
visibility : inherit|visible|collapse|hidden
```

(2) 语法说明。

inherit:继承上一个父对象的可见性。

visible:对象可视。

hidden:对象隐藏。

collapse:主要用来隐藏表格的行或列。隐藏的行或列能够被其他内容使用。对于表格外的其他对象,其作用等同于 hidden。IE 5.5 尚不支持此属性。

举例如下:

```
img { visibility: hidden; float: right; }     /* 让对象隐藏 */
img { visibility: visible; float: right; }     /* 让对象恢复可视 */
```

5. 定义 pac.css 文件

```
1  /* 网站:中国出版协会简化网站
2      样式表文件名:pac.css
3      应用对象:edu_10_3_1.hmtl
4  */
5  body{color: #010101; background: #fff; margin:0px 0px auto 0px;}
```

```
6  body, html{font: 12px/1.5 tahoma, arial, sans-serif; display: block;}
7  .body-top{ height: 297px;background: url("v9/b1.jpg");}
8  .header,.header .logo{
9     width: 960px; height: 297px;margin: 0 auto;
10    background: url("v9/b2.jpg") no-repeat center;
11  }
12  /* New Nav Style */
13  #nav ul{margin:0px;padding:0px;}
14  #nav li{ text-align:center;font-size:14px;font-weight:700;}
15  #nav_wrap {width: 960px; overflow: hidden;padding-top: 223px;}
16  #nav{
17     height: 69px; width: 960px;   margin: 0 auto;
18     position: relative;padding:0px 5px;}
19  #nav li {float: left;list-style: none;}
20  #nav li .v a{
21     padding: 0 4px;
22     height: 39px;
23     line-height: 33px;
24     display: block;
25     color: #0d2972;
26     float: left;
27  }
28  #nav li .v a:hover{
29     color: #d62e38;
30     text-decoration: none;
31  }
32  #nav .kind_menu {              /* 二级子菜单样式定义 */
33     height: 30px;width: 880px;
34     line-height: 30px;
35     vertical-align: middle;
36     padding-top: 18px;
37     top: 26px; left: 70px;
38     text-align: left;
39     display:none;                /* 二级子菜单初始状态不显示 */
40     position: absolute;          /* 图层定位为绝对方式 */
41     color: #152026;font-size: 12px; font-weight: normal;
42  }
43  #nav .kind_menu a {
44     color: #152026;font-family: Arial, Helvetica, sans-serif;
45     text-align: center; padding: 0 10px;
46  }
47  #nav .kind_menu a:hover { text-decoration: none;}
48  #nav .kind_menu span {font-size: 10px;color: #cecece;line-height: 30px;}
49  .cut_line{ padding-top: 4px;display: inline-block;font-size: 14px;}
50  /* 鼠标滑过时显示二级菜单 */
51  #nav ul li:hover .kind_menu{display:block; /* 显示子菜单 */ left:100px;}
52  .changeDiv{text-align:center;}
53  .footer{text-align:center;}
```

上述代码中的第 32 行～第 42 行定义二级子菜单的显示样式,其中第 39 行定义页面装载时不显示二级子菜单。第 51 行定义当鼠标滑过时子菜单的样式,以块方式显示子菜单。

本 章 小 结

本章主要分析了常见的网站页面布局模式,给出每类模式的 DIV 结构设计和 CSS 文件编写方法。通过图层 div 合理地嵌套帮助初学者建立页面布局的概念,掌握常用页面布局结构编程方法。学会运用 CSS 样式文件来定义特定对象的样式,使所设计的网站页面能够尽量美观、漂亮,增加用户的体验。在进行样式定义时候,最好能够学会使用浏览器兼容性测试工具来检查自己所编写的 CSS 规则,实现在不同浏览器上显示相同的页面效果。

练 习 与 实 验

练习 10

1. 选择题

(1) 下列 CSS 规则中能够让图层 div 不显示的选项是(　　)。

 (A) div{display:block;}　　　　　　　(B) div{display:none;}

 (C) div{display:inline;}　　　　　　　(D) div{display:hidden;}

(2) 下列 CSS 规则中能够让列表项水平排列的选项是(　　)。

 (A) li{float:left;}　　　　　　　　　(B) li{float:none;}

 (C) li{float:middle;}　　　　　　　　(D) li{float:up;}

(3) 下列 CSS 规则中能够让图层 div 隐藏的选项是(　　)。

 (A) div{visibility:none;}　　　　　　　(B) div{ visibility: visible;}

 (C) div{visibility:hidden;}　　　　　　(D) div{visibility:block;}

(4) 下列 CSS 规则中能够使超链接在盘旋时产生上划线效果的选项是(　　)。

 (A) a:hover{text-decoration:none;}

 (B) a:hover{text-decoration:underline;}

 (C) a:hover{text-decoration:line-through;}

 (D) a:hover{text-decoration:overline;}

(5) 下列 CSS 规则中能够超链接在盘旋时下边框为 2px、实线、红色效果的选项是(　　)。

 (A) a:hover{border-bottom:2px solid ♯FF0000;text-decoration:none;}

 (B) a:hover{border-top:2px solid ♯FF0000;text-decoration:none;}

 (C) a:hover{border-bottom:2px dashed ♯FF0000;text-decoration:none;}

 (D) a:hover{border-right:2px double ♯FF0000;text-decoration:none;}

2. 简答题

(1) 简述采用 DIV+CSS 技术进行页面布局的基本步骤。

(2) 说明 CSS 布局属性中"display:block"与"visibility: visible"的区别。

实验 10

1. 运用 DIV+CSS 技术实现如图 10-1 所示的页面布局。分别编写相应的 edu_10_1.html 和 CSS 外部样式表文件 exp_10_1.css。

图 10-1　Web 页面设计实例图

2. 运用 DIV＋CSS 完成如图 10-2 所示的页面布局。

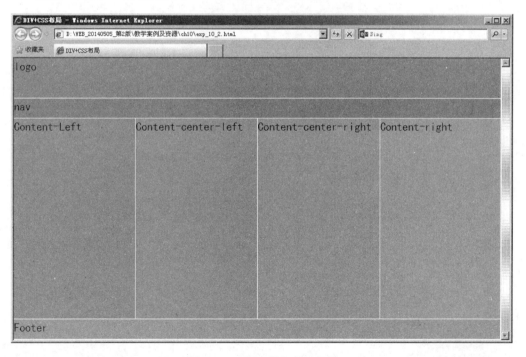

图 10-2　DIV＋CSS 布局实例

 **工具介绍**

1. ColorPix——屏幕上取色的工具

ColorPix 是一款快速在屏幕上取色的工具。能根据所选取的颜色获得 Pixel、RGB、HEX、HSB、CMYK 代码。打开软件后,鼠标经过的地方即为 ColorPix 取色的区域。

ColorPix 官方网站 http://colorpix. en. softonic. com/。

2. Easy CSS Menu——简易 CSS 菜单工具

Easy CSS Menu(CSS 菜单工具)是一套简易又方便的菜单工具,内建多种不同的菜单风格,每个菜单内容可以自己调整字型、大小、超链接、提示、图示、鼠标在菜单上的样式等,是 Web 前端开发工程师必备的工具。

Easy CSS Menu 官方网站 http://www. easycssmenu. com/。

第 11 章 　　　　　表　格

本章学习目标

　　使用文字、段落、图像和列表等元素进行网页设计,已经能够设计出一个基本的网页,但页面的信息元素不够丰富,特别是有些关联数据、同类数据等需要集中呈现时,仅仅使用列表、段落等标记不能很好地满足页面设计的需要,而表格是网页设计中常用的一种用于组织和排版同类或相关数据等信息的最好的集中呈现方式。通过表格可以精确地控制页面元素在网页中的位置。所以掌握表格标记及属性设置方法就显得十分重要。

　　Web 前端开发工程师应掌握以下内容:

* 掌握设计表格所有标记和属性。
* 掌握表格行标记的属性及设置方法。
* 掌握表格单元格的跨行与跨列属性的设置方法。
* 掌握表格的嵌套方法。
* 学会在表格中嵌入各种页面元素。
* 学会使用表格进行简易网页布局。

　　在日常工作与生活中,经常需要将大量相关数据或同类数据进行统计分析,首选工具就是各种文字和表格处理软件。但在 Web 网页上如何将大量相关数据或同类数据组织起来并呈现给网络访问者呢? 在 HTML 中可以使用表格 table 标记将一组相关数据直观、明了地展现给网络访问者。

11.1　表　格

　　表格是网页设计不可缺少的元素,它以简洁明了和高效快捷的方式将图片、文本、数据和表单的元素有序地显示在页面上,从而可以设计出漂亮的页面。

　　表格在网页设计中能将网页分成多个任意的矩形区域。定义一个表格时,使用成对 <table></table>就可以完成,网页设计人员可以将任何网页元素放进 HTML 表格的单元格中。定义表格所使用的标记如表 11-1-1 所示。

表 11-1-1　常用表格标记及说明表

标　记	说　明	标　记	说　明
<table></table>	表格标记	<thead></thead>	定义表格的表头
<caption></caption>	表格标题标记	<tbody></tbody>	定义表格的主体
<th></th>	表格表头标记	<tfoot></tfoot>	定义表格的页脚
<tr></tr>	表格的行标记		
<td></td>	表格的列标记		

表格是由表头、表体、表尾三部组成。表头由若干个表格标题组成，表体由若干行组成，表尾由文字、相关数据和日期组成，标明表的设计单位、设计人和日期等信息。

【例 11-1-1】 简易学生信息表。代码如下所示，其页面效果如图 11-1-1 所示。

```html
1   <! -- edu_11_1_1.html -->
2   <!doctype html>
3   <html lang = "en">
4       <head>
5           <meta charset = "UTF-8">
6           <title>表格的定义</title>
7       </head>
8       <body>
9           <table border = "1" width = "300px" height = "100px">
10              <tr>
11                  <th>姓名</th>
12                  <th>单位</th>
13                  <th>学号</th>
14              </tr>
15              <tr>
16                  <td>王小品</td>
17                  <td>商学院</td>
18                  <td>110204</td>
19              </tr>
20              <tr>
21                  <td>李白</td>
22                  <td>机械学院</td>
23                  <td>100244</td>
24              </tr>
25          </table>
26      </body>
27  </html>
```

图 11-1-1 表格的定义

11.2 表 格 标 记

在 HTML 中，表格主要通过 5 个标记构成：table、caption、tr、th、td 标记。

1. 基本语法

```html
1   <table>
2       <caption>表格标题</caption>
```

```
3      <tr>
4          <th></th>
5          <th></th>
6          <th></th>
7      </tr>
8      <tr>
9          <td></td>
10         <td></td>
11         <td></td>
12     </tr>
13     ...
14 </table>
```

2. 语法说明

- table 标记是成对标记，<table>表示表格开始，</table>表示表格结束。
- caption 标记是成对标记，<caption>表示标题开始，</caption>表示标题结束。在 Word 和 Excel 中创建表格通常都需要加上标题，用于对表格的内容进行简单的说明。在 HTML 文件中，使用<caption>…</caption>标记可以给表格添加标题，该标题应位于 table 标记与 tr 标记之间的任何位置。
- tr(Table Row)标记是成对标记，<tr>表示行开始，</tr>表示行结束。
- th(Table Heading 表头)标记是成对标记，<th>表示表头开始，</th>表示表头结束。设计表格时，表头常常作为表格的第 1 行或者第 1 列，用来对表格单元格的内容进行说明。表头文字内容一般居中、加粗显示。
- td(Table Data)标记是成对标记，<td>表示列开始，</td>表示列结束。表头可以用 th 标记定义，也可以用 td 标记定义，但<td></td>两标记之间的内容不自动居中、加粗。

在 1 个表格中，可以插入多个 tr 标记，表示多行，1 组<tr>…</tr>标记表示插入 1 行。1 行中可以有多个列，列(也称为单元格)中的内容可以是文字、数据、图像、超链接、表单元素等。

【例 11-2-1】 设计班级课程表。代码如下所示，其页面效果如图 11-2-1 所示。

```
1  <! -- edu_11_2_1.html -->
2  <!doctype html>
3  <html lang = "en">
4      <head>
5          <meta charset = "UTF - 8">
6          <title>定义表格</title>
7          <style type = "text/css">
8              td{text - align:center;}
9              #bg{background:#E0E0E0;}
10         </style>
11     </head>
12     <body>
13         <table width = "700" height = "150px" border = "1">
14             <comment>表格标题</comment>
15             <caption><strong>2012 软件工程班课程表</strong></caption>
16             <tr>
17                 <th>节次</th>
18                 <th>星期一</th>
19                 <th>星期二</th>
20                 <th>星期三</th>
21                 <th>星期四</th>
22                 <th>星期五</th>
23             </tr>
24             <tr id = "bg">
```

```
25                    <td>第 1 - 2 节</td>
26                    <td>Java 程序设计</td>
27                    <td>Web 前端开发技术</td>
28                    <td>数字逻辑电路</td>
29                    <td>数据结构</td>
30                    <td>体育</td>
31                </tr>
32                <tr>
33                    <td>第 3 - 4 节</td>
34                    <td>心理咨询</td>
35                    <td>线性代数</td>
36                    <td>数据结构</td>
37                    <td>数据结构</td>
38                    <td>Web 前端开发技术</td>
39                </tr>
40            </table>
41        </body>
42 </html>
```

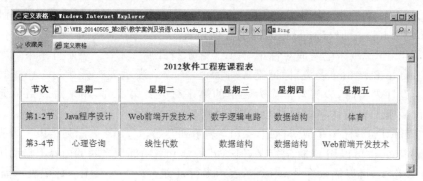

图 11-2-1　插入表格

代码解释

代码中第 13 行~第 40 行插入 1 个 3 行 6 列表格,其中第 15 行定义表格的标题;第 16 行~第 23 行定义表头,表头的内容居中加粗显示;第 24 行~第 31 行定义表格的第 2 行;第 32 行~第 39 行定义表格的第 3 行。其中表格第 2 行应用♯bg 样式,加上背景效果。

11.3　表格属性设置

表格是一种常用的页面布局方法,也是网页中数据分析的最好展示工具之一。实际应用中借助于表格标记和标记属性可以完成表格的装饰和美化。表格标记的属性如表 11-3-1 所示。

表 11-3-1　表格标记的属性、取值及说明

属　　性	值	描　　述
align	left | center | right	规定表格相对周围元素的对齐方式
bgcolor	♯rrggbb | colorname | rgb(r%,g%,b%) | rgb(rr,gg,bb)	规定表格的背景颜色
border	pixels	规定表格边框的宽度
cellpadding	pixels | %	规定单元边沿与其内容之间的空白
cellspacing	pixels | %	规定单元格之间的空白
frame	above | below | hsides | vsides | lhs | rhs | border | void	规定外侧边框的哪个部分是可见的
rules	none | all | rows | cols | groups	规定内侧边框的哪个部分是可见的
height	% | pixels	规定表格的高度
width	% | pixels	规定表格的宽度

11.3.1　表格边框属性

设置表格的边框属性可以改变表格的外观。边框属性如表 11-3-2 所示。表格中的属性同样适用于单元格。

表 11-3-2　表格边框属性说明

边框属性	说　　明	边框属性	说　　明
border	表示表格边框粗细	bordercolorlight	表示表格亮边框颜色
bordercolor	表示表格边框颜色	bordercolordark	表示表格暗边框颜色

1. 基本语法

```
< table border = "" bordercolor = "" bordercolorlight = "" bordercolordark = "">…</table>
```

2. 语法说明

- border 属性：用于设置边框的粗细，单位是像素。
- bordercolor 属性：设置表格边框的颜色，可以使用 rgb 函数、十六进制数和颜色英文名称。
- bordercolorlight 属性：设置表格亮边框，对表格左上边框生效。
- bordercolordark 属性：设置表格暗边框，对表格右下边框生效。

11.3.2　表格的宽度和高度属性

通过 width 属性和 height 属性可以设置表格的宽度和高度。

1. 基本语法

```
< table width = "" height = ""> … </table>
```

2. 语法说明

- width：单位可以是长度单位或百分比，用于定义表格的宽度。
- height：单位可以是长度单位或百分比，用于定义表格的高度，
- 设置表格的高度与宽度为百分比时，表格在跟随浏览器窗口的改变而自动调整。

11.3.3　表格背景颜色与背景图像属性

设置表格的 bgcolor 属性可以改变表格的背景颜色，设置表格的 background 属性可以为表格增添背景图像效果，使表格更加美观漂亮。

1. 基本语法

```
< table bgcolor = " " background = "" …> … </table>
```

2. 语法说明

- bgcolor：可以用 rgb 函数、十六进制、英文颜色名称来设置背景颜色。
- background：设置背景图像，图像的路径可以是绝对路径或相对路径。
- 同时设置背景颜色和背景图像属性时，背景图像会部分或完全覆盖背景颜色。

【例 11-3-1】　设置表格边框属性。代码如下所示，其页面效果如图 11-3-1 所示。

```
1   <! -- edu_11_3_1.html -->
2   <! doctype html >
3   < html lang = "en">
4       < head >
5           < meta charset = "UTF - 8">
6           <title>设置表格边框、背景、范围</title>
7           < style type = "text/css">
8               h4{text - align:center;color: #0033cc;}
9           </style>
10      </head>
11      < body >
12          < h4 >设置表格边框、背景、范围</h4 >
13          < table align = "center"border = "12"
14                  bordercolor = " #0000FF" bordercolorlight = " #ff0000" bordercolordark =
    " #6600ff"
15                  bgcolor = " #99cccc"
16                  width = "500px" height = "100px">
17          < tr >
18              < th >学号</th>
19              < th >姓名</th>
20              < th >所在院系</th>
21          </tr >
22          < tr >
23              < td > 110204 </td>
24              < td >王小品</td>
25              < td >商学院</td>
26          </tr >
27          < tr >
28              < td > 100244 </td>
29              < td >李白</td>
30              < td >机械学院</td>
31          </tr >
32          </table>
33          < hr >
34          < table align = "center" border = "10px"
35                  bgcolor = " #99cccc"   background = "backimage1.jpg"
36                      width = "500px" height = "100px">
37          < tr >
38              < th >学号</th>
39              < th >姓名</th>
40              < th >所在院系</th>
41          </tr >
42          < tr >
43              < td > 110204 </td>
44              < td >王小品</td>
45              < td >商学院</td>
46          </tr >
47          < tr >
48              < td > 100244 </td>
49              < td >李白</td>
50              < td >机械学院</td>
51          </tr >
52          </table>
53      </body>
54  </html>
```

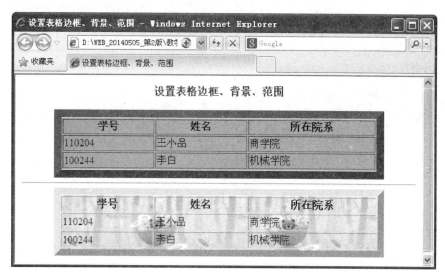

图 11-3-1　设置表格的边框属性

3. 代码解释

代码中第 13 行～第 32 行、第 34 行～第 52 行分别定义两个 3 行 3 列的表。其中第 13 行定义表格的边框和对齐方式；第 14 行定义边框颜色、亮边框颜色、暗边框颜色；第 15 行定义表格的背景颜色；第 16 行定义表格的宽度为 500px、高度 100px；第 35 行同时设置了表格的背景颜色与背景图像,此时背景图像覆盖了背景颜色。

11.3.4　表格边框样式属性

在表格中设置 table 标记中的 frame 属性可以改变表格边框的样式,设置 rules 属性可以改变表格内部边框的样式。

1. 基本语法

```
<table frame = " " rules = "" …> … </table>
```

2. 语法说明

frame、rules 属性值及说明如表 11-3-3 所示。

表 11-3-3　frame、rules 常见属性值及说明

frame 属性值	说　　明	rules 属性值	说　　明
above	显示上边框	all	显示所有内部边框
below	显示下边框	none	不显示内部边框
hsides	显示上下边框	rows	仅显示行边框
vsides	显示左右边框	cols	仅显示列边框
lhs	显示左边框	groups	显示介于行列间边框
rhs	显示右边框		
border	显示上下左右边框		
void	不显示边框		

【例 11-3-2】　设置表格的边框样式属性。代码如下所示,其页面效果如图 11-3-2 所示。

```
1   <! -- edu_11_3_2.html -->
2   <! doctype html >
3   < html lang = "en">
4       < head >
5           < meta charset = "UTF - 8">
6           < title >设置边框样式</title>
7       </head >
8       < body >
9           < table border = "2" bordercolor = "♯00cccc" width = "400px" height = "120px" frame =
    "hsides" rules = "all">
10              < caption ><b>表格边框样式定义</b></caption >
11              < tr >
12                  < th >姓名 </th>
13                  < th >院系名称 </th>
14                  < th >班级</th>
15              </tr >
16              < tr >
17                  < td >王小品 </td>
18                  < td >商学院 </td>
19                  < td >110204 </td>
20              </tr >
21              < tr >
22                  < td >李白 </td>
23                  < td >机械学院 </td>
24                  < td >100244 </td>
25              </tr >
26              < tr >
27                  < td >林之 </td>
28                  < td >外语系 </td>
29                  < td >090101 </td>
30              </tr >
31          </table >
32      </body >
33  </html >
```

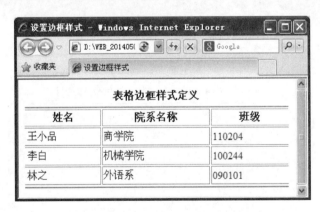

图 11-3-2 设置边框样式

3. 代码解释

代码中第 9 行设置表格的边框样式属性,设置 frame 属性值为 hsides,只显示表格显示上下边框,不显示左右边框。设置 rules 属性值为 all,显示表格内部的所有边框。

11.3.5 表格单元格间距、单元格边距属性

设置表格的 cellspacing 属性可以改变表格单元格之间和间隔,使网页中的表格内容稍微松散一些。设置表格的 cellpadding 属性可以增加表格的单元格的内容与内部边框之间的距离。

1. 基本语法

```
< table cellspacing = "" cellpadding = "" > … </table>
```

2. 语法说明

- cellspacing:值的单位为像素和百分比,默认值为 2px。
- cellpadding:值的单位为像素和百分比。

【例 11-3-3】 设置表格的单元格间距属性和边框。代码如下所示,其页面效果如图 11-3-3 所示。

```
1  <! -- edu_11_3_3.html -->
2  <! doctype html >
3  < html lang = "en">
4    < head >
5      < meta charset = "UTF - 8">
6      < title >设置单元格间距和边距</title>
7      < style type = "text/css">
8        strong{background: #ccffcc;}
9        td{background: #99ccff;}
10     </style >
11   </head >
12   < body >
13     <b>设置单元格间距和边距</b>
14     < table width = "500" border = "4" cellspacing = "50px" cellpadding = "50px" bgcolor =
   "#9966ff">
15       < tr >
16         < td >< strong >高等数学</strong ></td>
17         < td >< strong >大学英语</strong ></td>
18       </tr>
19     </table >
20   </body >
21 </html >
```

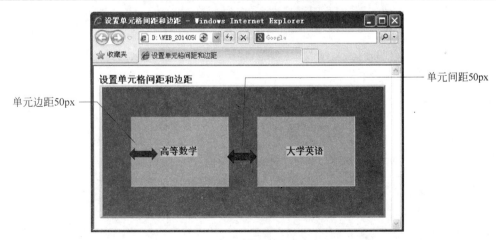

图 11-3-3 设置单元格间距

3. 代码解释

代码中第 8 行定义 strong 标记样式,作用是设置单元内容的背景颜色;第 9 行定义单元格的背景颜色;第 14 行设置了单元格的间距 50px、单元格边框为 50px。

11.3.6 表格水平对齐属性

通过表格标记的 align 属性可以设定表格在水平方向上的对齐方式,分别有居左、居中、居右 3 种。

1. 基本语法

```
< table align = "left|center|right"> …</table >
```

2. 语法说明

align 属性的取值可以为 left(默认居左)、center(居中)和 right(居右)。

【例 11-3-4】 设置表格的水平对齐属性。代码如下所示,其页面效果如图 11-3-4 所示。

```
1    <! --  edu_11_3_4.html -->
2    <! doctype html >
3    < html lang = "en">
4        < head >
5            < meta charset = "UTF - 8">
6            <title>设置表格水平对齐方式</title>
7            < style type = "text/css">
8                div{width:100 % ;height:100px;}
9            </style>
10       </head >
11       < body >
12           < div id = "div1" class = "">
13               < table align = "left"   border = "2">
14               < caption>学生信息表(左对齐)</caption>
15                   < tr >
16                       < td>王小品 </td>
17                       < td>商学院 </td>
18                       < td > 110204 </td>
19                   </tr >
20                   < tr >
21                       < td>李白 </td>
22                       < td>机械学院 </td>
23                       < td > 100244 </td>
24                   </tr >
25               </table >
26           </div >
27           < div id = "div2" class = "">
28               < table align = "center"   border = "2">
29                   < caption>学生信息表(居中对齐)</caption>
30                   < tr >
31                       < td>王小品 </td>
32                       < td>商学院 </td>
33                       < td > 110204 </td>
34                   </tr >
35                   < tr >
36                       < td>李白 </td>
```

```
37              <td>机械学院 </td>
38              <td>100244 </td>
39          </tr>
40        </table>
41      </div>
42      <div id = "div3" class = "">
43        <table align = "right"  border = "2">
44          <caption>学生信息表(右对齐)</caption>
45          <tr>
46              <td>王小品 </td>
47              <td>商学院 </td>
48              <td>110204 </td>
49          </tr>
50          <tr>
51              <td>李白 </td>
52              <td>机械学院 </td>
53              <td>100244 </td>
54          </tr>
55          </tr>
56        </table>
57      </div>
58    </body>
59 </html>
```

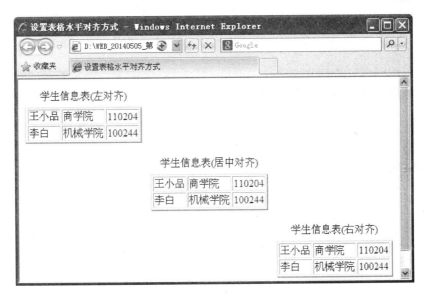

图 11-3-4 设置表格对齐方式

3. 代码解释

代码中通过 3 个图层 div 设置 3 种表格水平对齐方式。第 12 行～第 26 行 div1 中设置了表格左对齐；第 27 行～第 41 行 div2 中设置了表格左对齐；第 42 行～第 57 行 div3 中设置了表格左对齐。

11.4 设置表格行的属性

表格行 tr 标记的属性用于设置表格某一行的样式,其属性设置如表 11-4-1 所示。

表 11-4-1 行 tr 标记的属性

属 性 值	说 明	属 性 值	说 明
align	行内容水平对齐	bordercolor	行的边框颜色
valign	行内容垂直对齐	bordercolorlight	行的亮边框颜色
bgcolor	行的背景颜色	bordercolordark	行的暗边框颜色

11.4.1 表格行内容水平对齐的属性

通过 tr 标记的 align 属性可以设置行内容的水平对齐方式。水平对齐方式有居左对齐、居中对齐和居右对齐。

1. 基本语法

```
1  < table align = "center" >
2      < tr align = "left | center | right">
3          < td >…</td>
4          ...
5      </tr>
6      ...
7  </table >
```

2. 语法说明

left 表示设置行内容居左对齐；center 表示设置行内容居中对齐；right 表示设置行内容右对齐。

11.4.2 表格行内容垂直对齐的属性

通过 tr 标记的 valign 属性可以设置行内容的垂直对齐方式。垂直对齐方式有顶部对齐、居中对齐和底部对齐。

1. 基本语法

```
1  < table align = "center" >
2      < tr valign = "top | middle | bottom">
3          < td >…</td>
4          ...
5      </tr>
6      ...
7  </table >
```

2. 语法说明

top 表示设置行内容顶部对齐；middle 表示设置行内容居中对齐；bottom 表示设置行内容底部对齐。其中行垂直居中对齐属性值与行水平居中对齐属性值不同。

【例 11-4-1】 设置表格行内容对齐属性。代码如下所示,其页面效果如图 11-4-1 所示。

```
1  <! -- edu_11_4_1.html -->
2  <!doctype html >
3  < html lang = "en">
4      < head >
```

```
5          <meta charset = "UTF – 8">
6          <title>设置行内容对齐方式</title>
7          <style type = "text/css">
8              td{background: #ccffcc;}
9          </style>
10     </head>
11     <body>
12         <table border = "1" width = "450px" height = "240px" align = "center" bordercolor =
"#6600ff">
13             <caption><b>学生信息表(设置表行内容对齐方式)</b></caption>
14             <tr>
15                 <th>姓名 </th>
16                 <th>院系名称 </th>
17                 <th>班级</th>
18             </tr>
19             <tr  align = "left" valign = "top">
20                 <td>王小品 </td>
21                 <td>商学院 </td>
22                 <td>110204 </td>
23             </tr>
24             <tr align = "center" valign = "middle" >
25                 <td>李白 </td>
26                 <td>机械学院 </td>
27                 <td>100244 </td>
28             <tr align = "right" valign = "bottom">
29                 <td>林之 </td>
30                 <td>外语系 </td>
31                 <td>090101 </td>
32             </tr>
33         </table>
34     </body>
35 </html>
```

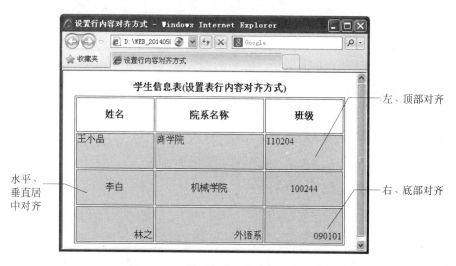

图 11-4-1　设置行内容水平对齐码解释

3. 代码解释

代码中第 8 行设置单元格 td 标记的背景颜色；第 12 行定义表格；第 19 行设置表格行内

容对齐方式为水平居左、垂直居顶；第24行设置行内容对齐方式为水平、垂直均居中；第28行设置行内容对齐方式为水平居右、垂直居底部。

11.5 设置单元格的属性

表格列标记 td 的属性可以设置表格单元格的显示风格。常用的属性如表 11-5-1 所示。单元格的颜色、边框和对齐属性与行 tr 标记一样。

表 11-5-1 单元格 td 标记的属性

属 性 值	说　　明	属 性 值	说　　明
align	单元格内容水平对齐	bordercolorlight	单元格的亮边框颜色
valign	单元格内容垂直对齐	bordercolordark	单元格的暗边框颜色
bgcolor	单元格的背景颜色	rowspan	单元格跨行
background	单元格背景图像	colspan	单元格跨列
bordercolor	单元格的边框颜色	width	单元格宽度
		height	单元格高度

11.5.1 表格单元格跨行属性

使用单元格 td 标记的 rowspan 属性可以设置单元格跨行合并。

1. 基本语法

```
1   <table>
2      <tr>
3         <td rowspan = "行数">…</td>
4         <td>…</td>
5      </tr>
6   </table>
```

2. 语法说明

rowspan 属性可以设置单元格跨行。通过 rowspan＝"n"，n 是正整数，可以设置某一单元格跨 n 行，当前行下的 n-1 行内的单元格数量都需要减少一个，即少定义一个 td 标记。

11.5.2 表格单元格跨列属性

使用单元格 td 的 colspan 属性可以设置单元格跨列合并。

1. 基本语法

```
1   <table>
2      <tr>
3         <td colspan = "列数">…</td>
4         <td>…</td>
5      </tr>
6   </table>
```

2. 语法说明

colspan 属性可以设置单元格跨列。通过 colspan＝"n"，n 是正整数，可以设置某一单元格跨 n 列，当前行内的单元格数量需要减少 n－1 个，即删除 n－1 个 td 标记。

【例 11-5-1】 设置表格单元格合并。代码如下所示，其页面效果如图 11-5-1 所示。

```
1   <! -- edu_11_5_1.html -->
2   <!doctype html >
3   < html lang = "en">
4       < head >
5           < meta charset = "UTF - 8">
6           < title>设置单元格跨列、跨行属性</title>
7       </head >
8       < body >
9           < h3 align = "center">设置单元格跨列、跨行属性</h3>
10          < table border = "1" width = "500px" align = "center" bordercolor = "♯3366ff">
11              <caption>云计算与物联网会议日程安排表</caption>
12              < tr align = "center">
13                  < td colspan = "2">上午</td>
14                  < td colspan = "2">下午</td>
15              </tr>
16              < tr >
17                  < td >8:00 - 10:00 </td>
18                  < td >10:10 - 12:00 </td>
19                  < td >14:00 - 16:00 </td>
20                  < td >16:10 - 18:00 </td>
21              </tr>
22              < tr align = "center">
23                  < td rowspan = "2">领导讲话 </td>
24                  < td>大会主题报告</td>
25                  < td>分会专题报告</td>
26                  < td rowspan = "2">总结报告</td>
27              </tr>
28              < tr align = "center">
29                  < td>专家报告</td>
30                  < td>分组讨论</td>
31              </tr>
32              < tr align = "center">
33                  < td colspan = "4">全天参观考察无锡国家物联网中心</td>
34              </tr>
35          </table>
36      </body>
37  </html>
```

3. 代码解释

代码中第 10 行设置表格宽度、高度、居中对齐方式、边框颜色等。第 13 行和第 14 行设置单元格跨 2 列合并；第 23 行和第 26 行设置单元格跨 2 行合并；第 33 行设置单元格跨 4 列合并。

图 11-5-1　设置单元格跨行

11.6　表 格 嵌 套

表格嵌套是一种常用的页面布局方式。利用表格嵌套可以设计比较复杂且美观的页面效果。通常情况下，使用表格嵌套时，表格不宜过多使用，否则会降低网站访问速度。表格嵌套一般采用在单元格内嵌套表格。

1. 基本语法

```
1  <table>
2     <tr>
3        <td>       <!--       单元格内嵌套表格       -->
4           <table>
5              <tr>
6                 <td>…</td>
7                 …
8              </tr>
9              <tr>
10                <td>…</td>
11                …
12             </tr>
13          </table>
14       </td>
15       <td>…</td>
16       …
17    </tr>
18    …
19 </table>
```

2. 语法说明

第 4 行～第 13 行为在第 1 个表格的单元格内嵌套的 1 个表格。

【例 11-6-1】　设置嵌套表格。代码如下所示，其页面效果如图 11-6-1 所示。

```
1  <! -- edu_11_6_1.html -->
2  <! doctype html >
3  < html lang = "en">
4      < head >
5          < meta charset = "UTF - 8">
6          < title >表格嵌套</title>
7          < style type = "text/css">
8              ul{list - style - type:none;}
9              li{width:80px;background: #00ccff;}
10             p{text - indent:2em;font - size:16px;}
11         </style>
12     </head>
13     < body >
14         < h4 align = "center">表格嵌套</h4 >
15         < table width = "660px" border = "1" align = "center" bordercolor = " #3333ff">
16             < tr >
17                 < td width = "170px">  </td>
18                 < td width = "360px" rowspan = "3"><p>地铁 4 号线横穿南京,从河西到仙林,起
点龙江站。根据施工计划,龙江片区要掏一个深达 20 多米、长 520 米的地铁枢纽站。目前,车站已经完
成 70% 的体量,剩余的 30%,将是建设难度最大的部分。昨天,地铁施工方特意"打招呼": 为了安全,下
月起将加大围挡范围,可能影响到部分商户经营及市民的出行,至少要 3 个月。据介绍,4 号线计划明年
年底通车。</p></td>
19                 < td width = "120">新闻链接</td>
20             </tr >
21             < tr >
22                 < td >
23                     < table width = "100%" border = "1" bordercolor = " #33ff99">
24                         < tr >
25                             < td >科技</td>
26                         </tr >
27                         < tr >
28                             < td >财经</td>
29                         </tr >
30                         < tr >
31                             < td >探索</td>
32                         </tr >
33                     </table>
34                 </td >
35                 < td rowspan = "2">
36                 < ul >
37                 < li >< a href = "http://www.baidu.com">百度</a></li>
38                 < li >< a href = "http://www.163.com">网易</a></li>
39                 < li >< a href = "http://www.sina.com">新浪</a></li>
40                 < li >< a href = "http://www.sohu.com">搜狐</a></li>
41                 < /ul >
42                 </td >
43             </tr >
44             < tr >
45                 < td >  </td>
46             </tr >
47         </table>
48     </body>
49 </html >
```

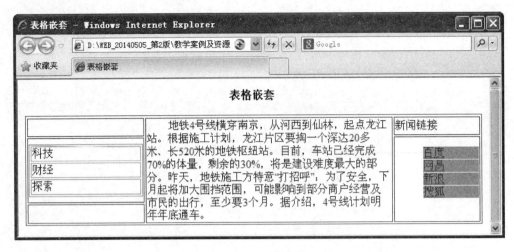

图 11-6-1　表格嵌套

3. 代码解释

代码中第 7 行定义了一个 3 行 3 列的表格；第 15 行定义 1 个 3 行 1 列的表格，嵌套在第 1 个表的第 2 行第 1 列中。第 10 行设置单元格跨 3 行；第 27 行设置单元格跨 2 行。

11.7　CSS Table 属性

使用 CSS 表格属性可以极大地改善表格的外观。学会和使用表格的相关 CSS 属性修饰表格就显得十分重要。在 CSS3 版本中共有 5 个 CSS 表格属性，如表 11-7-1 所示。

表 11-7-1　CSS 表格属性及说明

属　　性	说　　明
border-collapse	设置是否把表格边框合并为单一的边框
border-spacing	设置分隔单元格边框的距离
caption-side	设置表格标题的位置
empty-cells	设置是否显示表格中的空单元格
table-layout	设置显示单元、行和列的算法

11.7.1　border-collapse 属性

默认状态下表格具有双线边框，但有时需要设置表格为单线边框，可以通过 CSS 表格属性 border-collapse 来设置设置表格的行和单元格的边是合并还是独立。

1. 基本语法

```
border - collapse:separate | collapse
```

2. 语法说明

border-collapse 属性取值及说明如表 11-7-2 所示。

表 11-7-2 **border-collapse 属性取值及说明**

值	说　明
separate	默认值。边框会被分开。不会忽略 border-spacing 和 empty-cells 属性
collapse	边框合并为一个单一的边框
inherit	规定应该从父元素继承 border-collapse 属性的值

11.7.2 border-spacing 属性

border-spacing 属性用于设置或检索当表格边框独立时,行和单元格的边框在横向和纵向上的间距。该属性作用等同于标签属性 cellspacing。

1. 基本语法

```
border – spacing: length length
```

2. 语法说明

该属性默认值为 0。length:用长度值来定义行和单元格的边框在横向和纵向上的间距,不允许负值。只有当表格边框独立(即 border-collapse 属性等于 separate 时)此属性才起作用。如果提供全部两个 length 值时,第一个作用于横向间距,第二个作用于纵向间距。如果只提供一个 length 值时,这个值将作用于横向和纵向上的间距。对应的脚本特性为 borderSpacing。

【例 11-7-1】 CSS 表格 border-collapse 和 border-spacing 属性的应用。代码如下所示,其页面效果如图 11-7-1 所示。

```
1   <! -- edu_11_7_1.html -->
2   <!doctype html>
3   < html lang = "en">
4       < head >
5           < meta charset = "UTF – 8">
6           < title > border – collapse 属性应用</title>
7           < style type = "text/css">
8               h1{font – size:16px;font – family:Arial;}
9               .test1{border – collapse:separate;border – spacing:10px 20px;}
10              .test2{border – collapse:collapse;border – spacing:10px 20px;}
11          </style>
12      </head>
13      < body >
14          <h1>边框独立时 border – spacing 生效</h1>
15          < table border = "1" class = "test1" bordercolor = "♯0000cc">
16              < tr >
17                  < td >独立边框</td>
18                  < td >独立边框</td>
19                  < td >独立边框</td>
20              </tr>
21              < tr >
22                  < td >独立边框</td>
23                  < td >独立边框</td>
24                  < td >独立边框</td>
25              </tr>
26          </table>
27          <h1>相邻边被合并时 border – spacing 无效</h1>
```

```
28          < table border = "1" class = "test2" bordercolor = "#0000cc">
29              <tr>
30                  <td>合并边框</td>
31                  <td>合并边框</td>
32                  <td>合并边框</td>
33              </tr>
34              <tr>
35                  <td>合并边框</td>
36                  <td>合并边框</td>
37                  <td>合并边框</td>
38              </tr>
39          </table>
40      </body>
41  </html>
```

图 11-7-1　CSS 表格边框属性应用

3. 代码解释

代码中第 9 行定义类 test1 样式是独立边框、横向间距为 10px、纵向间距为 20px；第 10 行定义类 test2 样式是合并边框、横向间距为 10px、纵向间距为 20px,但此时 border-spacing 属性设置无效。第 15 行表格引用类样式 test1；第 28 行表格引用类样式 test2。在 IE 浏览器不支持 border-spacing 属性,所以设置无效,如图 11-7-1 左图所示,360 等浏览器支持,效果如图 11-7-1 右图所示。

11.7.3　caption-side 属性

设置表格的 caption 对象是在表格的那一边。

1. 基本语法

```
caption - side : bottom|left|right|top
```

2. 语法说明

bottom：表示标题在下面。

left：表示标题在左边。

right：表示标题在右边。

top：表示标题在下面。

目前 IE5.5、IE6、IE7 尚不支持此属性，其他浏览器均支持此属性。

例如在样式中设置表格的标题样式为标题在顶部、宽度自动、左对齐，格式如下：

```
table caption { caption - side: top; width: auto; text - align: left; }
```

11.7.4 empty-cells 属性

设置或检索当表格的单元格无内容时，是否显示该单元格的边框。只有当表格边框独立（即 border-collapse 属性等于 separate 时）此属性才起作用。

1. 基本语法

```
empty - cells:hide | show
```

2. 语法说明

show：默认值，指定当表格的单元格无内容时，显示该单元格的边框。

hide：指定当表格的单元格无内容时，隐藏该单元格的边框。

IE7 及以下浏览器中默认隐藏无内容的单元格边框，要想使其获得与 show 参数值相同的效果，可以插入全角空格或" "等。

11.7.5 table-layout 属性

设置或检索表格的布局算法。

1. 基本语法

```
table - layout: auto | fixed
```

2. 语法说明

auto：默认自动布局算法，将基于各单元格的内容。表格在每一单元格读取计算之后才会显示出来。

fixed：固定布局的算法。在这个算法中，水平布局是仅仅基于表格的宽度，表格边框的宽度、单元格间距、列的宽度与表格内容无关。也就是说，内容可能被裁切。

【例 11-7-2】 CSS 表格 table-layout 属性的应用。代码如下所示，其页面效果如图 11-7-2 所示。

```
1   <!-- edu_11_7_2.html -->
2   <!doctype html>
3   <html lang = "en">
4       <head>
5           <meta charset = "UTF - 8">
6           <title>table - layout 应用</title>
7           <style type = "text/css">
8               h1{font - size:16px;font - family:Arial;}
9               .auto{table - layout:auto;width:350px;}
10              .fixed{table - layout:fixed;width:350px;}
11              table{border:1px solid #0033cc;}
```

```
12                    div{margin:0 auto;text - align:center;}
13          </style>
14     </head>
15     <body>
16         <div id = "" class = "">
17             <h1>table - layout: auto 表格自动算法</h1>
18             <table border = "1" class = "auto">
19                 <tr>
20                     <td>表格自动算法,宽度将基于单元格的内容自动拉伸</td>
21                     <td>表格自动算法</td>
22                     <td>表格自动算法</td>
23                 </tr>
24                 <tr>
25                     <td>表格自动算法</td>
26                     <td>表格自动算法</td>
27                     <td>表格自动算法</td>
28                 </tr>
29             </table>
30             <h1>table - layout: fixed 表格固定算法</h1>
31             <table border = "1" class = "fixed">
32                 <tr>
33                     <td>表格固定算法布局</td>
34                     <td>表格固定算法</td>
35                     <td>表格固定算法</td>
36                 </tr>
37                 <tr>
38                     <td>表格固定算法</td>
39                     <td>表格固定算法</td>
40                     <td>表格固定算法</td>
41                 </tr>
42             </table>
43         </div>
44     </body>
45 </html>
```

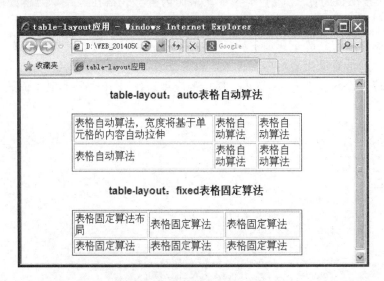

图 11-7-2   CSS 表格布局算法

11.8 综 合 实 例

以"医疗机械公司"网站为例,利用表格进行公司网站首页的布局设计,使用表格标记及标记属性的设置来美化表格,设计效果如图 11-8-1 所示。

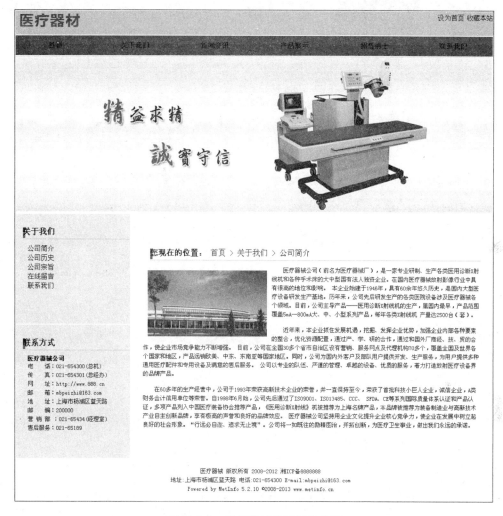

图 11-8-1 医疗机械公司网站首页

1. 首页页面表格布局

采用 5 行 2 列表格进行页面布局,在表格布局中使用单元格跨行、跨列合并以及单元格嵌套表格等方法完成页面布局设计,其效果如图 11-8-2 所示。

2. 网站首页 HTML 代码设计

```
1   <! -- edu_11_8_2.html -->
2   <!doctype html>
3   < html lang = "en">
4       < head >
5           < meta charset = "UTF - 8">
```

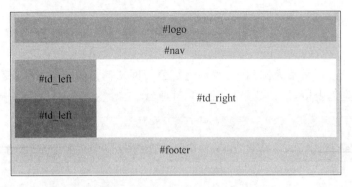

图 11-8-2　网站首页表格布局图

```
6              < meta name = "Description" content = "医疗机械产品">
7              <title>医疗机械公司网站</title>
8              < link rel = "stylesheet" href = "edu_11_8_1.css" type = "text/css">
9          </head >
10         < body >
11             < table id = "table1" align = "center">
12                 < tr >
13                     < td colspan = 2 >
14                         < div id = "logo">
15                             < div id = "floatl">
16                                 < img src = "logo.png" alt = "" border = "0px"/>
17                             </div >
18                             < div id = "floatr">
19                                 < a href = '♯'>设为首页</a >
20                                 < a href = '♯'>收藏本站</a >
21                             </div >
22                         </div >
23                     </td >
24                 </tr >
25                 < tr id = "nav">
26                     < td colspan = "2">
27                         < table id = "table2">
28                             < tr >
29                                 < td >< a href = "♯">首页</a ></td >
30                                 < td >< a href = "♯">关于我们</a ></td >
31                                 < td >< a href = "♯">新闻资讯</a ></td >
32                                 < td >< a href = "♯">产品展示</a ></td >
33                                 < td >< a href = "♯">招贤纳士</a ></td >
34                                 < td >< a href = "♯">联系我们</a ></td >
35                             </tr >
36                         </table >
37                     </td >
38                 </tr >
39                 < tr >
40                     < td colspan = 2 >< img src = "yiliao_big.jpg" alt = ""></td >
41                 </tr >
42                 < tr >
43                     < td id = "td_left">
44                         < dl >
45                             < dt >< strong >关于我们</strong ></dt >
```

```
46                    <dd><a href = "#">公司简介</a></dd>
47                    <dd><a href = "#">公司历史</a></dd>
48                    <dd><a href = "#">公司宗旨</a></dd>
49                    <dd><a href = "#">在线留言</a></dd>
50                    <dd><a href = "#">联系我们</a></dd>
51                 </dl>
52              </td>
53              <td rowspan = "2" id = "td_right">
54                 <p id = "bt1"><strong>您现在的位置: </strong>首页 >  关于我们 > 公司简
介</p>
55                 <div id = "div1">
56                    <a href = "#" title = "">
57                    <img  src = "qiyejianjie_small.jpg" style = "width: 250px; height:
135px; margin: 10px; float: left;border:0px;"  alt = "" /></a><span style = "font-size:12px;">
医疗器械公司(前名为医疗器械厂),是一家专业研制、生产各类医用诊断X射线机和各种手术床的大中
型国有法人独资企业。在国内医疗器械放射影像行业中具有很高的地位和影响。本企业始建于1946
年,具有60余年悠久历史,是国内大型医疗设备研发生产基地。历年来,公司先后研发生产的各类医院
设备涉及医疗器械各个领域。目前,公司主导产品 &mdash;&mdash;医用诊断X射线机的生产,属国内最
早,产品范围覆盖5mA&mdash;800mA 大、中、小型系列产品,每年各类X射线机  产量达2500台
(套)。</span>
58                 </div>
59                 <div> </div>
60                 <div id = "div1">
61                    <span style = "font-size:12px;">近年来,本企业抓住发展机遇,挖掘、发
挥企业优势,加强企业内部各种要素的整合,优化资源配置,通过产、学、研的合作,通过和国外厂商经
技、贸的合作,使企业市场竞争能力不断增强。目前,公司在全国30多个省市自治区设有营销、服务网
点及代理机构70多个,覆盖全国及世界各个国家和地区,产品远销欧美、中东、东南亚等国家地区。同
时,公司为国内外客户及部队用户提供开发、生产服务,为用户提供多种通用医疗配件和专用设备及满
意的售后服务。公司以专业的队伍、严谨的管理、卓越的设备、优质的服务,着力打造放射医疗设备界的
品牌产品。
62                    </span>
63                 </div>
64                 <div>     </div>
65                 <div id = "div1">
66                    <span style = "font-size:12px;">在60多年的生产经营中,公司于1993年
荣获高新技术企业的荣誉,并一直保持至今,荣获了首批科技小巨人企业,诚信企业,A类财务会计信用
单位等荣誉。自1998年6月始,公司先后通过了ISO9001、ISO13485、CCC、SFDA、CE等系列国际质量体系
认证和产品认证,多项产品列入中国医疗装备协会推荐产品,«医用诊断X射线»机被推荐为上海名牌产
品,本品牌被推荐为装备制造业与高新技术产业自主创新品牌,享有极高的声誉和良好的品牌效应。医
疗器械公司坚持用企业文化提升企业核心竞争力,使企业在发展中树立起良好的社会形象。&ldquo;行
远必自迩、追求无止境&rdquo;。公司将一如既往的励精图治,开拓创新,为医疗卫生事业,做出我们永
远的承诺。 </span>
67                 </div>
68              </td>
69           </tr>
70           <tr>
71              <td id = "td_left">
72                 <p id = "bt1"><strong>联系方式</strong></p>
73                 <b>医疗器械公司</b>
74                 <ul>
75                    <li>电    话: 021-654300(总机)</li>
76                    <li>传    真: 021-654301(总经办)</li>
77                    <li>网    址: http://www.888.cn</li>
78                    <li>邮    箱: mbpeizhi@163.com</li>
```

```
79              <li>地    址：上海市杨浦区蓝天路</li>
80              <li>邮    编：200000 </li>
81              <li>营 销 部：021 - 65434(经理室)</li>
82              <li>售后服务：021 - 65189 </li>
83            </ul>
84          </td>
85        </tr>
86        <tr>
87          < td colspan - "2" >
88            < div id = "footer">
89              < ul >
90                  <li>医疗器械 版权所有 2008 - 2012 湘 ICP 备 8888888 </li>
91                  <li> 地址：上海市杨浦区蓝天路 电话：021 - 654300 E - mail:
mbpeizhi@163.com</li>
92                  < li > Powered by MetInfo 5.2.10 ?2008 - 2013 www.metinfo.cn </
li>
93              </ul>
94            </div>
95          </td>
96        </tr>
97      </table>
98    </body>
99 </html>
```

上述代码中第 11 行～第 97 行定义 1 个 5 行 2 列的表格作为网页的基本布局。第 25 行～第 38 行定义单元格跨列合并后嵌套一个 1 行 6 列的表格，用作导航菜单，省略了二级导航菜单的设计。第 44 行～第 51 行采用定义列表定义垂直导航菜单。整个页面设计中采用无序列表、定义列表、表格单元格合并、表格嵌套、图像嵌入、图层嵌套等技术综合实现。要使页面达到实际布局效果，还需要进行 CSS 样式定义。

3. CSS 样式定义

根据表格布局图，分别对表格的不同单元格进行样式定义，CSS 规则如下所示：

```
1  /* edu_11_8_1.css */
2  *{font - size: 12px;padding: 0px; margin: 0px;}
3  a{font - size: 14px;  }
4  #table1{padding: 0px;margin: 0px;
5    width: 1004px; border: 0px;}
6  #logo{ background: #D3D6DD;
7    width: 1004px; height: 49px;}
8  #floatl{float: left;width: 141px; height: 39px;}
9  #floatr{float: right;text - align: right;width: 862px;
10   height: 39px;padding: 5px 0px;}
11 #floatr a{text - decoration: none;color: #000000;}
12 #table2{padding: 0px;margin: 0px;
13   width: 100 %;height: 40px;text - align: center;}
14 #nav{background: url("bg_blue.jpg");text - align: center;}
15 #nav a:link, a:visited, a:hover, a:active{
16   text - decoration: none; color: #FFFFFF; font - size: 14px; font - weight: bold;}
17 #nav td{
18   text - align: center; vertical - align: middle; width: 15 %;}
19 #td_left{ width: 24 %; height: 225px;
20   font - size: 14px; background: #ECF0F1; color: #67F78;}
```

```
21  #td_left a:link, a:visited, a:hover, a:active{
22    color: #000000;  text-decoration: none;}
23  #td_right{ padding: 25px; width: 76%;
24    height: 450px;font-size: 12px; color: #67F78;}
25  #td_left ul, dl{
26    height: 180px; line-height: 1.5em;}
27  li, dd, b{
28    padding-left: 25px;display: block;color: #67F78;}
29  dt, #bt1{
30    margin: 10px auto;  height: 24px;
31    background: url("bt_bg_small.jpg") left center no-repeat;
32    font-size: 16px;  margin-left: 15px;
33    padding: 5px auto;  border-bottom: 1px solid #D2D2D2;}
34  #img_bg{
35    width: 5px;height: 24px;
36    padding: 2px;border: 0px;}
37  strong{
38    padding-top: 0px; font-size: 16px;
39    font-weight: bold;}
40  #div1{
41    line-height: 1.5em;text-indent: 2em;color: #67F78;}
42  /* footer  */
43  #footer{  text-align: center;  margin: 15px auto;}
44  #footer ul li{list-style: none;line-height: 1.5em;}
```

本 章 小 结

本章主要介绍了设计表格所有标记和标记属性。

在进行表格设计,需要考虑好表格的对齐方式设计。表格的对齐方式分三类:表格 table 标记的 align 属性、行 tr 标记的 align 和 valign、列(单元格)td 标记的 align 和 valign。这些属性的设置如果使用 CSS 样式进行定义,效果更好。

设计表格的背景颜色与背景图像时,最好采用 CSS 样式表,这样效果更易控制。

由于表格的单元格内的内容不同,如果插入大的图像或视频文件时网络延迟会很大,易造成网页打不开,影响网站的正常访问。通常采用表格进行布局时,会使用表格嵌套来细化页面布局。表格嵌套时,必须在单元格中嵌入表格。

练 习 与 实 验

练习 11

1. 选择题

(1) 设置围绕表格的边框宽度的正确的标记是(　　)。

    (A) <table size="">　　　　　　　　(B) <table border="">

    (C) <table bordersize="">　　　　　(D) <tableborder="">

(2) 定义表头的标记是(　　)。

  (A) <table> </table>   (B) <td></td>

  (C) <tr></tr>   (D) <th></th>

(3) 下列标记中能够实现跨多行的是(　　)。

  (A) <th colspan=""> </th>   (B) <tr rowspan=""></th>

  (C) <td colspan=""></td>   (D) <td rowspan=""></td>

(4) 设置表格的背景图像正确的标记是(　　)。

  (A) <tr background="">   (B) <table background ="">

  (C) <th src="">   (D) <tr src="">

(5) 能够设置表格的标题的标记是(　　)。

  (A) <tbody></tbody>   (B) <tfoot></tfoot>

  (C) <thead></thead>   (D) <caption></caption>

(6) 设置表格行垂直居中的标记是(　　)。

  (A) <tr align="center" >   (B) <tr valign="middle" >

  (C) < tr align="middle" >   (D) <tr valign="center" >

2. 填空题

(1) 表格的标题标记是 _____，表格行的标记是 _____，单元格的表头标记是 _____。

(2) 单元格跨 3 行，设置格式为<td _____ =" _____ "></td>；单元格跨 5 列，设置格式为<td _____ =" _____ "></td>。

(3) 表格的外部边框样式可以使用 _____ 属性来定义，表格内部边框样式可以使用 _____ 属性来定义。

(4) 单元格边距属性是 _____；单元格间距属性是 _____。

3. 简答题

(1) 写出定义表格的所有常用标记，并说明各自的作用。

(2) 写出定义表格边框的所有属性，并说明其作用。

(3) 表格行对齐方式有几类？它们的属性取值有什么不同？

实验 11

1. 编写 HTML 代码，实现如图 11-1 所示页面效果。要求使用 CSS 样式表统一定义 table 和 td 标记样式，分别如下：

- table 标记样式：边框为 8px、线型为双线、颜色为 #0000ff。
- td 标记样式：边框为 1px、线型为 solid、颜色为 black、水平居中对齐。
- 两个嵌套表格背景颜色分别为 #ffffee 和 #fefefe。
- 外表宽度为 300px、居中对齐、单元间距和单元格边距均为 0。
- 两个子表宽度为 80%、居中对齐、边框为 1px。

2. 采用表格布局完成 CASIO 计算器外观设计，其中表格的每一个单元格均需要设计带边框，效果如图 11-2 所示。

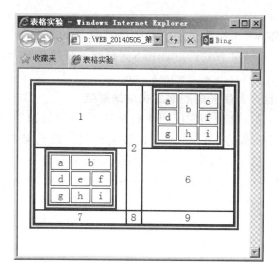

图 11-1　表格布局设计

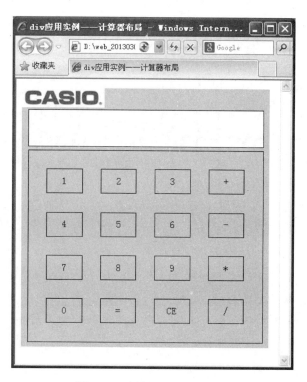

图 11-2　计算器页面布局设计

 工具介绍

1. BootStrap——最流行的 HTML、CSS 和 JavaScript 框架

BootStrap 是最受欢迎的 HTML、CSS 和 JS 框架,用于开发响应式布局、移动设备优先的 WEB 项目。BootStrap 让前端开发更快速、简单。所有开发者都能快速上手、所有设备都可以适配、所有项目都适用。BootStrap 是完全开源的。它的代码托管、开发、维护都依赖

GitHub 平台。

BootStrap(当前版本 v3.3.2)提供用于生产环境的 BootStrap、BootStrap 源码、Sass 等几种方式帮用户快速上手,每一种方式针对具有不同技能等级的开发者和不同的使用场景。

BootStrap 中文网 http://www.bootcss.com/。

2. Foundation——世界上最先进的响应式前端框架

Foundation(ZURB)是一套使用广泛的前端开发套件,可以帮助用户快速地构建网站,最近 ZURB 发布了一个新版本的 Foundation 5 前端框架。目前被很多大的网站采用,包括 Facebook、Mozilla、Ebay、Yahoo 以及 National Geographic 等。

Foundation 官方网站 http://foundation.zurb.com/。

第 12 章　　　　框　　架

本章学习目标

表格可以作为页面布局的一种辅助手段,但是表格布局不能对页面窗口进行细分,也不能在不同窗口浏览不同的页面。框架就是可以分割浏览器窗口的一种页面布局技术,它可以实现在不同的窗口浏览不同的 HTML 页面。使用框架可以轻松实现页面导航,合理布局网页,可以保证网站页面风格统一。

Web 前端开发工程师应掌握以下内容:

- 掌握框架集和框架的基本概念。
- 掌握框架集分割的方法。
- 掌握嵌套框架的设置方法。
- 掌握浮动框架标记及属性设置方法。
- 学会使用框架作为超链接的目标。
- 学会利用框架和浮动框架进行网页布局设计。
- 能够综合运用表格和框架技术设计简易网页。

12.1　框架概述

框架技术是一种在一个页面中显示多个网页的技术,通过超链接可以使框架之间建立内容之间的联系,从而实现页面导航的功能。通过使用框架,可以在同一个浏览器窗口中显示多个页面。每个 HTML 文档称为一个框架,并且每个框架都独立于其他的框架。框架结构分为框架集和框架,框架集中可包含许多框架。

1. 基本语法

```
1   <html>
2       <head>
3           <title>框架结构</title>
4       </head>
5       <frameset>
6           <frame>
7           <frame>
8       </frameset>
9   </html>
```

2. 语法说明

在 HTML 文件中,使用框架集的页面的没有<body>标记,由 frameset 标记替代 body 标记,然后在 frameset 标记内用 frame 标记再定义若干个框架(也称为页面上的子窗口),用于显示不同的 HTML 页面。

12.2　框架集的设置

　　框架集指在一个网页文件中定义一组框架结构,包括定义一个窗口中显示的框架数、框架的尺寸以及框架中载入的内容;框架指在网页文件上定义的一个显示区域。

　　框架集属性定义了框架集边框的显示效果、边框宽度、边框颜色等属性,具体属性如表 12-2-1 所示。

表 12-2-1　框架集属性

属　性	说　明	属　性	说　明
frameborder	设置框架集的显示效果	bordercolor	设置框架集边框的颜色
framespacing	设置框架间的间距(宽度)	rows	设置框架集水平分割
border	设置框架集边框的宽度	cols	设置框架集垂直分割

12.2.1　框架集窗口水平分割

　　利用框架集 frameset 标记的 rows 属性可以对框架集窗口进行水平分割。

1. 基本语法

```
1  < frameset rows = "高度 1,高度 2,…, * ">
2     < frame src = "URL">
3     < frame src = "URL">
4     …
5  </frameset >
```

2. 语法说明

　　frameset 标记是成对标记,但 frame 标记是单个标记,而且只能出现在 frameset 标记中。

　　rows 属性值表示分割子窗口的高度,至少有两个及以上属性值,每个属性值之间用逗号“,”分隔,属性值的单位可以是像素、百分比或者“ * ”。

　　属性值的个数就是框架集水平分割成子窗口的个数,并且要求在 frameset 标记内必须插入与属性值个数相同的 frame 标记。

　　下列将框架集水平分割成 3 个窗口的标记属性值写法均正确:

```
1  < frameset rows = "30 %,60 %,10 % ">…</frameset >
2  < frameset rows = "120,500, * "> …</frameset >
3  < frameset rows = " * ,300, * "> …</frameset >
4  < frameset rows = "120, * ,2 * "> …</frameset >
```

　　第 3 行定义水平分割框架集为中间框架高度 300px,上下两个框架高度相同;第 4 行定义水平分割框架集为 3 个框架,上框架高度为 120px,中间框架占 1/3 的高度,下框架占 2/3 的高度。

　　【例 12-2-1】　水平分割框架集。代码如下所示,页面如图 12-2-1 所示。

```
1  <! -- edu_12_2_1.html -->
2  < html >
```

```
 3      <head>
 4        <title>水平分割窗口</title>
 5      </head>
 6      <frameset rows="50%,50%">
 7        <frame src="http://www.edu.cn">
 8        <frame src="http://www.baidu.com">
 9      </frameset>
10   </html>
```

图 12-2-1　框架集窗口水平分割

3. 代码解释

代码中第 6 行定义了框架集的水平对分窗口,分割比例为 50%、50%;第 7 行、第 8 行通过 frame 标记的 src 属性设置要显示的 HTML 页面分别为中国教育和科研计算机网(http://www.edu.cn)和百度(http://www.baidu.com)。这样页面分割效果更明显。

12.2.2　框架集窗口垂直分割

利用框架集 frameset 标记的 cols 属性可以对框架集窗口进行垂直分割。

1. 基本语法

```
1   <frameset cols="宽度1,宽度2,…,*">
2       <frame src="URL">
3       <frame src="URL">
4       …
5   </frameset>
```

2. 语法说明

- cols 属性值表示分割子窗口的宽度,至少有两个及以上属性值,每个属性值之间用逗号","分隔,属性值的单位可以是像素、百分比或者"*"。
- 属性值的个数就是框架集垂直分割成子窗口的个数,并且要求在 frameset 标记内必须插入与属性值个数相同的 frame 标记。

下列垂直分割框架集的设置同样是正确的。

```
1   <frameset cols="*,300,*">…</frameset>
2   <frameset cols="120,*,2*">…</frameset>
```

第 1 行定义垂直分割框架集为中间框架宽度 300px，左右两个框架宽度相同；第 2 行定义垂直分割框架集为 3 个框架，左框架宽度为 120px，中间框架占 1/3 的宽度，右框架占 2/3 的宽度。

【例 12-2-2】 垂直分割框架集。代码如下所示，其页面效果如图 12-2-2 所示。

```
1  <! -- edu_12_2_2.html -->
2  <html>
3     <head>
4        <title>垂直分割窗口</title>
5     </head>
6  <frameset cols = "50%, *">
7        <frame src = "http://www.edu.cn">
8        <frame src = "http://www.baidu.com">
9  </frameset>
10 </html>
```

图 12-2-2 框架集窗口垂直分割

3. 代码解释

代码中第 6 行设置框架集垂直分割 cols 属性，分割比例各为 50%。

12.2.3 框架集窗口嵌套分割

在 Web 网页设计中，网站首页(主页)通常采用"厂"字形结构进行布局，很少采用单纯的左右或上下分割窗口的方法来进行页面布局。要实现"厂"字形布局必须对框架集窗口同时采用水平、垂直分割，先水平分割再垂直分割窗口，才能形成"厂"字形布局，这种结构的框架集称为框架嵌套。

1. 基本语法

```
1  <frameset>
2     <frame src = "URL">
3     <frameset>
4        <frame src = "URL">
5        <frame src = "URL">
6     </frameset>
7  </frameset>
```

2. 语法说明

通过在 frameset 标记中再嵌套 frameset 标记的方法来实现框架的嵌套。

```
1  <! -- edu_12_2_3.html -->
2  <html>
3      <head>
4          <title>"厂"字形窗口的嵌套分割</title>
5      </head>
6      <frameset rows = "20%,70%, * " border = "12" bordercolor = "#3366ff">
7          <frame src = "">
8          <frameset cols = "20%, * ">
9              <frame src = "">
10             <frame src = "">
11         </frameset>
12         <frame>
13     </frameset>
14 </html>
```

3. 代码解释

代码中第 6 行~第 13 行定义了外层框架集,且水平分割成 3 个窗口,窗口的高度分别占 20%、70%、10%;第 8 行~第 11 行定义内层框架集,对外层框架集中的第 2 个水平窗口再次进行垂直分割,左右窗口分割比例分别为 20%、80%,实现"厂"字形布局。其中第 6 行设置框架集的边框 border 属性为 12px、边框颜色 bordercolor 属性为 #3366ff。

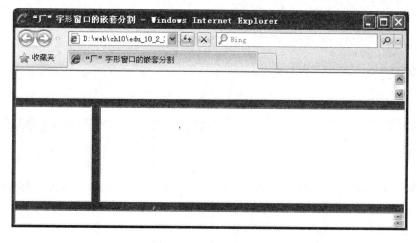

图 12-2-3　框架集嵌套

12.2.4　框架集的边框

使用框架集 frameset 标记的 border 属性可以设置框架集的分割窗口的所有边框。也可以使用 framespaing 属性来设置框架的边框。

1. 基本语法

```
<frameset border = "value"></frameset>
<frameset framespacing = "value"></frameset>
```

2. 语法说明

value 为整数,代表此窗口框架的宽度,单位为像素(px)。

如例 12-2-3 中第 6 行设置了边框集的 border 属性为 12px,参见图 12-2-3 所示。

12.2.5 框架集边框的隐藏

通常采用框架集进行网页布局时,框架集的边框一般不显示,因为它会影响浏览器的界面,通过设置 frameset 标记或 frame 标记的 frameborder 属性可以控制窗口框架边框是否显示。

1. 基本语法

```
< frameset frameborder = "0 | 1">
< frame frameborder = "0 | 1">
```

2. 语法说明

frameborder 属性值为"0"表示不显示边框,为"1"表示显示边框,默认值为"1"。

【例 12-2-4】 设置框架集的边框的隐藏。代码如下所示,页面如图 12-2-4 所示。

```
1   <! -- edu_12_2_4.html -->
2   < html >
3       < head >
4           < title >框架边框的隐藏与显示</title>
5       </head>
6   < frameset rows = "30 % ,70 % " border = "12" frameborder = "1" bordercolor = " # 009900">
7       < frame >
8       < frameset cols = "50 % , * ">
9           < frame src = "" name = "" frameborder = "1" bordercolor = " # ff0000">
10          < frame src = "" name = "" frameborder = "1">
11      </frameset>
12  </frameset>
13  </html>
```

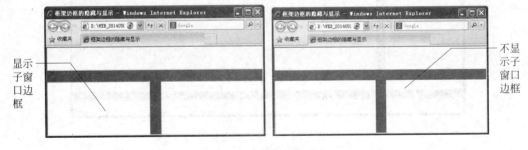

图 12-2-4 设置框架边框

3. 代码解释

代码中第 7 行设置显示框架集的边框,第 9 行、第 10 行设置显示框架的边框。页面效果如图 12-2-4 左图所示;将第 9 行、第 10 行代码中的 frameborder 属性值由 1 改成 0 后,左右子窗口的边框均不显示,页面效果如图 12-2-4 右图所示。

12.3 框架的设置

框架 frame 只能作为框架集的子元素出现,它不能出现在 body 标记中。框架集有自己的属性集,框架 frame 也有自己的属性集,在实际开发中经常需要设置框架 frame 属性。

12.3.1 框架名称属性

利用框架 frame 标记的 name 属性可以为框架自定义一个名称,可以作为超链接的 target 的属性值。

1. 基本语法

```
1  < frameset rows = "," cols = ",">
2      < frame name = "子窗口名称 1">
3      < frame name = "子窗口名称 2">
4  </frameset >
```

2. 语法说明

frame 标记的 name 属性值是给框架起个名称,不会影响框架的显示效果。

12.3.2 框架中显示网页属性

框架结构最大的好处就是在不同的子窗口可以显示不同的网页,而且互不干扰。利用 frame 标记的 src 属性可以为该框架指定要显示的网页的 URL,URL 可以是绝对地址或相对地址。

1. 基本语法

```
< frame src = "URL" name = "">
```

2. 语法说明

src 属性用于设置框架中加载 HTML 文件的路径,可以是相对路径也可以是绝对路径。

【例 12-3-1】 框架中指定显示的网页和名称,代码如下所示,其页面效果如图 12-3-1 所示。

```
1  <! -- edu_12_3_1. html -->
2  <!doctype html >
3  < html lang = "en">
4      < head >
5          < meta charset = "UTF - 8">
6          < title>框架中指定显示网页和名称</title>
7      </head >
8      < frameset cols = "60 %,40 %">
9          < frame src = "http://www.edu.cn" name = "left">
10         < frame src = "http://www.pku.edu.cn" name = "rifht">
11     </frameset >
12 </html >
```

图 12-3-1 框架中指定显示网页

3. 代码解释

代码中第 9 行定义在左边框架中显示"中国教育与科研计算机网"，并指定左边框架名称为 left；第 10 行定义在右边框架中显示"北京大学"网站，并指定右边框架名称为 right。

12.3.3 框架中滚动条属性

由于子窗口是框架集分割出来的，所以子窗口的大小不一定能够容纳下所要显示的 HTML 网页，需要使用滚动条来浏览页面。利用框架 frame 标记的 scrolling 属性可以控制窗口框架中是否显示滚动条，此属性用于 frame 标记中。

1. 基本语法

```
< frame src = "URL" scrolling = "yes | no | auto">
```

2. 语法说明

scrolling 属性：取值有 3 种，即 yes（显示滚动条）、no（无滚动条）和 auto（自动）。

12.3.4 框架的边距属性

利用框架 frame 标记的 marginwidth 和 marginheight 属性分别定义框架的左侧和右侧的边距、框架的上方和下方的边距。

1. 基本语法

```
< frame src = "URL" marginwidth = "value" marginheight = "value">
```

2. 语法说明

marginwidth 和 marginheight 属性值单位为像素（px）。

12.3.5 框架尺寸调整属性

框架 frame 标记的 noresize 属性设置框架是否可以让用户随意调整子窗口的大小。

1. 基本语法

```
< frame src = "URL" noresize = "noresize">
< frame src = "URL"noresize >
```

2. 语法说明

noresize 属性值可以是 noresize，也可以不赋值，表示不允许调整框架的尺寸。

【例 12-3-2】 设置框架中的滚动条及边距属性。代码如下所示，其页面效果如图 12-3-2 所示。

```
1  <! -- 程序 edu_12_3_2.html -->
2  <! doctype html >
3  < html lang = "en">
4      < head >
5          < meta charset = "UTF - 8">
6          < title>设置框架边距</title>
7      </ head >
8  < frameset cols = "30 % ,20 % , * " border = "">
9      < frame src = "leftframe.html" name = "left" marginwidth = "40px" marginheight = "60px" >
```

```
10              < frame src = "leftframe.html"   name = "center" scrolling = "yes">
11              < frame src = "http://www.njust.edu.cn"   name = "right" scrolling = "auto" noresize>
12          </frameset>
13  </html>
```

图 12-3-2   设置框架的边距、滚动条、调整窗口属性

3. 代码解释

代码中第 9 行指定左边框架内显示网页、设置框架的名称和左右边距；第 10 行指定中间框架内显示网页、设置框架的名称和允许出现滚动条；当浏览该页面时，在左边和中间框架分界线上可以调框架的尺寸；第 11 行指定右边框架内显示的网页、设置右边框架的名称、允许自动滚动和 noresize 属性，当浏览该页面时，用户不能通过鼠标调整网页中间框架与右边框架的尺寸。

12.4 浮 动 框 架

浏览器窗口含有孤立的子窗口称为浮动框架，也称为内联框架。在浏览器窗口中嵌入浮动框架可使用 iframe 标记，该标记为成对标记，必须插入在 body 标记中，而不能插入到 frameset 标记中。iframe 标记的属性如表 12-4-1 所示。

表 12-4-1   浮动框架属性

属　　　性	说　　　明	属　　　性	说　　　明
src	设置源文件属性	frameborder	设置框架边框
name	设置框架名称	scrolling	设置框架滚动条
width	设置浮动框架窗口宽度	marginwidth	设置框架左右边距
height	设置浮动框架窗口高度	marginheight	设置框架上下边距
align	设置框架对齐方式		

1. 基本语法

```
< iframe 属性名称 = "value"></ iframe >
```

241

第12章

框架

2. 语法说明

属性名称及相关说明如表 12-4-1 所示。

【例 12-4-1】 应用浮动框架。代码如下所示,其页面效果如图 12-4-1 所示。

图 12-4-1 在浮动框架内显示指定网页的初始图

```
1    <! -- edu_12_4_1.html -->
2    <! doctype html>
3    < html lang = "en">
4        < head >
5            < meta charset = "UTF - 8">
6            < title >浮动框架应用</title>
7            < style type = "text/css">
8                a{width:300px;margin:0 10px;}
9                h3{font - size:28px;color: #0000ff;text - align:center;}
10               div{margin:0 auto;text - align:center;}
11           </style>
12       </head>
13       < body >
14           < div id = "" class = "">
15               < h3 >浮动框架应用</h3>
16               < hr color = "red">
17               < iframe name = "leftiframe" src = "http://www.njust.edu.cn" width = "300" height
= "300" ></iframe>
18                 
19               < iframe name = "rightiframe" src = "http://www.pku.edu.cn"  width = "300" height =
"300" marginwidth = "10px"></iframe>
20               < p >
21                   < a href = "http://www.gov.cn" target = "leftiframe">在左边浮动框架内显示中
央人民政府网站</a>
22                   < a href = "http://www.moe.gov.cn/" target = "rightiframe">在右边浮动框架内
显示教育部网站</a>
```

```
23              </p>
24          </div>
25      </body>
26 </html>
```

3. 代码解释

代码中第 17 行在 div 标记中插入 1 个名称为 leftiframe 的浮动框架,并为该框架设置了内部显示的网页、宽度、高度;第 19 行在 div 标记中插入 1 个名称为 rightiframe 的浮动框架,并为该框架设置了内部显示的网页、宽度、高度、框架的左右边距等属性;第 21 行、第 22 行将浮动框架 leftiframe、rightiframe 设置为超链接的链接目标。单击超链接在左、右浮动框架中分别显示不同的页面,如图 12-4-2 所示。

图 12-4-2　单击超链接后页面效果图

12.5　框架与超链接关联

框架结构最大的好处在于能够在不同的框架(子窗口)内显示指定的网页。通过框架 frame 标记或浮动框架 iframe 标记的 src 属性可以指定显示的 HTML 网页,但只是在框架或浮动框架装载时内置的 HTML 文档。框架另一大优点就是可以动态加载 HTML 文档,实现页面内容局部刷新,这就需要借助于超链接的 target 属性与 frame 标记或 iframe 标记的 name 属性相关联来实现。这一功能可以满足网页设计中页面导航的需要。

1. 基本语法

```
< frame name = "framename" src = " * . html" >
< iframe name = "iframename" src = " * . html" ></iframe>
< a href = "target.html" target = "framename | iframename " >链接标题</a>
```

2. 语法说明

- name 属性：给框架或浮动框架指定名称。作为超链接的 target 属性的取值。
- target 属性：指定超链接的链接目标，其属性值除了_parent、_blank、_self、_top 外，还可以是框架或浮动框架的 name 属性值。

浮动框架与超链接关联的实例如例 12-4-1 所示，下面主要介绍框架与超链接关联的实例。

【例 12-5-1】 页面导航。代码如下所示，页面如图 12-5-1 所示。

```
1   <! -- edu_12_5_1.html -->
2   <html>
3       <head>
4           <title>网页导航</title>
5       </head>
6       <frameset cols = "30 %,70 %">
7           <frame src = "edu_12_5_1_left.html" name = "left">
8           <frame src = "" name = "right">
9       </frameset>
10  </html>
```

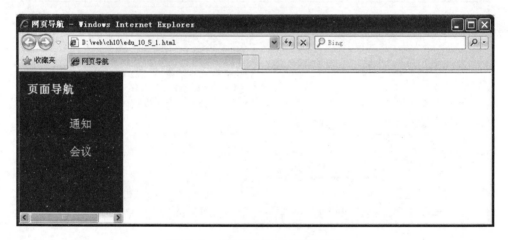

图 12-5-1　页面导航初始页面效果

代码中第 6 行～第 9 行定义垂直二分框架集；第 7 行定义名称为 left 的框架的 src 属性值为 edu_12_5_1_left.html，用于显示导航页面；第 8 行定义框架的 name 属性值为 right。用于显示需要导航的页面。

左侧框架内 HTML 文档名为 edu_12_5_1_left.html，用于显示页面导航栏目。代码如下所示：

```
1   <! -- edu_12_5_1_left.html -->
2   <html>
3       <head>
4           <title>页面导航</title>
5           <style type = "text/css">
6               ul{list - style - type:none;}
7               li{padding:10px 20px;width:120px;}
8               body{background: #006633;color: #ffffff;}
```

```
9              a,a:hover{color:#FFFFFF;text-decoration:none;
text-align:center;}
10             </style>
11          </head>
12       <body>
13          <h4>页面导航</h4>
14          <ul>
15             <li><a href="edu_12_5_1_left_1.html" target="right">通知</a></li>
16             <li><a href="edu_12_5_1_left_2.html" target="right">会议</a></li>
17          </ul>
18       </body>
19    </html>
```

代码中第 15 行定义"通知"超链接,将链接的目标指向右侧框架的 name 属性值 right;第 16 行定义"会议"超链接,将链接的目标指向右侧框架的 name 属性值 right;选择页面上"通知"超链接,会在右侧框架内显示 edu_12_5_1_left_1.html 文档,如图 12-5-2 所示。

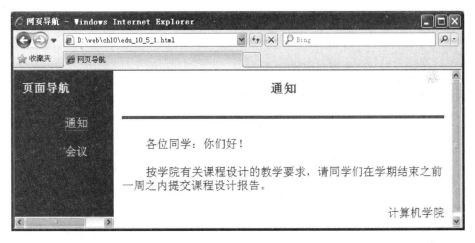

图 12-5-2　页面导航初始页面效果

选择页面上"会议"超链接,会在右侧框架内显示 edu_12_5_1_left_2.html 文档,如图 12-5-3 所示。

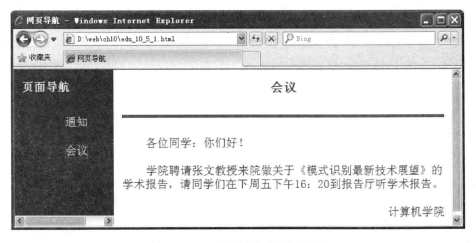

图 12-5-3　页面导航初始页面效果

超链接目标网页 edu_12_5_1_left_1.html 代码如下所示。

```
1    <! -- edu_12_5_1_left_1.html -->
2    <html>
3        <head>
4            <title>通知</title>
5            <style type = "text/css">
6                hr{color:red;height:4px;}
7                h3{text-align:center;color:#006600;}
8                p{text-indent:2em;font-size:16px;color:#0000cc;}
9            </style>
10       </head>
11       <body>
12           <h3>通知</h3>
13           <hr>
14           <p>各位同学: 你们好!</p>
15           <p>按学院有关课程设计的教学要求,请同学们在学期结束之前一周之内提交课程设计报
告。</p>
16           <p align = "right">计算机学院</p>
17       </body>
18   </html>
```

超链接目标网页 edu_12_5_1_left_2.html,代码如下所示。

```
1    <! -- edu_12_5_1_left_2.html -->
2    <html>
3        <head>
4            <title>会议</title>
5            <style type = "text/css">
6                hr{color:red;height:4px;}
7                h3{text-align:center;color:#006600;}
8                p{text-indent:2em;font-size:16px;color:#0000cc;}
9            </style>
10       </head>
11       <body>
12           <h3>会议</h3>
13           <hr>
14           <p>各位同学: 你们好!</p>
15           <p>学院聘请张文教授来院做关于《模式识别最新技术展望》的学术报告,请同学们在下周
五下午 16: 20 到报告厅听学术报告。</p>
16           <p align = "right">计算机学院</p>
17       </body>
18   </html>
```

12.6　综合实例

以"拍拍网"首页为例,利用框架布局完成"拍拍网"网站首页仿真设计。网站首页效果如图 12-6-1 所示。

图 12-6-1　拍拍网页面效果图

1. 进行页面布局设计

根据页面结构采用框架结构对页面进行布局设计,布局结构图如图 12-6-2 所示。

2. 编写框架布局结构 HTML 代码

根据框架布局结构图将页面水平分割成 3 个框架,再将中间框架垂直分割成左窄右宽的 2 个框架。代码如下所示:

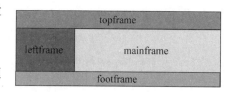

图 12-6-2　框架布局结构图

```
1   <! -- edu_12_6_1.html -->
2   <!doctype html>
3   < html lang = "en">
4       < head >
5           < meta charset = "UTF - 8">
6           < title>拍拍网</title>
7       </head >
8   < frameset rows = "100,440,180" frameborder = "0">
9       < frame src = "edu_12_6_1_head.html" name = "topFrame" scrolling = "no" noresize >
10      < frameset cols = "249, * " frameborder = "0">
11          < frame src = "edu_12_6_1_left.html" name = "leftFrame" scrolling = "no"
noresize >
12          < frame src = "edu_12_6_1_a.html" name = "mainFrame">
13      </frameset >
14      < frame src = "edu_12_6_1_foot.html" name = "footFrame" scrolling = "no" noresize >
15  </frameset >
16  </html >
```

上述代码中第 8 行~第 15 行定义嵌套分割框架集,每个框架通过 src 属性指定 1 个 HTML 文档。第 12 行定义名称为 mainFrame 的框架作为导航页面显示框架,中间左侧框架内指定的 HTML 文件里的所有超链接目标均可以指向该框架。

3. topframe 框架指定网页设计

```
1   <! -- edu_12_6_1_head.html -->
2   <!doctype html>
3   <html lang = "en">
4       <head>
5           <meta charset = "UTF - 8">
6           <title>拍拍网头部</title>
7           <style type = "text/css">
8           body{background: #cae4ff;}
9           img{width:290px;height:60px;}
10          </style>
11      </head>
12      <body>
13          <table>
14              <tr>
15                  <td><img src = "logo.JPG" alt = "欢迎光临拍拍网" /></td>
16                  <td width = "120px"> </td/>
17                  <td>免费注册 | 关于拍拍 | 拍拍助理 | 联系我们</td>
18              </tr>
19          </table>
20      </body>
21  </html>
```

4. leftframe 框架指定网页设计

```
1   <! -- edu_12_6_1_left.html -->
2   <!doctype html>
3   <html lang = "en">
4       <head>
5           <meta charset = "UTF - 8">
6           <title>拍拍网</title>
7           <style type = "text/css">
8           a{color: #06329b;font - size:14px;
9           line - height:20px;text - decoration:none;}
10          a:hover{color: #cc0000;font - size:14px;
11                  text - decoration:none;line - height:20px;}
12          </style>
13      </head>
14      <body>
15          <table width = "100 %" border = "0" cellspacing = "0" cellpadding = "0">
16              <tr>
17                  <td width = "6"><img src = "index - bg - left.gif"></td>
18                  <td background = "index - bg - center.gif"><span>商品分类</span><span>
(店中店除外)</span></td>
19                  <td width = "6"><img src = "index - bg - right.gif"></td>
20              </tr>
21          </table>
22          <table width = "90 %" border = "0" cellspacing = "0" cellpadding = "0" align = "center">
23              <tr>
24                  <td height = "40"><img src = "point03.jpg"><a href = "edu_12_6_1_a.html"
target = "mainFrame">图书频道 </a><br></td>
25              </tr>
26              <tr>
```

```
27              < td height = "40">< img src = "point03. jpg">< a href = "edu_12_6_1_b. html"
target = "mainFrame" >数码/IT </a>< br ></td>
28              </tr>
29          < tr >
30              < td height = "40">< img src = "point03. jpg">< a href = "edu_12_6_1_c. html"
target = "mainFrame" >影像 视听 电脑 </a>< br ></td>
31              </tr>
32              < td height = "40">< img src = "point03. jpg">< a href = " ＃ "  target = "
mainFrame" >手机通讯</a>< br ><td>
33              </tr>
34          < tr >
35              < td height = "40">< img src = "point03. jpg">< a href = " ＃ "  target = "
mainFrame" >手机 配件 </a>< br ></td>
36              </tr>
37          < tr >
38              < td height = "40">< img src = "point03. jpg">< a href = " ＃ "  target = "
mainFrame" >化妆品 饰品 玩具 母婴 女装 运动</a>< br ></td>
39              </tr>
40          < tr >
41              < td height = "40">< img src = "point03. jpg">< a href = " ＃ "  target = "
mainFrame" >精品 箱包/鞋帽钟表/眼镜家居 家电保健品成人用品</a></td>
42              </tr>
43          </table>
44      </body>
45 </html>
```

5. mainframe 框架指定网页设计

```
1  <! -- edu_12_6_1_a. html -->
2  <! doctype html >
3  < html lang = "en">
4      < head >
5          < meta charset = "UTF - 8">
6          < title>拍拍网</title>
7          < style type = "text/css">
8              .blue {color: ＃669dc6;font - weight: bold;}
9              .bigtuhuang{font - weight:bold;font - size:13px;color: ＃ c49238}
10             .bigtuhuang:hover{font - weight:bold;font - size:13px;
11                              color: ＃ c49238; text - decoration:none}
12         a{color: ＃06329b;font - size:14px;
13             text - decoration: none;line - height:20px;}
14         a:hover{color: ＃cc0000;font - size:14px;
15             text - decoration: none;line - height:20px;}
16      </style>
17      </head>
18 < body>
19      < div align = "center">
20          < table width = "90 ％ " border = "0" cellspacing = "0" cellpadding = "0">
21              < tr >
22                  < td colspan = "3" height = "35">< img src = "index - arrow. jpg">
23                      < a href = " ＃ " class = "bigtuhuang">最全的图书、最低的价格尽在拍拍网
点击进入图书频道首页>></a>
24                  </td>
25              </tr>
```

```
26              < tr align = "center">
27                  < td >
28                    < a href = "class.html" class = "blue">幼儿启蒙</a>< br >
29                      < a href = "product.html">< img src = "index - book1.jpg" border = "0"></a
>
30                  </td >
31                  < td >
32                    < a href = "class.html" class = "blue">动漫/绘本</a>< br >
33                      < a href = "product.html">< img src = "index - book2.jpg" border = "0"></a
>
34                  </td >
35                  < td >
36                    < a href = "class.html" class = "blue">恐怖悬疑</a>< br >
37                      < a href = "product.html">< img src = "index - book3.jpg" width = "114"
height = "129"></a >
38                  </td >
39              </tr >
40              < tr >
41                  < td style = "padding - left:40px;">
42                    < a href = "product.html">·米菲系列:超级经典</a>< br >
43                      < a href = "product.html">·兔宝贝成长故事系列 </a>< br >
44                      < a href = "product.html">·我的感觉系列</a>
45                  </td >
46                  < td style = "padding - left:40px;">
47                      < a href = "product.html">·国际安徒生大奖绘本</a>< br >
48                      < a href = "product.html">·蒲蒲兰系列绘本</a>< br >
49                      < a href = "product.html">·天马行空:polo 系列</a>
50                  </td >
51                  < td style = "padding - left:40px;">
52                      < a href = "product.html">·超级成长版冒险小虎队</a>< br >
53                      < a href = "product.html">·恐怖系列</a>< br >
54                      < a href = "product.html">·魂行道系列</a>
55                  </td >
56              </tr >
57          </table >
58      </div >
59      </body >
60 </html >
```

从左侧框架页面中选择导航栏目"数码/IT",在右侧 mainFrame 框架中显示 edu_12_6_1_b.html 文档,其文档结构与 edu_12_6_1_a.html 类似,此处省略,页面效果如图 12-6-3 所示。其他导航的 HTML 文档结构也基本相似,代码不再重复给出。

6. footframe 框架指定网页设计

```
1  <! -- edu_12_6_1_foot.html -->
2  <!doctype html >
3  < html lang = "en">
4      < head >
5          < meta charset = "UTF - 8">
6          < title>拍拍网</title >
7          < style type = "text/css">
8              # center{height:60px;background: # 99ccff;
                        padding:20px auto;text - align:center;}
9          </style >
10     </head >
```

图 12-6-3　拍拍网页面导航——数码/IT 页面效果

```
11      < body >
12          < div id = "center">
13              < strong>拍拍网网站运维中心 版权所有,
14              copyright &copy; 2012 - 2015,  all rights reserved.</strong>
15          </div >
16      </body >
17 </html>
```

本 章 小 结

　　框架基础结构包括框架集和框架,框架集中可以包含若干个框架,框架只能出现在框架集 frameset 标记中,浮动框架是框架的一种特殊情况,只能出现在 HTML 主体 body 标记中。

　　框架集的分割方式有 3 种:水平分割、垂直分割和嵌套分割,分别通过 frameset 标记的 rows、cols 属性进行设置,属性值可以是数值、百分比、"﹡"。

　　两种框架主要介绍了框架的插入方式、大小调整、显示方式、初始指定网页设置、名称设置等内容。框架是一种页面布局技术,一般用来实现网站的页面导航,通过超链接的 target 属性与框架或浮动框架的 name 属性相关联来实现页面导航。

练习与实验

练 习 12

1. 选择题

(1) ＜a href＝"blog/news. html" target＝"mainFrame" ＞…＜/a＞,表示(　　)。

　　(A) 在 mainFrame 框架中打开链接　　　(B) 在框架页中的上面框架中打开链接

　　(C) 在整个框架页中打开链接　　　　　　(D) 在本窗口打开超链接

(2) 在 body 中插入浮动框架的正确语句是(　　)。

(A) ＜body＞＜iframe src＝"" name＝"rightframe"＞…＜/body＞

(B) ＜body＞＜iframe src＝"" name＝"rightframe"＞＜/iframe＞…＜/body＞

(C) ＜body＞＜frame src＝"" name＝"rightframe"＞…＜/body＞

(D) ＜body＞＜frame src＝"" name＝"rightframe"＞＜/frame＞…＜/body＞

(3) 在框架集中＜frame noresize＞的具体含义是(　　)。

(A) 个别框架名称　　(B) 定义个别框架　　(C) 不可改变尺寸　　(D) 背景资讯

(4) 表示显示框架集所有边框的 HTML 的代码是(　　)。

(A) ＜frameset frameborder＝"1"＞　　　　(B) ＜frame frameborder＝"1"＞

(C) ＜frame border＝"1"＞　　　　　　　　(D) ＜frameset border＝"yes"＞

(5) 显示框架上下边距为 20px 的 HTML 代码是(　　)。

(A) ＜frame marginwidth＝"20px"＞　　　　(B) ＜frameset framespadding＝"20px"＞

(C) ＜frameset border＝"20px"＞　　　　　(D) ＜frame marginheight＝"20px"＞

(6) 框架集水平分割通过下列(　　)属性来实现。

(A) col　　　　　　(B) row　　　　　　(C) rows　　　　　　(D) cols

(7) 框架集中边框隐藏通过 frameborder＝(　　)来实现。

(A) 1　　　　　　　(B) 0　　　　　　　(C) yes　　　　　　(D) no

(8) 允许框架边框出现滚动条可通过设置(　　)属性值为 yes 或 auto。

(A) scroll　　　　　(B) framescroll　　　(C) noresize　　　　(D) scrolling

2. 填空题

(1) 框架集标记是＿＿＿＿＿、框架的标记是＿＿＿＿＿、浮动框架的标记是＿＿＿＿＿,其中＿＿＿＿＿标记是单个标记(只填标记名称)。

(2) 浮动框架的 name 属性值为 leftiframe,让超链接在此浮动框架中打开 http://www.edu.cn 网站的正确的超链接是＿＿＿＿＿。

3. 简答题

(1) 简要说明表格与框架在网页布局时的区别是什么。

(2) 如何让框架或浮动框架能够动态地加载其他 HTML 文档?

实验 12

1. 设计框架集的页面效果如图 12-1 所示。要求如下:

(1) 顶部框架高度大小为页面的 20%,HTML 文档名为 exp_12_1_header.html;

(2) 中部框架高度占 70%;其中左边框架宽度占 15%,左边 HTML 文档名为 exp_12_1_nav.html,右边 HTML 文档名为 exp_12_1_article.html;

(3) 底部框架高度占 10%,底部 HTML 文档名为 exp_12_1_footer.html。

2. 设计如图 12-2 所示页面,要求如下:

(1) 页面标题为:"浮动框架应用";

(2) 页面内容为:1 个标题,网页内嵌入 2 个浮动框架、2 个超链接。标题内容:3 号标题显示"浮动框架中打开新页面";2 个浮动框架名称分别为 left、right,初始网页分别为 http://www.pku.edu.cn 和 http://www.seu.edu.cn;2 个超链接分别在左、右 2 个浮动框架中打开 2 个网页,分别是 https://www.baidu.com 和 http://www.qq.com,2 个超链接的 target 属性分别指向 2 个浮动框架 left、right。

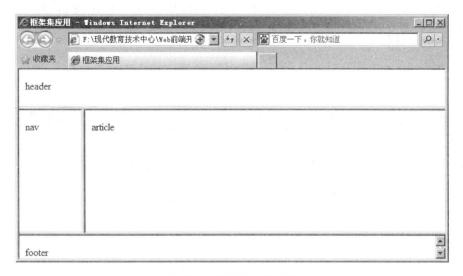

图 12-1　框架集分割实例

图 12-2　浮动框架中打开新网页

254

网站赏析

国内网站欣赏 2 例

1. 美橙互联网站 http://www.cndns.com/,如图 12-3 所示。

图 12-3　美橙互联网站首页

2. 中国工业设计协会网站 http://www.chinadesign.cn/index.php,如图 12-4 所示。

图 12-4　中国工业设计协会首页

第 13 章　　表　单

本章学习目标

　　运用 CSS＋DIV 技术可以根据用户需求设计各式各样、丰富多彩的网站,用户通过浏览器去浏览网站的信息,但这样的网站仅是信息的发布者和提供者,用户也只是网站信息的浏览者,网站无法与用户进行交互。如果需要通过网站采集用户的有关信息或用户需要向网站管理员反馈相关信息时,除了使用邮件之外,最有效的方法就是在网站上设计表单。表单可以让用户在线提交相关信息给服务器。服务器接收到信息之后,进行相应业务处理后再将处理结果返回给用户或管理者。

　　Web 前端开发工程师应掌握以下内容:

- 理解 Web 网页中表单的概念与作用。
- 掌握表单结构语法及属性语法。
- 掌握表单控件(元素)标记语法及属性语法。
- 掌握域和域标题标记语法。
- 学会综合运用表单及表单控件(元素)设计 Web 网页。

　　互联网上的网站一般都设有表单。因为表单可以采集用户的信息,然后发送给服务器进行存储和处理,再通过服务器将处理结果反馈给用户。Web 网页中的表单一般用来做网络调查、用户在线注册、信息检索及网站服务提供商需要向用户采集的其他信息等。对采集来的信息进行适当加工处理,形成重要的商业参考信息,为网站服务提供商提供决策支持。

13.1　表　单　概　述

　　表单是较为复杂的 HTML 元素,经常与脚本、动态网页、后台数据处理等结合在一起使用,是设计动态网页的必备元素。利用表单可以在 HTML 页面中插入一些表单控件(元素),如文本框、提交按钮、重置按钮、单选按钮、复选框、下拉列表框等,完成各类信息的采集。

表单标记

　　表单 form 标记为成对标记,以<form>开始和</form>结束。表单定义了采集数据的范围,其所包含的数据内容将被完整地提交给服务器。

1. 基本语法

```
1   < form method = "post" action = "">
2       < input type = "text" name = "">
3       < textarea name = "" rows = "" cols = ""></textarea >
4       < select name = "">
```

```
5              < option value = "" selected >
6              < option value = "">
7         </select>
8   </form>
```

2. 语法说明

<form>和</form>之间可包含各种表单信息输入标记。代码中第 2 行是单行文本输入框、第 3 行是多行文本域、第 4 行~第 7 行是下拉列表框。

3. 属性说明

表单标记的属性主要有 name、action、method、enctype 等,属性的取值及说明如表 13-1-1 所示。

表 13-1-1   表单标记属性取值说明

属性	值	说　　明
name	name	规定表单的名称
action	url	规定当提交表单时,向何处发送表单数据
method	get | post	规定如何发送表单数据。post 方法主要包含名称/值对,并且无须包含于 action 属性的 URL 中。get 方法把名称/值对加在 action 的 URL 后面并且把新的 URL 送至服务器,不推荐使用
enctype	MIME_type	规定表单数据在发送到服务器之前应该如何编码

【例 13-1-1】   表单的应用。代码如下所示,其页面效果如图 13-1-1 所示。

```
1   <! -- edu_13_1_1.html -->
2   <!doctype html >
3   < html lang = "en">
4       < head >
5           < meta charset = "UTF - 8">
6           < title>表单的使用实例</title>
7       </head >
8       < body >
9           < form name = "form1" method = "post" action = "form_action. jsp" enctype = "text/plain">
10              < h3 >输入课程成绩</h3 >
11              姓名:< input type = "text"/>< br/>
12              高等数学:< input type = "text" size = "15"/>
13              大学物理:< input type = "text" size = "15"/>< br/>< br/>
14              < input type = "submit" value = "成绩提交"/>
15              < input type = "reset" value = "成绩重置"/>
16          </form>
17      </body >
18  </html >
```

4. 代码解释

代码中第 9 行~第 16 行定义了 1 个表单,指定该表单的名称为 form1,提交方式为 post,处理程序为 form_action. jsp,编码方式为 text/plain;第 11 行~第 13 行定义了 3 个单行文本输入框,用于输入学生的姓名和课程成绩;第 14 行定义 1 个提交按钮;第 15 行定义 1 个重置按钮。

图 13-1-1　表单使用实例

13.2　定义域和域标题

利用 fieldset 标记可以在网页上定义域,在表单中使用域可以将表单的相关元素进行分组。fieldset 标记将表单内容的一部分打包,生成一组相关表单的字段。当一组表单元素放到 fieldset 标记内时,浏览器会以特殊方式来显示它们,它们可能有特殊的边界、3D 效果,或者可创建一个子表单来处理这些元素。legend 标记为 fieldset 标记定义域标题。

1. 基本语法

```
1  < form >
2      < fieldset >
3          < legend align = "left|center|right">域标题内容</legend >
4      </fieldset >
5  </form >
```

2. 属性语法

fieldset 标记没有属性,是成对标记。legend 标记必须位于 fieldset 标记内,也是成对标记,有一个对齐 align 属性,属性值分别为 left、center、right。

【例 13-2-1】 域和域标题标记的应用。代码如下所示,其页面效果如图 13-2-1 所示。

```
1  <! -- edu_13_2_1. html -->
2  <! doctype html >
3  < html lang = "en">
4      < head >
5          < meta charset = "UTF - 8">
6          < title >定义域和域标题实例</title >
7      </head >
8      < body >
9          < form >
10             < fieldset >
11                 < legend align = "center">基本信息</legend >
12                 姓名:< input name = "name" type = "text">
13                 性别:< input name = "sex" type = "text">
14             </fieldset >
15             < fieldset >
16                 < legend align = "center">其他信息</legend >
```

```
17                    身高: < input name = "height" type = "text">
18                    体重: < input name = "weight"type = "text">
19              </fieldset>
20          </form>
21      </body>
22  </html>
```

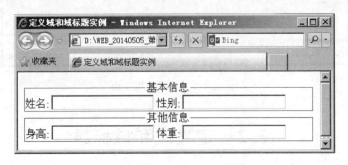

图 13-2-1　域和域标题的应用实例

3. 代码解释

代码中第 10 行~第 14 行定义了 1 个域,域标题为"基本信息",包含姓名和性别信息;第 15 行~第 19 行定义了另外 1 个域,域标题为"其他信息",包含身高和体重信息。

13.3　表单信息输入

表单的主要功能是为用户提供输入信息的接口,将输入信息发送到服务器并等待服务器响应。表单中输入信息的标记是 input 标记,可以输入 1 行信息。input 标记是单个标记。

1. 基本语法

```
1  < form >
2      < input name = "" type = "" />
3  </form >
```

2. 属性说明

表单输入信息标记的属性主要有 name、type 等,输入类型是由类型 type 属性定义的。type 属性有很多不同的值,设置属性值不同,就会产生不同界面效果。input 标记的属性、取值及说明如表 13-3-1 所示。

表 13-3-1　表单信息输入标记属性取值说明

属性	值	说　明
name	name	定义 input 元素的名称
type	text|password|checkbox|radio|image| submit|reset|button|file|hidden	规定 input 元素的类型。text 为单行文本输入框;password 为密码输入框;checkbox 为复选框;radio 为单选按钮;image 为图像按钮;submit 为提交按钮;reset 为重置按钮;button 为普通按钮;file 为文件选择框;hidden 为隐藏框

13.3.1 单行文本输入框

设置 input 标记的 type 属性值为 text,可以实现向表单中插入 1 个单行文本框。在单行文本框中可以输入任意类型的数据,但是输入的数据只能单行显示,不能换行。

1. 基本语法

```
1  < form >
2      < input name = "" type = "text" maxlength = "" size = "" value = "" readonly />
3  </ form >
```

2. 属性说明

单行文本输入框的主要属性有 name、maxlength、size、value、readonly,其属性、取值及说明如表 13-3-2 所示。

表 13-3-2　文本输入框标记属性取值说明

属　　性	值	说　　明
name	name	定义 input 元素的名称
maxlength	number	规定输入字段中的字符的最大长度
size	number_of_char	定义输入字段的宽度。其值小于或等于最大长度
value	value	规定 input 元素的默认值
readonly	readonly	规定文本框中内容只读,不能修改和编辑

13.3.2 密码输入框

设置 input 标记的 type 属性值为 password,可以实现向表单中插入 1 个密码输入框。密码输入框中可以输入任意类型的数据,与单行文本输入框有所不同,这些数据不是显式地显示在页面上,而是被显示字符"·"所取代,这样设计可以保障用户输入的密码不被泄露。

1. 基本语法

```
1  < form >
2      < input name = "" type = "password" maxlength = "" size = ""/>
3  </ form >
```

2. 属性说明

密码输入框的主要属性、取值及说明如表 13-3-3 所示。

表 13-3-3　密码输入框属性取值说明

属　　性	值	说　　明
name	name	定义 input 标记的名称
maxlength	number	规定输入字段中的字符的最大长度
size	number_of_char	定义输入字段的宽度。其值小于或等于最大长度

【例 13-3-1】 用户信息输入。代码如下所示,其页面效果如图 13-3-1 所示。

```
1  <! -- edu_13_3_1.html -->
2  <! doctype html >
3  < html lang = "en">
```

```
4        < head >
5            < meta charset = "UTF - 8">
6            < title>单行文本输入框实例</title>
7        </head >
8        < body >
9            < h4>输入用户信息</h4>
10           < form >
11               用户名: < input type = "text" name = "chu" maxlength = "20" size = "10"/>
12               身份: < input type = "texL" name = "" readonly value = "学生">< br >
13               密     码:< input type = "password" name = "psw" maxlength =
"20" size = "10">
14           </ form >
15       </ body >
16  </html >
```

图 13-3-1 输入用户信息

3. 代码解释

代码中第 11 行在表单中插入 1 个单行文本输入框,其名称为 chu,并定义最大长度为 20、显示宽度为 10,超出宽度时,输入内容向左移动,直到达到最大长度为止,文本框的默认值为空;第 12 行插入一个单行文本框,赋初值为"学生",且定义了 readonly 属性,此文本框不可修改。第 13 行插入一个密码框,其名称为 psw,并定义最大长度为 20、显示宽度为 10,超出宽度时,输入内容向左移动,直到达到最大长度为止。密码输入框中输入的字符显示为"·"。

13.3.3 复选框

设置 input 标记的 type 属性值为 checkbox,可以实现向表单中插入 1 个复选框,用户可利用复选框在网页上设置多项选择。

1. 基本语法

```
1   < form >
2       < input name = "" type = "checkbox" value = "" checked = "checked"/>
3   </form >
```

2. 属性说明

复选框的主要属性有 name、value、checked,其中 checked 属性用于设置初始预选项。复选框的属性、取值及说明如表 13-3-4 所示。

由于复选择框可以支持多选,每一个复选框都是不同的,一组复选框的所有 name 属性值应该不同,value 属性值也应该不同。

表 13-3-4　复选框属性取值说明

属　　性	值	说　　明
name	name	定义 input 标记的名称
value	value	规定 input 标记的值
checked	checked	预先选定复选框

13.3.4　单选按钮

设置 input 标记的 type 属性值为 radio,可以实现向表单中插入 1 个单选按钮,用户可利用单选按钮在网页上为某一选择设置多个单选项。

1. 基本语法

```
1  < form >
2      < input name = "" type = "radio" value = "" checked = "checked"/>
3  </form >
```

2. 属性说明

单选按钮的属性有 name、value 和 checked 等,其属性、取值及说明如表 13-3-5 所示。

表 13-3-5　单选按钮属性取值说明

属　　性	值	说　　明
name	name	定义 input 标记的名称
value	value	规定 input 标记的值
checked	checked	预先选定单选按钮

由于单选按钮必须是唯一的,所以在一组单选按钮中,只能选择一个单选按钮,所以一组单选按钮的所有 name 属性值必须相同,value 属性取值应该不同。

【例 13-3-2】　复选框与单选按钮的应用。代码如下所示,其页面效果如图 13-3-2 所示。

```
1  <! -- edu_13_3_2.html -->
2  <! doctype html >
3  < html lang = "en">
4      < head >
5          < meta charset = "UTF - 8">
6          < title >复选框与单选按钮的应用</title >
7          < style type = "text/css">
8          fieldset{width:300px;height:120px;border:2px double #003399;
padding - left:30px;}
9          </style >
10     </head >
11     < body >
12         < form >
13             < fieldset >
14                 < legend >请填写个人信息</legend >< br >
15                 姓名:< input type = "text" name = "xm" maxlength = "10" size = "10">< br >
16                 爱好:< input type = "checkbox" name = "c1" value = "读书"/>读书
17                 < input type = "checkbox" name = "c2" value = "唱歌" checked = "checked"/>唱歌
18                 < input type = "checkbox" name = "c3" value = "游戏" checked = "checked"/>游戏
< br >
```

```
19              性别: < input type = "radio" name = "sex" value = "male" checked = "checked"/>男性
20              < input type = "radio" name = "sex" value = "female"/>女性
21          </fieldset>
22       </form>
23    </body>
24 </html>
```

3. 代码解释

代码中第 8 行定义 fieldset 标记的样式；第 13 行~第 21 行在表单中插入域和域标题标记,对表单元素进行分组,其中第 15 行在表单中插入单行文本输入框;第 16 行~第 18 行分别在表单中插入 3 个复选框,name 属性值分别为 c1、c2 和 c3,value 属性取值分别为"读书"、"唱歌"和"游戏",并给 input 标记设置"checked"属性,将名称为 c2 和 c3 复选框设置为预选项;第 19 行~第 20 行在表单中插入 2 个单选按钮,name 属性值均为 sex,value 属性

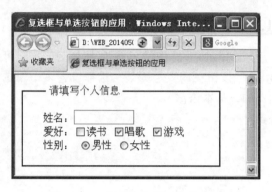

图 13-3-2　复选框与单选钮的应用

值分别为 male 和 female,并给 input 标记设置 checked 属性,将"男性"单选按钮设置成预选项。

13.3.5　图像按钮

设置 input 标记的 type 属性值为 image,可以实现向表单中插入一个图像按钮,用户可利用图像按钮在网页中插入一张图像,通过 src 属性加载图像。

1. 基本语法

```
1 < form >
2     < input name = "" type = "image" src = "" width = "" height = ""/>
3 </form>
```

2. 属性说明

图像按钮的主要属性有 name、src、width、height,其属性、取值及说明如表 13-3-6 所示。

表 13-3-6　图像按钮属性取值说明

属　　性	值	说　　明
name	name	定义 input 标记的名称
src	URL	定义以提交按钮形式显示的图像的 URL
width	width	规定图像的宽度,单位为像素
height	height	规定图像的高度,单位为像素

【例 13-3-3】　在网页中使用图像按钮。代码如下所示,其页面效果如图 13-3-3 所示。

```
1 <! -- edu_13_3_3.html -->
2 <!doctype html >
3 < html lang = "en">
4     < head >
```

```
5            < meta charset = "UTF - 8">
6            <title>图像按钮实例</title>
7            < style type = "text/css">
8                body{text - align:center;}
9                input{width:150px;height:120px;}
10           </style >
11     </head >
12     < body >
13         < form >
14             < h3 >我国首艘航母辽宁号</h3>
15             < input type = "image" name = "image" src = "liaoninghao.jpg" />
16             < input type = "submit" value = "提交">
17         </form >
18     </body >
19 </html >
```

图 13-3-3   图像按钮实例

3. 代码解释

代码第 8 行设置 body 标记样式为内容居中；第 9 行设置 input 标记宽度和高度；第 15 行在表单中插入 1 个图像按钮，名称为 image，图像来源路径为当前目录下的 liaoninghao.jpg；第 16 行插入一个提交按钮。当用户单击图像按钮时，URL 中会显示当前鼠标的坐标位置值（如 edu_13_3_3.html? image.x=76&image.y=69）。

13.3.6 提交按钮

设置 input 标记的 type 属性值为 submit，可以实现向表单中插入 1 个提交按钮，提交按钮用于将表单的信息提交至服务器进行处理。

1. 基本语法

```
1  < form >
2      < input name = "" type = "submit" value = ""/>
3  </form >
```

2. 属性说明

提交按钮的属性主要有 name、value，其属性、取值及说明如表 13-3-7 所示。

表 13-3-7　提交按钮属性取值说明

属　性	值	说　明
name	name	定义 input 标记的名称
value	value	规定 input 标记的值

在表单中插入提交按钮时,如果不设置属性 value 的值,它的初始值是"提交查询按钮"。所以一定要给 value 属性赋值。

13.3.7　重置按钮

设置 input 标记的 type 属性值为 reset,可以实现向表单中插入 1 个重置按钮,重置按钮用于将表单中所有的输入信息清空,然后让用户可以重新填写。

1. 基本语法

```
1  <form>
2      <input name = "" type = "reset" value = "">
3  </form>
```

2. 属性说明

重置按钮的属性主要有 name 和 value,其属性、取值及说明如表 13-3-8 所示。

表 13-3-8　重置按钮属性取值说明

属　性	值	说　明
name	name	定义 input 标记的名称
value	value	规定 input 标记的值

13.3.8　普通按钮

设置 input 标记的 type 属性值为 button,可以实现向表单中插入 1 个普通按钮。普通按钮在网页设计非常有用,如果不通过表单提交按钮来处理事件,则可以给普通按钮绑定事件代码,来实现所需的功能。

1. 基本语法

```
1  <form>
2      <input name = "" type = "button" value = "" onclick = ""/>
3  </form>
```

2. 属性说明

普通按钮的属性有 name、value 和 onclick,其属性、取值及说明如表 13-3-9 所示。

表 13-3-9　普通按钮属性取值说明

属　性	值	说　明
name	name	定义 input 标记的名称
value	value	规定 input 标记的值
onclick	事件代码	绑定事件代码、自定义函数或直接使用脚本代码

【例 13-3-4】 三种按钮的应用。代码如下所示,其页面效果如图 13-3-4 所示。

```
1  <! -- edu_13_3_4.html -->
2  <!doctype html>
3  < html lang = "en">
4      < head >
5          < meta charset = "UTF - 8">
6          < title>三种按钮的应用</title>
7          < style type = "text/css">
8              input{width:100px;height:25px;}
9              body{text - align:center;}
10             fieldset{width:400px;height:180px;}
11         </style >
12     </head >
13     < body >
14         < form >
15             < fieldset >
16                 < legend>三种按钮的应用</legend>
17                 < h3>请输入用户信息: </h3>
18             用户名: < input type = "text" name = "username" size = "10"/>
19             密码: < input type = "password" name = "password" size = "10"/>< br/>< br >
  
20                 < input type = "submit" name = "submit" value = "提交"/>
21                 < input type = "reset" name = "reset" value = "重置"/>
22                  < input type = "button" name = "button" value = "注册新用户" onclick = "
javascript:alert('注册新用户');"/>
23             </fieldset >
24         </form >
25     </body >
26 </html >
```

图 13-3-4　三种按钮的应用

3. 代码解释

代码中第 8 行~第 10 行分别定义了 input、body、fieldset 标记的样式;第 15 行~第 23 行在表单中插入域和域标题标记,对表单元素进行分组,第 20 行在表单中插入 1 个提交按钮,名称为 submit,值为"提交";第 21 行在表单中插入 1 个重置按钮,名称为 reset,值为"重置";第 22 行在表单中插入 1 个普通按钮,名称为 button,值为"注册新用户"。选择"注册新用户"按钮后,触发 onclick 事件,执行 JavaScript 代码,弹出"注册新用户"告警框,如图 13-3-4 所示。

13.3.9 文件选择框

设置 input 标记的 type 属性值为 file,可以实现向表单中插入 1 个文件选择框。

1. 基本语法

```
1  < form >
2      < input name = "" type = "file">
3  </form >
```

2. 属性说明

name:定义 input 标记的名称。页面上会自动添加一个文本输入框和一个"浏览"按钮。单击"浏览"按钮可以从"选择要加载的文件"对话框选择某一个文件,然后将文件名称回填到文本输入框中,但并没有做任何其他操作。

13.3.10 隐藏框

设置 input 标记的 type 属性值为 hidden,可以实现向表单中插入 1 个隐藏框,用户提交表单时,隐藏框的信息也会一起提交到服务器,但隐藏框在网页中是不可见的。

1. 基本语法

```
1  < form >
2      < input name = "" type = "hidden" value = "" />
3  </form >
```

2. 属性说明

隐藏框的属性有 name 和 value,其属性、取值及说明如表 13-3-10 所示。

表 13-3-10　隐藏框属性、取值说明

属　性	值	说　　明
name	name	定义 input 标记的名称
value	value	规定 input 标记的值

【例 13-3-5】 文件选择框与隐藏框的应用。代码如下所示,其页面效果如图 13-3-5 所示。

```
1   <! -- edu_13_3_5.html -->
2   <!doctype html >
3   < html lang = "en">
4      < head >
5          < meta charset = "UTF - 8">
6          <title>文件选择框与隐藏框的应用</title>
7          < style type = "text/css">
8              fieldset{width:500px;height:200px;margin:20px;}
9          </style >
10     </head >
11     < body >
12         < form >
13             < fieldset >
14                 < legend >文件选择框与隐藏框的应用</legend >
15                 <h4 >请输入个人信息: </h4 >
```

```
16              姓名:< input type = "text" name = "name" size = "10"/>
17              性别:< input type = "radio" name = "sex" value = "male"/>男
18              < input type = "radio" name = "sex" value = "female"/>女  
19              年龄:< input type = "text" name = "age" size = "8"/>< br>
20              < h4>请选择照片文件: </ h4>
21              < input type = "file" name = "file">< br>
22              < input type = "hidden" name = "admin" value = "ABCD">
23          </fieldset >
24      </form >
25    </body >
26 </html >
```

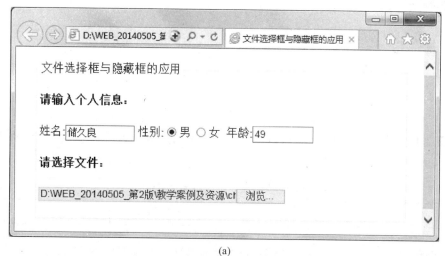

(a)

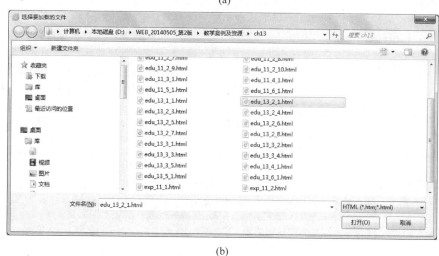

(b)

图 13-3-5   文件选择框与隐藏框的应用

3. 代码解释

代码中第 8 行定义了 fieldset 标记的样式;第 12 行~第 25 行在 body 标记内插入表单;并在表单中插入域和域标题标记;第 16 行、第 17 行在表单中分别插入 1 个单行文本输入框;第 18 行、第 19 行分别插入 1 个单选按钮;第 21 行插入 1 个文件选择框,名称为 file,用户可选择相关文件。单击"浏览"按钮后,弹出"选择要加载的文件"对话框,如图 13-3-5(b)所示,选择 edu_13_2_1.html 后,单击"打开"按钮,所选文件的名称自动回填到文本输入框内。

13.4 多行文本输入框

网站管理员经常需要收集用户对某一事件的看法或征求一下用户的意见,而用户的反馈意见往往比较长,而单行文本输入框不能满足这一要求。textarea 标记可以向表单中插入多行文本输入框。多行文本输入框可以用来输入较多的文字信息,而且可以换行,并将这些信息提交到服务器。

1. 基本语法

```
1  < form >
2      < textarea name = "" rows = "" cols = "" wrap = ""/>初始信息内容</textarea >
3  </form >
```

2. 属性说明

多行文本输入框 textarea 标记是成对标记,其主要属性有 name、rows、cols、wrap 等,其属性、取值及说明如表 13-4-1 所示。默认情况下,当用户在文本区域中输入文本后,浏览器会将它们按照输入时的状态发送给服务器。只有用户按下 Enter 键的地方生成换行。

表 13-4-1 多行文本输入框属性取值说明

属性	值	说 明
name	name	定义 textarea 标记的名称
rows	number	规定文本区内的可见行数
cols	number	规定文本区内的可见宽度
wrap	wrap|virtual|physical|off	wrap——文本区会包含一行文本,用户必须将光标移动到右边才能看到全部文本,这时将把一行文本传送给服务器;virtual——将实现文本区内的自动换行,但在传输给服务器时,文本只在用户按下 Enter 键的地方进行换行,其他地方没有换行的效果;physical——将实现文本区内的自动换行,并以这种形式传送给服务器;off——不会自动换行,输入内容超出文本域右界时,文本将向左滚动,必须按 Enter 键才能将插入点移到下一行

【例 13-4-1】 征求意见表。代码如下所示,其页面效果如图 13-4-1 所示。

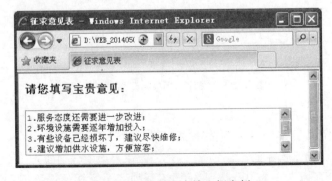

图 13-4-1 多行文本输入框实例

```
1   <! -- edu_13_4_1.html -->
2   <!doctype html >
3   < html lang = "en">
4       < head >
5           < meta charset = "UTF - 8">
6           < title>征求意见表</title>
7       </head >
8       < body >
9           < form >
10              < h3>请您填写宝贵意见: </h3>
11              < textarea name = "info" rows = "4" cols = "50" wrap = "virtual">
12              </textarea >
13          </form >
14      </body >
15  </html >
```

3. 代码解释

代码中第 11 行在表单中插入了 1 个 4 行 50 列的多行文本输入框,名称为 info,wrap 值设为 virtual,即文本区自动换行。

13.5　下拉列表框

下拉列表可以在表单中接受用户的输入。下拉列表通常需要同时使用 select 和 option 标记来在表单中插入下拉菜单和列表项。

1. 基本语法

```
1   < form >
2       < select name = "" size = "" multiple >
3           < option value = "" selected>文字信息</option>
4           < option value = ""></option>
5           ...
6       </select >
7   </form >
```

2. 属性说明

select 标记是成对标记,option 标记是单个标记,但应该把它补成成对标记,结构更为清晰。select 标记有 name、size、multiple 等属性。option 标记有 value、selected 等属性。select 标记与 option 标记必须配合使用。每一选项必须指定一个显示的文本和一个 value 值,显示文本通常附在 option 标记后面。它们的属性、取值及说明如表 13-5-1 所示。

表 13-5-1　select 和 option 标记属性取值及说明

标 记 名 称	属　　性	值	说　　明
select	name	name	定义 select 标签的名称
	size	number	规定下拉列表中可见选项的数目
	multiple	multiple	规定可选择多个选项
option	value	value	规定列表项的值
	selected	selected	设置预选列表项

【例 13-5-1】 下拉列表框的应用。代码如下所示,其页面效果如图 13-5-1 所示。

```
1   <! -- edu_13_5_1.html -->
2   <!doctype html>
3   <html lang = "en">
4    <head>
5     <meta charset = "UTF-8">
6        <title>下拉列表框的应用</title>
7      </head>
8      <body>
9         <form>
10           <h3>请选择您的课程:</h3>
11           <select name = "course" size = "4"  multiple>
12               <option value = "c1" selected>C/C++程序设计</option>
13               <option value = "c2">计算机网络</option>
14               <option value = "c3" >数据结构</option>
15               <option value = "c4">Java 程序设计</option>
16               <option value = "c5">计算机组成原理</option>
17           </select>
18         </form>
19      </body>
20  </html>
```

图 13-5-1　下拉列表框实例

3. 代码解释

代码中第 11 行~第 17 行插入了 1 个下拉列表框,名称为 course,选项数目为 4,设置 multiple 属性支持多选;第 12 行~第 16 行插入了 5 个列表项,列表项内容为课程名称,其中第 12 行设置 selected 属性,使列表项"C/C++程序设计"为默认选择项。

13.6　综 合 实 例

以"第十八届中国国际广告节会议注册表"页面为例,页面如图 13-6-1 所示。

采用 11 行 9 列的表格布局来完成页面设计,注册界面使用表单和表单控件来实现。实现的代码如下所示:

```
1   <! -- edu_13_6_1.html -->
2   <!doctype html>
3   <html lang = "en">
```

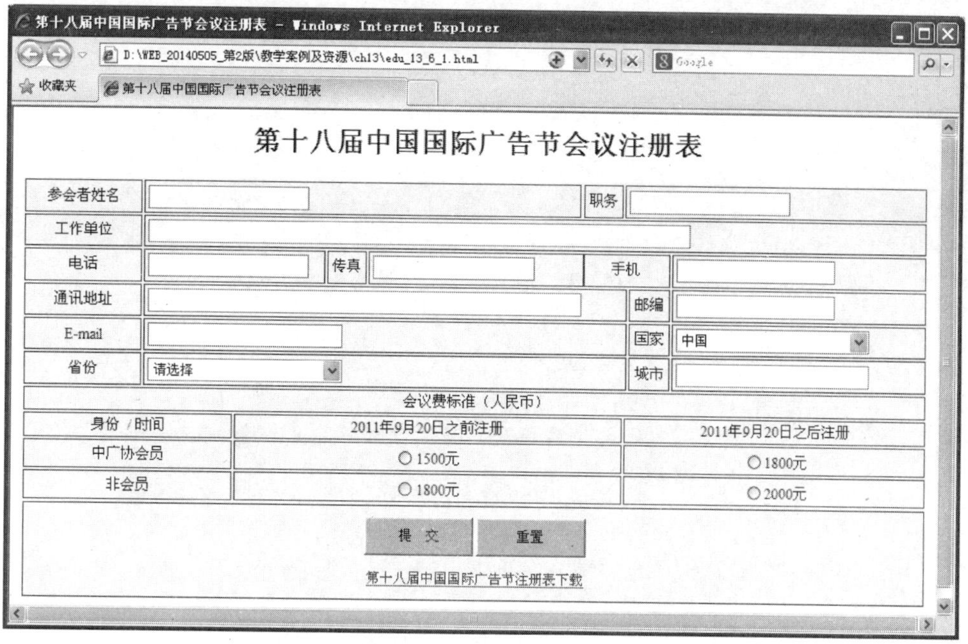

图 13-6-1　第十八届中国国际广告节会议注册表效果图

```
4        <head>
5            <meta charset = "UTF - 8">
6            <title>第十八届中国国际广告节会议注册表</title>
7        <style type = "text/css">
8            body{text - align:center;}
9            h1{font - size:25px;text - align:center;}
10           .zhuce{font - size: 14px; text - align: center; width: 840px; margin: 0 auto;
background: #f7f7f7;}
11           .zhuce td{border:1px solid #3300cc;padding:2px 3px;}
12           .zhuce .ibg{text - align:left;}
13           .zhuce .bbg{padding:10px 0;font - size:13px;}
14           #bt{width:100px;height:35px;background: #99ffcc;}
15       </style>
16   </head>
17   <body>
18       <h1>第十八届中国国际广告节会议注册表</h1>
19       <form>
20           <table class = "zhuce">
21               <tr>
22                   <td width = "100px">参会者姓名</td>
23                   <td colspan = "4" class = "ibg">
24                       <input name = "txtName" type = "text">
25                   </td>
26                   <td>职务</td>
27                   <td colspan = "3" class = "ibg">
28                       <input name = "txtZhiwu" type = "text">
29                   </td>
30               </tr>
```

```
31              <tr>
32                  <td>工作单位</td>
33                  <td colspan = "8" class = "ibg">
34                      < input name = "txtDanwei" type = "text" style = "width:500px;">
35                  </td>
36              </tr>
37              <tr>
38                  <td>电话</td>
39                  <td colspan = "2" class = "ibg">
40                      < input name = "txtTel" type = "text">
41                  </td>
42                  <td>传真</td>
43                  <td class = "ibg">
44                      < input name = "txtFax" type = "text">
45                  </td>
46                  <td colspan = "3">手机</td>
47                  <td class = "ibg">
48                      < input name = "txtMobil" type = "text">
49                  </td>
50              </tr>
51              <tr>
52                  <td>通讯地址</td>
53                  <td colspan = "6" class = "ibg">
54                      < input name = "txtAddress" type = "text" style = "width:400px;">
55                  </td>
56                  <td>邮编</td>
57                  <td class = "ibg">
58                      < input name = "txtPostCode" type = "text">
59                  </td>
60              </tr>
61              <tr>
62                  <td>E - mail</td>
63                  <td colspan = "6" class = "ibg">
64                      < input name = "txtEmail" type = "text" style = "width:180px;">
65                  </td>
66                  <td>国家</td>
67                  <td class = "ibg">
68                      < select name = "ddlCountry" id = "ddlCountry" style = "width:
180px;">
69                          < option value = "中国" selected >中国</option>
70                          < option value = "欧洲 - 英国">欧洲 - 英国</option>
71                          < option value = "南美洲 - 巴西">南美洲 - 巴西</option>
72                          < option value = "美国">美国</option>
73                          < option value = "非洲 - 南非">非洲 - 南非</option>
74                      </select >
75                  </td>
76              </tr>
77              <tr>
78                  <td>省份</td>
79                  <td colspan = "6" class = "ibg">
80                      < select name = "ddlProvince" style = "width:180px;">
```

```
81              <option value = "请选择">请选择</option>
82              <option value = "北京市">北京市</option>
83              <option value = "天津市">天津市</option>
84              <option value = "重庆市">重庆市</option>
85              <option value = "上海市">上海市</option>
86            </select>
87          </td>
88          <td>城市</td>
89          <td class = "ibg">
90            <input name = "txtCity" type = "text" style = "width:180px;">
91          </td>
92        </tr>
93        <tr>
94          <td colspan = "9"><p>会议费标准(人民币)</p></td>
95        </tr>
96        <tr>
97          <td colspan = "2">身份 / 时间</td>
98          <td colspan = "4">2011 年 9 月 20 日之前注册</td>
99          <td colspan = "3">2011 年 9 月 20 日之后注册</td>
100       </tr>
101       <tr>
102         <td colspan = "2">中广协会员</td>
103         <td colspan = "4">
104           <input type = "radio" name = "rbMem" value = "rbMem1">1500 元
105         </td>
106         <td colspan = "3">
107           <input type = "radio" name = "rbMem" value = "rbMem2">1800 元
108         </td>
109       </tr>
110       <tr>
111         <td colspan = "2">非会员</td>
112         <td colspan = "4">
113           <input type = "radio" name = "rbMem" value = "rbNoMem1">1800 元
114         </td>
115         <td colspan = "3">
116           <input type = "radio" name = "rbMem" value = "rbNoMem2">2000 元
117         </td>
118       </tr>
119       <tr>
120         <td colspan = "9" class = "bbg">
121           <input id = "bt" type = "submit" name = "btnOk" value = "提 交">
122           <input id = "bt" type = "reset"><br><br>
123           <a href = "邀请函和注册表 2011.doc">第十八届中国国际广告节注册
表下载</a>
124         </td>
125       </tr>
126     </table>
127   </form>
128 </body>
129 </html>
```

代码解释

代码中第 17 行～第 127 行在 HTML 的 body 标记中插入表单,在表单中又插入 1 个 11 行 9 列的表格;

第 24 行、28 行、34 行、40 行、44 行、48 行、54 行、58 行、64 行插入单行文本输入框,分别用于输入参会者姓名、职务、工作单位、电话、传真、手机、通讯地址、邮编、E-mail 等信息;

第 68 行～第 74 行插入下拉列表框,用于输入用户所属国家,中国为预选状态;

第 80 行～第 86 行插入下拉列表框,用于输入用户所属省份;

第 104 行、107 行、113 行、116 行插入单选按钮,输入会员信息和缴费信息;

第 121 行插入提交按钮和重置按钮,用于提交整个表单信息和清空表单内容。

本 章 小 结

表单是 Web 服务器端和客户端进行信息交互的主要桥梁。Web 服务器通过含有表单和表单控件的 Web 页面完成用户信息的采集。表单有 3 个重要属性,分别是 name、action、method。表单有 12 个常用表单控件,分别是单行文本输入框、密码输入框、复选框、单选按钮、图像按钮、提交按钮、重置按钮、普通按钮、文件选择框、隐藏框、多行文本输入框、下拉列表框。使用域和域标题可以对表单元素进行合理分组。组合运用这些标记,可以使 HTML 网页和用户更加灵活地交互信息。

练 习 与 实 验

练习 13

1. 选择题

(1) 下列选项不是表单标记的属性是(　　)。

　(A) method 　　　　(B) action 　　　　(C) enctype 　　　　(D) option

(2) 下列选项不是 input 标记的 type 属性值的是(　　)。

　(A) password 　　(B) radio 　　　　(C) textarea 　　　(D) button

(3) 下列 input 标记的类型属性取值表示复选框的是(　　)。

　(A) hidden 　　　(B) checkbox 　　(C) radio 　　　　(D) select

(4) 下列 input 标记的类型属性取值表示单选按钮的是(　　)。

　(A) hidden 　　　(B) checkbox 　　(C) radio 　　　　(D) select

(5) 用于设置文本输入框显示宽度的属性是(　　)。

　(A) size 　　　　(B) maxlength 　　(C) value 　　　　(D) length

2. 填空题

(1) 表单 form 标记中,method 属性的取值可以为_____和_____。

(2) 表单是 Web _____和 Web _____之间实现信息交流和传递的桥梁。

(3) <select>标记必须与_____标记配合使用,包含_____、_____和_____属性。

(4) _____标记用于定义多行文本输入框,指定行数的属性为_____,指定列数的属性为_____。

（5）重置按钮的 type 属性值为_____，提交按钮的 type 属性值为_____，普通按钮的 type 属性为_____。

（6）一组复选框中复选框的 name 属性值必须_____，value 值也必须_____；而一组单选按钮中每一个单选按钮的 name 属性值必须_____，value 属性值必须_____。

（7）通过_____属性可以将某一复选框、单选按钮设置为默认预选状态；通过_____属性以将下拉列表框中的某一选项设置为默认预选状态。

（8）使用_____标记可以定义域，使用_____标记可以定义域的标题。

实验 13

1. 编写程序实现如图 13-1 所示的登录页面。

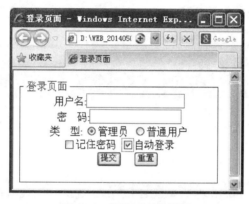

图 13-1　登录页面效果图

2. 利用表单和表单元素设计简单的应聘页面，如图 13-2 所示，写出实现的 HTML 代码。希望工作地点为：北京、上海、广州、西安、杭州、南京、重庆、天津。

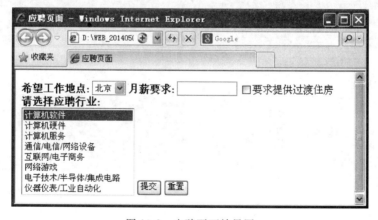

图 13-2　应聘页面效果图

 网站赏析

国外网站欣赏 2 例

1. Urbantrash Network 网站 http://www.urbantrash.net/graffiti/，如图 13-3 所示。

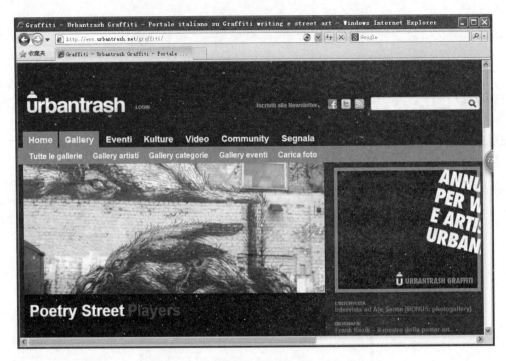

图 13-3　Urbantrash Network 网站首页图

2. 国际工业设计联合会网站 http://www.icsid.org/，如图 13-4 所示。

图 13-4　国际工业设计联合会网站首页

第 14 章　JavaScript 基础

本章学习目标

采用 HTML+CSS 技术设计的网页具有信息丰富、呈现样式美观等优势,但是网页还是缺乏与用户的交互功能。例如,在网页中使用表单采集用户信息,需要对表单中输入的各类信息进行有效性验证,需要不断地向服务器端发送请求,一旦服务器响应不及时,导致网络访问中断,就有可能损失一个潜在的用户或一定的潜在市场份额,这对商家来说无疑是一大损失。JavaScript 是一种基于对象和事件驱动并具有相对安全性的客户端脚本语言,主要目的是为服务器端脚本语言提供数据验证的基本功能。

Web 前端开发工程师应掌握以下内容:

- 理解 JavaScript 程序的概念与作用。
- 掌握 JavaScript 标识符和变量的概念及其使用方法。
- 掌握 JavaScript 常用运算符和表达式概念。
- 掌握 JavaScript 中顺序、分支、循环三种程序控制结构语法。
- 掌握 JavaScript 函数的定义方法,并学会使用。
- 学会综合运用 JavaScript 设计具有动态、交互功能的网页。

JavaScript 是目前非常流行、应用广泛的一门客户端脚本语言,在 2015 年 10 月的 Tiobe (The Importance Of Being Earnest)编程语言排行榜中,JavaScript 排名升到第 8 位(2014 年 10 月是第 12 位),在所有脚本语言中也是名列前茅。JavaScript 是一种基于对象和事件驱动并具有相对安全性的客户端脚本语言,被广泛应用于各种客户端 Web 程序开发中,尤其是 HTML 的开发,能给 HTML 网页添加动态功能,响应用户各种操作,实现诸如信息验证、数字日历、跑马灯,显示浏览器停留时间等特殊功能和效果。

14.1　JavaScript 概述

JavaScript 最初由 Netscape 公司的 Brendan Eich(布兰登·艾奇)设计,最初命名为 LiveScript,是一种动态、弱类型、基于原型的语言。后来 Netscape 与 Sun 公司进行合作,将 LiveScript 改名为 JavaScript。JavaScript 在设计之初受到 Java 启发的影响,语法上与 Java 有很多类似之处,并借用了许多 Java 的名称和命名规范。

14.1.1　JavaScript 简介

JavaScript 主要运行在客户端,用户访问带有 JavaScript 的网页,网页里的 JavaScript 程序就传给浏览器,由浏览器解释和处理。表单数据有效性验证等互动性功能,都是在客户端完成的,不需要和 Web 服务器发生任何数据交换,因此,不会增加 Web 服务器的负担。

JavaScript 具有如下特点。

1. 简单性

JavaScript 是一种脚本编程语言，采用小程序段的方式实现编程，像其他脚本语言一样，JavaScript 是一种解释性语言，因此 JavaScript 编写的程序无须进行编译，而是在程序运行过程中被逐行地解释。JavaScript 基于 Java 基本语句和控制流，学习过 Java 的编程人员非常容易上手。此外它的变量类型采用弱类型，未使用严格的数据类型安全检查。

2. 安全性

JavaScript 是一种安全性语言，它不允许程序访问本地的硬盘资源，不能将数据存入到服务器上，不允许对网络文档进行修改和删除，只能通过浏览器实现信息浏览或动态交互，从而有效地保障数据的安全性。

3. 动态性

JavaScript 可以直接对用户的输入信息进行简单处理和响应，而无须向 Web 服务程序发送请求再等待响应。JavaScript 的响应采用事件驱动的方式进行，当页面中执行了某种操作会产生特定事件（Event），比如移动鼠标、调整窗口大小等，会触发相应的事件响应处理程序。

4. 跨平台性

JavaScript 程序运行只依赖于浏览器，与操作系统和机器硬件无关，只要机器上安装支持 JavaScript 的浏览器（例如 Internet Explorer、Firefox、Chrome 等）都能正确运行。

14.1.2 第一个 JavaScript 程序

JavaScript 程序不能独立运行，必须依赖于 HTML 文件，通常将 JavaScript 代码放在 script 标记之间，由浏览器 JavaScript 引擎解释执行。

1. 基本语法

```
1  <script type = "text/javascript" [src = "外部 js 文件"]>
2      js 语句块;
3  </script>
```

2. 语法说明

script 标记是成对标记，以<script>开始，以</script>结束。type 属性说明脚本的类型，属性值"text/javascript"意思是使用 JavaScript 编写的程序是文本文件。src 属性是可选属性，用于加载指定的外部 js 文件。如果设置此属性，将忽略 script 标记内的所有语句。

script 标记既可以放在 HTML 的头部，也可以放在 HTML 的主体部分，只是装载的时间不同而已。script 标记还有另一种说明格式，如下所示：

```
<script language = "javascript" [src = "外部 js 文件"]>…</script>
```

【例 14-1-1】 使用 JavaScript 向 HTML 页面输出信息。代码如下所示，其页面效果如图 14-1-1 所示。

```
1  <!-- edu_14_1_1.html -->
2  <!doctype html>
3  <html lang = "en">
4      <head>
```

```
5          < meta charset = "UTF - 8">
6          <title>第一个 JavaScript 实例</title>
7      </head >
8      < body >
9          < script type = "text/javascript">
10             document.write("第一个 JavaScript 实例!");
11         </script >
12     </body >
13 </html >
```

图 14-1-1　第一个 JavaScript 实例

3. 代码解释

代码中第 9 行～第 11 行在 body 标记中直接插入 script 标记,第 10 行在 script 标记内利用 document.write()命令向页面写入"第一个 JavaScript 实例!"。

14.1.3　JavaScript 放置的位置

JavaScript 代码一般放置在页面的 head 或 body 部分。当页面载入时,会自动执行位于 body 部分的 JavaScript,例 14-1-1 即是如此;而位于 head 部分的 JavaScript 只有被显式调用时才会被执行,如例 14-1-2 所示。

1. head 标记中的脚本

script 标记放在头部 head 标记中,JavaScript 代码必须定义成函数形式,并在主体 body 标记内调用或通过事件触发。放在 head 标记内的脚本在页面装载时同时载入,这样在主体 body 标记内调用时可以直接执行,提高了脚本执行速度。

1）基本语法

```
1  function functionname(参数 1,参数 2,…,参数 n){
2      函数体语句;
3  }
```

2）语法说明

JavaScript 自定义函数必须以 function 关键字开始,然后给自定义函数命名,函数命名时一定遵守标识符命名规范。函数名称后面一定要有一对括号"()",括号内可以有参数,也可以无参数,多个参数之间用逗号","分隔。函数体语句必须放在大括号"{}"内。

【例 14-1-2】　在 head 标记内定义两个 JavaScript 函数。代码如下所示,其页面效果如图 14-1-2 所示。

```
1  <!-- edu_14_1_2.html -->
2  <!doctype html >
```

```
3   < html lang = "en">
4       < head >
5           < meta charset = "UTF - 8">
6           < title > head 中定义的 JS 函数</title>
7           < script type = "text/javascript">
8               function message(){
9                   alert("调用 JS 函数!sum(100,200) = " + sum(100,200));           }
10              function sum(x,y){return x + y;//返回函数计算结果}
11          </script >
12      </head >
13      < body >
14          < h4 > head 标记内定义两个 JS 函数</h4>
15          < p>无返回值函数: message()</p>
16          < p>有返回值函数: sum(x,y)</p>
17          < form >
18              < input name = "btnCallJS" type = "button" onclick = "message();" value = "计算并
显示两个数的和">
19          </form >
20      </body >
21  </html >
```

图 14-1-2   调用 head 标记中定义的 JavaScript 函数

3）代码解释

代码中第 7 行~第 11 行在 head 部分插入 script 标记，在 script 标记内定义 JavaScript 函数 message()、sum(x,y)。第 9 行用 alert 函数调用告警消息框，并调用 sum(100,200)函数，计算出结果并输出相关信息；第 18 行定义了 1 个普通按钮 btnCallJS，当单击该按钮时触发按钮的 onclick 事件，调用在 head 部分定义的 message 函数，弹出告警框。

2. body 标记中的脚本

script 标记放在主体 body 标记中，JavaScript 代码可以定义成函数形式，在主体 body 标记内调用或通过事件触发。也可以在 script 标记内直接编写脚本语句，在页面装载时同时执行相关代码，这些代码执行的结果直接构成网页的内容，在浏览器中可以查看，如例 14-1-1 所示。

3. 外部 js 文件中的脚本

除了将 JavaScript 代码写在 head 和 body 部分以外，也可将 JavaScript 函数单独写成一个 js 文件，在 HTML 文档中引用该 js 文件。

【例 14-1-3】 调用外部 js 文件中的 JavaScript 函数。代码如下所示，其页面效果如图 14-1-3

所示。

```
1  <! -- demo.js -->
2  function message()
3  {
4      alert("调用外部 js 文件中的函数!");
5  }
```

上述代码将 JavaScript 函数写在一个文件 demo.js 中,代码中第 2 行～第 5 行定义了一个函数 message(),注意在.js 文件中不需要使用<script></script>标记来包围代码。

```
1  <! -- edu_14_1_3.html -->
2  <!doctype html>
3  <html lang = "en">
4      <head>
5          <meta charset = "UTF - 8">
6          <title>调用外部 js 文件的 JavaScript 函数</title>
7          <script type = "text/javascript" src = "demo.js">
8              document.write("这条语句没有执行,被忽略掉了!");
9          </script>
10     </head>
11     <body>
12         <form>
13             <input name = "btnCallJS" type = "button" onclick = "message()" value = "调用外部
js 文件的 JavaScript 函数">
14         </form>
15     </body>
16 </html>
```

图 14-1-3 调用外部 js 文件的 JavaScript 函数

上述代码中第 7 行引用外部的 demo.js 文件;第 13 行定义普通按钮,在单击按钮时触发 onclick 事件,执行"demo.js"中定义的 message 函数实现在页面上弹出告警框的功能。很显然第 8 行代码没有被执行,因为设置 src 属性后,脚本<script></script>标记之间所有语句都不会执行,所以没有在页面上输入信息。

4. 事件处理的代码中的脚本

JavaScript 代码除上述 3 种放置位置外,还可直接写在事件处理代码中。

【**例 14-1-4**】 调用直接写在事件处理代码中 JavaScript 程序。代码如下所示,其页面效果如图 14-1-4 所示。

```
1   <! -- edu_14_1_4.html -->
2   <! doctype html >
3   < html lang = "en">
4       < head >
5           < meta charset = "UTF - 8">
6           <title>直接在事件处理代码中加入 JavaScript 代码</title>
7       </head >
8       < body >
9           < form >
10              < input type = "button" onclick = "alert('直接在事件处理代码中加入 JavaScript 代
码')" value = "直接调用 JavaScript 代码">
11          </form >
12      </body >
13 </html >
```

图 14-1-4   直接在事件处理代码中加入 JavaScript 代码

上述代码中第 10 行直接在普通按钮的 onclick 事件中插入了 JavaScript 代码,注意 JavaScript 代码需要用双引号("")括起来,单击该按钮时弹出告警框。

用浏览器打开 JavaScript 程序时,安全级别设置较高的浏览器会阻止程序的运行,如图 14-1-5 所示。单击提示信息,弹出上下文菜单,选择"允许阻止的内容"选项,方可运行。

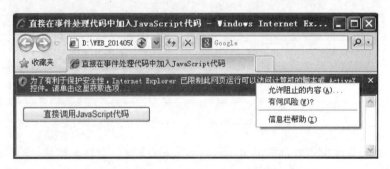

图 14-1-5   浏览器阻止程序运行界面

14.2   JavaScript 程序

JavaScript 程序由语句、语句块、函数、对象、方法、属性等构成,通过顺序、分支和循环三种基本程序控制结构来进行编程。

14.2.1 语句和语句块

JavaScript 语句向浏览器发出的命令。语句的作用是告诉浏览器该做什么。如下面语句的作用是告诉浏览器在页面上输出"我是 JavaScript 程序!"。

```
document.write("我是 JavaScript 程序!");
```

多行 JavaScript 语句可以组合起来形成语句块,语句块以左大括号"{"开始,以右大括号"}"结束,块的作用是使语句序列一起执行。下面语句块向网页输出一个标题以及两个段落。

```
1  < script type = "text/javascript">
2  {
3      document.write("< h1 >标题 1 </h1 >");
4      document.write("< p >这是段落 1 </p >");
5      document.write("< p >这是段落 2 </p >");
6  }
7  </script >
```

14.2.2 代码

JavaScript 代码是 JavaScript 语句的序列,由若干条语句或语句块构成,以下代码中第 2 行~第 7 行由语句和语句块构成的就是 JavaScript 代码。

```
1  < script type = "text/javascript">
2      var color = "red";
3      if(color == "red")
4      {
5          document.write("颜色是红色!");
6          alert("颜色是红色!");
7      }
8  </script >
```

14.2.3 消息对话框

JavaScript 中的消息对话框分为告警框、确认框和提示框 3 种。

1. 告警框

alert()函数用于显示带有 1 个图标、1 条指定消息和 1 个"确定"按钮的告警框。

1) 基本语法

```
alert (message);
```

2) 参数说明

message 参数是显示在弹出对话框窗口上的纯文本(非 HTML 文本)。

【例 14-2-1】 输出告警消息。代码如下所示,其页面效果如图 14-2-1 所示。

图 14-2-1 告警框界面图

```
1    <! -- edu_14_2_1.html -->
2    <! doctype html >
3    < html lang = "en">
4        < head >
5            < meta charset = "UTF - 8">
6            < title>告警消息框的应用</title>
7        </head >
8        < body >
9            < script type = "text/javascript">
10               alert("这是告警消息框!");
11           </script >
12       </body >
13   </html >
```

3) 代码解释

代码中第 10 行使用 alert()函数在页面弹出告警消息框。

2. 确认框

confirm()方法用于显示带有 1 个图标、指定消息和"确定"及"取消"按钮的对话框。

1) 基本语法

```
confirm (message);
```

2) 语法说明

如果用户单击"确定"按钮,则 confirm()返回 true。如果单击"取消"按钮,则 confirm()返回 false。在用户单击"确定"按钮或"取消"按钮把对话框关闭之前,它将阻止用户对浏览器的所有操作。在调用 confirm()时,将暂停对 JavaScript 代码的执行,在用户做出响应之前,不会执行下一条语句。

3) 参数说明

message 参数是显示在弹出对话框窗口上的纯文本(非 HTML 文本)。

【例 14-2-2】 使用 JavaScript 确认框。代码如下所示,其页面效果如图 14-2-2 所示。

```
1    <! -- edu_14_2_2.html -->
2    <! doctype html >
3    < html lang = "en">
4        < head >
5            < meta charset = "UTF - 8">
6            < title>确认框的应用</title>
7            < script type = "text/javascript">
8                function show_confirm(){
9                    var tf = confirm("请选择按钮!");
10                   if (tf == true){alert("您按了确定按钮!");      }
11                   else {alert("您按了取消按钮!");}
12               }
13           </script >
14       </head >
15       < body >
16           < form method = "post" action = "">
17               < input type = "button" onclick = "show_confirm()" value = "显示确认框" />
18           </form >
19       </body >
20   </html >
```

图 14-2-2 确认框使用界面图

4）代码解释

代码中第 8 行～第 12 行定义 JavaScript 函数 show_confirm()；第 9 行调用 confirm()函数显示一个确认框；第 10 行～第 11 行使用双分支结构，如选择"确定"按钮则弹出告警框显示"您按了确定按钮！"，否则弹出告警框显示"您按了取消按钮！"。第 17 行在表单中插入一个按钮，并定义按钮的 onclick 事件，当用户单击按钮时调用 show_confirm()函数。

3. 提示框

prompt()方法用于提示用户在进入页面前输入某个值。

1）基本语法

```
prompt ("提示信息",默认值)
```

如果用户单击提示框的"取消"按钮，则返回 null。如果用户单击"确定"按钮，则返回文本输入框中输入的值。在用户单击"确定"按钮或"取消"按钮把对话框关闭之前，它将阻止用户对浏览器的所有操作。在调用 prompt()时，将暂停对 JavaScript 代码的执行，在用户做出响应之前，不会执行下一条语句。

2）参数说明

该函数有两个参数。第 1 个是"提示信息"；第 2 个文本框的默认值，可以修改。

【例 14-2-3】 使用 JavaScript 提示框。代码如下所示，其页面效果如图 14-2-3 所示。

```
1   <! -- edu_14_2_3.html -->
2   <!doctype html>
3   < html lang = "en">
4       < head >
5           < meta charset = "UTF - 8">
6           < title>提示框的应用</title>
7           < script type = "text/javascript">
8           function disp_prompt(){
9               var name = prompt("请输入您的姓名","李大为")
10              if (name!= null && name!="")   //既不为空,也不为 null
11              {
12                  document.write("您好," + name + "!")
13              }
14          }
15          </script >
16      </head >
17      < body >
18          < form method = "post" action = "">
19              < input type = "button" onclick = "disp_prompt()" value = "显示提示框" />
20          </form>
21      </body >
22  </html>
```

图 14-2-3　提示框使用界面图

3) 代码解释

代码中第 8 行~第 14 行定义 JavaScript 函数 disp_prompt()；第 9 行使用 prompt()函数调用提示框,让用户输入姓名；假设用户输入姓名为"李大为",则第 12 行则在页面输出信息"您好,李大为!"。

14.2.4　JavaScript 注释

JavaScript 提供了两种类型的注释：单行注释和多行注释。单行注释使用"//"作为注释标记,可以单独一行或跟在代码末尾,放在同一行中,"//"后为注释内容部分。注释行数较少时适宜使用单行注释,如果注释行数较多,则需要在每行的开头加"//",比较麻烦,此时应使用多行注释。多行注释能包含任意行数的注释文本,以"/*"标记开始,以"*/"标记结束,两个标记之间所有的内容都是注释文本。所有注释的内容将被浏览器忽略,不影响页面效果和程序执行,对以后阅读和维护程序十分方便。

如果在某行代码前面加上单行注释符号("//"),那么此行代码就不能执行。这种方式对程序调试非常有用。例如：

```
1   <!-- edu_14_2_4.html -->
2   <!doctype html>
3   <html lang="en">
4       <head>
5           <meta charset="UTF-8">
6           <title>注释的应用</title>
7       </head>
8       <body>
9           <script type="text/javascript">
10              //这是单行注释
11              /*
12                      这是多行注释
13                      可以包含多行内容
14              */
15              //alert("此语句不执行!");
16              alert("此语句执行了!");    //执行时弹出告警消息框
17          </script>
18      </body>
19  </html>
```

14.3 标识符和变量

在任何一种编程语言中,实际编程时都要使用变量来存储常用的数据。所谓变量,顾名思义,就是在程序运行过程中不断变化的量。为了便于变量的使用,在使用时需要给变量命名,变量的名字则称为标识符。

14.3.1 命名规范

1. 标识符

标识符是计算机语言中用来表示变量名、函数名等的有效字符序列,简单来说,标识符就是一个名字,JavaScript 关于标识符的规定如下:

(1) 必须使用英文字母或者下划线开始。

(2) 必须使用英文字母、数字、下划线组成,不能出现空格或制表符。

(3) 不能使用 JavaScript 关键字与 JavaScript 保留字。

(4) 不能使用 JavaScript 语言内部的单词,比如 Infinity、NaN、undefined 等。

(5) 大小写敏感,如 name 和 Name 是不同的两个标识符。

根据以上规则,判断下列标识符命名是否是合法的。

> 合法的标识符: Hello_javascript、_12th、Dog119、$ dcv
> 不合法的标识符: if、3Com、case、switch、break、class

2. 关键字

关键字是 JavaScript 中已经被赋予特定意义的一些单词,关键字不能作为标识符来使用,JavaScript 中主要的关键字如表 14-3-1 所示。

表 14-3-1　JavaScript 中主要关键字

break	case	catch	continue	default
delete	do	else	finally	for
function	if	in	instanceof	new
return	switch	this	throw	try
typeof	var	void	while	with

3. 保留字

JavaScript 中除了关键字以外,还有一些用于未来扩展时使用的保留字,保留字同样不能用于标识符的定义,JavaScript 中主要的保留字如表 14-3-2 所示。

表 14-3-2　JavaScript 中主要保留字

abstract	boolean	byte	char	class
const	debugger	double	enum	export
extends	final	float	goto	implements
import	int	interface	long	native
package	private	protected	public	short
static	super	synchronized	throws	transient
volatile				

14.3.2 数据类型

数据类型是每一种计算机语言的重要基础,JavaScript 中的数据类型可分为字符型、数值型、布尔型、Null、Undefined 和对象六种类型。

1. String 字符型

字符型数据又称为字符串,由若干个字符组成,并且需要用单引号('')或双引号("")封装起来(在 JavaScript 中,使用单引号和双引号的效果是一样的),下面的例子列举了正确和错误使用字符型数据的两种情形:

```
"Tiger",'JavaScript 字符串'        (正确)
'document',"你好'                  (错误,单引号双引号不匹配)
```

在使用字符串的过程中,有时会遇到一种情况:在一个字符串中需要使用单引号或双引号。正确的方法是在由双引号标记的字符串中加入引用字符时使用单引号,在由单引号标记的字符串中加入引用字符时使用双引号,即保证一个字符串的开头和结尾使用同一种引号,而字符串内使用另一种引号。下面给出了正确的用法:

```
"热烈欢迎参加'JavaScript 技术'研讨的专家"
```

2. Number 数值型

与其他编程语言类似,JavaScript 中最基本的数据类型之一是数值型,该类型可分为整型、浮点型、内部常量以及特殊值。

(1) 整型:例如 100、−3500、0 等都是整数。整数除了以十进制表示外,还可以八进制和十六进制的方式表示。使用 0 开头的整数是八进制整数,如 017、−035 等都是合法的八进制整数。使用 0x 或 0X 开头的整数是十六进制整数,如 0x16、0X3A89 等都是合法的十六进制整数。

(2) 浮点型:例如 3.53、−534.87 等都是浮点型数值。浮点数还可以采用科学计数法进行表示,如 3.5E15 表示 3.5×10^{15}。

(3) 内部常量:JavaScript 中常用的内部常量如表 14-3-3 所示。

表 14-3-3　JavaScript 中的内部常量

常　量	说　明	常　量	说　明
Math. E	自然数	Math. LN2	2 的自然对数
Math. PI	圆周率	Math. LN10	10 的自然对数
Math. SQRT2	2 的平方根	Math. LOG2E	以 2 为底的 e 的对数
Math. SQRT1_2	1/2 的平方根	Math. LOG10E	以 10 为底的 e 的对数

(4) 特殊值:JavaScript 中的特殊值如表 14-3-4 所示。

表 14-3-4　JavaScript 中的特殊值

特　殊　量	说　明
Infinity	无穷大
Number. NaN	非数字值(Not a Number)
Number. MAX_VALUE	可表示的最大的数
Number. MIN_VALUE	可表示的最小的数
Number. NEGITIVE_INFINITY	负无穷大,溢出时返回该值
Number. POSITIVE_INFINITY	正无穷大,溢出时返回该值

【例 14-3-1】 数值类型数据的应用。代码如下所示,其页面效果如图 14-3-1 所示。

```
1  <! -- edu_14_3_1.html -->
2  <! doctype html >
3  < html lang = "en">
4      < head >
5          < meta charset = "UTF - 8">
6          < title>数值类型数据的应用</title>
7      </head >
8      < body >
9          < script type = "text/javascript">
10             var i = 3500,f = 3.5,s = 3.5e3;
11             var o = 012,h = 0x12;
12             document.write("十进制整型数" + i + "的输出结果:" + i + "<br>");
13             document.write("十进制浮点型数" + f + "的输出结果:" + f + "<br>");
14             document.write("十进制数科学计数法 3.5e3 的输出结果:" + s + "<br>");
15             document.write("八进制整型数 012 的输出结果:" + o + "<br>");
16             document.write("十六进制整型数 0x12 的输出结果:" + h + "<br>");
17         </script >
18     </body >
19 </html >
```

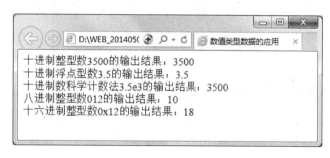

图 14-3-1　数值类型数据使用实例

上述代码中第 10 行定义变量 i 是整数、变量 f 是浮点数、变量 s 是浮点数,并用科学计数法表示,相当于 3.5×10^3,即 3500;第 11 行定义变量 o 是一个八进制数,相当于十进制的 10;同时定义变量 h 是一个十六进制数,相当于十进制数的 18。

3. Boolean 布尔型

布尔型是一种只含有 true 和 false 这两个值的数据类型,通常来说,布尔型数据表示"真"或"假"。在实际应用中,布尔型数据常用在比较、逻辑等运算中,运算的结果往往就是 true 或者 false。例如 1<2 的比较结果是 true,而 3==4 的比较结果是 false。此外,布尔型变量还常用在控制结构的语句中,如 if 语句等。

JavaScript 中,通常采用 true 和 false 表示布尔型数据,但也可将它们转换为其他类型的数据,例如可将值为 true 的布尔型数据转换为整数 1,而将值为 false 的布尔型数据转换为整数 0。但不能用 true 表示 1 或 false 表示 0。

4. Null

在 JavaScript 中,Null 是一种特殊的数据类型,也称为空类型,此类型只有一个值为 null,表示"无值",什么也不表示。null 除了表示 Null 类型的数据外,也可用在表示其他类型的数据中,比如对象、数组和字符串等。当变量不再使用时,将它赋值为 null,以释放存储空间。

5. Undefined

在 JavaScript 中,Undefined 也是一类特殊的值,是指变量创建之后还没有赋值之前所具有的值,则返回值就是 Undefined。它与 null 值的不同之处在于:null 值表示已经对变量赋值,只不过赋的值是"无值";而 Undefined 表示变量不存在或者没有赋值。如果使用未定义的变量也会显示 Undefined,但通常使用未定义的变量会造成程序错误。

6. Object 对象

在 JavaScript 中除了数值型、字符型和布尔型等这些基本的数据类型以外,还有一种复合的数据类型称为对象,对象是属性和方法的集合。对象的属性可以是任何类型的数据,包括数值、字符、布尔型,甚至是另一种类型的对象,而方法是一个定义在对象中的函数,用于实现特定的功能。

JavaScript 中定义了多个对象,如 Date、Window、Document 等,这部分内容将在第 16 章详细介绍。

14.3.3 变量

JavaScript 变量是一个存储或者表示数据的名称,可用来存储和表示各种数据类型的数据,并且这些值在程序运行期间是可以改变的。JavaScript 是一种无数据类型的计算机语言,在定义变量时不需要指定变量的数据类型,统一使用关键字 var 声明,JavaScript 会在需要的时候自动对不同的数据类型进行转型。

1. 基本语法

```
var 变量名[ = 初值][,变量名[ = 初值]… ]
```

2. 语法说明

var(variant)是关键字,声明时至少要有一个变量,并给每个变量命名。

变量命名应该符合标识符命名规范。

可以同时声明多个变量,多个变量之间用逗号","分隔。

可以边声明边赋值。

每条声明语句均需要以";"结束,这是一个好习惯。

以下是声明变量的示例。

```
var x1, y1;
var str;
```

上面例子中第 1 行代码声明了两个变量 x 和 y,第 2 行声明了一个变量 str。

```
var x1 = 0, y1 = 2.5;          //声明时同时赋值
var str = "欢迎学习 JS";          //声明时同时赋值
```

在 JavaScript 中,所使用的变量也可以不声明直接使用,但这不是一种好的编程习惯,建议所有变量"先声明再使用"。

```
变量名 = 初值;
```

例如:

```
x1 = 0, y1 = 2.5;
str = "欢迎学习 JS";
area = 3.14 * radius * radius;        //向未声明的变量直接赋值
```

代码中第 1 行给 x1 赋值为 0,y1 赋值为 2.5,第 2 行给 str 赋值为"欢迎学习 JS"。在实际使用中也可将变量的声明和赋值合并成一条语句书写。第 3 行直接向未声明变量赋值。

14.3.4 转义字符

如果在字符串中涉及一些特殊字符如"\"、""""、"'"等,这些字符无法直接使用,需要采用转义字符的方式。JavaScript 中常用的转义字符如表 14-3-5 所示。

表 14-3-5　常用转义字符

转 义 字 符	代 表 含 义	转 义 字 符	代 表 含 义
\b	退格符	\t	水平制表符
\f	换页符	\'	单引号
\n	换行符	\"	双引号
\r	回车符	\\	反斜线
\uhhhh	编码转换		

14.4　运算符和表达式

JavaScript 运算符主要有算术运算符、关系运算符、逻辑运算符、赋值运算符、自增、自减运算符、条件运算符、逗号运算符和位运算符等。也可以根据操作数的个数,将运算符分为一元运算符、二元运算符和三元运算符。

由操作数(变量、常量、函数调用等)和运算符结合在一起构成的式子称为"表达式",最简单的表达式可以是常量名称,例如以下都是合法的表达式:

```
100                    //整型常量表达式
14.35                  //浮点型常量表达式
"JavaScript"           //字符型常量表达式
x                      //变量表达式
```

此外,还可以使用操作数和运算符建立复杂的表达式,例如 str="江苏省";是一个赋值表达式,将字符串"江苏省"赋值给变量 str,还有其他类型的表达式将在下面详细介绍。

14.4.1 算术运算符和表达式

JavaScript 算术运算符负责算术运算,用算术运算符和运算对象(操作数)连接起来符合规则的式子,称为算术表达式。JavaScript 中常用算术运算符如表 14-4-1 所示。

表 14-4-1　算术运算符

运 算 符	操 作 说 明	运 算 符	操 作 说 明
+	加法运算符	%	模(取余)运算符
-	减法运算符或取反运算符	++	自增运算符
*	乘法运算符	--	自减运算符
/	除法运算符		

1. 基本语法

二元运算符：

```
op1 operator op2
```

一元运算符：

```
op operator
```

或

```
operator op
```

2. 语法说明

算术运算符是一类常见的、较为熟悉运算符，但作为一种编程语言，也有一些需要特别注意的地方。

1) 加法运算符(＋)

加法运算符是一个二元运算符，可以对数值型的操作数执行加法操作。例如：

```
304 + 135;                    //对数字 304 和 135 执行加法操作,结果为 439
```

此外，加法运算符还可以用在其他情况中。如果两个操作数都是字符型，或者一个是字符型、另一个是数值型，那么加法运算将数值转换成字符串，然后执行两个字符串的连接操作。例如：

```
"Hello" + "JavaScript";       //对两个字符串执行连接操作,结果为"HelloJavaScript"
"JavaScript" + 1.6            //将数值转换为字符,再与字符串连接操作,结果为"JavaScript1.6"
```

2) 减法运算符(－)

减法运算符是一个二元运算符，对两个数值型操作数执行减法操作。例如：

```
888 - 303;                    //对数字 888 和 303 执行减法操作,结果为 585
```

如果减法运算符用于取反运算，那么它就是一个一元运算符，操作数必须为数字，且运算符位于操作数前。

```
 - 108;                       //操作数为 108,取反结果为 - 108
 - ( - 350);                  //操作数为 - 350,取反结果为 350
```

减法运算符还有一个作用，就是可以将字符串转换成数值型数据。例如：

```
"690" - 0;                    //将字符串"690"转换成数字 690
```

3) 乘法运算符(＊)

乘法运算符是一个二元运算符，完成两个数值型操作数的乘法操作。如果操作数不是数字型，但可以转换为数值型，乘法运算符会自动将其转换为数字，再进行乘法操作；如果操作数无法转换成数值型，则运算结果为"NaN"。

```
3 * 5;                    //对数字 3 和 5 执行乘法操作,结果为 15
3 * "6"                   //将字符"6"转换为数字 6,再执行乘法操作,结果为 18
3 * "A"                   //"A"无法转换为数字,结果为 NaN
```

4) 除法运算符(/)

除法运算符是一个二元运算符,完成两个数值型操作数的除法操作。其运算规则与乘法运算类似,如果操作数不是数字型,但可以转换为数值型,除法运算符会自动将其转换为数字,再进行除法运算;如果操作数无法转换成数值型,则运算结果为 NaN。如果被除数为正数,除数为 0,则结果为 Infinity,如果被除数为负数,除数为 0,则结果为-Infinity。

```
15/5;                     //对数字 15 和 5 执行除法操作,结果为 3
18/"6"                    //将字符"6"转换为数字 6,再执行除法操作,结果为 3
18/"A"                    //"A"无法转换为数字,结果为 NaN
20/0                      //被除数为 20,除数为 0,结果为 Infinity
-20/0                     //被除数为 -20,除数为 0,结果为 -Infinity
```

5) 模运算符(%)

模运算符又称取余数运算符,可以计算第一个操作数对第二个操作数的模(余数)。模运算符同样可以将能够转换为数值型的操作数转换为数值型数据再运算,如果操作数无法转换为数值型,则取模结果为 NaN。另外,任何数字对 0 取模结果都是 NaN。

```
15 % 6;                   //对数字 15 和 6 执行取模操作,结果为 3
18 % "7"                  //将字符"7"转换为数字 7,再执行取模操作,结果为 4
18 % "A"                  //"A"无法转换为数字,结果为 NaN
20 % 0                    //第二个操作数为 0,结果为 NaN
```

6) 自增运算符(++)

自增运算符是一元运算符,可以对操作数执行自增运算,增量为 1。要求操作数必须是变量,不能是常量。自增运算有两种形式:前置和后置。前置是将自增运算符放在操作数之前,表示在使用操作数之前,先将其增加 1;后置是将自增运算符放在操作数之后,表示在使用完操作数之后,再将之增加 1。例如:

```
var x,y,a = 3,b = 5;
x = a++;                  //自增后置,x 的值为 3,a 的值为 4
y = ++b;                  //自增前置,y 的值为 6,b 的值为 6
```

7) 自减运算符(--)

自减运算符是一元运算符,可以对操作数执行自减运算,减量为 1。同样的,自减运算符也要求操作数必须是变量,不能是常量。自减运算有两种形式:前置和后置。前置是将自减运算符放在操作数之前,表示在使用操作数之前,先将其减少 1;后置是将自减运算符放在操作数之后,表示在使用完操作数之后,再将之减少 1。例如:

```
var x,y,a = 8,b = 10;
x = a--;                  //自减后置,x 的值为 8,a 的值为 7
y = --b;                  //自减前置,y 的值为 9,b 的值为 9
```

14.4.2 关系运算符和表达式

关系运算符用于比较运算符两端的表达式的值,确定二者的关系,根据运算结果返回一个布尔值。用关系运算符和操作数连接起来符合规则的式子,称为关系表达式。JavaScript 中常用关系运算符如表 14-4-2 所示。

表 14-4-2 关系运算符

运 算 符	操作说明	运 算 符	操作说明
==	等于	<=	小于等于
!=	不等于	>	大于
<	小于	>=	大于等于

1. 基本语法

```
op1 operator op2
```

2. 语法说明

1) 等于运算符(==)

等于运算符是一个二元运算符,用于判断两个操作数是否相等,如果相等返回 true,如果不相等返回 false。有三点需要注意:

(1) 操作数的类型转型。如果被比较的操作数是同类型的,那么等于运算符将直接对操作数进行比较。如果被比较的操作数类型不同,那么等于运算符在比较两个操作数之前会自动对其进行类型转换。转换规则为:

- 如果操作数中既有数字又有字符串,那么 JavaScript 将字符串转换为数字,然后进行比较。
- 如果操作数中有布尔型值,那么 JavaScript 将 true 转换为 1,将 false 转换为 0,然后进行比较。
- 如果操作数一个是对象,一个是字符串或数字,那么 JavaScript 将把对象转换成与另一个操作数类型相同的值,然后再进行比较。

(2) 两个对象、数组或者函数的比较不同于有字符串、数字和布尔值参与的比较。前者比较的是引用内容,换句话说,只有两个变量引用的是同一个对象、数组或者函数的时候,它们才是相等的;如果两个变量引用的不是同一个对象、数组和函数,即使它们的属性、元素完全相同,或者可以转换成相等的原始数据类型的值,它们也是不相等的。

(3) 特殊值的比较。

- 如果一个操作数是 NaN,另一个操作数是数字或 NaN,那么结果是不等。
- 如果两个操作数都是 null,那么结果相等。
- 如果两个操作数都是 undefined 类型,那么结果相等。
- 如果一个操作数是 null,一个操作数是 undefined 类型,那么结果相等。

2) 不等于运算符(!=)

不等于运算符和等于运算符的比较规则正好相反:如果两个操作数相等,则返回 false;如果两个操作数不等,则返回 true。除此之外,不等于运算符的数据类型转换规则,对象、数组和函数的比较方法,以及特殊值的处理情况都可以参考等于运算符的情况,等于运算符返回

true 时,不等于运算符返回 false；等于运算符返回 false 时,不等于运算符返回 true。

3) 小于运算符(<)

小于运算符用于比较两个操作数,如果第一个操作数小于第二个操作数,那么计算结果返回 true,否则返回 false。

小于运算符存在数据类型转换问题,其规则是:

- 运算符可以是任何类型的,但是比较运算只能在数字和字符上执行,所以不是数字和字符类型的数据都会被转换成这两种类型。
- 如果两个操作数都是数字,或者都能被转换为数字,则按照数字大小规则比较。
- 如果两个操作数都是字符串,或者都能被转换为字符串,则按照字母顺序规则比较。
- 如果一个是字符串或者能被转换为字符串,一个是数字或者能被转换为数字,则首先将字符串转换成数字,然后按数字大小规则比较。
- 如果操作数中包含无法转换成数字也无法转换成字符串的内容,比较结果是 false。

4) 小于等于运算符(<=)

小于等于运算符用于比较两个操作数,如果第一个操作数小于或等于第二个操作数,那么计算结果返回 true,否则返回 false。数据类型转换规则参考小于运算符。

5) 大于运算符(>)

大于运算符用于比较两个操作数,如果第一个操作数大于第二个操作数,那么计算结果返回 true,否则返回 false。数据类型转换规则参考小于运算符。

6) 大于等于运算符(>=)

大于等于运算符用于比较两个操作数,如果第一个操作数大于或等于第二个操作数,那么计算结果返回 true,否则返回 false。数据类型转换规则参考小于运算符。

14.4.3　逻辑运算符和表达式

逻辑运算符用来执行逻辑运算,其操作数都应该是布尔型数值和表达式或者是可以转换为布尔型的数值和表达式,其运算结果返回 true 或 false。用逻辑运算符和操作数连接起来符合规则的式子,称为逻辑表达式。JavaScript 中常用逻辑运算符如表 14-4-3 所示。

1. 基本语法

二元运算符:

```
boolean_expression1 operator boolean_expression2
```

一元运算符:

```
!boolean_expression
```

表 14-4-3　逻辑运算符

a	b	!a(逻辑非)	a&&b(逻辑与)	a||b(逻辑或)
true	true	false	true	true
true	false	false	false	true
false	true	true	false	true
false	false	true	false	false

2. 语法说明

1) 逻辑与运算符(&&)

逻辑与运算符是一个二元运算符,如果两个布尔型操作数都是 true,则运算结果为 true;如果两个操作数中有一个或两个为 false,则运算结果返回 false。

```
true && false          //逻辑与运算结果为 false
(8<10) && (3>-1)       //(8<10)为 true,(3>-1)为 true,逻辑与运算结果为 true
```

2) 逻辑或运算符(||)

逻辑或运算符是一个二元运算符,如果两个布尔型操作数中有一个或两个为 true,则运算结果返回 true;如果两个布尔型操作数全部为 false,则运算结果返回 false。

```
true || false          //逻辑或运算结果为 true
(3>=5) || (2>0)       //(3>=5)为 false,(2>0)为 true,逻辑或运算结果为 true
```

3) 逻辑非运算符(!)

逻辑非运算符是一个一元运算符,其作用是先计算操作数的布尔值,然后对运算结果的布尔值取反,并作为结果返回,即如果操作数的布尔值为 true,则逻辑非的运算结果返回 false;反之运算结果返回 true。

```
!10                    //10 先转换为布尔型变量 true,逻辑非运算结果为 false
!((4<10)&&(5>6))      //(4<10)为 true,5>6 为 false,逻辑与运算结果为 false,再进行逻辑非运算
                       结果为 true
```

14.4.4　赋值运算符和表达式

赋值运算符是 JavaScript 中使用频率最高的运算符之一。赋值运算符要求其左操作数是一个变量、数组元素或对象属性,右操作数是一个任意类型的值,可以为常量、变量、数组元素或对象属性。赋值运算符的作用就是将右操作数的值赋给左操作数。用赋值运算符和操作数连接起来符合规则的式子,称为赋值表达式。JavaScript 中常用赋值运算符列在表 14-4-4 中。

表 14-4-4　赋值运算符

运算符	操作说明	运算符	操作说明
=	基本赋值运算符	*=	复合赋值运算符,a*=b 等同于 a=a*b
+=	复合赋值运算符,a+=b 等同于 a=a+b	/=	复合赋值运算符,a/=b 等同于 a=a/b
-=	复合赋值运算符,a-=b 等同于 a=a-b	%=	复合赋值运算符,a%=b 等同于 a=a%b

1. 基本语法

简单赋值运算:

```
<变量> = <变量> operator <表达式>
```

复合赋值运算:

```
<变量> operator =<表达式>
```

2. 语法说明

赋值运算符可以将一个值赋给一个变量名。

```
var a = 10, b = 20, c;
c = a;                      //c 的值为 10
c += b;                     //相当于 c = c + b,c 的值为 30
c /= a;                     //相当于 c = c/a,c 的值为 3
b %= c;                     //相当于 b = b%c,b 的值为 2
```

14.4.5 位运算符和表达式

位运算符是对二进制表示的整数进行按位操作的运算符。如果操作数是十进制或者其他进制表示的整数,运算前先将这些整数转换成 32 位的二进制数字,如果操作数无法转换成 32 位的二进制数表示,位运算的结果为 NaN。

1. 基本语法
二元运算符:

```
op1 operator op2
```

一元运算符:

```
operator op
```

2. 语法说明

位运算符是在数的二进制基础上进行了的操作,JavaScript 中常用位运算符如表 14-4-5 所示。

表 14-4-5 位运算符

运 算 符	操作说明	运 算 符	操作说明
&	按位与运算符	~	按位非运算符
|	按位或运算符	^	按位异或运算符

1) 按位与运算符(&)

按位与运算符是一个二元运算符,它将两个整数型操作数转换为二进制数并逐位进行逻辑与操作。如果两个操作数对应位置上的数字都是 1,运算结果的这一位为 1,否则为 0。

```
10 & 78      //将十进制数 10 转换为二进制数 00001010,将十进制数 78 转换为二进制数 01001110,按
             位与结果为 00001010,转换为十进制数为 10
30 & 071     //将八进制数 30 转换为二进制数 00011000,将八进制数 71 转换为二进制数 00111001,按
             位与结果为 00011000,转换为十进制数为 24
```

2) 按位或运算符(|)

按位或运算符是一个二元运算符,它将两个整数型操作数转换为二进制数并逐位进行逻辑或操作。如果两个操作数对应位置上的数字都是 0,运算结果的这一位为 0,否则为 1。

| 81 \| 16 | //将十进制数 81 转换为二进制数 01010001,将十进制数 16 转换为二进制数 00010000, 按位与结果为 01010001,转换为十进制数为 81 |
| xA1 \| 0x39 | //将十六进制数 A1 转换为二进制数 10100001,将十六进制数 39 转换为二进制数 00111001,按位与结果为 10111001,转换为十进制数为 185 |

3）按位非运算符(～)

按位非运算符是一个一元运算符,其作用是将整型操作数转换为二进制数并逐位进行逻辑非操作,即将操作数的每一位取反,将 1 变为 0,0 变为 1。

| ～100 | //将十进制数 100 转换为二进制数 00000000 00000000 00000000 01100100,按位非的结果为 11111111 11111111 11111111 10011011(这是负数的补码),转换为十进制数为 − 101 |
| ～0xCD | //将十六进制数 CD 转换为二进制数 00000000 00000000 00000000 11001101,按位非的结果为 1111111 11111111 11111111 00110010(这是负数的补码),转换为十进制数为 − 206 |

4）按位异或运算符(^)

按位异或运算符是一个二元运算符,它将两个整数型操作数转换为二进制数并逐位进行逻辑异或操作。如果两个操作数对应位置上的数字相同(都为 0 或都为 1),运算结果的这一位为 0,否则为 1。例如:

| 10 ^ 30 | //将十进制数 10 转换为二进制数 00001010,将十进制数 30 转换为二进制数 00011110,按位异或的结果为 00010100,转换为十进制为 20 |
| xA0 ^ 032 | //将十六进制数 A0 转换为二进制数 10100000,将八进制数 32 转换为二进制位 00011010,按位异或的结果为 10111010,转换为十进制数为 186 |

14.4.6 条件运算符和表达式

条件运算符是一个三元运算符,条件表达式由?、:运算符和 3 个操作数构成。

1. 基本语法

<变量>＝<条件表达式>？<真值表达式>：<假值表达式>

2. 语法说明

该条件表达式表示,如果条件表达式的结果为真(true),则将真值表达式的值赋给变量,否则将假值表达式的值赋给变量。

例如,变量 number1、number2 比较大小,将较大的数赋值给变量 max,代码如下:

var max = (number1 > number2)?number1:number2;

14.4.7 其他运算符和表达式

JavaScript 中除了上述运算符外,还有一些其他运算符,如表 14-4-6 所示。

表 14-4-6 其他运算符

运 算 符	操 作 说 明	运 算 符	操 作 说 明
,	逗号运算符	delete	删除运算符
new	新建对象运算符	typeof	类型运算符

1. 逗号运算符(,)

逗号运算符是一个二元运算符,其运算规则是先计算第一个表达式的值,再计算第二个表达式的值,运算结果为第二个表达式的值。

```
var rs;
rs = (3 + 5, 10 * 6);        //先计算第一个表达式 3 + 5 的值为 8,再计算第二个表达式 10 * 6 的值
                             为 60,最后将第二个表达式的值 60 赋给变量 rs
```

2. 新建对象运算符(new)

新建对象运算符是一个一元运算符,用于创建 JavaScript 对象实例或数组。

```
var obj = new Object();      //创建一个 Object 对象,对象名为 obj
var date = new Date();       //创建一个 Date 对象,对象名为 date
var array = new Array();     //创建一个数组对象,对象名为 array
```

3. 删除运算符(delete)

删除运算符是一个一元运算符,用于删除一个对象的属性或某个数组的元素。

```
delete array[30];            //删除 array 数组中下标为 30 元素(第 31 个元素)
delete obj.height;           //删除对象 obj 的 height 属性
```

4. 类型运算符(typeof)

类型运算符是一个一元运算符,其操作数可以是任意类型,运算结果返回一个表示操作数类型的字符串。

```
typeof(300);                 //运算结果为 number
typeof("Hello");             //运算结果为 String
```

typeof 运算符的具体规则如表 14-4-7 所示。

表 14-4-7　类型运算符运算规则

数 据 类 型	运 算 结 果	数 据 类 型	运 算 结 果
数字型	Number	数组	Object
字符型	String	函数	Function
布尔型	Boolean	Null	Object
对象	Object	未定义	undefined

14.5　JavaScript 程序控制结构

在 HTML 基础上,使用 JavaScript 可以开发交互式 Web 页面,如可以在线填写各类表格、联机编写文档并发布等。JavaScript 的出现使得网页和用户之间实现了一种实时性的、动态的、交互性的关系,使网页包含更多活跃元素和更加精彩的内容。这也是 JavaScript 与 HTML DOM 共同构成 Web 网页的行为。在网页设计中 JavaScript 的主要作用是实现内容与行为的分离,而要设计交互式的页面必须编写相应的脚本程序。程序是专门用来解决某一

问题的特定代码。

JavaScript 程序设计分为面向过程和面向对象的程序设计。在所有的编程语言中,程序的结构都有 3 种,分别为顺序结构、分支结构和循环结构,任何复杂的算法均可以使用这 3 种结构来表达。

14.5.1　顺序结构

顺序结构是程序设计中最常用、最基本的一种程序结构,是按照语句出现的顺序,从第一条语句开始一步一步逐条执行,直至最后一条语句。

【例 14-5-1】　使用顺序结构程序计算圆的周长和面积。代码如下所示,其页面效果如图 14-5-1 所示。

```
1   <! -- edu_14_5_1.html -->
2   <! doctype html >
3   < html lang = "en">
4       < head >
5           < meta charset = "UTF - 8">
6           < title >顺序结构的应用</title >
7       </head >
8       < body >
9           < script type = "text/javascript">
10              var radius = 6;
11              var circumference = 2 * Math.PI * radius;
12              var area = Math.PI * radius * radius;
13              alert("圆的周长为" + circumference + "\n" + "圆的面积为" + area);
14          </script >
15      </body >
16  </html >
```

代码解释

代码中使用了顺序结构计算圆的周长和面积。第 10 行定义圆的半径变量并赋值为 6;第 11 行定义圆的周长变量并赋值;第 12 行定义圆的面积并赋值;第 13 行输出圆的周长和面积信息。整个代码从始至终都是按照代码书写的顺序一行一行执行,直到最后一条语句。

图 14-5-1　计算圆的周长和面积

14.5.2　分支结构

在 JavaScript 中可以使用 4 种形式分支结构语句:

- 单 if(){语句块}语句,在条件成立时执行语句块。
- 双 if(){语句块 1}else{语句块 2}语句,在指定条件成立时执行语句块 1,不成立时执行语句块 2。
- 多 if(){语句块 1}else if (){语句块 2}…else{语句块 n}语句,在指定条件成立时执行语句块 1,否则再判断第 2 个条件,如果成立执行语句块 2,以此类推,直到所有条件均不成功时执行语句块 n。

- 多分支 switch(){}语句,根据变量或表达式的值与 case 常量匹配情况,选择其中一个分支执行。

1. if 语句

if 语句是单分支条件语句,即根据一个条件来控制程序执行的流程。

1) 基本语法

```
1   if (表达式) {
2       条件为真时执行代码;
3   }
```

2) 语法说明

if 语句的小括号中表达式的结果类型必须是布尔型,即 true 或 false,当值为 true 时,则执行大括号中的代码;否则跳过大括号中的代码继续执行大括号后面的代码。if 语句的流程图如图 14-5-2 所示。

【例 14-5-2】 判断学生成绩是否及格。代码如下所示,其页面效果如图 14-5-3 所示。

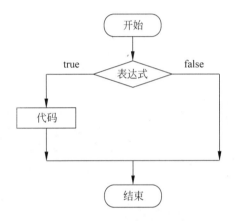

图 14-5-2 if 条件语句流程图   图 14-5-3 单 if 语句应用实例

```
1   <!-- edu_14_5_2.html -->
2   <!doctype html>
3   <html lang = "en">
4       <head>
5           <meta charset = "UTF-8">
6           <title>单 if 语句的应用</title>
7       </head>
8       <body>
9           <script type = "text/javascript">
10              var score = 87;
11              if (score >= 60)
12              {
13                  alert("考试成绩为" + score + "分,及格!");
14              }
15          </script>
16      </body>
17  </html>
```

3）代码解释

代码中第 10 行定义变量 score 并赋值为 87；第 11 行判断关系表达式 score>=60，结果为 true，因此执行大括号中的代码，通过告警消息框输出"考试成绩为 87 分，及格！"。

2. if…else 语句

if…else 语句是双分支条件语句，即根据一个条件来控制程序执行的流程。

1）基本语法

```
1  if（表达式）{
2      条件成立时执行代码1
3  }else{
4      条件不成立时执行代码2
5  }
```

2）语法说明

代码中 if…else 语句的小括号中表达式的结果类型必须是布尔型，即 true 或 false，当值为 true 时，则执行代码 1；否则执行代码 2。if…else 语句的流程图如图 14-5-4 所示。

【例 14-5-3】 判断学生成绩是否及格。代码如下所示，其页面效果如图 14-5-5 所示。

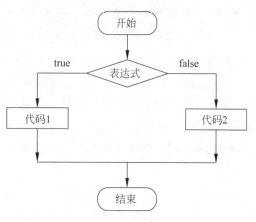

图 14-5-4　if…else 条件语句流程图

```
1  <!-- edu_14_5_3.html -->
2  <!doctype html>
3  <html lang="en">
4      <head>
5          <meta charset="UTF-8">
6          <title>if...else语句的应用</title>
7      </head>
8      <body>
9          <script type="text/javascript">
10             var score = parseFloat(prompt("请输入课程成绩",50)); //解析为实数
11             if (score >= 60)
12             {
13                 alert("考试成绩为" + score + "分,及格!");
14             }
15             else
16             {
17                 alert("考试成绩为" + score + "分,不及格!");
18             }
19         </script>
20     </body>
21 </html>
```

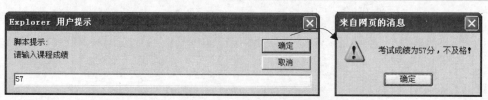

图 14-5-5　if…else 语句应用的界面图

代码中第 10 行定义变量 score 并通过提示信息框进行赋值,在输入 57 后,单击"确定"按钮,然后将字符型数据转换浮点数;第 11 行判断关系表达式 score>=60,结果为 false,因此执行第 17 行的代码,通过告警消息框输出"考试成绩为 57 分,不及格!"。如果再次运行程序时,输入 65 后,再单击"确定"按钮,会执行第 13 行语句,通过告警消息框输出"考试成绩为 65 分,及格!"。

3. 多重 if…else 语句

if…else if…else 语句是多条件多分支语句,可根据两个以上条件来控制程序执行的流程。

1) 基本语法

```
1   if (表达式 1) {
2       代码 1
3   }
4   else if (表达式 2) {
5       代码 2
6   }
7   …
8   else {
9       代码 n
10  }
```

2) 语法说明

在多重 if…else if…else 语句中,if 以及多个 else if 后面的小括号内的表达式的值为 boolean 类型。

程序执行时,按照该语句中表达式的顺序,首先计算表达式 1 的值,如果计算结果为 true,则执行代码 1,执行完后结束 if…else if…else 语句;如果计算结果为 false,则继续计算表达式 2 的值;以此类推,假设第 m 个表达式值为 true,则执行紧跟的代码 m,并结束 if…else if…else 语句执行;否则继续计算第 m+1 个表达式的值。如果所有表达式的值都为 false,则执行关键字 else 后面的代码 n,结束 if…else if…else 语句的执行。其语句的执行流程如图 14-5-6 所示。

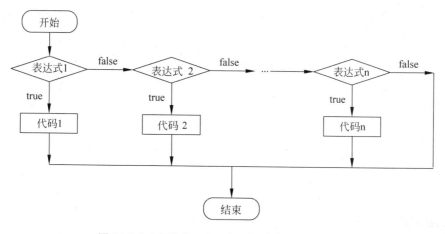

图 14-5-6　多重 if…else if…else 条件语句流程图

例如,学生成绩五级制表示法中部分 js 代码如下所示:

```
1   <script type = "text/javascript">
2       //五级制成绩表示法
3       //采用分支嵌套结构
4       document.write("<b>判断课程成绩等级</b><br>");
5       document.write("课程成绩为 85 分");
6       //var x = 85;          //直接给定某课程成绩
7       //利用函数输入一个成绩
8       var x = prompt("请输入你的成绩: ",85);
9       if (x!= null){
10          if (x>= 90) {
11              alert("1 -- 成绩为\"优秀\"!");
12          }else if (x>=80){
13              alert("2 -- 成绩为\"良好\"!");
14          }else if (x>=70){
15              alert("3 -- 成绩为\"中等\ "!");
16          }else if (x>=60){
17              alert("4 -- 成绩为\"合格\ "!");
18          }else{
19              alert("5 -- 成绩为\"不及格\ "!");
20          }
21      }else{
22          alert("请重新输入成绩!");
23      }
24      alert("6 -- 程序结束!");
25  </script>
```

4. switch 语句

switch 语句是单条件多分支语句,它可以通过判断一个条件完成程序多个分支的控制,比 if…else 使用更为方便,结构更清晰。

1) 基本语法

```
1   switch (表达式) {
2       case 常量 1:
3           {  代码 1
4           }break;
5       case 常量 2:
6           {  代码 2
7           }break;
8       ...
9       case 常量 n:
10          {  代码 n
11          }  break;
12      default:
13          {代码 n + 1}
14  }
```

2) 语法说明

执行 switch 语句时,首先计算变量或表达式的值,然后查找和这个值匹配的 case 常量,如果找到了匹配的常量,则执行后面的语句块;否则执行 default 后的语句块。

在上面的语法格式中,每个 case 语句块的后面都有一个 break 语句,其作用是终止 switch

语句的执行,继续执行 switch 下面的语句。如果没有这个 break 语句,那么 switch 语句会从和表达式的值匹配的 case 常量开始,依次执行后面所有的代码,直到 switch 语句的结尾处。

【例 14-5-4】 采用 switch 结构实现成绩等级制转百分制。代码如下所示,其页面效果如图 14-5-7 所示。

```
1   <! -- edu_14_5_4.html -->
2   <!doctype html>
3   <html lang = "en">
4      <head>
5         <meta charset = "UTF-8">
6         <title>switch 结构的应用</title>
7         <script type = "text/javascript">
8            function showScore(type){
9               var msg = "";
10              switch (type)
11              {
12                 case 'A':
13                    {msg = "成绩为 90～100";break;}
14                 case 'B':
15                    {msg = "成绩为 80～89";break;}
16                 case 'C':
17                    {    msg = "成绩为 70～79";break;}
18                 case 'D':
19                    {msg = "成绩为 60～69";break;}
20                 case 'E':
21                    {msg = "成绩低于 60";break;}
22                 default:
23                    {msg = "成绩类型错误!";}
24              }
25              alert(msg);
26           }
27        </script>
28     </head>
29     <body>
30     <form>
31     请输入学生成绩等级:
32     <input type = "text" name = "score"/><br/>
33     <input type = "button" value = "显示学生分数" onclick = "showScore(score.value)"/>
34     </form>
35     </body>
36  </html>
```

图 14-5-7　switch 语句的应用

JavaScript 基础

代码中第 7 行~第 27 行在 script 标记内定义了 showScore 函数,showScore 函数中使用 switch 结构判断学生成绩等级,并根据 type 的值和 case 后面的常量进行匹配;第 33 行为普通按钮的 onclick 事件属性指定事件处理程序,调用 showScore 函数,并将单行文本输入框 score 中的内容作为函数 showScore 的实际参数。输入等级 B 后,单击"显示学生分数"按钮,弹出告警消息框显示信息"成绩为 80~89",如图 14-5-7 所示。

14.5.3 循环结构

如果遇到要求将一个班级中所有同学的名字按每行 10 个的方式输出到网页上时,在页面中重复写 n 行相同的代码去输出所有同学的名字,很显然是不科学的,也是不可取的。这种情况使用循环结构可以解决实际问题。JavaScript 提供了 for、while、do…while、for…in 等多种循环。

1. for 循环

for 循环是一种结构简单、使用频率高的循环控制语句,作用是有条件地重复执行一段代码。for 语句的执行流程如图 14-5-8 所示。

1)基本语法

```
1  for (表达式 1;表达式 2;表达式 3)
2  {
3      需要循环执行的代码;
4  }
```

2)语法说明

- for 是 for 语句的关键字,for 关键字后面的一对小括号()不可缺省,括号中用分号";"分隔 3 个表达式。
- 表达式 1 是初始表达式,在循环开始前执行,一般用来定义循环变量。
- 表达式 2 是判断表达式,就是循环条件,必须为 boolean 型数据的表达式,当表达式的结果为 true 时循环继续执行,否则循环结束。

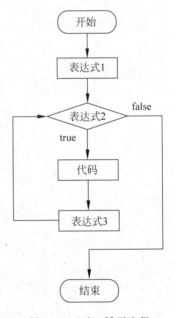

图 14-5-8　for 循环流程

- 表达式 3 是循环表达式,在每次循环执行后都被执行,作用是修改循环变量,然后再进行了判断表达式的计算,决定是否继续下一次循环。
- 大括号{}内的代码为循环体,循环体只有 1 条语句时,大括号{}可以省略。

for 语句的执行规则是:

(1)计算初始表达式的值,完成循环的初始化工作;

(2)计算判断表达式的值,若判断表达式为 true,则转到(3),否则跳转到(4);

(3)执行循环体代码,然后计算循环表达式的值,以改变循环变量,跳转到(2);

(4)结束 for 语句的执行。

【例 14-5-5】 使用 for 语句计算 1~100 之间所有数字之和。代码如下所示,其页面效果如图 14-5-9 所示。

```
1   <! -- edu_14_5_5.html -->
2   <!doctype html >
3   <html lang = "en">
4       <head >
5           <meta charset = "UTF - 8">
6           <title >for 循环的应用</title>
7       </head >
8       <body >
9           <script type = "text/javascript">
10              for (var i = 1, sum = 0; i <= 100; i++)
11              {
12                  sum = sum + i;
13              }
14              document.write("用 for 循环求 1～100 之间所有数字之和为" + sum);
15          </script >
16      </body >
17  </html >
```

图 14-5-9　for 循环使用实例

3) 代码解释

代码中第 10 行设置 for 循环的 3 个表达式,分别是初始化表达式、判断表达式和循环表达式;第 12 行完成累加功能;第 14 行用 document.write()方法在页面上输出计算结果。

2. while 循环

while 循环是 JavaScript 中最基本的循环控制语句之一,其作用是有条件地重复执行某一段代码。

1) 基本语法

```
1   while (表达式)
2   {
3       需要循环执行的代码;
4   }
```

2) 语法说明

while 语句由关键字 while、一对括号()中的表达式和一个大括号{}中的代码组成,代码称为循环体,表达式称为循环条件。由于 while 循环中只有一个判断表达式,不像 for 循环有 3 个表达式,所以初始化表达式必须挪到 while 循环结构前面,而循环表达式必须挪到 while 循环体中。此时 while 循环与 for 循环才能执行同样的功能。

while 语句的执行流程是:

(1) 先计算表达式的值,如果值为 true,跳转到(2),否则跳转到(3);

(2) 执行循环体代码,跳转到(1);

(3) 终止 while 语句的执行。

使用 while 循环时需要注意的几个问题是:

- 在 while 循环之前必须完成循环变量初始化工作。
- 不管有没有语句,循环体语句必须用{}括起来。
- 循环体语句中必须含有循环控制语句,避免发生死循环。

while 语句的执行流程如图 14-5-10 所示。

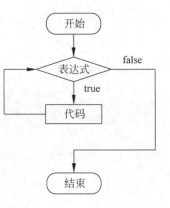

图 14-5-10　while 循环流程

【例 14-5-6】　使用 while 语句计算 1～100 之间所有数字之和。代码如下所示,页面如图 14-5-11 所示。

```
1   <!-- edu_14_5_6.html -->
2   <!doctype html>
3   <html lang = "en">
4       <head>
5           <meta charset = "UTF - 8">
6           <title>while 循环的应用</title>
7       </head>
8       <body>
9           <script type = "text/javascript">
10              var i = 1, sum = 0;                    //定义循环初始化表达式
11              while(i <= 100)                        //定义判断表达式
12              {
13                  sum = sum + i;                     //计算累加和
14                  i = i + 1;                         //定义循环表达式
15              }
16              document.write("用 while 循环计算 1～100 之间所有数字之和 = " + sum);
17          </script>
18      </body>
19  </html>
```

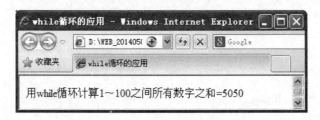

图 14-5-11　while 循环使用实例

3) 代码解释

代码中第 10 行定义了初始化表达式(相当于 for 循环的第 1 个表达式);第 11 行设置 while 循环条件为 i<=100(相当于 for 循环的判断表达式),如果条件成立,则将 i 值累加到和 sum 中,第 14 行将 i 的值加 1(相当于 for 循环的循环表达式),直至 i 的值大于 100,跳出循环,并输出 1～100 之间所有数之和。

3. do…while 循环

do…while 循环和 while 循环非常类似,也用于重复执行某一段代码。它们的不同点在于,while 循环的条件表达式位于 while 循环的头部,而 do…while 循环的条件表达式位于 do…while 循环的尾部。因此 while 循环总是先检测条件表达式是否成立,如果成立才执行循环体代码;而 do…while 循环则先执行 1 次循环体内的代码,再判断条件表达式是否成立,如果成立则继续执行循环体语句,否则结束循环。do…while 语句的执行流程如图 14-5-12 所示。

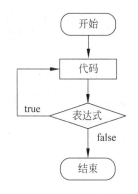

图 14-5-12 do…while 语句流程

1)基本语法

```
1   do  {
2       需要循环执行的代码;
3   } while(表达式)
```

2)语法说明

与 while 循环一样,使用 do…while 循环时需要注意的几个问题是:

- 在 do…while 循环之前必须完成循环变量初始化工作。
- 不管有没有语句,循环体语句必须使用{}括起来。
- 循环体语句中必须含有循环控制语句,避免发生死循环。

do…while 循环的执行流程是:

(1)执行循环体代码;

(2)计算表达式的值,如果值为 true,跳转到(1),否则跳转到(3);

(3)终止 while 语句的执行。

do…while 循环和 while 循环的执行过程基本相同,所不同的是:while 循环先判断给定条件是否成立,后执行循环体;而 do…while 循环则是先执行 1 次循环体,后判断条件。因此,在一定条件下,while 循环可能一次都不执行,而 do…while 循环在任何条件下至少要执行一次。

【例 14-5-7】 使用 do…while 循环计算 1~100 的数字之和。代码如下所示,其页面效果如图 14-5-13 所示。

```
1   <! -- edu_14_5_7.html -->
2   <! doctype html >
3   < html lang = "en">
4       < head >
5           < meta charset = "UTF - 8">
6           < title > do…while 循环的应用</title>
7       </head>
8       < body >
9           < script type = "text/javascript">
10              var i = 1, sum = 0;              //定义初始化表达式
11              do                              //先执行一遍循环体语句
12              {
13                  sum = sum + i;              //计算累加和
```

```
14                  i = i + 1;                //定义循环表达式
15              }while (i <= 100)            //定义判断表达式
16              document.write("用 do…while 循环计算 1～100 之间所有数字之和 = " + sum);
17          </script>
18      </body>
19 </html>
```

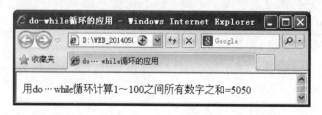

图 14-5-13　do…while 语句使用实例

3) 代码解释

例 14-5-7 和例 14-5-5 的作用相同,都是求 1～100 的数字之和。

4. for…in 循环

在 JavaScript 中,除了 for 语句可以用于控制循环结构以外,还有另一种形式的 for 语句,主要用于数组、集合对象的遍历,也需要循环执行某一段代码,即 for…in 循环。

1) 基本语法

```
1 for (variable in object)
2 {
3      需要循环执行的代码;
4 }
```

2) 语法说明

variable 可以是一个变量名、数组元素或对象属性,object 可以是一个对象名、或者计算结果为对象的表达式。for…in 循环将对 object 对象的每一个属性或每一元素都执行一次循环,在循环过程中,首先将 object 对象的一个属性名作为字符串赋给变量 variable,这样在循环体内就可以通过变量 variable 访问对象属性。

【例 14-5-8】　使用 for…in 循环列出 document 对象的所有属性。代码如下所示,其页面效果如图 14-5-14 所示。

```
1  <! -- edu_14_5_8.html -->
2  <!doctype html>
3  <html lang = "en">
4      <head>
5          <meta charset = "UTF - 8">
6          <title>for…in 循环的应用</title>
7      </head>
8      <body>
9          <script type = "text/javascript">
10             var i = 1;                              //定义计数器变量
11             document.write("document 对象所有属性名称/属性值: <br/>");
12             for (property in document)
13             {
```

```
14                document.write(i + "." + property + "/" + document[property] + "  ");
15                if (i % 2 ==0) {document.write("<br/>");} //每行输出两对
16                i++;
17            }
18        </script>
19    </body>
20 </html>
```

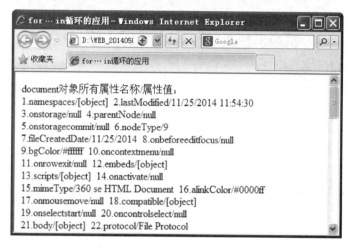

图 14-5-14　for…in 循环使用实例

3）代码解释

代码中第 12 行使用变量 property 遍历输出 document 对象中所有 98 个属性及属性值。第 15 行采用单分支 if 结构实现每行输出两个属性/值对,如果变量 i 与 2 进行取模运算结果为 0,则向页面输出一个换行符。

5. 循环的嵌套

一个循环内又包含着另一个完整的循环结构,称为循环嵌套。内嵌的循环中还可继续嵌套别的循环,这就构成多重循环结构。

【例 14-5-9】 计算 1!+2!+3!+4!+5!的和。代码如下所示,其页面效果如图 14-5-15 所示。

```
1  <!-- edu_14_5_9.html -->
2  <!doctype html>
3  <html lang = "en">
4      <head>
5          <meta charset = "UTF-8">
6          <title>计算 1! + 2! + 3! + 4! + 5!的和</title>
7      </head>
8      <body>
9          <script type = "text/javascript">
10         document.write("计算 1! + 2! + 3! + 4! + 5!的和<br/>");
11         for (i = 1, sum = 0;i <= 5 ;i++)
12         {
13             for (j = 1,cj = 1;j <= i ;j++)
14             {
15                 cj = cj * j;
```

```
16                }
17                document.write(i + "!= " + cj + "< br/>");
18                sum = sum + cj;
19             }
20             document.write("1! + 2! + 3! + 4! + 5!= " + sum);
21          </script >
22       </body >
23  </html >
```

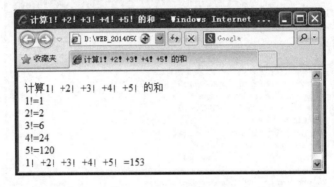

图 14-5-15   计算 1!＋2!＋3!＋4!＋5!的和

代码解释

代码中第 11 行~第 19 行是外层 for 循环,计算连续若干个数的阶乘的和;第 13 行~第 16 行是内层 for 循环,计算 N!。第 17 行外循环每执行 1 次就输出循环变量的阶乘值。

6. 循环中断与继续

在正常的循环结构中,每次循环都是从满足条件开始直到不满足条件结束,也就是说必须完整地执行完所有的循环。但在实际问题中有时并不需要完整执行完所有循环才结束程序,可能遇到一些需要提前中止或跳过某些循环等情况,这时需要使用 break 和 continue 语句来解决实际问题。

在循环体中 break 语句的作用是立即结束循环,跳转到循环后面的语句,而不管原来的循环还有多少次,都不会再执行。在循环体中 continue 语句的作用是结束本次循环,本次循环后面的所有语句都不会执行,直接进入下一次循环,直到循环结束。

【例 14-5-10】   计算 5!＋6!＋…＋n!的和($5 \leqslant n \leqslant 15$)。代码如下所示,其页面效果如图 14-5-16 和图 14-5-17 所示。

```
1   <! -- edu_14_5_10.html -->
2   <!doctype html >
3   < html lang = "en">
4      < head >
5         < meta charset = "UTF - 8">
6         <title>计算部分∑N!的和</title>
7      </head >
8      < body >
9         < script type = "text/javascript">
10            document.write("计算部分∑N!的和< br/>");
11            var n = prompt("请输入整数 N: ",20);
12            for (i = 1, sum = 0; i < = n ; i++)
```

```
13                {
14                    if (i>15) {break;}    //当循环到第 15 次时跳出循环
15                    //当 i 为 1-5 之间的数时结束本次循环进入下一次循环
16                    if (i>=1 && i<5){
17                        continue;
18                    }else{                        //当 i 大于等于 5 时执行循环
19                        for (j=1,cj=1;j<=i ;j++)
20                        {
21                            cj=cj*j;      //计算阶乘
22                        }
23                        document.write(i + "!=" + cj + "<br/>");
24                        sum=sum+cj;        //累加阶乘之和
25                    }
26                }
27            i=i-1
28            document.write("∑" + i + "!=" + sum);
29        </script>
30    </body>
31 </html>
```

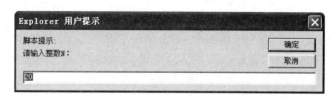

图 14-5-16　提示信息框界面

运行代码后,首先弹出提示信息框,要求输入整数 N 的值,默认值为 20,如图 14-5-16 所示。单击"确定"按钮后,N 取默认值 20 后,计算部分∑N!的和,如图 14-5-17 所示。

图 14-5-17　计算 5!+6!+…+n!的和

代码解释

代码中第 11 行定义变量 n,并通过 prompt()方法给变量 n 赋值(设默认值为 20);第 12行~第 26 行是外层 for 循环,计算连续若干个数的阶乘的和;第 14 行采用单分支 if 语句判断当变量 i 的值大于 15 时执行 break 语句，立即结束循环，即跳出外层循环，从第 27 行代码开始执行，如果 i 的值小于等于 15 时，则继续执行外循环；第 16 行～第 25 行采用双分支 if…else 结构根据变量 i 的取值范围是否在[1,4]之间来判断是否结束本次循环直接进入下一次循环。如果在此区间内，执行 continue 语句，结束本次循环，后面所有语句此次不再执行，开始下一次循环，直到结束；如果不在此区间，则执行内循环；第 19 行～第 22 行是内层 for 循环，计算变量 j!，结果保存在变量 cj 里。第 23 行外循环每执行 1 次就输出循环变量的阶乘值。

14.6　JavaScript 函数

JavaScript 函数分为系统内部函数和系统对象定义的函数及用户自定义函数。函数就是完成一个特定的功能的程序代码。函数只需要定义一次，可以多次使用，从而提高程序代码的复用率，既减轻开发人员的负担，又降低了代码的重复度。

函数需要先定义后使用，JavaScript 函数一般定义在 HTML 文件的头部 head 标记或外部 JS 文件中，而函数的调用可以在 HTML 文件的主体 body 标记中的任何位置。

14.6.1　常用系统函数

JavaScript 中有许多预先定义的系统内部函数和对象定义的函数，如 document. write() 就是其中之一。这些预定义的系统函数大多数存在于预定义的对象中，例如 String、Date、Math、Window 及 Document 对象中都有很多预定义的函数，只有熟练使用这些函数才能充分发挥 JavaScript 的强大功能，简洁、高效地完成程序设计任务。

常用系统函数分全局函数和对象定义的函数。全局函数它不属于任何一个内置对象，使用不需要加任何对象名称，直接使用。例如 eval()、escape()、unescape()、parseFloat()、parseInt()、isNaN() 等。全局函数如表 14-6-1 所示。对象定义的函数依赖于对象，使用需要加对象名称（顶层对象 window 除外），例如 alert()、confirm()、prompt() 函数等函数是 window 对象定义的函数。document. write() 是 document 对象的方法。

表 14-6-1　全局函数名称与描述对照表

函　　　数	描　　　述
decodeURI()	解码某个编码的 URI
decodeURIComponent()	解码一个编码的 URI 组件
encodeURI()	把字符串编码为 URI
encodeURIComponent()	把字符串编码为 URI 组件
eval()	计算 JavaScript 字符串，并把它作为脚本代码来执行
escape()	对字符串进行编码
unescape()	对由 escape() 编码的字符串进行解码
parseFloat()	解析一个字符串并返回一个浮点数
parseInt()	解析一个字符串并返回一个整数
getClass()	返回一个 JavaObject 的 JavaClass
isNaN()	检查某个值是否是非数
isFinite()	检查某个值是否为有穷大的数
Number()	把对象的值转换为数字
String()	把对象的值转换为字符串

下面重点介绍常用的全局函数和常用的对象函数。

1. 全局函数

1）计算表达式的结果函数

（1）基本语法。

```
eval (string)
```

（2）语法说明。

eval 函数的作用是返回字符串 string 表达式中的值。该函数接受原始字符串作为参数，将该字符串作为代码在上下文环境中执行，并返回执行结果。

（3）参数说明。

string：要计算的字符串表达式，含有要计算的 JavaScript 表达式或要执行的语句。

【例 14-6-1】 eval 函数的应用。代码如下所示，其页面效果如图 14-6-1 所示。

```
1   <! -- edu_14_6_1.html -->
2   <!doctype html>
3   < html lang = "en">
4       < head >
5           < meta charset = "UTF - 8">
6           < title > eval 函数的应用</title >
7       </head >
8       < body >
9           < h4 > eval 函数的应用</h4 >
10          < script type = "text/javascript">
11              eval("x = 20; y = 30; document.write('x = ' + x + ', y = ' + y + ', x * y = ' + x * y)");
12              document.write("< br/>");
13              document.write("2 + 2 = " + eval("2 + 2"));
14              var abce; //声明变量未赋值
15              document.write("< br/> abce = " + eval(abce));
16          </script >
17      </body >
18  </html>
```

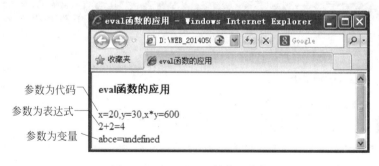

图 14-6-1　eval()函数使用实例

（4）代码解释。

代码中第 11 行中 eval 函数的参数是代码，在上下文环境下执行，并返回 x * y 的计算结果，并输出到页面上；第 13 行中 eval 函数的参数是表达式，计算 2+2 的值并输出到页面上；第 15 行中 eval 函数的参数不是表达式，而是只定义未赋值的变量 abce，所以返回结果为

undefined。

2）编码与解码函数

* 编码函数 escape()。

（1）基本语法。

```
escape (string)
```

（2）语法说明。

escape 函数可对字符串(ISO-Latin-1 字符集)进行编码,这样就可以在所有的计算机上读取该字符串。该函数不会对 ASCII 字符和数字进行编码,也不会对下面这些 ASCII 标点符号进行编码: * @ － ＿ ＋ . / 。其他所有的字符都会被转义序列替换。

（3）参数说明。

string：要被转义或编码的字符串。

【例 14-6-2】 escape 函数的应用。代码如下所示,其页面效果如图 14-6-2 所示。

```
1   <! -- edu_14_6_2.html -->
2   <! doctype html>
3   < html lang = "en">
4     < head >
5       < meta charset = "UTF - 8">
6       < title > escape 函数的应用</title>
7     </head >
8     < body >
9       < h4 > escape 函数的应用</h4 >
10      < script type = "text/javascript">
11        document.write("\"?\"进行编码后为:" + escape("?") + "< br/>");
12        document.write("\"JavaScript 编程!\"编码后为:" + escape("JavaScript 编程!"));
13        document.write("< br/> Mr Chu 你好!" + "编码后为:" + escape("Mr Chu 你好!"));
14      </script >
15    </body >
16  </html>
```

图 14-6-2　escape()函数使用实例

（4）代码解释。

代码中第 11 行中对字符"?"进行编码,由于"?"的 ASCII 码为 63,转换为十六进制为 3F,因此输出"%3F";第 12 行对字符串"JavaScript 编程!"进行编码,这当中"JavaScript"是字母,因此不编码,而其他字符则进行了编码,汉字是双字节编码,格式为"%u"＋两个字节的十六进制数据,如"编"的编码%u7F16;第 13 行对空格和汉字进行编码,空格编码为%20。

- 解码函数 unescape()。

(1) 基本语法。

```
unescape (string)
```

(2) 语法说明。

unescape 函数返回的字符串是 ISO-Latin-1 字符集的字符。该函数通过找到形式为%xx 和%uxxxx 的字符序列(x 表示十六进制的数字),用字符 \u00xx 和 \uxxxx 替换这样的字符序列进行解码。

(3) 参数说明。

string:要解码或反转义的字符串。

【例 14-6-3】 使用 unescape 函数对经过编码的字符进行解码。代码如下所示,其页面效果如图 14-6-3 所示。

```
1   <! -- edu_14_6_3.html -->
2   <!doctype html >
3   < html lang = "en">
4       < head >
5           < meta charset = "UTF-8">
6           < title > unescape 函数的应用</title>
7       </head>
8       < body >
9           < h4 > unescape 函数的应用</h4>
10          < script type = "text/javascript">
11              document.write("\"% 3F\"解码后为:" + unescape("% 3F") + "<br/>");
12              document.write("JavaScript % u7F16 % u7A0B % 21 解码后为:
" + unescape("JavaScript % u7F16 % u7A0B % 21"));
13          </script>
14      </body>
15  </html>
```

图 14-6-3   unescape()函数使用实例

(4) 代码解释。

代码中第 11 行中对"%3F"进行解码,得到的结果为"?";第 12 行对字符串"JavaScript%u7F16%u7A0B%21"进行解码,得到的结果为"JavaScript 编程!"。

3) 字符型转换成数值型函数

- parseFloat()函数。

（1）基本语法。

```
parseFloat (string)
```

（2）语法说明。

parseFloat()函数的作用是返回 string 字符串对应的实数值。只有字符串中的第一个数字会被返回，如果字符串 string 的第一个字符不能被转换为数字，那么 parseFloat()会返回 NaN。

（3）参数说明。

string：要被解析的字符串。

【例 14-6-4】 parseFloat()函数的应用。代码如下所示，其页面效果如图 14-6-4 所示。

```
1   <! -- edu_14_6_4.html -->
2   <! doctype html >
3   < html lang = "en">
4     < head >
5       < meta charset = "UTF - 8">
6       < title > parseFloat 函数的应用</title>
7     </head >
8     < body >
9       < h4 > parseFloat 函数的应用</h4 >
10      < script type = "text/javascript">
11        document.write("\"100\"转换后为:" + parseFloat("100") + "< br/>");
12        document.write("\"100.00\"转换后为:" + parseFloat("100.00") + "< br/>");
13        document.write("\"100.88\"转换后为:" + parseFloat("100.88") + "< br/>");
14        document.write("\"12 34 56\"转换后为:" + parseFloat("12 34 56") + "< br/>");
15        document.write("\" 60 \"转换后为:" + parseFloat(" 60 ") + "< br/>");
16        document.write("\"40 years\"转换后为:" + parseFloat("40 years") + "< br/>");
17        document.write("\"衣服 100 元\"转换后为:" + parseFloat("衣服 100 元") + "< br/>");
18      </script >
19    </body >
20  </html >
```

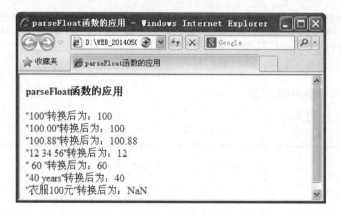

图 14-6-4 parseFloat()函数使用实例

（4）代码解释。

代码中第 11 行将 1 个整数 100 字符串转换为实数，输出 100；第 12 行转换 1 个实数 100.00

字符串转化为实数,由于小数部分为 0.00,因此输出时被省略,结果为 100;第 13 行的实数 100.88 字符串转换为 100.88,输出也是 100.88;第 14 行有 3 个用空格分隔的整数字符串,解析后只能将第 1 个数 12 转换为实数,空格开始向后全面忽略,所以输出为 12;第 15 行的数字 60 前后各有 1 个空格,转换时前面的空格被忽略,因此输出 60;第 16 行只转换空格前的数字,输出 40;第 17 行第 1 个是字符不能被转换为数字,因此输出 NaN。

- parseInt()函数。

(1) 基本语法。

```
parseInt (string,radix)
```

(2) 语法说明。

parseInt()函数的作用是返回 string 字符串对应的十进制整数值,参数 radix 用于指定数字的基数。只有字符串中的第一个数字会被返回,如果字符串的第一个字符不能被转换为数字,那么 parseInt()会返回 NaN。

(3) 参数说明。

parseInt()函数的参数说明如表 14-6-2 所示。

表 14-6-2　parseInt()函数参数说明

参　　　　数	说　　　　明
string	要被解析的字符串
radix	表示要解析的数字的基数。该值介于 2～36 之间
	如果省略该参数或其值为 0,则数字将以 10 为基数来解析
	如果它以"0"开头,将以 8 为基数
	如果它以"0x"或"0X"开头,将以 16 为基数
	如果该参数小于 2 或者大于 36,则 parseInt()将返回 NaN

【例 14-6-5】 parseInt()函数的应用。代码如下所示,其页面效果如图 14-6-5 所示。

```
1   <! -- edu_14_6_5.html -->
2   <!doctype html>
3   < html lang = "en">
4    < head >
5       < meta charset = "UTF - 8">
6       < title > parseInt 函数的应用</title>
7    </head >
8    < body >
9       < h4 > parseInt 函数的应用</h4 >
10      < script type = "text/javascript">
11         document.write("\"10\"转换为整数结果为:" + parseInt("10") + "< br >");
12         document.write("十进制\"63\"转换为整数结果为:" + parseInt("63",10) + "< br >");
13       document.write("二进制\"11\"转换为整数结果为:" + parseInt("11",2) + "< br >");
14       document.write("八进制\"15\"转换为整数结果为:" + parseInt("15",8) + "< br >");
15       document.write("十六进制\"1f\"转换为整数结果为:" + parseInt("1f",16) + "< br >");
16       document.write("\"010\"转换为整数结果为:" + parseInt("010") + "< br >");
17       document.write("\" 书定价为 30 元\"转换为整数结果为:" + parseInt("书定价为 30 元") + "< br />");
18      </script >
19    </body >
20  </html >
```

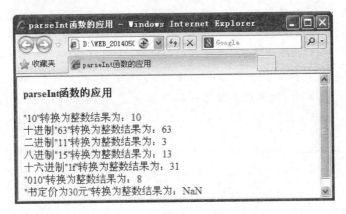

图 14-6-5　parseInt()函数使用实例

（4）代码解释。

代码中第 11 行省略函数的第 2 个参数，默认为十进制，输出结果为 10；第 12 行指定 63 为十进制，输出结果为 63；第 13 行指定 11 为二进制，输出结果为 3；第 14 行指定 15 为八进制，输出结果为 13；第 15 行指定 1f 为十六进制，输出结果为 31；第 16 行 010 以 0 开头，表示是八进制，输出结果为 8；第 17 行第 1 个字符不能被转换为数字，输出 NaN。

4）判断是否是 NaN 函数。

（1）基本语法。

```
isNaN (string)
```

（2）语法说明。

isNaN 函数的作用是判断 string 是否为数值，如果 string 是特殊的非数字值 NaN（或者能被转换为这样的值），返回的值就是 true。如果 string 是其他值，则返回 false。

（3）参数说明。

string：要检测的值。

【例 14-6-6】　isNaN 函数的应用。代码如下所示，其页面效果如图 14-6-6 所示。

```
1   <!-- edu_14_6_6.html -->
2   <!doctype html>
3   <html lang = "en">
4     <head>
5       <meta charset = "UTF - 8">
6       <title>isNaN()函数的应用</title>
7     </head>
8     <body>
9       <h4>isNaN()函数的应用</h4>
10      <script type = "text/javascript">
11        document.write("\"40\"是否是非数值:" + isNaN(40) + "<br>");
12        document.write("\"3 * 30\"是否是非数值:" + isNaN(3 * 30) + "<br>");
13        document.write("\"JavaScript\"是否是非数值:" + isNaN("JavaScript"));
14      </script>
15    </body>
16  </html>
```

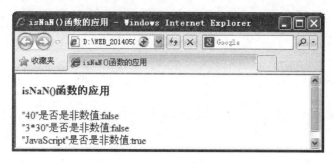

图 14-6-6 isNaN()函数使用实例

（4）代码解释。

代码中第 11 行的 40 是数值，返回 false；第 12 行的"3 * 30"可以转换为数值，返回 false；第 13 行的 JavaScript 不可以转换为数值，返回 true。

2. 常用的对象函数

（1）toString(radix)。将 Number 型数据转换为字符型数据，并返回指定的基数的结果。其中 radix 范围 2～36，若省略该参数，则使用基数 10。例如：

```
var a = 12;
alert(a.toString(2));      //告警框输出结果为 1100(二进制)
alert(a.toString());       //告警框输出结果为 12(默认的十进制)
```

（2）toFixed(n)。将浮点数转换为固定小数点位数的数字。n 是整数，设置小数的位数，如果省略了该参数，将用 0 代替。例如：

```
var a = 2016.1567;
alert(a.toFixed(2));       //保留 2 位小数,告警框输出结果为 2016.16
alert(a.toFixed (5));      //保留 5 位小数,告警框输出结果为 2016.15670
```

（3）字符串查找和提取常用函数。

字符串对象提供了一系列字符串查找和提取的方法，如表 14-6-3 所示。

表 14-6-3 String 对象查找与提取方法

方　　法	说　　明
indexOf(searchvalue,fromindex)	从前向后搜索字符串。返回某个指定的字符串值在字符串中首次出现的位置，如果没有发现，返回−1
lastIndexOf(searchvalue,fromindex)	从后向前搜索字符串。返回一个指定的字符串值最后出现的位置，如果没有发现，返回−1
charAt(index)	返回在指定位置的字符
substring(start,end)	用于提取从 start 到 end(不包括该元素)之间的字符串

在开发 Web 应用程序过程中，经常需要对用户输入的数据进行有效性、合法性验证。通过程序提取用户输入的数据，然后对提取的字符串进行适当处理。如判断用户名首字符是否为字母、字符串中是否包含特定字符等，通过 String 对象提供的方法可以很容易实现。举例如下：

```
var str = "Welcome to you!";
var substr = str.substring(3,6);        //从第 0 个字符开始数,第 3 个到第 6 个之间字符为"com"
var somestr = str.charAt(4);            //从第 0 个字符开始数,取第 4 个字符结果是"o"
```

【例 14-6-7】 判断邮箱地址的合法性。代码如下所示,其页面效果如图 14-6-7 所示。

```
1   <!-- edu_14_6_7.html -->
2   <!doctype html>
3   <html lang = "en">
4       <head>
5           <meta charset = "UTF-8">
6           <title>验证邮箱的合法性</title>
7           <script type = "text/javascript">
8           function emailCheck(){
9               //获取用户输入的邮箱地址相关信息
10              var emailString = document.form1.email.value;
11              var emailLength = emailString.length;
12              var index1 = emailString.indexOf("@");
13              var index2 = emailString.lastIndexOf(".");
14              var msg = "验证邮箱地址实例:\n\n";
15              msg += "邮箱地址:" + emailString + "\n";
16              msg += "验证信息:";
17              //返回相关验证信息
18              if(index1 == -1||index2 == -1||index2 <= index1 + 1||index1 == 0||index2 ==
    emailLength-1)
19                  {
20                      msg += "邮箱地址不合法!\n\n"
21                      msg += "不能同时满足如下条件:\n";
22                      msg += "1、邮件地址中同时含有'@'和'.'字符;\n";
23                      msg += "2、'@'后必须有'.',且中间至少间隔一个字符;\n"
24                      msg += "3、'@'不为第一个字符,'.'不为最后一个字符.\n"
25                  }else{
26                      msg += "邮箱地址合法!\n\n";
27                      msg += "能同时满足如下条件:\n";
28                      msg += "1、邮件地址中同时含有'@'和'.'字符;\n";
29                      msg += "2、'@'后必须有'.',且中间至少间隔一个字符;\n"
30                      msg += "3、'@'不为第一个字符,'.'不为最后一个字符.\n"
31                  }
32              alert(msg);
33              }
34          </script>
35      </head>
36      <body>
37          <form name = "form1">
38              邮箱地址:<input type = "text" name = "email" value = "@">
39              <input type = button value = 验证邮箱地址 onclick = "emailCheck()">
40          </form>
41      </body>
42  </html>
```

上述代码中第 6 行~第 34 行定义了 1 个 JavaScript 函数名为 emailCheck();第 41 行定义了 1 个文本输入框给用户输入 Email 地址;第 42 行定义了 1 个普通按钮并为按钮设置了 onClick 事件句柄。在文本输入框中输入 Email,单击按钮时会触发 Click 事件调用

图 14-6-7 验证邮箱合法性时告警信息窗口

emailCheck()函数验证 Email 是否符合标准。如果输入的 Emial 是不合法的,如 asd@1223e,则弹出"邮箱地址不合法"的信息;如果输入的 Email 是合法的,如 testemial@163.com,则弹出"邮箱地址合法"的信息。

14.6.2 自定义函数

1. 函数定义

函数是由事件驱动的或者当它被调用时执行的可重复使用的代码块。

1)基本语法

```
1  function functionname(argument1,argument2,..., argumentn)
2  {
3      这里是要执行的代码(也称为函数体);
4  }
```

2)语法说明

* 函数就是包裹在花括号中的代码块,使用关键词 function 来定义。当调用该函数时,会执行函数内的代码。
* 在调用函数时,可以向其传递值,这些值被称为参数。这些参数可以在函数中使用。可以发送任意多的参数,参数之间用由逗号分隔。也可以没有参数,但括号不能省略,参数类型不需要给定。
* 函数体必须写在"{"和"}"内,"{"、"}"定义了函数的开始和结束。
* JavaScript 中区分字母大小写,因此"function"这个词必须是全部字母小写的,否则程序就会出错。另外需要注意的是,必须使用大小写完全相同的函数名来调用函数。

【例 14-6-8】 自定义求梯形面积的函数。代码如下所示,其页面效果如图 14-6-8 所示。

```
1  <! -- edu_14_6_8.html -->
2  <! doctype html >
3  < html lang = "en">
4      < head >
5          < meta charset = "UTF - 8">
6          < title>自定义函数的应用</title>
7          < script type = "text/javascript">
8              function area(a,b,c){
9                  s = (parseInt(a.value) + parseInt(b.value))/2 * c.value;
```

```
10                    alert("梯形的面积为" + s);
11              }
12          </script>
13      </head>
14      <body>
15          <form>
16              上底:<input type = "text" name = "a"><br/>
17              下底:<input type = "text" name = "b"><br/>
18              高度:<input type = "text" name = "c"><br/>
19                  <input type = "button" onclick = "area(a,b,c)" value =
"求面积"><br/>
20          </form>
21      </body>
22  </html>
```

图 14-6-8 自定义函数使用实例

3) 代码解释

代码中第 8 行～第 11 行定义了有参数的 JavaScript 函数 area(a,b,c),3 个参数分别表示梯形的上底、下底和高;第 9 行将 3 个文本框中的输入数据转换成数整数;第 10 行通过告警消息框输出面积;第 15 行～第 20 行在 body 标记中插入表单,在表单中插入表单元素:3 个文本输入框和 1 个普通按钮,文本输入框用于输入梯形的上底、下底和高;普通按钮用于调用自定义函数 area(a,b,c),第 19 行给普通按钮的 onclick 事件绑定事件处理程序,完成梯形面积的计算。

14.6.3 带参数返回的 return 语句

如果需要返回函数的计算结果,可以使用带参数的 return 语句。如果不需要返回函数的计算结果,则使用不带参数的 return 语句。

1. 基本语法

```
return 函数执行结果;        //有返回值
return ;                    //无返回值,此句可有可无
```

2. 语法说明

- 有值返回的函数调用方式与无值返回的调用方式略有不同。无值返回可以通过事件触发、程序触发等方式调用;有值返回的函数类似于操作数,和表达式一样式可以直接参加运算,不需要通过事件或程序来触发。

- 函数体内使用不带返回值的 return 语句可以结束程序运行,其后所有语句均不再执行。Return 语句只能返回一个计算结果。Return 语句后可以跟上一个具体的值,也可以是一个变量,还可以是一个复杂的表达式。

【例 14-6-9】 return 语句的应用。代码如下所示,其页面效果如图 14-6-9 所示。

```
1   <! -- edu_14_6_9.html -->
2   <! doctype html >
3   < html lang = "en">
4       < head >
5           < meta charset = "UTF - 8">
6           < title > return 语句返回计算结果</title>
7           < script type = "text/javascript">
8           function showSum( ){
9               document.write("3 + 4 + 5 结果为: " + plus(3,4,5));    //调用函数
10              return;                                              //结束函数
11          }
12          function plus(a,b,c){
13              return a + b + c;                                    //返回函数结果
14          }
15          </script >
16      </head>
17      < body >
18          < h4 >计算 3 个数的和</h4>
19          < script type = "text/javascript">
20              showSum( );
21          </script >
22      </body >
23  </html >
```

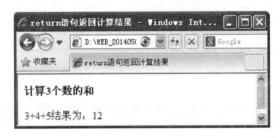

图 14-6-9　函数返回值使用实例

3. 代码解释

代码中第 7 行～第 15 行定义了 2 个函数,分别是一个带有 3 个形式参数的函数 plus(a, b,c)和不参数的函数 showSum( );在 plus(a,b,c)函数体中就一条 return 语句,返回三个数累加和;在 showSum( )函数体中先调用 plus(3,4,5)函数,然后用 return 结束函数的运行;第 20 行执行 showSum( )函数。在程序中两种 return 语句均使用了,但作用却不相同。

14.6.4　函数变量的作用域

函数体是完成特定功能的代码段,在代码执行过程总需要使用一些存放程序运行的中间结果的变量。变量分为局部变量和全局变量。局部变量是指在函数内部声明的变量,该变量只能在一段程序中发挥作用;而全局变量是指在函数之外声明的变量,该变量在整个

JavaScript 代码中发挥作用,全局变量的生命周期从声明开始,到页面关闭时结束。

局部变量和全局变量可以重名,也就是说,即便在函数体外声明了一个变量,在函数体内还可以再声明一个同名的变量。在函数体内部,局部变量的优先级高于全局变量,即在函数体内,同名的全局变量被隐藏了。

需要注意的是,专用于函数体内部的变量一定要用 var 关键字声明,否则该变量将被定义成全局变量,如果函数体外部有同名的变量,可能导致该全局变量被修改。

【例 14-6-10】 变量的作用域范围。代码如下所示,其页面效果如图 14-6-10 所示。

```
1   <! -- edu_14_6_10.html -->
2   <! doctype html >
3   < html lang = "en">
4       < head >
5           < meta charset = "UTF - 8">
6           <title>全局变量和局部变量使用实例</title>
7       </head>
8       < body >
9           <h4>全局变量和局部变量使用</h4>
10          < script type = "text/javascript">
11              var test1 = 100,test2 = 100;        //定义全局变量
12              function checkScope( )
13              {
14                  var test1 = 200;                //定义局部变量
15                  test2 = 200;                    //给全局变量再次赋值
16                  document.write("局部变量 test1 的值为" + test1);
17                  document.write("< br/>");
18              }
19              checkScope( );
20              document.write("全局变量 test1 的值为" + test1);
21              document.write("< br/>");
22              document.write("全局变量 test2 的值为" + test2);
23          </script>
24      </body>
25  </html>
```

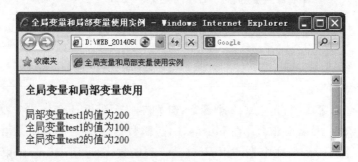

图 14-6-10   全局变量和局部变量使用实例

代码解释

代码中第 11 行声明 2 个全局变量 test1 和 test2,初值均为 100;第 14 行用 var 声明 1 个同名的局部变量 test1,初值为 200;第 15 行的全局变量 test2 赋值为 200(但没有用 var 声明)。由于局部变量和全局变量重名,根据规则,局部变量优先级更高,因此第 16 行输出显示

结果是 200；第 20 行的 test1 是 100；第 22 行的 test2 也是全局变量，但是其值在第 14 行被修改为 200，结果显示为 200。

14.7 综合实例

使用 JavaScript 基础本知识编写程序实现"泰州市第七届自然科学优秀论文结果公示"页面，初始效果如图 14-7-1 所示。其中，可以通过单击字号中的"大"、"中"、"小"超链接来切换不同大小的字号，也可以通过单击"视力保护色"后面的不同颜色方框的图像按钮来实现切换不同背景颜色。

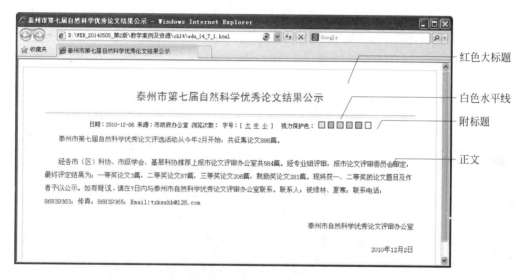

图 14-7-1 泰州市第七届自然科学优秀论文结果公示效果图

根据图 14-7-1 所示的页面效果，采用表格嵌套来进行页面布局，外层表格为 1 行 1 列，主要用于显示页面的范围，作为内部表格的容器，并设置外表格的边框属性和表格宽度。内层表格为 4 行 1 列，分别用于显示红色大标题、白色水平线、附标题和正文部分。使用 CSS 样式分别定义表格不同部位的显示样式，完成页面设计任务。

"字号大小切换"功能是通过超链接改变图层中正文的字体大小来实现；"背景颜色切换"功能是通过图像按钮改变内层表格的背景颜色来实现。

参考代码

```
1   <! -- edu_14_7_1.html -->
2   <! doctype html >
3   < html lang = "en">
4       < head >
5           < meta charset = "UTF - 8">
6           < title>泰州市第七届自然科学优秀论文结果公示</title>
7           < style type = "text/css">
8               body { text - align: center;}
9               tr{font - family:"宋体",Tahoma;font - size:9pt;text - align:left;}
10              #td1{text - align:center;font - family:黑体;font - size:22px;color:#d10000;
11              line - height:30px;padding:8px 10px 15px 10px;}
12              #p1{text - align:right;}
```

```
13              #p2{text-indent:2em;}
14              #td2{text-align:left;vertical-align:top;font-family:宋体;font-size:
14px;color:#333333;line-height:26px;}
15          </style>
16          <script language="javascript">
17              function doZoom(size){                      //改变字号
18                  document.getElementById('zoom').style.fontSize = size + 'px';
19              }
20              function ChangeColor(ColorName) {           //改变背景色
21                  document.getElementById("c").style.background = ColorName;
22              }
23          </script>
24      </head>
25      <body>
26          <table width="100%" style="border: 1px solid #d5d5d5">
27              <tr><td width="80%" style="padding:30px 40px;">
28                  <table  id="c">
29                      <tr>
30                          <td id="td1">泰州市第七届自然科学优秀论文结果公示</td>
31                      </tr>
32                      <tr>
33                          <td height="5" background="line.gif"></td>
34                      </tr>
35                      <tr>
36                          <td height="28" align="center">
37                              <span>日期：2010-12-06</span>
38                              <span>来源：市政府办公室</span>
39                              <span>浏览次数：</span>
40                              <span>
41                                  字号：[
42                                  <a href='javascript:doZoom(16)'>大</a>
43                                  <a href='javascript:doZoom(14)'>中</a>
44                                  <a href='javascript:doZoom(12)'>小</a> ]
45                              </span>
46                              <span style="padding-left:10px">视力保护色：
47                                  <input onClick="ChangeColor('#F9F6AF')" type="image"
src="color1.gif" height="13" width="13" />
48                                      <input onClick="ChangeColor('#9DDBF4')" type="image"
src="color2.gif" height="13" width="13" />
49                                      <input onClick="ChangeColor('#DEDEDE')" type="image"
src="color3.gif" height="13" width="13" />
50                                      <input onClick="ChangeColor('#F9D1D9')" type="image"
src="color4.gif" height="13" width="13" />
51                                      <input onClick="ChangeColor('#E4C8F8')" type="image"
src="color5.gif" height="13" width="13" />
52                                      <input onClick="ChangeColor('#FFFFFF')" type="image"
src="color6.gif" height="13" width="13" />
53                              </span>
54                          </td>
55                      </tr>
56                      <tr>
57                          <td id="td2">
58                              <div id=zoom>
```

```
59                              <p id = "p2">泰州市第七届自然科学优秀论文评选活动从今
年 2 月开始,共征集论文 886 篇。</p>
60                              <p id = "p2">经各市(区)科协、市级学会、基层科协推荐上报市
论文评审办公室共 584 篇。经专业组评审,报市论文评审委员会审定,最终评定结果为:一等奖论文 3
篇,二等奖论文 87 篇,三等奖论文 206 篇,鼓励奖论文 281 篇。现将获一、二等奖的论文题目及作者予
以公示。如有疑议,请在 7 日内与泰州市自然科学优秀论文评审办公室联系。联系人:钱绿林、夏寒;
联系电话: 86839363; 传真: 86839365; Email:tzkxxhb@126.com </p>
61                              <p id = "p1">泰州市自然科学优秀论文评审办公室</p>
62                              <p id = "p1">2010 年 12 月 2 日</p>
63                          </div>
64                      </td>
65                  </tr>
66              </table>
67          </td></tr>
68      </table>
69  </body>
70 </html>
```

上述代码中第 17 行～第 19 行定义函数 doZoom(size),用于设置 zoom 元素的字体像素
大小;第 20 行～第 22 行定义函数 ChangeColor(ColorName),用于设置 c 元素的背景色;第
42 行～第 44 行分别使用超链接调用 JavaScript 函数 doZoom,参数为字体的字号,分别为 16、
14、12,对应大字号、中字号和小字号;第 47 行～第 52 行分别使用图像按钮单击事件调用
JavaScript 函数 ChangeColor,参数分别对应 6 种不同颜色;当用户单击字号中的超链接或颜
色方框中的图像按钮时,正文部分的字号或背景色即相应发生改变。

例如,单击字号中的"大"超链接和颜色块中第 2 个颜色块 ■ 的图像按钮后页面效果如
图 14-7-2 所示。

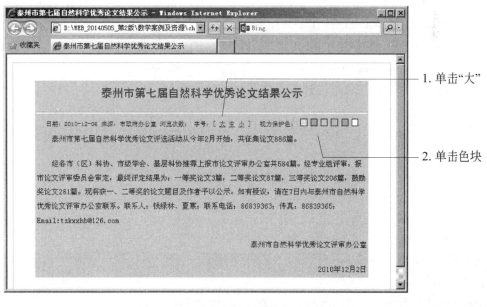

图 14-7-2 改变字号和背景色后的效果图

本 章 小 结

JavaScript 是一种功能强大、使用简便的、具有安全性的客户端脚本语言。本章简要地介绍了 JavaScript 语言的历史和特点,详细讲解了 JavaScript 的标识符、变量、运算符和表达式、三种程序控制结构(包括顺序结构、分支结构和循环结构)及函数等相关知识。通过在 HTML 文档中嵌入 JavaScript 脚本语言,可以增强用户与网页之间的交互性,并在页面中实现各种特效,提高页面的观赏性。

练习与实验

练习 14

1. 选择题

(1) 在客户端网页脚本语言中最为通用的是(　　)。

    (A) JavaScript　　　　(B) VB　　　　　　(C) Perl　　　　　　(D) ASP

(2) 下列不是 JavaScript 的特点的是(　　)。

    (A) 跨平台性　　　　(B) 动态性　　　　　(C) 编译型语言　　　(D) 解释型语言

(3) 下列不属于 JavaScript 的关键字的是(　　)。

    (A) for　　　　　　(B) interface　　　　(C) switch　　　　　(D) new

(4) 下列属于 JavaScript 常量的是(　　)。

    (A) NaN　　　　　　(B) undfined　　　　(C) Math. PI　　　　(D) Infinity

(5) JavaScript 中表示声明变量的关键字是(　　)。

    (A) if　　　　　　　(B) while　　　　　(C) var　　　　　　(D) loop

(6) 下列定义函数 show()语法正确的是(　　)。

    (A) function show( ){ }　　　　　　　(B) function：show( ){ }

    (C) function＝show( ){ }　　　　　　(D) Show( ){ }

(7) 引用外部 show. js 文件方法正确的选项是(　　)。

    (A) ＜script src＝"show" ＞　　　　(B) ＜script name＝"show. js" ＞

    (C) ＜script href＝"show. js" ＞　　(D) ＜script src＝"show. js" ＞

2. 填空题

(1) 在 HTML 中嵌入 JavaScript 代码时,需使用＿＿＿＿标记。

(2) JavaScript 中的消息对话框分为＿＿＿＿、＿＿＿＿和＿＿＿＿ 3 种。

(3) 表达式 18/0 的值为＿＿＿＿。

(4) 逻辑表达式(5＜100) & & (3＞0)的结果为＿＿＿＿。

(5) 位表达式 5 & 7、5 | 7 和 5 ^ 7 的结果分别为＿＿＿＿、＿＿＿＿和＿＿＿＿。

3. 简答题

(1) continue 与 break 语句在循环中的作用有什么不同?

(2) do…while()与 while 循环有什么不同?

(3) 自定义函数时应注意哪些事项?

实验 14

1. 编写 JavaScript 程序实现"九九乘法口决"表，如图 14-1 所示。

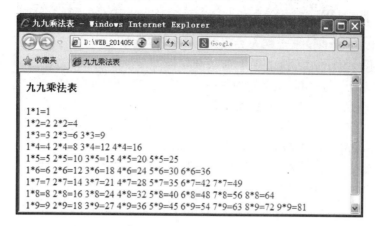

图 14-1 九九乘法表效果图

2. 编写 JavaScript 程序测试输入数是否是素数，如图 14-2 所示。

图 14-2 素数测试效果图

3. 编写 JavaScript 代码，找出符合条件的数。如图 14-3 所示。

图 14-3 找出符合条件的数

（1）页面标题为："找出符合条件的数"；

（2）页面内容：3 号标题标记显示"找出 1000～9999 之间能够被 17 和 13 同时整除的整

数的个数及累加和"，要求输出区间累计有多少个符合条件的整数，并计算符合条件的整数的累加和，同时输出符合条件的整数，输出格式：每行 10 个整数。

 **工具介绍**

1. Nice Easy JavaScript——跨平台 Web 前端开发框架

Nice Easy JavaScript：跨平台 Web 前端开发框架是一个简洁、美观、真正的跨平台 Web 前端开发框架。NEJ 提供的海量常用控件，让你更专注于业务的实现；基于增强型类的系统组织，让基于 NEJ 控件的二次开发更加容易。

NEJ——Nice Easy JavaScript 官方网址 http://nej.netease.com/。

2. 1st JavaScript Editor Pro——JS 编辑工具

JavaScript 脚本编辑软件，有着丰富的代码编辑功能，如 JavaScript、HTML、CSS、VBScript、PHP、ASP(. NET)等语法加亮，内置预览功能，提供了完整的 HTML 标记、HTML 属性、HTML 事件、JavaScript 事件和 JavaScript 函数等完整的代码库，可轻松插入到网页中。

软件下载地址 http://1st-javascript-editor. en. softonic. com/。

第 15 章 JavaScript 事件分析

本章学习目标

通过 JavaScript 事件知识的学习，能够了解网页中基本的事件类型，理解 JavaScript 事件在网页设计中的作用。理解事件句柄的相关概念；掌握 JavaScript 中常用的事件句柄；理解事件发生时的事件处理过程。

Web 前端开发工程师应掌握以下内容：

- 了解 JavaScript 事件类型。
- 理解事件的概念。
- 理解事件句柄与事件处理代码相关联的方式。
- 学会利用表单的提交及重置事件对表单的数据进行校验。
- 理解鼠标事件中的鼠标单、双击及鼠标移动事件。
- 掌握常用的键盘及窗口事件。

15.1 JavaScript 事件概述

事件是一些可以通过脚本响应的页面动作。当用户按下鼠标键或者提交一个表单，甚至在页面上移动鼠标时，就会产生相关的事件。绝大多数事件的命名是描述性的，很容易理解，例如 Click、Submit、MouseOver 等，通过名称就可以猜测其含义。

15.1.1 事件类型

JavaScript 中的事件大多数与 HTML 标记相关，都是在用户操作页面元素时触发的。根据事件触发的来源及作用对象的不同，可把事件分为鼠标事件、键盘事件、HTML 事件及突变事件 4 种类型。

1. 鼠标事件

主要指用户使用鼠标操作 HTML 元素时触发的事件。常用有鼠标单击、双击、文本框选择、单选按钮、复选框选中时会触发鼠标事件。当鼠标移动、盘旋、移出网页上相关区域内的特定元素时触发 MouseMove、MouseOver 和 MoveOut 事件。

2. 键盘事件

主要指用户在键盘上敲击、输入时触发的事件。如用户在键盘上按下某一键时会触发 KeyDown 事件，用户释放按下的键会触发 KeyUp 事件。

3. HTML 事件

主要指当窗口发生变动或者发生特定的客户端/服务器端交互时触发的事件。如页面完全载入时在 window 对象上会触发 Load 事件；任何元素或者窗口本身失去焦点时触发 Blur

事件。

4. 突变事件

主要指文档对象底层元素发生改变时触发的事件。如当文档或者元素的子树因为添加或者删除节点而改变时会触发 DomSubtreeModified(DOM 子树修改)事件；当一个节点作为另一个节点的子节点插入时触发 DomNodeInserted(DOM 节点插入)事件。

15.1.2 事件句柄

事件句柄(又称事件处理函数)是指事件发生时要进行的操作。每一个事件均对应一个事件句柄,在程序执行时,将相应的函数或语句指定给事件句柄,则在该事件发生时,浏览器便执行指定的函数或语句,从而实现网页内容与用户操作的交互。当浏览器检测到某事件发生时,便查找该事件对应的事件句柄有没有被赋值,如果有,则执行该事件句柄。通常,事件句柄的命名原则是在事件名称前加上前缀 on。如鼠标移动 MouseOver 事件,其事件句柄为 onMouseOver。事件句柄名称与 HTML 标记的事件处理属性相同。

1. 基本语法

```
<标记　事件句柄 = "JavaScript 代码">… </标记>
< input type = "button" name = "" value = "显示" onclick = "show();">
```

2. 语法说明

事件句柄名称与事件属性同名,都作为 HTML 标记的属性,与事件名称略有不同,只是在事件名称前面加上了"on"。例如,Click 事件的事件句柄为 onClick,该项标记对应的事件属性也为 onClick,Blur 事件的事件句柄为 onBlur,该项标记对应的事件属性也为 onBlur,其他事件的事件句柄以此类推。常用的事件和事件句柄的对照关系如表 15-1-1 所示。

表 15-1-1　事件类型、事件、事件句柄一览

事件类型	事件	事件句柄	事件解释
键盘事件	KeyDown	onKeyDown	当键盘被按下时执行 JS 代码
	KeyPress	onKeyPress	当键盘被按下后又松开时执行 JS 代码
	KeyUp	onKeyUp	当键盘被松开时执行 JS 代码
鼠标事件	Click	onClick	当鼠标被单击时执行 JS 代码
	Dblclick	onDblclick	当鼠标被双击时执行 JS 代码
	MouseDown	onMouseDown	当鼠标按钮被按下时执行 JS 代码
	MouseMove	onMouseMove	当鼠标指针移动时执行 JS 代码
	MouseOut	onMouseOut	当鼠标指针移出某元素时执行 JS 代码
	MouseOver	onMouseOver	当鼠标指针悬停于某元素之上时执行 JS 代码
	MouseUp	onMouseUp	当鼠标按钮被松开时执行 JS 代码
表单控件事件	Change	onChange	当元素改变时执行 JS 代码
	Submit	onSubmit	当表单被提交时执行 JS 代码
	Reset	onReset	当表单被重置时执行 JS 代码
	Select	onSelect	当元素被选取时执行 JS 代码
	Blur	onBlur	当元素失去焦点时执行 JS 代码
	Focus	onFocus	当元素获得焦点时执行 JS 代码
窗口事件	Load	onLoad	当文档载入时执行 JS 代码
	UnLoad	onUnload	当文档卸载时执行 JS 代码

15.1.3 事件处理

只要给特定的事件句柄绑定事件处理代码就可以响应事件。事件处理指定方式有 3 种：在 HTML 标记中静态指定、在 JavaScript 中的动态指定及特定对象的特定事件的指定。

1. 静态指定

1) 基本语法

```
<标记 事件句柄 1 = "事件处理程序 1" [事件句柄 2 = "事件处理程序 2" … 事件句柄 n = "事件处理程序 n"]>…</标记>
```

2) 语法说明

静态指定方式，是在开始标记中设置相关事件句柄，并绑定事件处理程序即可。一个标记可以设置一个或多个事件句柄，并绑定事件处理程序。事件程序可以是 JavaScript 代码串或函数，通常将事件处理程序定义成函数。

例如，给 p 标记和 body 标记添加事件句柄属性，并绑定事件。格式如下：

```
< p onClick = "show();" onDblClick = "display();"></p>
< body onLoad = "alert('页面装载成功!');" onUnload = "pageLoad();"></body>
```

【例 15-1-1】 在 HTML 标记中的静态指定事件处理代码。代码如下所示，其页面效果如图 15-1-1 和图 15-1-2 所示。

```
1   <! -- edu_15_1_1.html -->
2   <!doctype html >
3   < html lang = "en">
4       < head >
5           < meta charset = "UTF - 8">
6           < title >HTML 属性的事件处理器的应用</title>
7           < script type = "text/javascript">
8               function testInfo(message){alert(message);}
9           </script >
10      </head >
11      < body >
12          < h4 >HTML 属性的事件处理器的应用</h4>
13          < form method = "post" action = "">
14              < input type = "button" value = "通过 JS 语句输出信息"  onclick = "alert('使用 alert()输出信息')">
15              < input type = "button" value = "通过函数输出信息" onclick = "testInfo('调用 testInfo()函数输出信息')">
16          </form >
17      </body >
18  </html >
```

3) 代码解释

代码中第 14 行、第 15 行定义了 2 个普通按钮，并通过 HTML 的 input 标记的 onClick 事件句柄来关联事件处理程序。如果单击"通过 JS 语句输出信息"按钮，将触发该按钮的 Click 事件，直接执行 JavaScript 代码"alert('使用 alert()输出信息')"，弹出告警消息框，显示信息；如果单击"通过函数输出信息"按钮，将触发该按钮的 Click 事件，调用代码中第 7 行～第 9 行

图 15-1-1　调用 JS 语句输出信息

图 15-1-2　调用函数输出信息

定义的名为 testInfo(message)函数,通过参数传递要输出的信息,函数的执行结果是弹出告警消息框,并把参数传递的信息显示在对话框内。

2. 动态指定

大多数情况下使用静态指定方式来处理事件,但有时也需要在程序运行过程中动态指定事件,也称为分配某一事件,这种方式允许程序像操作 JavaScript 属性一样来处理事件。

1) 基本语法

```
<事件主角 - 对象>.<事件句柄> = <事件处理程序>;
Object.onclick = function(){disp();/ * function * /}
```

2) 语法说明

在此用法中,"事件处理程序"是必须使用不带函数名的 function(){}来定义,即是无函数名的函数,函数体内可以是字符串形式的代码,也可以是函数。

【例 15-1-2】　在 JavaScript 中进行动态指定事件处理程序。代码如下所示,页面如图 15-1-3 所示。

```
1   <! -- edu_15_1_2.html -->
2   <! doctype html >
3   < html lang = "en">
4       < head >
5           < meta charset = "UTF - 8">
6           < title > JavaScript 中动态地指定</title>
7           < style type = "text/css">
8               # inp{width:100px;height:40px;color:red;}
9           </style>
10          < script type = "text/javascript">
```

```
11              function clickHandler()
12              {
13                  alert("代码触发事件,即将提交表单!");
14                  return true;
15              }
16      </script>
17  </head>
18  <body>
19      <form name = "myform" method = "post" action = "" >
20          <input id = "inp" type = "button" name = "mybutton" value = "提交" >
21      </form>
22      <script type = "text/javascript">
23          //向 button 元素动态分配 onclick 事件
24          document.getElementById('inp').onclick = function(){return clickHandler();}
25          myform.mybutton.onclick();      //程序触发
26      </script>
27  </body>
28 </html>
```

图 15-1-3　JavaScript 动态指定处理事件函数

3）代码解释

代码中第 11 行～第 15 行定义了 1 个函数名为 clickHandler()；第 19 行～第 21 行定义 1 个表单,并在表单中插入 1 个按钮,第 22 行～第 26 行插入脚本,其中第 24 行通过 JavaScript 程序给 button 按钮动态分配 onclick 事件,当代码执行时,第 25 行系统自动执行了动态分配的 onclick 事件,采用名称调用按钮的 onclick 事件时必须在事件属性后面加上一对小括号,例如 obj.onclick(),否则调用无效,而不是用户单击"提交"按钮的结果。

3. 特定对象特定事件的指定

在 script 标记中编写元素对象的事件处理程序代码。使用 script 标记的 for 属性指定事件源,并用 event 属性指定事件句柄名称,这种方法用得比较少,但是在某些场合还是很好用的。

1）基本语法

```
<script type = "text/javascript"  for = "对象"  event = "事件句柄">
    //事件处理程序代码
</script>
```

2）语法说明

for 属性指定特定对象,如 window、document 等；event 属性指定事件句柄名称,如 onload、onunload 等。在脚本 script 标记中插入相关事件处理函数代码。

【例 15-1-3】 特定对象的特定事件处理程序的应用,代码如下所示,其页面效果如图 15-1-4 所示。

```
1   <! -- edu_15_1_3.html -->
2   <!doctype html >
3   < html lang = "en">
4       < head >
5           < meta charset = "UTF - 8">
6           < title>给特定对象指定特定事件处理程序</title>
7       </head>
8       < body >
9           < h4>给特定对象指定特定事件处理程序</h4>
10          < script type = "text/javascript" for = "window" event = "onload">
11              alert("网页读取完成,欢迎光临!");
12          </script>
13      </body>
14  </html>
```

图 15-1-4　特定对象的特定事件处理程序

3) 代码解释

代码中第 10 行~第 12 行利用 script 标记的 for、event 属性分别指定对象和事件句柄,并在脚本中定义了 JavaScript 代码 alert("网页读取完成,欢迎光临!")。当网页加载时,通过告警消息框输出"网页读取完成,欢迎光临!"。

15.1.4　事件处理程序的返回值

在 JavaScript 中通常事件处理程序不需要有返回值,这时浏览器会按默认方式进行处理。很多情况下需要使用返回值,来判断事件处理程序是否正确进行处理,或者通过这个返回值来判断是否进行了下一步操作。

在这种情况下,事件处理程序返回值都为布尔型值,如果为 false,则阻止浏览器的下一步操作;如果为 true,则进行默认的操作。

1. 基本语法

```
<标记 事件句柄 = "return 函数名(参数);" >…</标记>
```

2. 语法说明

事件处理代码中函数必须具有布尔型的返回值,即函数体中最后一句必须是带返回值的 return 语句。

【例 15-1-4】 事件处理程序返回值的应用。代码如下所示,其页面效果如图 15-1-5 所示。

```
1   <! -- edu_15_1_4.html -->
2   <! doctype html >
3   < html lang = "en">
4       < head >
5           < meta charset = "UTF - 8">
6           <title>事件处理程序返回值的应用</title>
7           < script language = "javascript">
8               function showName(){
9                   if(document.form1.name1.value == "")
10                  {  alert("没有输入内容!"); return false; }
11                  else {
12                      alert("欢迎你!" + document.form1.name1.value);return true;
13                  }
14              }
15          </script>
16      </head >
17      < body >
18          <h4>事件处理程序返回值的应用</h4>
19          <! -- onsubmit 事件处理函数返回真值就执行 action 指定的网页 -->
20          < form name = "form1" action = "simple.html" onsubmit = "return showName();">
21              姓名: < input type = "text" name = "name1" />
22              < input type = "submit" value = "提交"/>
23          </form >
24      </body >
25  </html >
```

图 15-1-5　事件处理程序的返回值应用

3. 代码解释

代码中第 8 行～第 14 行定义 1 个 JavaScript 函数 showName();如果表单中姓名文本输入框中没有内容,则提示"没有输入内容",返回 false 值;如果姓名文本框中输入姓名,如"储久良",则提示"欢迎你,储久良",单击"确定"按钮后,返回 true 值。第 20 行～第 23 行定义 1 个表单,表单中插入 1 个文本输入框和 1 个提交按钮,其中第 20 行定义表单的 onsubmit 事件句柄,并指定事件发生时调用执行代码"return showName();"。

浏览网页,并在姓名文本框处输入姓名,单击"提交"按钮,触发 Submit 事件,调用执行代码"return showName();",返回值为 true 则浏览器进行下一下操作,访问网页 simple.html,如图 15-1-6 所示;如果在文本输入框中不输入任何内容就单

图 15-1-6　返回值为真时进入下一个网页

JavaScript 事件分析

击"提交"按钮则返回 false 值,浏览器阻止进行下一下操作,返回输入界面。

15.2 表 单 事 件

表单是 Web 应用中和用户进行交互的最常用的工具。用户注册、发表讨论和评论等都需要用到表单。用户在表单中填写数据,然后将数据发送到服务器端。JavaScript 脚本所要做的主要工作就是表单验证,如验证用户是否有未填信息,输入的数据格式是否正确等。这样,在数据被提交到服务器之前数据的正确性和合法性就得到了验证并反馈给了用户,用户可以根据提示修改错误。

表单控件(元素)有很多,如文本输入框、下拉列表框、复选框、单选按钮、提交按钮等。在对表单控件(元素)进行操作时,都会触发相应的事件。

15.2.1 获得焦点与失去焦点事件

当表单控件获得焦点时会触发 focus 获得焦点事件,当表单控件失去焦点时会触发 blur 事件。当单击表单中的按钮时,该按钮就获得了焦点;当单击表单中的其他区域时,该按钮就失去了焦点。

【例 15-2-1】 表单控件焦点事件的应用。代码如下所示,其页面效果如图 15-2-1 所示。

```
1  <!-- edu_15_2_1.html -->
2  <!doctype html>
3  <html lang = "en">
4     <head>
5        <meta charset = "UTF-8">
6        <title>获得/失去焦点测试</title>
7        <script type = "text/javascript">
8           function getFocus(){document.bgColor = "#114455";}
9           function loseFocus(){document.bgColor = "#FF66FF";}
10       </script>
11    </head>
12    <body>
13       <form>
14          <br/><input type = "button" onfocus = "getFocus()" value = "获得/失去焦点触发事
件" onblur = "loseFocus()"/>
15       </form>
16    </body>
17 </html>
```

获得焦点 ——

 —— 失去焦点

图 15-2-1 普通按钮获得/失去焦点效果图

上述代码中第 14 行定义了"获得/失去焦点触发事件"的普通按钮,并为此按钮设置了 onFocus 和 onBlur 事件句柄,当该按钮获得焦点时会触发获得事件,调用 getFocus() 函数将文档背景颜色设置为♯114455,当该按钮失去焦点时会触发失去焦点事件,调用 loseFocus() 函数将文档背景颜色设置为♯FF66FF。

15.2.2 提交及重置事件

在表单中单击"提交"按钮后,会触发 Submit 事件,将表单中的数据提交到服务器端;当单击"重置"按钮后,会触发 Reset 事件,将表单中的数据重置为初始值。在表单中,插入 1 个 type 属性值为 submit 的 input 标记来添加 1 个提交按钮,当单击该按钮时会触发表单的 Submit 事件;同样可以插入 1 个 type 属性值为 reset 的 input 标记来添加 1 个重置按钮,当单击该按钮时会触发表单的 Reset 事件。如果需要表单 Submit 事件及 Reset 事件触发时完成特定的功能,如需要对表单数据进行合法性验证,则需要为表单设置事件句柄,并自定义相关函数。

【例 15-2-2】 表单提交、重置事件的应用。代码如下所示,其页面效果如图 15-2-2 所示。

```
1   <! -- edu_15_2_2.html -->
2   <! doctype html >
3   < html lang = "en">
4       < head >
5           < meta charset = "UTF - 8">
6           < title >表单提交、重置事件的应用</title>
7           < style type = "text/css">
8               fieldset{width:300px;height:150px;}
9           </style>
10          < script language = "javascript" type = "text/javascript">
11              function $ (id){return document.getElementById(id);}
12              function submitTest(){
13                  var msg = "用户名:" + $ ("input1").value;
14                  msg += "\n 密码:是" + $ ("input2").value;
15                  alert(msg);
16                  return false;
17              }
18              function resetTest(){alert("将数据清空");}
19          </script >
20      </head>
21      < body >
22          < form onSubmit = "return submitTest();"  onReset = "resetTest()">
23              < fieldset >
24                  < legend >表单数据提交</legend>
25                  < br >< label >用户名: </label>< input type = "text" id = "input1">
26                  < br >< label >密  码: </label>< input type = "password" id = "input2">
27                  < br >< input type = "submit" value = "提交">
28                  < input type = "reset" value = "重置">
29              </fieldset>
30          </form >
31      </body>
32  </html >
```

上述代码中第 10 行～第 19 行定义了 3 个 JavaScript 函数,分别是 $ (id)、submitTest() 和 resetTest();第 22 行为表单设置了 onSubmit 和 onReset 事件句柄。

图 15-2-2　单击"提交"按钮时的提示信息

当单击"提交"按钮将表单数据提交时,触发 Submit 事件,调用执行代码"return submitTest();",这段代码将调用 submitTest(),获取输入框中的用户名和密码,弹出告警消息框并返回 false;当单击"重置"按钮将表单数据重置时,触发 reset 事件,调用执行代码"resetTest()",这段代码将调用执行后会弹出"数据清空"的告警消息框。

15.2.3　改变及选择事件

在表单中,当选择了文本输入框或多行文本输入框内的文字时会触发 Select 选择事件。部分示例代码如下所示:

```
1   < form >
2       < input type = "text" name = "" value = "文本被选择后触发事件" onSelect = "Javascript:
alert('内容已被选中!')">
3   </form >
```

代码中第 2 行定义了 1 个文本输入框,并设置 onSelect 属性值为 JavaScript 代码;当文本框的内容被选中后,将触发 Select 事件,调用代码,通过告警消息框弹出一个显示"内容已被选中!"的对话框;当一个文本输入框或多行文本输入框失去焦点并更改值时或当 select 下拉选项中的一个选项状态改变后会触发 Change 改变事件。

【例 15-2-3】　下拉列表框实现图像切换。代码如下所示,其页面效果如图 15-2-3 所示。

```
1   <! -- edu_15_2_3.html -->
2   <!doctype html >
3   < html lang = "en">
4       < head >
5           < meta charset = "UTF - 8">
6           <title>下拉菜单</title>
7           < script language = "javascript">
8               function $ (id){return document.getElementById(id);}    //获取元素
9               function changeImage(){
10                  var index = $ ("game").selectedIndex;              //获取下拉框中选择项
11                  $ ("show").src = $ ("game").options[index].value;   // 更改图片
12              }
13          </script >
14      </head >
15  < body >
16          < div align = "center">
```

```
17              <form>
18                  <select id = "game" onChange = "changeImage()">
19                      <option value = "pic4.jpg">-- 请选择 --</option>
20                      <option value = "pic0.jpg">平板电视</option>
21                      <option value = "pic1.jpg">笔记本电脑</option>
22                      <option value = "pic2.jpg">单反相机</option>
23                      <option value = "pic3.jpg">智能手机</option>
24                  </select>
25              </form>
26          </div>
27          <p align = "center">
28              <img  src = "pic4.jpg"  id = "show">
29          </p>
30      </body>
31  </html>
```

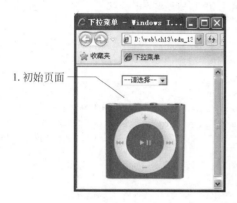
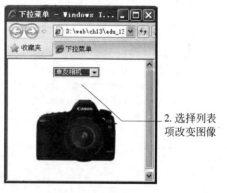

1. 初始页面

2. 选择列表项改变图像

图 15-2-3　下拉列表框选择单反相机选项后的页面

上述代码中第 7 行～第 12 行定义了 2 个 JavaScript 函数分别为 $(id)、changeImage()；第 18 行为下拉列表框设置了 onChange 事件句柄；第 28 行在页面中插入了 1 张图像。当下拉列表框中的选项改变时会触发 change 事件,调用 changeImage() 将原来的图像更改为选中的图像。

changeImage() 中第 10 行用于获得下拉列表框中选中的列表项的索引；第 11 行用于将指定索引处的下拉列表框选项的值赋给 img 元素的 src 属性来完成图片的更换。

15.3　鼠标事件

在网页设计中,如果用鼠标对网页中控件进行操作时会触发鼠标事件。当单击鼠标左键会触发 Click 事件,双击鼠标时会触发 DblClick 事件,鼠标按下后再松开时会触发 MouseUp 事件等。下面对一些常用的鼠标事件做简单介绍。

15.3.1　鼠标单、双击事件

鼠标事件主要指用鼠标对页面中的控件进行单击或双击操作时触发的事件,它们也是网页开发中运用最多的事件。当鼠标单击页面中的按钮时可以触发鼠标单击事件,例如:

```
< input type = "button" name = "click" value = "鼠标单击" onClick = "alert('你单击了我！')">
```

当鼠标双击页面中的按钮时可以触发鼠标双击事件，例如：

```
< input type = "button" name = "click"   value = "鼠标双击" onDblClick = "alert('你双击了我！')">
```

【例 15-3-1】 文本输入框内容复制。代码如下所示，其页面效果如图 15-3-1 所示。

```
1  <! -- edu_15_3_1.html -->
2  <!doctype html>
3  < html lang = "en">
4     < head >
5        < meta charset = "UTF - 8">
6        < title>鼠标单击事件</title>
7        < script type = "text/javascript">
8           function $ (id){return document.getElementById(id);}
9           function copyText(){ $ ("target").value = $ ("source").value;}
10       </script >
11    </head >
12    < body >
13       < h4 >文本框内容复制</h4 >
14       < form method = "post" action = "">
15          来源文本框: < input type = "text" id = "source" value = ""><br>
16          目标文本框: < input type = "text" id = "target" readonly><br>
17          < input type = "button" value = "复制文本框内容" onclick = "copyText();">
18       </form >
19    </body >
20 </html >
```

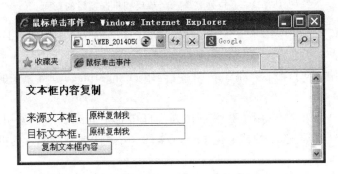

图 15-3-1 鼠标单击事件

上述代码中第 8 行、第 9 行定义了 2 个函数，分别为 $ (id)、copyText()；第 15 行、第 16 行定义了 2 个文本输入框，且第 2 个文本框设置只读属性；第 17 行定义了 1 个普通按钮，并为该按钮设置了 onCilck 事件句柄。在第 1 个文本输入框中输完内容后，单击"复制文本框内容"按钮时会触发 Click 事件，调用 copyText() 函数完成文本框内容的复制。

15.3.2 鼠标移动事件

鼠标事件除了最典型的 Click 事件之外，还有鼠标进入页面元素 MouseOver 事件、退出页面元素 MouseOut 事件和鼠标按键检测 MouseDown 及 MouseUp 等事件。下面的例子实现

了鼠标移向页面中的某张图像时触发 MouseOver 事件，鼠标移出图像时触发了 MouseOut
事件。

【例 15-3-2】 移动鼠标替换图片。代码如下所示，其页面效果如图 15-3-2 所示。

```
1  <! -- edu_15_3_2.html -->
2  <!doctype html>
3  <html lang = "en">
4      <head>
5          <meta charset = "UTF - 8">
6          <title>鼠标移动事件</title>
7          <script type = "text/javascript">
8              function $(id){return document.getElementById(id);}
9              function mouseOver(){ $('b1').src = "eg_mouse1.jpg";}
10             function mouseOut(){ $('b1').src = "eg_mouse2.jpg";}
11         </script>
12         <style type = "text/css">
13             p,h4{text - align:center;}
14         </style>
15     </head>
16     <body>
17         <h4>鼠标事件</h4>
18         <hr color = "blue">
19         <p>
20             <img alt = "鼠标移动事件" src = "eg_mouse2.jpg" id = "b1" onmouseover =
"mouseOver()" onmouseout = "mouseOut()"/>
21         </p>
22     </body>
23 </html>
```

上述代码中第 8 行～第 10 行定义了 3 个 JavaScript 函数，分别为 $(id)、mouseOver() 和
mouseOut()。第 20 行定义了 1 个图像并为该图像设置了 onMouseOver 和 onMouseOut 事
件句柄。当鼠标移到图像区域时会触发 MouseOver 事件执行 mouseOver()，将当前图像更换
为新的图像，如右图所示；当鼠标移出图像区域时会触发 MouseOut 事件执行 mouseOut()，
将当前图像恢复为原来的图像，如图 15-3-2 左图所示。

鼠标移入的页面

鼠标移出后的页面

图 15-3-2　鼠标事件的应用

JavaScript 事件分析

15.4　键盘事件

键盘事件主要有 3 个，分别是 KeyDown、KeyPress 及 KeyUp 事件，它们用来检测键盘按下、按下松开及完全松开这些动作。通过 Window 对象的 event 对象的 KeyCode 属性可以获得按键的对应的键码值。

【例 15-4-1】　键盘事件的应用。代码如下所示，其页面效果如图 15-4-1 所示。

```
1    <!--    edu_15_4_1.html  -->
2    <!doctype html>
3    <html lang = "en">
4        <head>
5            <meta charset = "UTF - 8">
6            <title>键盘事件的应用</title>
7            <script type = "text/javascript">
8                function checkNo()
9                {
10                   if(window.event.keyCode!= 13)
11                   {
12                       if(event.keyCode < 48 || event.keyCode > 57){alert("你输入学号错误!");}
13                   }else{
14                       if(myform.sno.value.length < = 0){alert("学号不能为空");}
15                       else{alert("你的学号为: " + myform.sno.value);}
16                   }
17               }
18               function checkName(){
19                   if(window.event.keyCode == 13){alert("你的姓名为: " + myform.sname.value);}
20               }
21           </script>
22       </head>
23       <body>
24           <h4>键盘事件的应用</h4>
25           <form name = "myform" method = "post" action = "">
26               学号: <input type = "text" name = "sno" id = "sno" onKeyPress = "checkNo()">必须为数字<br>
27               姓名: <input type = "text" name = "sname" id = "sname" onkeypress = "checkName()">回车显示姓名<br>
28               <input type = "submit" value = "提交"><input type = "reset">
29           </form>
30       </body>
31   </html>
```

上述代码中第 7 行～第 21 行定义了 2 个 JavaScript 函数，分别是 checkNo() 及 checkName()。第 25 行～第 29 行定义了 1 个表单，在表单中插入 2 个文本输入框，并为 2 个文本输入框设置了 onKeyPress 事件句柄。在 sno 文本输入框中通过键盘输入学号时，则会触发 KeyPress 事件调用 checkNo() 执行检查，如果键盘按下的不是 Enter 键且输入的不是数字时(Enter 的键码值是 13，数字键 0～9 对应的键码值 48～57)，则给出"你输入学号错误!"的提示信息；如果用户按下的是 Enter 键且输入的是数字键，则给出"你的学号问为：XXX"的提示信息；如果用户没有输入数据直接按下 Enter 键，则给出"学号不能为空"的提示信息。在

图 15-4-1　键盘事件的应用

sname 文本输入框中按下键盘输入姓名时，则会触发 KeyPress 事件调用 checkName()函数执行检查，如果按下的是 Enter 键则给出"你的姓名为：XXX"的提示信息。

15.5　窗口事件

窗口事件是指浏览器窗口在加载页面或卸载页面时触发的事件。加载页面时会触发 Load 事件，卸载页面时会触发 UnLoad 事件，这两个事件和<body>及<frameset>两个页面元素有关。

【例 15-5-1】　窗口事件的应用。代码如下所示，其页面效果如图 15-5-1 所示。

```
1  <! --   edu_15_5_1.html -->
2  <!doctype html>
3  <html lang = "en">
4      <head>
5          <meta charset = "UTF-8">
6          <title>窗口事件的应用</title>
7          <script   type = "text/javascript">
8              function load(){alert("欢迎访问本页面!");}
9              function unload(){alert("欢迎下次访问!");}
10         </script>
11     </head>
12     <body onload = "load();" onunload = "unload();"
13         <h4>窗口事件的应用</h4>
14         <p onclick = "alert('单击我!')">单击我!</p>
15     </body>
16 </html>
```

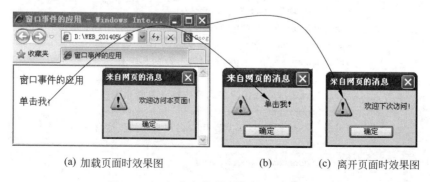

(a) 加载页面时效果图　　　(b)　　　(c) 离开页面时效果图

图 15-5-1　加载事件/卸载事件页面效果图

347

第 15 章

JavaScript 事件分析

　　上述代码中第 7 行~10 行定义了 2 个 JavaScript 函数,分别是 load()、unload()函数。第 12 行为该页面的 body 元素设置了 onLoad 及 onUnLoad 事件句柄。当浏览器窗口加载该页面时会触发 Load 事件调用 load()函数,弹出"欢迎访问本页面!"的提示信息,如图 15-5-1(a)所示;当单击段落时,触发 click 事件,弹出"单击我!"告警消息框,如图 15-5-1(b)所示;当关闭该浏览器窗口或当前页面跳转到其他页面时会触发 unLoad 事件,调用 unload()函数,弹出"欢迎下次访问!"的提示信息,如图 15-5-1(c)所示。

15.6　综合实例

　　在网页设计与开发过程中,经常利用表单提交与重置事件对表单中数据进行验证。例如进入当当网的注册界面,输入数据完成后单击"注册"按钮,如果数据格式符合要求则将数据提交到服务器端,显示注册成功;如果输入的邮箱/手机号码或密码格式不正确时,则要求重新输入。

　　用 JavaScript 程序也可以模拟一个注册过程,当单击"注册"按钮时,如果验证合法,则将数据提交,否则,继续保持登录页,并给出相关提示信息。

【例 15-6-1】 用户注册信息验证。代码如下所示,其页面效果如图 15-6-1 所示。

```
1    <!--    edu_15_6_1.html -->
2    <!doctype html>
3    <html lang = "en">
4        <head>
5            <meta charset = "UTF-8">
6            <title>用户注册页面</title>
7            <style type = "text/css">
8                strong{color:red;font-style:bolder;}
9                fieldset{width:560px;height:186px;padding:0px 50px;}
10               #button{margin:10px 20px;}
11           </style>
12           <script   type = "text/javascript">
13               function $ (id){return document.getElementById(id);}
14               function checkReg()
15               {
16                   var username = $ ("myname").value;
17                   var pwd = $ ("mypwd1").value;
18                   var pwdConfirm = $ ("mypwd2").value;
19                   var checkright = true;
20                   if(username == "" || pwd == "")   //两者中有一个为空
21                   {
22                       alert("请确认用户名和密码输入是否正确!!");
23                       checkright = false;
24                   }else      //不为空,再判断用户名和密码的长度合法性
25                   {
26                       if(username.length<6)
```

```
27                          {
28                              alert("用户名长度太短,至少 6 个字符!!");
29                              checkright = false;
30                          }else if(pwd.length<6){
31                              alert("密码长度太短,至少 6 个字符!!");
32                              checkright = false;
33                          }else if(pwd!= pwdConfirm){
34                              alert("两次输入的密码必须一致!!");
35                              checkright = false;
36                          }else{
37                              checkright = true;}
38                          }
39                          return checkright;
40                      }
41                  function clearInfo()
42                      {
43                          var flag = confirm("确认要重置数据吗?");
44                          if(flag == true)
45                          {
46                              $("myname").value = "";
47                              $("mypwd1").value = "";
48                              $("mypwd2").value = "";
49                          }
50                      }
51          </script>
52      </head>
53      <body>
54          <form action = "regsuccess. html" method = "get" onSubmit = "return checkReg()"
onReset = "clearInfo()">
55              <fieldset>
56                  <legend align = "center">新用户注册</legend><br>
57                  <div>
58                      <label>用  户  名:</label>
59                      <input type = "text" name = "myname" id = "myname"><strong>(用户名
要大于 6 位)</strong><br>
60                      <label>登录密码:</label>
61                      <input type = "password" name = "mypwd1" id = "mypwd1"><strong>(密
码要大于 6 位)</strong><br>
62                      <label>密码确认:</label>
63                      <input type = "password" name = "mypwd2" id = "mypwd2"><br>
64                      <input id = "button" type = "submit" value = "用户注册">
65                  <input   id = "button" type = "reset" value = "重置">
66                  </div>
67              </fieldset>
68          </form>
69      </body>
70  </html>
```

JavaScript 事件分析

上述代码中第 12 行~51 行定义了 3 个 JavaScript 函数,分别是 $(id)、checkReg()、clearInfo()函数。第 54 行为表单设置了 onSubmit 和 onReset 事件句柄。当单击"用户注册"按钮将表单数据提交时,此时会触发 Submit 事件,调用执行代码 return checkReg(),首先判断用户输入的用户名称或密码是否为空,如果为空则弹出提示对话框,并返回 false;接着判断用户名或密码是否大于 6 个字符,如果不是返回 false;最后判断两次输入的密码是否相同,如果不同则返回 false;其他情况返回 true。

如果注册用户名少于 6 个字符,单击"提交注册"按钮后会弹出"用户名长度太短,至少 6 个字符!!"的提示信息,如图 15-6-1 所示。

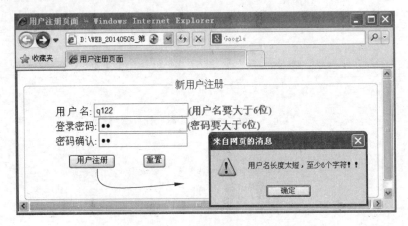

图 15-6-1　单击"用户注册"按钮验证页面效果图

当单击"重置"按钮将表单数据重置时,此时会触发 Reset,调用执行函数 clearInfo(),该函数的作用是提醒用户是否将表单数据重置,如图 15-6-2 所示。

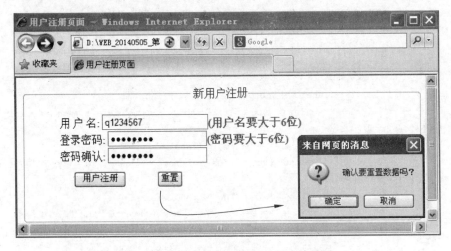

图 15-6-2　单击"重置"按钮时页面效果图

本 章 小 结

本章介绍 JavaScript 脚本中的事件处理的概念、方法,列出了常用的事件及事件句柄,并且介绍了如何编写用户自定义的事件处理函数以及如何将它们与页面中用户的动作相关联,以得到预期的交互性能。

重点介绍了 Web 开发中常用的表单事件、鼠标事件、键盘事件等。在表单事件中,详细介绍表单元素的焦点事件、表单提交与重置事件以及表单元素的选中及改变事件。在鼠标事件中,详细介绍鼠标单击及鼠标移动事件。在窗口事件中,主要介绍了装载事件和卸载事件。Web 前端开发人员只要掌握 JavaScript 事件概念、事件触发类型和事件处理的方式,就可以开发出具有交互性、动态性的页面。

练习与实验

练习 15

1. 选择题

(1) 以下选项中,鼠标单击事件对应的事件句柄是(   )。

    (A) onChange   (B) onLoad   (C) onClick   (D) onDblclick

(2) 以下事件中,当页面中的文本输入框获得焦点时触发的事件是(   )。

    (A) click   (B) load   (C) blur   (D) focus

(3) 以下事件中,表单数据填完后,单击"提交"按钮,会触发的事件是(   )。

    (A) submit   (B) reset   (C) click   (D) focus

(4) 以下选项中,表单重置事件对应的事件句柄是(   )。

    (A) onSubmit   (B) onReset   (C) onChange   (D) onLoad

(5) 以下选项中,将 validate() 函数和 1 个按钮的单击事件关联起来正确的用法是(   )。

    (A) <input type="button " value="校验" onClick="validate( ) ">

    (B) <input type="button " value="校验" onDbClick="validate( ) ">

    (C) <input type="button " value="校验" onSubmit="validate( ) ">

    (D) <input type="button " value="校验" onReset="validate( ) ">

(6) 以下事件中,不属于键盘事件的是(   )。

    (A) KeyDown   (B) KeyPress   (C) KeyUp   (D) KeyOver

(7) JavaScript 中的 Load 事件的作用是(   )。

    (A) 浏览器窗口加载页面时,执行的 JavaScript 事件

    (B) 浏览器窗口离开页面时,执行的 JavaScript 事件

    (C) 用户提交一个表单时,执行的 JavaScript 事件

    (D) 鼠标移出对象时,执行的 JavaScript 事件

2. 填空题

(1) 事件句柄的命名原则是在事件名称前加上前缀_____。

(2) JavaScript 中事件处理方式可以有 3 种,分别是_____、_____、_____。

(3) 当表单中的表单控件获得焦点时会触发_____事件,该事件对应的事件句柄为_____;表单数据提交时会触发_____事件,该事件对应的事件句柄为_____。

(4) 鼠标单击时会触发_____事件,浏览器窗口在加载页面时会触发_____事件。

3. 简答题

(1) 网页开发中常见的事件类型有哪些? 分别代表什么操作?

(2) 事件发生时,对事件的处理方式有哪几种?

(3) 表单事件中最常用的事件有哪些? 举例说明它们在实际开发中的应用。

实验 15

1. 编写 JavaScript 代码实现用户登录时数据合法性校验功能,界面如图 15-1 所示。具体要求:

(1) 必填项验证:用户名文本输入框、密码输入框必须含有值。

(2) 有效性验证:用户名、密码长度大于等于 8 个字符,小于等于 20 个字符。

(3) 当提交数据时,如果输入框中的数据不合法,则给出对应的提示信息并将焦点聚焦到对应的输入框上。

提示:使用域和域标题进行窗口布局,背景颜色为 #663399。

图 15-1 用户登录页面

2. 编写 JavaScript 程序实现单击列表框任一选项时,通过告警消息框显示教材名称及定价,如图 15-2 所示。要求如下:

(1) 页面标题:"显示列表项的内容";

(2) 页面内容:3 号标题标记显示标题"显示列表项的内容";插入一个大小为 5 的列表框,用于显示教材名称,教材定价保存在列表项的 value 中,分别如下:

计算机组成原理 35 元、数据结构 38 元、计算机网络 43 元、Java 程序设计 40 元、算法分析 28 元。

(3) 编 disaplayItem()函数,实现当用户选择某一列表项时通过告警框分行显示选中的教材名称和定价(列表项的内容和 value 值)。

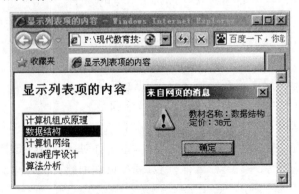

图 15-2 显示列表项内容

网站赏析

国外网站欣赏 2 例

1. 联邦财政部网站 http://www.cndns.com/，如图 15-3 所示。

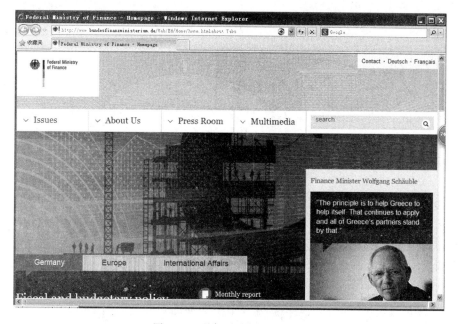

图 15-3　联邦财政部网站首页

2. 国际室内设计师协会网站 http://www.iida.org/，如图 15-4 所示。

图 15-4　国际室内设计师协会首页

JavaScript 事件分析

第 16 章　　DOM 和 BOM

本章学习目标

　　JavaScript 既支持传统的结构化编程,同时也支持面向对象的编程,用户在编程时可以使用 JavaScript 语言提供的不同类型的对象,也可以自己定义对象的类型。一个完整的 JavaScript 实现是由 3 个不同部分组成的,分别是核心(ECMAScript)、文档对象模型(Document Object Model,DOM)及浏览器对象模型(Browser Object Model,BOM)。通过本章的学习,能够掌握 JavaScript 语言中内置对象的常用属性及方法,理解 DOM 及 BOM 的概念。掌握运用 document 对象来访问、创建及修改节点;掌握 window 对象的常用属性及方法;了解 navigator、screen、history、location 等对象。

　　Web 前端开发工程师应掌握以下内容:
- 学会使用 JavaScript 内置对象的常用属性及方法。
- 理解文档对象模型的节点树的构建及节点类型的划分。
- 学会使用 document 对象常用方法来设计动态效果的网页。
- 理解浏览器对象模型的各对象的层次关系。
- 学会使用 window 对象的定时器及对话框方法。
- 了解 navigator、screen、history、location 等对象的属性和方法。

16.1　常　用　对　象

　　JavaScript 对象是拥有属性和方法的数据。采用面向对象编程能够减轻编程人员的工作量,提高设计 Web 页面的能力。

　　JavaScript 的对象类型可以分为 4 类:

　　(1) 本地对象(native object),ECMA-262 定义为"独立于宿主环境的 ECMAScript 实现提供的对象"。简单来说,本地对象就是 ECMA-262 定义的类(引用类型)。它们包括 Object、Function、Array、String、Boolean、Number、Date、RegExp、Error、EvalError、RangeError、ReferenceError、SyntaxErro、TypeError、URIError 等。这些对象独立于宿主环境,先定义对象,实例化后再通过对象名来使用。

　　(2) 内置对象(built-in object)。由 ECMAScript 实现提供的、不依赖于宿主环境的对象,在 ECMAScript 运行之前就已经创建好的对象就叫做内置对象。这意味着开发者不必明确实例化内置对象,它已被实例化了。ECMA-262 只定义了两个内置对象,即 Global 和 Math。Global 是全局对象,全局对象只是一个对象,而不是类。既没有构造函数,也无法实例化一个新的全局对象。例如 isNaN(),isFinite(),parseInt() 和 parseFloat() 等,都是 Global 对象的方法。Math 对象直接使用,如 Math. Random()、Math. round(20.5)等。

（3）宿主对象(host object)。ECMAScript 实现的宿主环境提供的对象。所有 BOM 和 DOM 对象都是宿主对象。通过它可以与文档和浏览器环境进行交互,如 document、window 和 frames 等。

（4）自定义对象。根据程序设计需要,由编程人员自行定义的对象。例如定义一个 person 对象,它有 4 个属性分别是 firstName、lastName、age、eyeColor,同时给属性赋值。定义代码格式如下所示:

```
var person = new Object(); /* 这是一种方法 */
person. firstname = "Bill";
person. lastname = "Gates";
person. age = 56;
person. eyecolor = "blue";
var person = {firstName:"John", lastName:"Doe", age:50, eyeColor:"blue"};/* 另一种方法 */
```

在面向对象编程过程中,所有对象都必须先定义再实例化,然后才能使用。使用 new 运算符来创建对象,例如,var obj＝new Object();。定义后使用对象的方法是"对象名称. 方法名()";访问对象属性的方法是"对象名称. 属性名"。JavaScript 中包含了一些常用的对象如 Array、Boolean、Date、Math、Number、String、Object 等。这些对象常用在客户端和服务器端的 JavaScript 中,下面对这些常用对象做简单介绍。

16.1.1 Array

Array 对象用于在单个的变量中存储多个相同类型的值,其值可以是字符串、数值型、布尔型等,但由于 JavaScript 是弱类型的脚本语言,所以数组元素也可以不一致。通过声明一个数组,将相关的数据存入数组,使用循环等结构对数组中的每个元素进行操作。

作为 Web 前端开发人员在编程时应尽量保证数组中的元素数据类型相同,这是一种良好的编程习惯。

1. 创建 Array 对象

1）基本语法

```
var stu1 = new Array();
var stu2 = new Array(size);
var stu3 = new Array(element0, element1, …, elementn);
```

2）参数说明

参数 size 定义数组元素的个数。返回的数组的长度 stu2. length 等于 size。

参数 element0、……、element*n* 是参数列表。当使用这些参数来调用构造函数 Array() 时,新创建的数组的元素就会被初始化为这些值。

2. 数组的返回值

数组变量 stu1、stu2、stu3 返回新创建并被初始化了的数组。如果调用构造函数 Array() 时没有使用参数,那么返回的数组为空,数组的 length 为 0。当调用构造函数时只传递给它一个数字参数,该构造函数将返回具有指定个数、元素为 undefined 的数组。当其他参数调用

Array()时,该构造函数将用参数指定的值初始化数组。当把构造函数作为函数调用,不使用 new 运算符时,它的行为与使用 new 运算符调用它时的行为完全一样。格式如下所示:

```
var stu = ["张有为","蒋丽娟","王一新","李大为"];
```

3. 数组元素初始化与修改指定数组元素

如果数组没有初始化,即是空数组时,可以使用循环给数组元素进行赋值,也可以一一赋值。如:stu[i] = 表达式,i 为 0～stu.length−1 之间,也称为数组的下标。如果数组下标超出了数组的边界,则返回值为 undefined。可以用赋值的方式来修改数组对应位置的元素。代码如下所示:

```
var stu = new Array();        /* 先定义数组 */
stu[0] = "王大为";            /* 给数组元素赋值 */
stu[1] = "李永明";            /* 给数组元素赋值 */
var len = stu.length;         /* len 的值为 2 */
stu[1] = "张慧娟";            /* 修改数组中第 2 个元素 */
```

4. 数组对象的属性和方法

Array 对象的长度可以通过 length 属性值来获取。Array 对象最常用的方法说明如表 16-1-1 所示。

表 16-1-1　Array 方法

方　　法	说　　明
join(分隔符)	把数组的所有元素放入一个字符串。元素通过指定的分隔符进行分隔
pop()	删除并返回数组的最后一个元素
push(新元素)	向数组的末尾添加一个或更多元素,并返回新的长度
shift()	删除并返回数组的第一个元素
unshift(新元素)	向数组的开头添加一个或更多元素,并返回新的长度
sort()	对数组的元素进行排序
reverse()	颠倒数组中元素的顺序
splice()	删除元素,并向数组添加新元素
slice()	从某个已有的数组返回选定的元素
toString()	把数组转换为字符串,并返回结果
toLocaleString()	把数组转换为本地数组,并返回结果
concat()	连接两个或更多的数组,并返回结果

【例 16-1-1】　数组的属性和方法应用。代码如下所示,其页面效果如图 16-1-1 所示。

```
1   <! -- edu_16_1_1.html -->
2   <!doctype html>
3   <html lang = "en">
4       <head>
5           <meta charset = "UTF - 8">
6           <title>数组对象的应用</title>
7       </head>
8       <body>
9           <h3>数组对象的应用</h3>
```

```
10        < script type = "text/javascript">
11            var stu1 = new Array("张有为","蒋丽娟","王一新","李大为");
12            var stu2 = ["张祥雨","姜进步","王新力","刘大山"];
13            document.write("数组中的元素:< br >");
14            //访问数组中的元素
15            for (var i = 0;i < = stu1.length - 1;i++)
16            {
17             document.write(i + " - " + stu1[i] + "   ");
18            }
19            document.write("< br >< br >");
20            //join 方法的使用
21            document.write(stu2.join(" - ") + "< br >");        //" - "分隔
22            document.write(stu2.join(" + ") + "< br >");        //" + "分隔
23            document.write(stu2.join() + "< br >");             //默认
24            //pop,push 方法的使用
25            document.write("< br >删除数组最后元素是" + stu2.pop());
26            var s = stu2.push("沈通达","高学衡");
27            document.write("< br >数组 2 的长 = " + s);
28            var stu1 = new Array ("张有为","蒋丽娟","王一新","李大为");
29            //shift,unshift 方法的使用
30            var ss = stu1.shift();
31            document.write("< br >删除数组第一个元素是:" + ss);
32            //在数组开始处插入新元素
33            var s = stu1.unshift("徐丽丽");                    //在 IE 中显示 undefined
34            document.write("< br >数组元素分别:" + stu1 + "< br >数组的长度 = " + s);
                                                              //在 IE 中用 stu1.length 代替
35        </script >
36    </body >
37 </html >
```

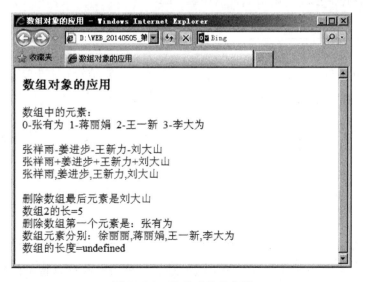

图 16-1-1　数组对象的应用

第
16
章

DOM 和 BOM

代码解释

代码中第 11 行、第 12 行定义了两个数组对象 course1、course2,并采用 2 种方法给数组赋值。第 13 行~第 34 行通过使用数组的属性及相关方法对数组进行遍历和修改。

注:在 IE 浏览器中,代码中第 33 行无法正常进行,即变量 s 未赋值,所以第 34 行中显示数组的长度为 undefined(未定义),而在其他浏览器中能够正常显示数组的长度。

16.1.2　Date

JavaScript 脚本本地对象 Date 用于处理日期和时间。Date 对象有很多方法,可以提取时间和日期。

1. 创建日期对象

基本语法:

```
var today = new Date();
var today = new Date(毫秒数);
var today = new Date(标准时间格式字符串);
var today = new Date(年,月,日,时,分,秒,毫秒);
```

根据上述创建方法,我们可以用下列格式来定义日期对象。格式如下:

```
var today = new Date();                          //自动使用当前的日期和时间
var today = new Date(3000);                      //1970 年 1 月 1 日,0 时 0 分 3 秒
var today = new Date("Apr 15,2016 15:20:00");    //2016 年 4 月 15 日 15 时 20 分 0 秒
var today = new Date(2016,3,25,14,42,50,50);     //2016 年 4 月 25 日 14 时 42 分 50 秒
```

2. 日期对象的方法

日期对象中包含着丰富的信息,可以通过日期对象提供的一系列方法分项提取出年、月、日、时、分、秒等各种信息。Date 对象方法如表 16-1-2 所示。

表 16-1-2　提取日期对象每个字段的方法

方　法　名	说　　　明
getDate()	从 Date 对象返回一个月中的某一天(1~31)
getDay()	从 Date 对象返回一周中的某一天(0~6)
getMonth()	从 Date 对象返回月份(0~11)
getFullYear()	从 Date 对象以四位数字返回年份
getHours()	返回 Date 对象的小时数(0~23)
getMinutes()	返回 Date 对象的分钟数(0~59)
getSeconds()	返回 Date 对象的秒数(0~59)
getMilliseconds()	返回 Date 对象的毫秒数(0~999)
getTime()	返回 1970 年 1 月 1 日至今的毫秒数

【**例 16-1-2**】　获得当前日期对象的年、月、日、时、分、秒,并且以特定的格式显示在页面中。代码如下所示,其页面效果如图 16-1-2 所示。

```
1    <! --    edu_16_1_2.html -->
2    <!doctype html>
3    < html lang = "en">
4        < head >
5            < meta charset = "UTF - 8">
6            < title>日期对象的应用</title>
7        </head >
8        < body >
9            < h4 >日期对象的应用</h4 >
10           < script type = "text/javascript">
11               var now = new Date();
12               var y = now.getFullYear();
13               var m = now.getMonth() + 1;
14               var d = now.getDate();
15               var h = now.getHours();
16               var mi = now.getMinutes();
17               var s = now.getSeconds();
18               if(m < 10){m = "0" + m;}
19               if(d < 10){d = "0" + d;}
20               if(h < 10){h = "0" + h;}
21               if(mi < 10){mi = "0" + mi;}
22               s = (s < 10)?("0" + s):s;   //if(s < 10){s = "0" + s;}
23               var str = y + "年" + m + "月" + d + "日 " + h + ":" + mi + ":" + s;
24               document.write(str);
25           </script >
26       </body >
27   </html >
```

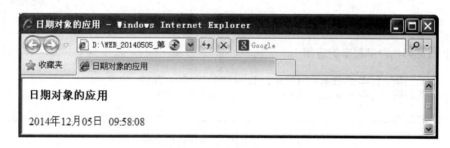

图 16-1-2　显示当前系统日期和时间

　　上述代码中第 11 行定义了一个日期对象 now,代表了当前的日期时间。第 12 行～第 17
行调用对象 now 的相关方法将该对象的年、月、日、小时、分钟、秒取到并显示在页面上。

　　需要注意的是,日期的中 1～12 月用数字 0～11 表示;每周的星期日～星期六,用数字
0～6 表示。

3. 将日期转换成字符串

　　Date 对象提供一些特有的方法将日期转换为字符串,而不需要开发人员编写专门的函数
去实现该功能,如表 16-1-3 所示。

DOM 和 BOM

表 16-1-3　日期转换成字符串的方法

方　法　名	说　　　明
toString()	把 Date 对象转换为字符串
toLocaleString()	根据本地时间格式,把 Date 对象转换为字符串
toLocaleTimeString()	根据本地时间格式,把 Date 对象的时间部分转换为字符串
toLocaleDateString()	根据本地时间格式,把 Date 对象的日期部分转换为字符串

【例 16-1-3】 日期转换成字符串的应用。代码如下所示,其页面效果如图 16-1-3 所示。

```
1  <!-- edu_16_1_3.html -->
2  <!doctype html>
3  <html lang = "en">
4      <head>
5          <meta charset = "UTF-8">
6          <title>日期转换成字符串的应用</title>
7      </head>
8      <body>
9          <h4>日期转换成字符串的应用</h4>
10         <script type = "text/javascript">
11             var MyDate = new Date();
12             var msg = "";
13             msg += "当前日期字符串 toString(): " + MyDate.toString() + "<br>";
14             msg += "本地日期字符串 toLocaleString(): " + MyDate.toLocaleString() + "<br>";
15             document.write(msg);
16         </script>
17     </body>
18  </html>
```

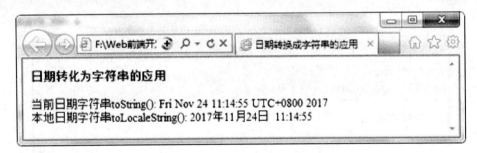

图 16-1-3　日期转换成字符串实例

代码解释

代码中第 11 行定义了 1 个日期对象 MyDate,代表了当前的日期时间。第 13 行～第 14 行分别调用日期对象转换成字符串的相关方法将 MyDate 转换成字符串,并将结果显示在页面上。

16.1.3　Math

Math 对象是拥有一系列的属性和方法,能够进行比基本算术运算更为复杂的运算。但 Math 对象所有的属性和方法都是静态的,并不能生成对象的实例,但能直接访问它的属性和方法。

1. 使用 Math 的属性

Math 的属性如表 16-1-4 所示。

表 16-1-4　Math 属性

属　性　名	说　　明
Math.E	返回算术常量 e，即自然对数的底数（约等于 2.718）
Math.LN2	返回 2 的自然对数（约等于 0.693）
Math.LN10	返回 10 的自然对数（约等于 2.302）
Math.LOG2E	返回以 2 为底的 e 的对数（约等于 1.414）
Math.LOG10E	返回以 10 为底的 e 的对数（约等于 0.434）
Math.PI	返回圆周率（约等于 3.14159）
Math.SQRT1_2	返回 2 的平方根的倒数（约等于 0.707）
Math.SQRT2	返回 2 的平方根（约等于 1.414）

例如，计算一个圆的面积时，圆周率就可以用 Math.PI 来代替了。

```
var radius = 18;
var area = Math.PI * radius * radius;
```

2. 使用 Math 的方法

Math 的方法如表 16-1-5 所示。

表 16-1-5　Math 方法

方　法　名	说　　明
Math.ceil(x)	对数进行上舍入。返回大于等于 x，并且与它接近的整数
Math.floor(x)	对数进行下舍入。返回小于等于 x，并且与 x 接近的整数
Math.round(x)	把数四舍五入为最接近的整数
Math.random()	返回 0 ～ 1 之间的随机数
Math.max(x,y)	返回 x 和 y 中的最高值
Math.min(x,y)	返回 x 和 y 中的最低值
Math.sqrt(x)	返回数的平方根
Math.exp(x)	返回 e 的指数
Math.pow(x,y)	返回 x 的 y 次幂
Math.log(x)	返回数的自然对数（底为 e）

Math 对象提供很多的数学方法用于基本运算，这些基本运算能够满足 Web 应用程序的要求。例如，在 JavaScript 脚本中，可使用 Math 对象的 random()方法生成 0～1 的随机数。

【例 16-1-4】　使用 Math 对象产生任意范围的 10 个随机整数。代码如下所示，其页面效果如图 16-1-4 所示。

```
1  <!--  edu_16_1_4.html  -->
2  <!doctype html>
3  <html lang = "en">
4      <head>
5          <meta charset = "UTF-8">
6          <title>随机产生[m,n]区间内 10 个整数</title>
```

```
7          <script   type = "text/javascript">
8              function $ (id){return document.getElementById(id);}//获取元素
9              function createInt()
10             {
11                 var m = parseFloat( $ ("minN").value);          //解析为实数
12                 var n = parseFloat( $ ("maxN").value);          //解析为实数
13                 var array_int = new Array();
14                 if(m >= n)                                       //合法性检验
15                 {   alert("数组上、下限不能相同!重新输入");
16                     $ ("minN").focus();                          //让文本框自动获取焦点
17                 }else {
18                     for(var i = 0;i < 10;i++)
19                     {                                            //产生 m-n 之间的随机数
20                         array_int[i] = Math.round((Math.random() * (n-m) + m));
21                     }
22                 }
23                 $ ("array_num").value = array_int.join(",");     //回写入文本框内
24             }
25         </script>
26     </head>
27     <body>
28         <h3>随机产生[m,n]区间内 10 个整数</h3>
29         <form name = "Form1">
30             下限: < input type = "text" name = "minN" id = "minN" size = "20" value = 10 >
31             上限: < input type = "text" name = "maxN" id = "maxN" size = "20" value = 90 ><br><br>
32             产生数组: < input type = "text" name = "" id = "array_num" size = "40" readonly >
<br><br>
33             < input type = "button" value = "产生 10 个随机整数" onclick = "createInt();">
34             < input type = "reset">
35         </form>
36     </body>
37 </html>
```

图 16-1-4　随机数发生器实例

上述代码中第 7 行～第 25 行定义了 2 个函数,分别为 $ (id)、createInt();第 20 行利用循环给数组元素赋值,随机产生[m,n]之间的整数;第 29 行～第 35 行定义了 1 个表单,该表单包含 3 个文本输入框和 1 个按钮并为按钮设置了 onClick 事件句柄。当用户在文本输入框中输入随机数的上限与下限后,单击"产生 10 个随机整数"按钮时会触发 Click 事件,调用 createInt()函数随机产生 10 个符合条件的随机整数,并在第 3 个文本框中输出。

产生[m,n]区域内随机整数的方法：

```
var randomInt = Math.round((Math.random() * (n - m) + m));
```

16.1.4 Number

使用强制类型转换 Number(value)可以把给定的值转换成数字（可以是整数或浮点数）。Number()的强制类型转换与 parseInt()和 parseFloat()方法的处理方式相似，只是它转换的是整个值，而不是部分值。

```
var ss = Number(false);            //返回值为 0
var ss = Number(true);             //返回值为 1
var ss = Number(null);             //返回值为 0
var ss = Number(100);              //返回值为 100
var ss = Number("5.5 ");           //返回值为 5.5
var ss = Number("56 ");            //返回值为 56
var ss = Number(undefined);        //返回值为 NaN
var ss = Number("5.6.7 ");         //返回值为 NaN, 与 parseFloat("5.6.7")不同
var ss = Number(new Object());     //返回值为 NaN
```

16.1.5 String

String 对象是与原始字符串数据类型相对应的 JavaScript 本地对象，属于 JavaScript 核心对象之一，主要提供诸多方法实现字符串检查、抽取子串、字符串连接、字符串分割等字符串相关操作，可以通过如下方式生成 String 对象。例如：

```
var s1 = "hello,world";
var s2 = new String("hello,world");
```

此外，强制类型转换 String(value)可以把给定的值转换成字符串。

```
var s1 = String("100");                          //返回值为字符串 100
var s1 = String("acdd");                         //返回值为字符串 acdd
var s1 = String("false");                        //返回值为字符串 false
var s1 = String(true);                           //返回值为字符串 true
var s1 = String(null);                           //返回值为字符串 null
var s1 = new Array("111","222","333");alert(String(s1));  //返回值为 111,222,333
var s1 = String(new Object());                   //返回值为字符串[object,Object]
```

1. 获取 String 对象长度 length 属性
String 对象常用的属性有 length，返回目标字符串中字符数目。例如：

```
var s1 = "hello,world";
var len = s1.length;        //s1.length 返回 11, s1 所指向的字符串有 11 个字符
```

2. 连接两个字符串
String 对象的 concat( )方法能将作为参数传入的字符串加入到调用该方法的字符串的

末尾,并将结果返回给新的字符串。例如:

```
var targetString = new String("Welcome to ");
var strToBeAdded = new String("the world!");
var finalString = targetString.concat(strToBeAdded);
```

3. 把字符串分割为字符串数组

split()方法可以把字符串分割成字符串数组。例如"How are you doing today?"的 5 个单词之间都用空格间隔,就可以把这个字符串按照空格分成 5 个字符串,代码如下所示:

```
1  < script type = text/javascript >
2      var str1 = " How are you doing today?";
3      var subarray = str1.split(" ");   //subarray 是一个数组
4      for(var i = 0; i < subarray.length; i++)
5      {
6          document.write(subarray [i]);
7          document.write("< br >");
8      }
9  </script >
```

Split()方法的返回值是字符串数组。可用 Array 对象的方法访问字符串数组中的元素。Split()方法分割方法还有很多。例如:

```
var sub1 = str1.split("");      //把字符串按字符分割,返回数组["H","o","w",…]
var sub2 = str1.split("o");      //把字符串按字符 o 分割,返回数组["H","w are y","u d","ing t",
                                 "day?"]
```

4. String 对象的显示风格方法

String 对象还提供了可以改变字符串在 Web 页面中的显示风格的方法,如表 16-1-6 所示。

表 16-1-6　字符串显示风格的方法

方 法 名	说 明	方 法 名	说 明
blink()	显示闪动字符串	big()	使用大字号来显示字符
bold()	使用粗体显示字符串	small()	使用小字号来显示字符
fontcolor()	使用指定的颜色来显示字符串	strike()	使用删除线来显示字符串
fontsize()	使用指定的尺寸来显示字符	sub()	把字符串显示为下标
italics()	使用斜体显示字符串	sup()	把字符串显示为上标

【例 16-1-5】　字符串对象的不同显示风格,代码如下所示,其页面效果如图 16-1-5 所示。

```
1  <! --  edu_16_1_5.html -->
2  <!doctype html >
3  < html lang = "en">
4      < head >
5          < meta charset = "UTF - 8">
6          <title>字符串显示风格方法的应用</title>
7      </head >
```

```
8        <body>
9          <h4>字符串显示风格方法的应用</h4>
10         <script type = "text/javascript">
11             var MyString = new String("How Are You?");
12             document.write("原始字符串: " + MyString + "<br><hr>");
13             document.write("big()方法: " + MyString.big() + "<br>");
14             document.write("smal ()方法: " + MyString.small() + "<br>");
15             document.write("bold()方法: " + MyString.bold() + "<br>");
16             document.write("fontcolor('ff0000')方法: " + MyString.fontcolor('ff0000') +
"<br>");
17             document.write("fontsize(5)方法: " + MyString.fontsize(5) + "<br>");
18             document.write("italics()方法: " + MyString.italics() + "<br>");
19             document.write("strike()方法: " + MyString.strike() + "<br>");
20             document.write("sub()方法: " + MyString.sub() + "<br>");
21             document.write("sup()方法: " + MyString.sup() + "<br>");
22         </script>
23      </body>
24 </html>
```

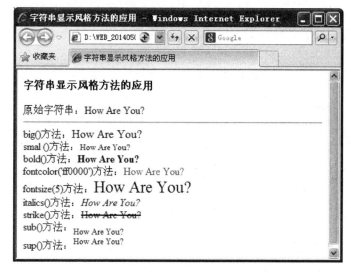

图 16-1-5 字符串显示风格实例

代码解释

代码中第 12 行~第 21 行调用字符串显示风格转换函数对字符串"How Are You?"进行各种风格的转换处理。

5. 字符串的大小写转换

字符串对象提供了字符串中的字符大小写互相转换的方法,如表 16-1-7 所示。

表 16-1-7 字符串大小写转换的方法

方 法 名	说　明	方 法 名	说　明
toLowerCase()	把字符串转换为小写	toUpperCase()	把字符串转换为大写

16.1.6 Boolean

Boolean 对象是对应于原始逻辑数据类型的本地对象,它具有原始的 Boolean 值,只有 true 和 false 两个状态,在 JavaScript 脚本中,1 代表 true 状态,0 表 false 状态。创建 Boolean 对象时可以用如下语句:

```
var boolean1 = new Boolean(value);       //构造方法
var boolean2 = Boolean(value);           //转换函数
```

第 1 句通过 Boolean 对象的构造函数创建对象的实例 boolean1,并用以参数传入的 value 值将其初始化;第 2 句使用 Boolean( )函数创建 Boolean 对象的实例 boolean2,并用以参数传入的 value 值将其初始化。

```
var b1 = Boolean("");            // 空字符串转换为 false
var b2 = Boolean("hello");       // 非空字符串转换为 true
var b1 = Boolean(50);            //非零数字转换为 true
var b1 = Boolean(null);          // null 转换为 false
var b1 = Boolean(0);             // 零转换为 false
var b1 = Boolean(new object());  // 对象转换为 true
```

需要注意的是,如果省略 value 参数,或者设置为 0、−0、null、""、false、undefined 或 NaN,则该对象设置为 false;否则设置为 true(即使 value 参数是字符串"false")。

下面所有的代码行均会创建初始值为 false 的 Boolean 对象:

```
var myBoolean = new Boolean();
var myBoolean = new Boolean(0);
var myBoolean = new Boolean(null);
var myBoolean = new Boolean("");
var myBoolean = new Boolean(false);
var myBoolean = new Boolean(NaN);
```

下面的所有的代码行均会创初始值为 true 的 Boolean 对象:

```
var myBoolean = new Boolean(1);
var myBoolean = new Boolean(true);
var myBoolean = new Boolean("true");
var myBoolean = new Boolean("false");
var myBoolean = new Boolean("Bill Gates");
```

Boolean 对象主要有三个方法,分别是 toSource( )、toString( )及 valueOf( )方法。toSource 方法返回表示当前 Boolean 对象实例创建代码的字符串;toString 方法返回当前 Boolean 对象实例的字符串("true"或"false");valueOf 方法得到一个 Boolean 对象实例的原始 Boolean 值。

16.2 HTML DOM

16.2.1 DOM 简介

document 对象是客户端 JavaScript 最为常用的对象之一,在浏览器对象模型中,它位于

window 对象的下一层级。document 对象包含一些简单的属性,提供了有关浏览器中显示文档的相关信息,例如:该文档的 URL、字体颜色,修改日期等。另外,document 对象还包含一些引用数组的属性,这些属性可以代表文档中的表单、图像、链接、锚以及 applet。同其他对象一样,document 对象还定义了一系列的方法,通过这些方法,可以使 JavaScript 在解析文档时动态地将 HTML 文本添加到文档中。

正是由于 document 对象特有的重要性,所以从它出现开始,就在不停地扩展。遗憾的是,一开始 document 对象的扩展并没有统一的规范,不同的浏览器有不同的定义,而且彼此不兼容。为了解决不兼容带来的问题,万维网联盟(W3C)制定了一种规范,目的是创建一个通用的文档对象模型 DOM(Document Object Model),得到所有浏览器的支持。DOM 也是一个发展中的标准,它指定了 JavaScript 等脚本语言访问和操作 HTML 或者 XML 文档各个结构的方法,随着技术的发展和需求的变化,DOM 中的对象、属性和方法也在不断地变化。

DOM 的设计是以对象管理组织(OMG)的规约为基础的,因此可以用于任何编程语言。最初人们把它认为是一种让 JavaScript 在浏览器间进行移植的方法,不过 DOM 的应用已经远远超出这个范围。DOM 技术使得用户页面可以动态地变化,如可以动态地显示或隐藏一个元素、改变元素的属性、增加一个元素等,DOM 技术使得页面的交互性大大增强。

16.2.2　DOM 节点树

HTML DOM 定义了访问和操作 HTML 文档的标准方法。DOM 将 HTML 文档表达为树结构,如例 16-2-1 所示。HTML 文档结构好像倒垂的一棵树一样,其中＜html＞标记就是树的根节点,＜head＞、＜body＞是树的两个子节点。这种描述页面标记关系的树型结构称为 DOM 节点树(文档树)。

【例 16-2-1】　编写如图 16-2-1 所示的 DOM 节点树对应的 HTML 文档。

```
1    <! --    edu_16_2_1.html -->
2    <!doctype html>
3    < html lang = "en">
4      < head >
5        < meta charset = "UTF - 8">
6        < title > DOM 节点树的应用</title>
7        < script type = "text/javascript">
8          function validate()
9          {
10             //此处为用户登录时的校验处理代码
11         }
12       </script >
13     </head>
14     < body >
15       < form method = "post" action = "" name = "myform">
16       < table >
17         <tr>
18           <td>用户名:</td>
19           <td>< input type = "text" name = "username" id = "username"></td>
20           <td></td>
21         </tr>
22         <tr>
```

```
23          <td>密码:</td>
24          <td>< input type = "password" name = "password" id = "password"></td>
25          <td></td>
26      </tr>
27      < tr >
28          <td>邮箱:</td>
29          <td>< input type = "text" name = "email" id = "email"></td>
30          <td></td>
31      </tr>
32      < tr >
33          < td colspan = "3" align = "center">
34          < input type = "button" value = "提交" onclick = "validate();">
35          < input type = "reset">
36          </td>
37      </tr>
38      </table>
39    </form>
40   </body>
41 </html >
```

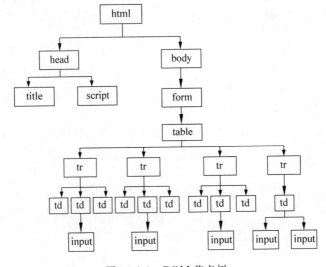

图 16-2-1 DOM 节点树

例 16-2-1 中的页面由<html>、<head>、<title>、<script>、<body>、<form>、<table>、<tr>、<td>、<input>等标记组成。

图 16-2-1 展示一个 DOM 节点树模型就是对例 16-2-1 中所包含的文档结构的说明。

16.2.3 DOM 节点

根据 HTML DOM 规范,HTML 文档中的每个成分都是一个节点。具体的规定如下:

- 整个文档是一个文档节点。
- 每个 HTML 标记是一个元素节点。
- 包含在 HTML 元素中的文本是文本节点。
- 每一个 HTML 属性是一个属性节点。
- 注释属于注释节点。

通过 document 对象的 documentElement 属性可以获得整个 DOM 节点树上任何一个元素。例如：

```
var root = document.documentElement; //获取根节点
```

通过节点的 firstChild 和 lastChild 属性来获得它的第一个和最后一个子节点。DOM 规定一个页面只有一个根节点，根节点是没有父节点的，除此之外，其他节点都可以通过 parentNode 属性获得自己的父节点，例如：

```
document.write(root.firstChild.nodeName);        //输出 HEAD
document.write(root.lastChild.nodeName);         //输出 BODY
var parentNode = bNode.parentNode;               // parentNode 属性
```

同一父节点下位于同一层次的节点称为"兄弟节点"，一个子节点的前一个节点可以用 previousSibling 属性获取，对应的后一个节点可以用 nextSibling 属性获取。在图 16-2-1 中，head 节点下的子节点 title 节点以及 script 节点就互为"兄弟节点"。从 DOM 树中可以看出根节点没有父节点，而最末端的节点没有子节点。不同节点对应的 HTML 元素是不同的，因此节点有不同类型。文档树中每个节点对象都有 nodeType 属性，该属性返回节点的类型，常用的节点类型及其说明如表 16-2-1 所示。

```
var nodeList = root.childNodes;
document.write(nodeList[0].nextSibling.nodeName) ;        //输出 BODY
document.write(nodeList[1].previousSibling.nodeName);     //输出 HEAD
```

表 16-2-1　常用节点类型及说明

节 点 类 型	nodeType 值	说　　明
Element	1	元素节点，表示文档中的 HTML 元素
Attr	2	属性节点，表示文档中 HTML 元素的属性
Text	3	文本节点，表示文档中的文本内容
Comment	8	注释节点，表示文档中的注释内容
Document	9	文档节点，表示当前文档

从表 16-2-1 中可以看出，如果某个节点的 nodeType 的值为 9，则说明该节点对象为一个 Document 对象，如果某个节点的 nodeType 值为 1，则说明节点对象为一个 Element 对象。不同类型的节点还可以包含其他类型的节点，相互连接一起构成了一个完整的树型结构。对于大多数 HTML 文档来说，元素节点、文本节点及属性节点是必不可少的。

1. 元素节点（Element Node）

元素节点构成了 DOM 基础。在文档结构中，<html>、<head>、<body>、<h1>、<p>和<ul>等标记都是元素节点。各种标记提供了元素的名称，如文本段落元素的名称是 p，无序列表元素的名称是 ul 等。元素可以包含其他元素，也可以被其他元素包含。图 16-2-1 显示了这种包含与被包含的关系，唯独 html 元素没有被其他元素包含，因为它是根元素，代表整个文档。

2. 文本节点(Text Node)

元素节点只是节点树中的一种类型,如果文档完全由元素组成,那么这份文档本身将不包含任何信息,因此文档结构也就失去了存在的价值。在 HTML 文档中,文本节点包含在元素节点内,如 h1、p、li 等节点就可以包含一些文本节点。

3. 属性节点(Attribute Node)

元素一般都会包含一些属性,属性的作用是对元素做出更具体的描述。例如,一般元素都有 title 属性,该属性能够对元素进行详细的描述或说明,以便用户了解该元素的用途、作用或功能。示例如下:

```
< img src = "2.jpg" title = "三星手机"  />
```

在上例 img 标记中,title 就是一个属性节点,由于属性总是被放在起始标记内,所以属性节点总是被包含在元素节点当中,可以通过元素节点对象调用 getAttribute( )方法来获取属性节点。

16.2.4　DOM 节点访问

访问节点的方式可以有很多种,可以通过 document 对象的方法来访问节点,也可以通过元素节点的属性来访问节点。如果要对例 16-2-1 中的用户名文本输入框、密码输入框及邮箱地址文本输入框进行访问的话,可以通过如下几种方式进行访问。

1. 通过 getElementById( )方法访问节点

document 对象的 getElementById()方法可以访问页面中的节点,该方法在使用时,必须指定一个目标元素的 id 作为参数。

1) 基本语法

```
var s = document.getElementById(id);       //调用时参数需要加双引号
```

在使用该方法时需要注意以下两点:

- id 为必选项,对应于页面元素属性 id 的属性值,类型为字符串型。在页面设计时最好给每一个需要交互的元素设定一个唯一的 id,以便查找。
- 该方法返回的是一个页面元素的引用,如果页面上出现了不同元素使用了同一个 id,则该方法返回的只是第一个找到的页面元素;如果给定的 id 没有找到对应的元素,则返回 null。

通过此方法可以编写一个通过 id 获取 HTML 文档上元素的通用方法 $(id)。

```
function $ (id){return document.getElementById(id);}       //调用时参数需要加双引号
```

对例 16-2-1 中的脚本做一些修改,当用户输入用户名、密码及邮箱地址后,单击"提交"按钮,触发该按钮的单击事件,调用其绑定的事件处理函数 validate( ),通过告警消息框显示用户输入的用户名、密码及邮箱等信息。代码如下所示:

```
1    < script type = "text/javascript">
2        function $ (id){return document.getElementById(id);}
3        function validate(){
```

```
4            var msg = "用户名为："
5            var username = $("username").value;
6            var psw = $("password").value;
7            var email = $("email").value;
8            msg = msg + username + "\n 密码为:" + psw + "\n 邮箱地址为:" + email;
9            alert(msg);        //输出
10       }
11 </script>
```

2）代码解释

代码中用户名文本输入框、密码输入框、邮箱文本输入框的 id 分别为 username、password、email。代码中定义了两函数，分别是 $(id) 和 validate()，其中，$(id)功能是通过 id 获取 HTML 页面上的任一元素；validate()功能是通过 $(id)函数获取特定元素，并获取该元素的 value 值。代码中第 5 行～第 7 行通过 id 获取每个文本框中输入的值，然后通过告警消息框输出信息。

2. 通过 getElementsByName( )方法访问节点

除通过元素的 id 可以获取对象外，还可以通过通过元素的名字来访问。

1）基本语法

```
var s = document.getElementsByName(name);        //调用时参数需要加双引号
```

在使用该方法时需要注意以下两点：

- name 为必选项，对应于页面元素属性 name 的属性值，类型为字符串型。该方法调用时返回的是一个数组，即使对应于该名字的元素只有一个。
- 如果指定名字，在页面中没有相应的元素存在，则返回一个长度为 0 的数组，程序中可以通过判断数组的 length 属性值是否为 0 判断是否找到了对应的元素。

通过此方法可以编写一个通过 name 获取 HTML 文档上的一组元素的通用方法 $name (name)，此函数返回一个对象数组。

```
function $name(name){return document.getElementsByName(name);}
//调用时参数需要加双引号
```

如果将 JavaScript 程序中的 getElementById()方法替换成 getElementsByName()方法来获取用户名、密码及邮箱地址，则脚本代码需要做如下修改：

```
1    <script type = "text/javascript">
2        function $name(name){return document.getElementsByName(name);}
3        function validate(){
4            var msg = "用户名为："
5            var username = $name("username")[0].value;     //取用户名
6            var psw = $name("password")[0].value;          //取密码
7            var email = $name("email")[0].value;           //取邮箱
8            msg = msg + username + "\n 密码为:" + psw + "\n 邮箱地址为:" + email;
9            alert(msg);                                    //输出
10       }
11    </script>
```

2) 代码解释

代码中用户名文本输入框、密码输入框、邮箱文本输入框的 id 分别为 username、password、email。代码中定义了 2 函数分别是 $name(name)和 validate(),其中,$name(name)功能是通过 name 获取 HTML 页面上的特定元素数组;validate()功能是通过 $name(name)函数获取特定元素数组中第 0 个元素,格式为 $name("username")[0],并获取该元素的 value 值,代码中第 5 行~第 7 行可以获取每个文本框中输入的内容,然后通过告警消息框输出信息。

3. 通过 getElementsByTagName( )方法访问节点

除通过元素的 id 和 name 可以获得对应的元素外,也可以通过标记名称来获得页面上所有同类的元素,如表单中的所有 input 元素。

1) 基本语法

```
var s = document.getElementsByTagName(tagname);
```

在使用该方法时需要注意以下两点:

- tagname 为必选项,对应于页面元素的类型,是为字符串型的数据。该方法调用时返回的是一个数组,即使页面中对应于该类型的元素只有一个。
- 通过判断数组的 length 属性值来获知页面上该类型元素的总数。

通过此方法可以编写一个通过 tagname 获取 HTML 文档上的一组元素的通用方法 $tag(tagname),此函数返回一个对象数组。

```
function $tag(tagname){return document.getElementsByTagName(tagname);}
//调用时参数需要加双引号
```

如果在 JavaScript 程序中用 getElementsByTagName 方法来获取用户名、密码及邮箱地址,则脚本代码需要做如下修改:

```
1    <script type="text/javascript">
2        function $tag(tagname){return document.getElementsByTagName(tagname);}
3        function validate(){
4            var msg = "用户名为:"
5            var username = $tag("input")[0].value;          //取用户名
6            var psw = $tag("input")[1].value;               //取密码
7            var email = $tag("input")[2].value;             //取邮箱
8            msg = msg + username + "\n密码为:" + psw + "\n邮箱地址为:" + email;
9            alert(msg);                                     //输出
10       }
11   </script>
```

2) 代码解释

在例 16-2-1 中,由于用户名输入框、密码输入框、邮箱输入框及按钮,它们都是<input>类型的元素,所以可以一次通过 $tag(tagname)函数获取页面上所有的 input 标记元素,得到的是一个 input 类型元素数组,然后依次访问数组中的每一位成员。代码中第 5 行~第 7 行通过数组的下标依次获取每个文本框的值,然后通过告警消息框输出信息。

4. 通过 form 元素访问节点

如果要获得页面中的 form 对象,除了 getElementById( )、getElementsByName( )方法外,还可以通过 document 对象的 forms 属性来获得这个 form 对象。表单是用户与网页进行交互的重要手段,通过表单可以一次性获取表单中大量元素的信息。获得例 16-2-1 文档中的 form 对象的方法如下所示:

```
var myfrm = document.forms;          //通过 document 的 forms 属性获得数组对象
var myloginform = myfrm[0];          //获得数组中的第一个 form 对象
```

当然也可以通过 form 对象有 name 属性来访问到页面中的 form 对象。格式如下所示:

```
var myform = document.loginform;       //loginform 为 form 对象的名称
```

获得 form 对象之后,如果想得到 form 对象包含的其他元素,就可以通过 form 对象的 elements 属性或该元素的 name 属性来获得,例如,前面代码获得了 form 对象,可以通过如下程序获得该 form 对象包含的用户输入框、密码框或邮箱地址框。

```
var username1 = loginform.elements[0];      //通过 elements 属性来访问用户名输入框
var username2 = loginform.username;        //通过 name 属性来访问用户名输入框
var password1 = loginform.elements[1];      //通过 elements 属性来访问密码输入框
var password2 = loginform.password;        //通过 name 属性来访问密码输入框
var email1 = loginform.elements[2];        //通过 elements 属性来访问邮箱地址输入框
var email2 = loginform.email;            //通过 name 属性来访问邮箱地址输入框
```

16.2.5 DOM 节点操作

前面已经学过了如何访问文档中的不同节点,不过仅仅是使用 DOM 所能实现的功能中的一小部分。DOM 的应用非常广泛,如可以通过 document 对象实现表格的动态添加和删除,可以通过 document 对象替换文本节点的内容等。

1. 创建和修改节点

document 对象有很多创建和修改不同类型节点的方法,常用方法如表 16-2-2 所示。

表 16-2-2　创建和修改节点的方法

方　法　名	说　　明
createElement(tagname)	创建标记名为 tagname 的节点
createTextNode(text)	创建包含文本 text 的文本节点
createDocumentFragment()	创建文档碎片
createAttribute()	创建属性节点
createComment(text)	创建注释节点
removeChild(node)	删除一个名为 node 的子节点
appendChild(node)	添加一个名为 node 的子节点
insertBefore(nodeB,nodeA)	在名为 nodeA 节点前插入一个名为 nodeB 的节点
replaceChild(nodeB,nodeA)	用一个名为 nodeB 节点替换另一个名为 nodeA 节点
cloneNode(boolean)	克隆一个节点,它接收一个 boolean 参数,为 true 时表示该节点带文字;false 表示该节点不带文字

假设要在 1 个 HTML 页面中添加 1 个<p>节点,<p>节点内的文本内容是"Hello World!",在此可以使用 createElement()、createTextNode()及 appendChild()方法来实现。

【例 16-2-2】 运用 document 对象在网页中创建文本节点。页面效果如图 16-2-2 所示。

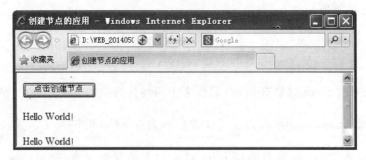

图 16-2-2　创建节点实例

在此例中创建段落 p 元素并为段落设置文本节点内容共分 4 个步骤：

第 1 步，创建 p 元素节点。

```
var newp = document.createElement("p");
```

第 2 步，创建文本节点。

```
var ptext = document.createTextNode("hello world!");
```

第 3 步，将文本节点加入到 p 元素中。可以使用 appendChild( )方法将给定的节点添加到某个节点子节点列表的尾部。

```
newp.appendChild(ptext);
```

第 4 步，将元素 p 节点插入到表单 form 中。

```
document.forms[0].appendChild(newp);
```

按照以上给定的步骤编写代码如下所示：

```
1   <!--   edu_16_2_2.html -->
2   <!doctype html>
3   <html lang = "en">
4       <head>
5           <meta charset = "UTF-8">
6           <title>创建节点的应用</title>
7           <script   type = "text/javascript">
8               function createP(){
9                   var newp = document.createElement("p");
10                  var ptext = document.createTextNode("Hello World!");
11                  newp.appendChild(ptext);
12                  document.forms[0].appendChild(newp);
13              }
14          </script>
15      </head>
16      <body>
17          <form name = "form1">
18              <input type = "button" value = "点击创建节点" onClick = "createP()">
19          </form>
```

```
20        </body>
21  </html>
```

上述代码中第 8 行~第 13 行定义了 1 个 JavaScript 函数名为 createP() 的；第 17 行~第
19 行定义了 1 个表单，表单中插入 1 个普通按钮，并为该按钮的 onClick 事件句柄绑定了事件
处理函数 createP()。当单击按钮时会触发 Click 事件调用 createP() 向表单中添加节点<p>，并
将其文本内容设置为"Hello World!"。

除了添加一个节点外，也可以使用 removeChild()、insertBefore() 及 replaceChild() 方法
删除、插入和替换节点。

【例 16-2-3】 节点删除、插入和替换。页面效果如图 16-2-3 所示。

```
1   <!--    edu_16_2_3.html -->
2   <!doctype html>
3   <html lang = "en">
4       <head>
5           <meta charset = "UTF-8">
6           <title>节点删除、插入、替换</title>
7           <script type = "text/javascript">
8               function $tag(tagname){return document.getElementsByTagName(tagname);}
9               function operateNode(){
10                  //删除<p>元素
11                  var p = $tag("p")[0];
12                  document.form1.removeChild(p);
13                  //将<h2>元素更换为<h5>元素，并重新设置文本节点内容
14                  var h5 = document.createElement("h5");
15                  var ptext = document.createTextNode("web 前端开发技术!-h5");
16                  h5.appendChild(ptext);
17                  var h2 = $tag("h2")[0];
18                  document.form1.replaceChild(h5,h2);
19                  //b 元素前插入一个<p>元素
20                  var newp = document.createElement("p");
21                  var ptext1 = document.createTextNode("中国的是世界的!-new p");
22                  newp.appendChild(ptext1);
23                  document.form1.insertBefore(newp, $tag("b")[0]);
24              }
25          </script>
26      </head>
27      <body>
28          <form name = "form1">
29              <h2>javaScript 程序设计-h2</h2>
30              <p>hello world!-p</p>
31              <b>世界的也是中国的!-b</b><br>
32              <input type = "button" value = "单击修改节点" onClick = "operateNode()">
33          </form>
34      </body>
35  </html>
```

上述代码中第 7 行~第 25 行定义了 2 个 JavaScript 函数名为 $tag(tagname)、
operateNode()；第 28 行~第 33 行定义了 1 表单对象，表单中有<h2>、<p>、<b>、
<input>4 个节点，并设置普通按钮的 onClick 属性值为 operateNode()。当单击按钮时会触
发 Click 事件调用 operateNode()，执行其中的代码。在代码执行过程中，首先会将页面上的

375

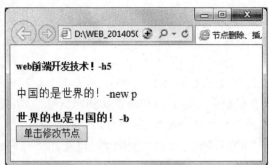

图 16-2-3　节点修改前/后界面

<p>节点删除,然后将<h2>节点替换成<h5>节点并将<h5>节点中的文本内容设置为
"web 前端开发技术! -h5",最后在<b>节点前插入一个<p>节点并将该节点中的文本内容
设置为"中国的是世界的! -new p"。

除了以上例子中介绍的方法用来创建和修改节点之外,还可以使用 cloneNode()方法复
制一个节点,使用 createDocumentFragment()方法创建文档片段,在此就不一一举例了。

2. 节点的 innerText 和 innerHTML 属性

在 DOM 中有两个很重要的属性,分别是 innerText 和 innerHTML,通过这两个属性,可
以更方便地进行文档操作。

innerText 属性是用来修改起始标记和结束标记之间的文本。例如,假设有个空的<div>节
点,如果希望在该<div>中设置文本内容为"中国你好!!",则按照前面的介绍,代码需要这样
编写:

```
oDiv.appendChild(document.createTextNode("中国你好!!"));
```

如果使用 innerText,代码就可以这样编写:

```
oDiv.innerText = "中国你好!!";
```

使用 innerText,代码更加简洁,且更容易理解。另外,innerText 会自动将小于号、大于
号、引号和 & 符号进行 HTML 编码,所以不需要担心这些特殊字符。

innerHTML 属性可以直接给元素分配 HTML 字符串,而不需考虑使用 DOM 的方法来
创建元素。例如,为空的<div>节点创建<strong>子节点,运用 DOM 方法创建的代码
如下:

```
var strong1 = document.createElement("strong");
var otext = document.createTextNode("hello world!");
strong1.appendChild(otext);
oDiv.appendChild(strong1);
```

如果使用 innerHTML 属性,代码变成:

```
oDiv.innerHTML = "< strong > hello world!</strong >";
```

使用 innerHTML 属性,4 行代码变成一行,通俗易懂!

还可以使用 innerText 和 innerHTML 属性获取元素的内容。如果元素只包含文本,则 innerText 和 innerHTML 返回相同的值。但是,如果同时包含文本和其他元素,innerText 将只返回文本的内容,而 innerHTML 将返回所有元素和文本的 HTML 代码。

【例 16-2-4】 document 对象的 innerText 和 innerHTML 属性的应用。代码如下所示,其页面效果如图 16-2-4 所示。

```
1   <! --  edu_16_2_4.html -->
2   <!doctype html>
3   <html lang = "en">
4     <head>
5       <meta charset = "UTF-8">
6       <title>innerText、innerHTML 举例</title>
7       <script type = "text/javascript">
8         function textGet(){
9           var oDiv = document.getElementById("oDiv");
10          var msg = "通过 innerText 属性获得:";
11          msg += oDiv.innerText;
12          msg += "\n 通过 innerHTML 属性获得:"
13          msg += oDiv.innerHTML;
14          alert(msg);
15        }
16      </script>
17    </head>
18    <body onload = "textGet()">
19      <div id = "oDiv">
20        <strong>web 前端开发技术,不错!</strong>
21      </div>
22    </body>
23  </html>
```

图 16-2-4　innerText、innerHTML 属性的应用

上述代码中第 7 行～第 16 行定义了 1 个 JavaScript 函数名为 textGet();第 18 行给 body 标记设置 onload 事件句柄,绑定了事件处理函数为 textGet()。窗口装载时,调用事件处理函数 textGet(),通过告警消息框输出信息,如图 16-2-4 所示。

3. 获取并设置指定元素属性

在 DOM 中,如果需要动态地获取及设置节点属性的话,可以通过 getAttribute()方法、setAttribute()方法来处理,具体方法的使用说明如表 16-2-3 所示。

表 16-2-3　获取和设置节点属性的方法

方　法　名	说　　明
getAttribute(name)	该方法用于获取元素指定属性的值。参数 name 为字符串,表示属性的名称
setAttribute(name,value)	该方法用于设置元素指定属性的值。参数 name 为字符串,表示要设置的属性的名称,参数 value 为字符串,表示属性的值

【例 16-2-5】　DOM 节点属性获取或设置方法。代码如下所示,其页面效果如图 16-2-5 所示。

```
1    <!--  edu_16_2_5.html -->
2    <!doctype html>
3    <html lang = "en">
4        <head>
5            <meta charset = "UTF-8">
6            <title>获得、设置节点属性</title>
7            <style type = "text/css">
8                td{text-align:center;}
9            </style>
10           <script type = "text/javascript">
11               var table,color;                          //全局变量
12               function $(id){return document.getElementById(id);}
13               function randomInteger(){
14                   //随机产生 0-255 之间的整数
15                   var int = Math.floor(Math.random() * 256);
16                   return int;
17               }
18               function changeColor(){
19                   table = $("myTable");
20                   color = table.getAttribute("bgcolor");      //保存上一次的值
21                   var rc = randomInteger().toString(16);      //转换十六进制
22                   var gc = randomInteger().toString(16);      //转换十六进制
23                   var bc = randomInteger().toString(16);      //转换十六进制
24                   var color1 = "#" + rc + gc + bc;            //形成 6 位十六进制数
25                   table.setAttribute("bgColor",color1);
26               }
27               function restoreColor(){
28                   table.setAttribute("bgColor",color);
29               }
30           </script>
31       </head>
32       <body>
33           <form method = "post" action = "">
34               <table align = "center" border = "1" bgColor = "#99cccc" width = "500px" id = "myTable">
35                   <caption>专业学生花名册</caption>
36                   <tr>
37                       <td>序号</td><td>姓名</td><td>学号</td><td>专业</td>
38                   </tr>
39                   <tr>
40                       <td>1</td><td>储致衡</td><td>1209520112</td><td>计算机科学与技术</td>
41                   </tr>
42                   <tr>
43                       <td>2</td><td>李大磊</td><td>1303020122</td><td>软件工程</td>
44                   </tr>
```

```
45              <tr>
46                <td colspan = "4">
47                 < input type = "button" value = "更改颜色" onclick = "changeColor()">
48                 < input type = "button" value = "还原颜色" onclick = "restoreColor()">
49                </td>
50              </tr>
51            </table>
52          </form >
53        </body>
54 </html >
```

图 16-2-5　获取、设置节点属性方法的应用

代码解释

代码中第 10 行～第 30 行定义了 4 个 JavaScript 函数,分别是 $(id)、randomInteger()、changeColor()、restoreColor();其中 $(id) 功能是通过 id 获取页面元素;randomInteger() 功能是产生 0~255 的任一个整数;changeColor() 功能是改变表的背景颜色;restoreColor() 功能是恢复表的上次背景颜色。

第 34 行～第 51 行定义了 1 个表格,表格的背景颜色属性 bgColor 初始值为 ♯000fff。第 47 行定义了 1 个"更换颜色"按钮,并为该按钮设置了 onClick 事件句柄,每单击一次调用 changeColor() 更改表格的背景颜色一次。第 48 行定义了 1 个"还原颜色"按钮,并为该按钮设置了 onClick 事件句柄,单击一次调用 restoreColor() 还原为上一次表格的背景颜色。

16.3　BOM

在实际应用中,常常使用 JavaScript 操作浏览器窗口以及窗口上的控件,从而实现用户和页面的动态交互的功能。因而浏览器预定义了很多内置对象,这些对象都含有相应的属性和方法,通过这些属性和方法控制浏览器窗口及其控件。客户端浏览器这些预定义的对象统称为浏览器对象,它们按照某种层次组织起来的模型统称为浏览器对象模型(Browser Object Model,BOM)。浏览器对象模型定义了浏览器对象的组成和相互关系,描述了浏览器对象的层次结构,是 Web 页面中内置对象的组织形式。

浏览器对象的模型如图 16-3-1 所示,从图中不仅可以看到浏览器对象的组成,还可以看到不同对象的层次关系,window 对象是顶层对象,包含了 history、

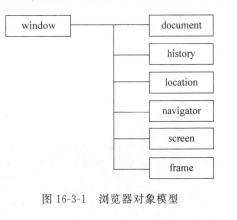

图 16-3-1　浏览器对象模型

document、location、screen、navigator 及 frame 对象。这些对象都含有若干属性和方法,使用这些属性和方法可以操作 Web 浏览器窗口中的不同对象,控制和访问 HTML 页面中的不同内容。

16.3.1　window 对象

window 对象位于浏览器对象模型的顶层,是 document、frame、location 等其他对象的父类。在实际应用中,只要打开浏览器,无论是否存在页面,window 对象都将被创建。由于 window 对象是所有对象的顶层对象,所以按照对象层次访问某一个对象时不必显式地注明 window 对象。

window 对象内置了许多方法供用户操作,下面列出最常用的 window 对象的方法,如表 16-3-1 所示。

表 16-3-1　window 对象的方法

方 法 名	说　　明
alert(message)	显示带有一段消息和一个确认按钮的告警框
confirm(question)	显示带有一段消息以及确认按钮和取消按钮的对话框
open(url,name,features,replace)	打开一个新的浏览器窗口或查找一个已命名的窗口
prompt("提示信息",默认值)	显示可提示用户输入的对话框
blur()	把键盘焦点从顶层窗口移开
close()	关闭浏览器窗口
focus()	把键盘焦点给予一个窗口
setInterval(code,interval)	按照指定的周期(以毫秒计)来调用函数或计算表达式
setTimeout(code,delay)	在指定的毫秒数后调用函数或计算表达式
clearInterval(intervalID)	取消由 setInterval()设置的 timeout
clearTimeout(timeoutID)	取消由 setTimeout()方法设置的 timeout

window 对象提供有 3 种用于客户与页面交互的对话框,分别是告警框、确认框和提示框等,这 3 种对话框使用方法在 14.2.3 节中已经介绍过了,在此不再重复。

window 对象还提供一些定时器方法,这些方法可以使 JavaScript 代码周期性地重复或延迟执行。例如,window 对象的 setInterval()方法用于设置在指定的时间间隔内周期性触发某个事件,典型的应用如动态状态栏、动态显示当前时间等;clearInterval()方法用于清除该间隔定时器使目标事件的周期性触发失效。下面的例子中调用这两个方法实现窗口状态栏的移动。

【例 16-3-1】　window 对象的定时器方法实现状态栏的移动。代码如下所示,其页面效果如图 16-3-2 所示。

```
1   <!--  edu_16_3_1.html -->
2   <!doctype html>
3   <html lang = "en">
4       <head>
5           <meta charset = "UTF-8">
6           <title>状态栏滚动</title>
7           <script type = "text/javascript">
8               var TimerID;
```

```
9                  var dir = 1;
10                 var str_num = 0;        //用于动态显示的目标字符串
11                 var str = "欢迎来到 javascript 世界!";
12                 function startStatus(){
13                     //设定动态显示的状态栏信息
14                     var str_space = "";
15                     str_num = str_num + 1 * dir;
16                     if(str_num > 50 || str_num < 0){dir = -1 * dir; }
17                     for(var i = 0;i < str_num;i++){ str_space += " "; }
18                     window. status = str_space + str;
19                 }
20                 function MyStart(){
21                     //状态栏滚动开始
22                     TimerID = setInterval("startStatus();",100);
23                 }
24                 function MyStop(){
25                     //状态栏滚动结束,并更新状态栏
26                     clearInterval(TimerID);
27                     window. status = "状态栏移动结束!";
28                 }
29            </script >
30        </head >
31    < body >
32        < center >
33            < br >< p >单击对应的按钮,实现动态状态栏的滚动与停止!</p >
34            < form name = "MyForm">
35            < input type = "button" value = "开始状态栏滚动" onclick = "MyStart()">< br >
36            < input type = "button" value = "停止状态栏滚动" onclick = "MyStop()">< br >
37            </form >
38        </center >
39    </body >
40 </html >
```

图 16-3-2　状态栏滚动界面

代码解释

代码中第 7 行～第 29 行定义了 3 个 JavaScript 函数,分别为 startStatus()、MyStart()、MyStop();第 35 行、第 36 行定义了两个普通按钮,分别是"开始状态栏滚动"按钮及"停止状态栏滚动"按钮,并为这两个按钮设置了 onClick 事件句柄。

当单击"开始状态栏滚动"按钮时会触发事件调用 MyStart(),执行其中的代码"TimerID＝

setInterval("startStatus();",100);";这条语句的作用是间隔 100ms 会执行 startStatus(),实现状态栏的滚动效果,并把返回值赋给变量 TimerID;当单击"停止状态栏滚动"按钮时会触发事件调用 MyStop(),代码"clearInterval(TimerID);"的作用是清除该间隔定时器使目标事件的周期性触发失效,代码"window. status="状态栏移动结束!";"的作用是将浏览器窗口状态信息设置为"状态栏移动结束!"。

16.3.2 navigator 对象

navigator 对象用于获取用户浏览器的相关信息。该对象是以 Netscape Navigator 命名的,在 Navigator 和 Internet Explorer 中都得到了支持。navigator 对象包含若干属性,主要用来描述浏览器的信息,但不同浏览器所支持的 navigator 对象的属性也是不同的,常用的属性如表 16-3-2 所示。

表 16-3-2　navigator 对象的属性

属 性 名	说　　明
appName	返回浏览器的名称
appVersion	返回浏览器的平台和版本信息
platform	返回运行浏览器的操作系统平台
systemLanguage	返回操作系统使用的默认语言
userAgent	返回由客户机发送服务器的 user-agent 头部的值
appCodeName	返回浏览器的代码名

另外,navigator 对象还支持一系列的方法,与属性一样,不同浏览器支持的方法也不完全相同。常用的方法如表 16-3-3 所示。

表 16-3-3　navigator 对象的方法

方 法 名	说　　明
taintEnabled()	规定浏览器是否启用数据污点(data tainting)
javaEnabled()	规定浏览器是否启用 Java
preference()	查询或者设置用户的优先级,该方法只能用在 Navigator 浏览器中
savePreference()	保存用户的优先级,该方法只能用在 Navigator 浏览器中

【例 16-3-2】 navigator 对象的应用。代码如下所示,其页面效果如图 16-3-3 所示。

```
1  <!--  edu_16_3_2.html -->
2  <!DOCTYPE html>
3  <html>
4    <body>
5    <div id="example"></div>
6    <script>
7        txt = "<p>1.Browser CodeName: " + navigator.appCodeName + "</p>";
8        txt += "<p>2.Browser Name: " + navigator.appName + "</p>";
9        txt += "<p>3.Browser Version: " + navigator.appVersion + "</p>";
10       txt += "<p>4.Cookies Enabled: " + navigator.cookieEnabled + "</p>";
```

```
11          txt += "<p>5.Platform: " + navigator.platform + "</p>";
12          txt += "<p>6.User - agent header: " + navigator.userAgent + "</p>";
13          txt += "<p>7.User - agent language: " + navigator.systemLanguage + "</p>";
14          document.getElementById("example").innerHTML = txt;
15      </script>
16      </body>
17  </html>
```

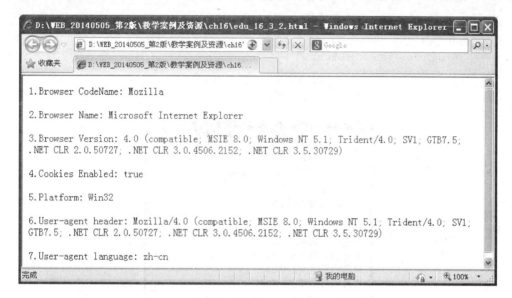

图 16-3-3　navigator 对象的应用

代码解释

代码中第 7 行～第 13 行获取浏览器对象的属性值给变量 txt 赋值,第 14 行通过 id 获取页面中的 div,将 txt 的值赋给 div 的 innerHTML 属性。

16.3.3　screen 对象

screen 对象用于获取用户屏幕设置的相关信息,主要包括显示尺寸和可用颜色的数量信息。表 16-3-4 中给出 screen 对象常用的属性,这些属性得到了各种浏览器的普遍支持。

表 16-3-4　Screen 对象的属性及说明

方　法　名	说　　明	方　法　名	说　　明
availWidth	返回可用的屏幕宽度	height	返回显示屏幕的高度
availHeight	返回可用的屏幕高度	width	返回显示屏幕的宽度

在浏览器窗口打开的时候,可以通过 screen 对象的属性来获取屏幕设置的相关信息。

【例 16-3-3】　screen 对象的应用。代码如下所示,其页面效果如图 16-3-4 所示。

```
1  <! --  edu_16_3_3.html -->
2  <!doctype html>
3  <html lang = "en">
4      <head>
5          <meta charset = "UTF - 8">
```

DOM 和 BOM

```
6              <title>screen 对象的应用</title>
7              <script   type = "text/javascript">
8              function getScreenInfo(){
9                  document.write("<h3>screen 对象的信息</h3><br>");
10                 document.write("屏幕的总高度: " + screen.height + "<br>");
11                 document.write("屏幕的可用高度: " + screen.availHeight + "<br>");
12                 document.write("屏幕的总宽度: " + screen.width + "<br>");
13                 document.write("屏幕的可用宽度: " + screen.availWidth + "<br>");
14             }
15         </script>
16     </head>
17     <body onload = "getScreenInfo()">
18     </body>
19 </html>
```

图 16-3-4　screen 对象的应用

代码解释

代码中第 8 行～第 14 行定义了 1 个 JavaScript 函数名为 getScreenInfo()；第 17 行为 body 标记设置了 onLoad 事件句柄,当浏览器加载该页面时调用 getScreenInfo(),执行代码。

16.3.4　history 对象

history 对象表示窗口的浏览历史,并由 window 对象的 history 属性引用该窗口的 history 对象。history 对象是一个数组,其中的元素存储了浏览历史中的 URL,用来维护在 Web 浏览器的当前会话内所有的曾经打开的历史文件列表。history 对象有 3 个常用的方法, 如表 16-3-5 所示。

表 16-3-5　history 对象的方法及说明

方　法　名	说　　明
forward()	加载 history 列表中的下一个 URL
back()	加载 history 列表中的前一个 URL
go(number|URL)	加载 history 列表中的某个具体页面。URL 参数指定要访问的 URL,number 参数指定要访问的 URL 在 history 的 URL 列表中的位置

384

history 对象的这 3 个方法与浏览器软件中的"后退"和"前进"按钮的功能一致。需要注意的是,如果没有使用过"后退"按钮或跳转菜单在历史记录中移动,而且 JavaScript 没有调用 history. back()或 histroy. go()方法,那么调用 history. forward()方法不会产生任何效果,因为浏览器已经处在 URL 列表的尾部,没有可以前进访问的 URL 了。在实际应用中的代码如下所示:

```
history.back()          //与单击浏览器后退按钮执行的操作一样
history.go( - 2)        //与单击 2 次浏览器后退按钮执行的操作一样
history.forward()       //等价于单击浏览器前进按钮或调用 history.go(1)
```

16.3.5 location 对象

location 对象用来表示浏览器窗口中加载的当前文档的 URL,该对象的属性说明了 URL 中的各个部分,如图 16-3-5 所示。

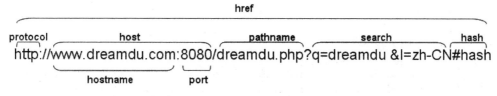

图 16-3-5 location 对象属性示意图

location 对象的常用属性如表 16-3-6 所示。

表 16-3-6 location 对象的属性及说明

属 性 名	说　　明
hash	设置或返回从井号(#)开始的 URL(锚)
href	设置或返回完整的 URL
hostname	设置或返回 URL 中的主机名
protocol	设置或返回当前 URL 的协议
port	设置或返回当前 URL 的端口号
pathname	设置或返回当前 URL 的路径部分
host	设置或返回 URL 中的主机名和端口号的组合
search	设置或返回从问号(?)开始的 URL(查询部分)

通过设置 location 对象的属性,可以修改对应的 URL 部分,而且一旦 location 对象的属性发生变化,就相当于生成了一个新的 URL,浏览器便会尝试打开新的 URL。虽然可以通过改变 location 对象的任何属性加载新的页面,但是一般不建议这么做,正确的方法是修改 location 对象的 herf 属性,将其设置为一个完整 URL 地址,从而实现加载新页面的功能。

location 对象和 document 对象的 location 属性是不同的,document 对象的 location 属性是一个只读字符串,不具备 location 对象的任何特性,所以也不能通过修改 document 对象的 location 属性实现重新加载页面的功能。

location 对象除了上面所述的属性以外,还具有 3 个常用的方法,用于实现对浏览器位置的控制。location 对象的方法如表 16-3-7 所示。

385

第 16 章

表 16-3-7　Location 对象的方法及说明

方　法　名	说　　明
reload()	重新加载当前文档
assign()	加载新的文档
replace()	用新的文档替换当前文档

在实际应用中的代码如下所示：

```
location.assign("obj.html");      //转到指定的 URL 资源
location.reload("obj.html");      //加载指定的 URL 资源
location.replace("obj.html");     //新的 URL 资源会替换当前的资源
```

【例 16-3-4】 location 对象的应用。代码如下所示,其页面效果如图 16-3-6 所示。

```
1   <!-- edu_16_3_4.html -->
2   <!doctype html>
3   <html lang = "en">
4       <head>
5           <meta charset = "UTF-8">
6           <script type = "text/javascript">
7               function currLocation(){alert(window.location)}
8               function newLocation(){window.location = "http://www.baidu.com"}
9           </script>
10      </head>
11      <body>
12          <input type = "button" onclick = "currLocation()" value = "显示当前的 URL">
13          <input type = "button" onclick = "newLocation()" value = "改变 URL-百度">
14      </body>
15  </html>
```

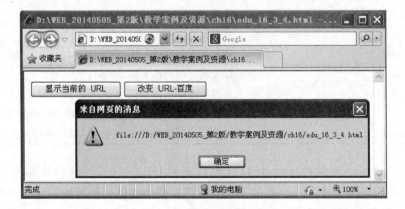

图 16-3-6　location 对象的应用

上述代码中第 7 行～第 8 行定义了 2 个函数名,分别为 currLocation()、newLocation();第 12 行～第 13 行在 body 标记插入 2 个普通按钮,分别是"显示当前的 URL"、"改变 URL-百度"。当选择"显示当前的 URL"按钮时,通过告警消息框输出;当选择"改变 URL-百度"按钮时,在本窗口打开百度页面。

16.4 综 合 实 例

以"Web前端开发技术"网络课程网站开发为例,设计一个含有二级水平导航菜单、图像切换、下拉列表导航等功能的网站,如图 16-4-1 所示。

图 16-4-1　Web前端开发技术网络课程网站首页

1. 页面布局设计

根据图 16-4-1 的页面效果设计页面布局,如图 16-4-2 所示。

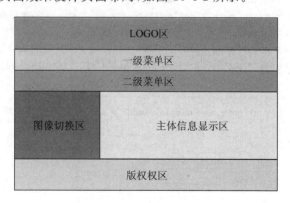

图 16-4-2　网站首页布局设计

2. 网站中实现的主要技术

- DIV+CSS+JavaScript 实现的二级导航菜单。
- JavaScript 实现图像自动定时切换。
- window 对象 open 方法和 select 对象的 options、selectedIndex 属性实现下拉列表导航功能。

388

1) JS 二级导航菜单

二级水平导航菜单实现技术分析：一级菜单、二级菜单在不同区域中单独显示；一级导航菜单采用无序列表实现，1 个 li 标记表示 1 个主导航栏目，两个导航栏目之间插入 1 个分隔线(空 li 标记，设置背景图像)；在一级导航菜单上设置 onmouseover 事件句柄属性，绑定事件处理函数 qiehuan(num)；二级导航菜单显示规则：默认显示第 1 个一级导航栏目对应的二级导航菜单，其余二级菜单默认是不显示，只有当鼠标悬停(盘旋)在相应的一级导航菜单上时才能调用 qiehuan(num)函数，将 id 为"qh_con"＋num 的 DIV 的 display 属性值改为 block，显示其对应的二级导航菜单；所有的二级导航菜单分别定义在不同的 div 中。

一级导航菜单结构如下：

```
1  < ul id = "nav">
2      < li>< a class = "nav_on" id = "mynav0" onmouseover = "javascript:qiehuan(0)" href = "web_
first.html" target = "framebody">< span>首  页</span></a></li>
3      < li class = "menu_line"></li>
4      < li>< a href = " # " onmouseover = "javascript:qiehuan(1)" id = "mynav1" class = "nav_off">
< span>课程简介</span></a></li>
5      < li class = "menu_line"></li>
6      < li>< a href = " # " onmouseover = "javascript:qiehuan(2)" id = "mynav2" class = "nav_off">
< span>主讲教师</span></a></li>
7      ...
8  </ul>
```

二级导航菜单统一放在 1 个 id 为"menu_con"的父 DIV 中，每 1 个二级子菜单单独放在 1 个独立的子 DIV 中。CSS 样式定义参见 style2menu.css，二级导航菜单结构如下：

```
1  < div id = "menu_con">
2      < div id = "qh_con0" style = "display: block">   <! -- 第一个子菜单 -->
3          < ul>
4              < li>< a href = " # ">< span>课程发展</span></a></li>
5              < li class = "menu_line2"></li>            <! -- 子菜单分隔线 -->
6              < li>< a href = " # ">< span>课程特色</span></a></li>
7              < li class = "menu_line2"></li>            <! -- 子菜单分隔线 -->
8              < li>< a href = " # ">< span>教学成果</span></a></li>
9          </ul>
10     </div>
11     < div id = "qh_con1" style = "display: none"><! -- 第二个子菜单 -->
12         ...
13     </div>
14     ...            <! -- 第 n 个子菜单 -->
15 </div>
```

2) 图像自动定时切换

图像自动定时切换实现技术分析：在 1 个 DIV 中插入一个图像的超链接，定义图像 img 标记的 id，通过 JavaScript 获取 img 标记对象，动态修改 img 的 src 属性，实现图像切换使用 window 对象的 setInterval(code,interval)、clearInterval(intervalID)两个方法来实现时间执行代码和取消执行代码。在 switchpic.js 中定义初始化 init()、切换 switchPic()、重新鼠标移出 reStart()、鼠标悬停 pause()共 4 个 JavaScript 函数。

3) 下拉列表框导航

下拉列表框导航实现技术分析：设置 select 标记的 onchange 事件句柄属性，并绑定事件代码，直接使用 window 对象的 open(url,name,features,replace)实现在单击下拉列表框中任一选项时，能够打开相关的超链接。代码如下：

```
1   < select size = "1" name = "d1"
2     onchange = "window. open(this. options[this. selectedindex]. value)">
3         < option>网络课程资源链接</option>
4         < option value = "http://www. icourses. cn/home/">中国 mooc 大学</option >
5   </select>
```

第 2 行设置 onchange＝window. open(this. options[this. selectedindex]. value)。第 4 行设置 option 标记的 value 属性指定目标 URL。其中列表框对象有 options(i)（返回列表框某一列表项）、selectedIndex（返回选中项的序号）属性。

3. 主要实现的代码

1) 页面 HTML 代码 edu_16_4_1. html

```
1   <! doctype html >
2   < html lang = "en">
3       < head >
4           <title>web 前端开发技术课程网站</title>
5           < meta charset = "UTF－8">
6           < meta name = "keywords" content = "html,css,javascript,web 前端开发" />
7           < meta name = "description" content = "web 前端开发技术,html、css、javascipt 技术,开
    发综合实例" />
8           < link href = "style2menu. css" rel = "stylesheet" type = "text/css" />
9           < script type = "text/javascript" src = "qiehuan. js"></script>
10          < script type = "text/javascript" src = "switchpic. js"></script>
11      </head>
12  < body onload = "init();">
13      < div id = "container" class = "">
14          < div id = "header" class = "">
15              < img src = "images/web_logo. jpg" alt = "">
16          </div>
17          < div id = "menu_out">
18              < div id = "menu_in">
19                  < div id = "menu">
20                      < ul id = "nav">
21                          <li>< a class = "nav_on" id = "mynav0" onmouseover = " javascript:
    qiehuan(0)" href = "web_first. html" target = "framebody">< span>首 页</span></a></li>
22                          < li class = "menu_line"></li>
23                          <li>< a href = " # " onmouseover = " javascript: qiehuan (1)" id =
    "mynav1" class = "nav_off">< span>课程简介</span></a></li>
24                          < li class = "menu_line"></li>
25                          <li>< a href = " # " onmouseover = " javascript: qiehuan (2)" id =
    "mynav2" class = "nav_off">< span>主讲教师</span></a></li>
26                          < li class = "menu_line"></li>
27                          <li>< a href = " # " onmouseover = " javascript: qiehuan (3)" id =
    "mynav3" class = "nav_off">< span>教学团队</span></a></li>
28                          < li class = "menu_line"></li>
29                          <li>< a href = " # " onmouseover = " javascript: qiehuan (4)" id =
    "mynav4" class = "nav_off">< span>教学课件</span></a></li>
```

```
30                          <li class = "menu_line"></li>
31                          <li><a href = " # " onmouseover = " javascript:qiehuan(5)" id =
"mynav5" class = "nav_off"><span>实验项目</span></a></li>
32                          <li class = "menu_line"></li>
33                          <li><a href = " # " onmouseover = " javascript:qiehuan(6)" id =
"mynav6" class = "nav_off"><span>课程设计</span></a></li>
34                          <li class = "menu_line"></li>
35                          <li><a href = " # " onmouseover = " javascript:qiehuan(7)" id =
"mynav7" class = "nav_off"><span>在线测验</span></a></li>
36                          <li class = "menu_line"></li>
37                          <li><a class = "nav_off" id = "mynav8" onmouseover = "javascript:
qiehuan(8)" href = " # "><span>网络资源</span></a></li>
38                      </ul>
39                      <div id = "menu_con">
40                          <div id = "qh_con0" style = "display:block">
41                              <ul>
42                                  <li><a href = " # "><span>课程发展</span></a></li>
43                                  <li class = "menu_line2"></li>
44                                  <li><a href = " # "><span>课程特色</span></a></li>
45                                  <li class = "menu_line2"></li>
46                                  <li><a href = " # "><span>教学成果</span></a></li>
47                              </ul>
48                          </div>
49                          <div id = "qh_con1" style = "display:none">
50                              <ul>
51                                  <li><a href = " # "><span>教学大纲</span></a></li>
52                                  <li class = "menu_line2"></li>
53                                  <li><a href = " # "><span>教学计划</span></a></li>
54                                  <li class = "menu_line2"></li>
55                                  <li><a href = "web_practice.html" target = "framebody" >
<span>实验计划</span></a></li>
56                              </ul>
57                          </div>
58                          <div id = "qh_con2" style = "display:none">
59                              <ul>
60                                  <li><a href = " # "><span>教学工作</span></a></li>
61                                  <li class = "menu_line2"></li>
62                                  <li><a href = " # "><span>教学改革</span></a></li>
63                                  <li class = "menu_line2"></li>
64                                  <li><a href = " # "><span>科研成果</span></a></li>
65                              </ul>
66                          </div>
67                          <div id = "qh_con3" style = "display:none">
68                              <ul>
69                                  <li><a href = " # "><span>储久良</span></a></li>
70                                  <li class = "menu_line2"></li>
71                                  <li><a href = " # "><span>姜   枫</span></a></li>
72                                  <li class = "menu_line2"></li>
73                                  <li><a href = " # "><span>王   巍</span></a></li>
74                              </ul>
75                          </div>
76                          <div id = "qh_con4" style = "display:none">
77                              <ul>
```

```
78              <li><a href = " # "><span>HTML - PPT</span></a></li>
79              <li class = "menu_line2"></li>
80              <li><a href = " # "><span>CSS - PPT</span></a></li>
81              <li class = "menu_line2"></li>
82              <li><a href = " # "><span>JavaScript - PPT</span></a></li>
83           </ul>
84         </div>
85         <div id = "qh_con5" style = "display: none">
86            <ul>
87              <li><a href = " # "><span>HTML 部分实验</span></a></li>
88              <li class = "menu_line2"></li>
89              <li><a href = " # "><span>CSS 部分实验</span></a></li>
90              <li class = "menu_line2"></li>
91              <li><a href = " # "><span>JavaScript 部分实验</span></a>
</li>
92            </ul>
93         </div>
94         <div id = "qh_con6" style = "display: none">
95            <ul>
96              <li><a href = " # "><span>设计案例 1</span></a></li>
97              <li class = "menu_line2"></li>
98              <li><a href = " # "><span>设计案例 2</span></a></li>
99              <li class = "menu_line2"></li>
100             <li><a href = " # "><span>设计案例 3</span></a></li>
101           </ul>
102        </div>
103        <div id = "qh_con7" style = "display: none">
104           <ul>
105             <li><a href = "web_exam.html" target = "framebody"><span>综
合练习 1</span></a></li>
106             <li class = "menu_line2"></li>
107             <li><a href = "web_exam.html" target = "framebody"><span>综
合练习 2</span></a></li>
108             <li class = "menu_line2"></li>
109             <li><a href = "web_exam.html" target = "framebody"><span>综
合练习 3</span></a></li>
110           </ul>
111        </div>
112        <div id = "qh_con8" style = "display: none">
113           <ul>
114             <li><a href = "http://www.w3school.com.cn/html/index.asp"
target = "framebody"><span>HTML 教程</span></a></li>
115             <li class = "menu_line2"></li>
116             <li><a href = "http://www.w3.org/TR/2014/REC - html5 -
20141028/" target = "framebody"><span>HTML5 规范</span></a></li>
117             <li class = "menu_line2"></li>
118             <li><a href = "http://www.php100.com/manual/jquery/" target =
"framebody"><span>jQuery 在线手册</span></a></li>
119           </ul>
120        </div>
121        </div>
122      </div>
123      </div>
```

```
124            </div>
125            < div id = "main"  >
126                < div id = "leftbar" class = "">
127                    < a href = "#">< img id = "pic" src = "images/example1.png"  border = "0" alt = "" onmouseover = "pause();" onmouseout = "reStart();"></a>
128                </div>
129                < div id = "right" class = "">
130                    < iframe name = "framebody" src = "web_first.html" ></iframe>
131                </div>
132            </div>
133            <! -- 页面底部设计 -->
134            < div class = "bottom">
135                < ul >
136                    <li>< strong>友情链接：</strong>
137                        < select size = "1" name = "d1" onchange = "window.open(this.options[this.selectedindex].value)">
138                            < option>中国名牌大学</option>
139                            < option value = "http://www.tsinghua.edu.cn/">清华大学</option>
140                            < option value = "http://www.pku.edu.cn/">北京大学</option>
141                            < option value = "http://www.fudan.edu.cn/">复旦大学</option>
142                            < option value = "http://www.sjtu.edu.cn/">上海交通大学</option>
143                            < option value = "http://www.xjtu.edu.cn/">西安交通大学</option>
144                        </select>
145                        < select size = "1" name = "d1" onchange = "window.open(this.options[this.selectedindex].value)">
146                            < option>网络课程资源链接</option>
147                            < option value = "http://www.icourses.cn/home/">中国 mooc 大学</option>
148                            < option value = "http://www.jingpinke.com/">国家精品课程共享服务信息平台</option>
149                            < option value = "http:/jpkc.fudan.edu.cn/">复旦大学精品课程</option>
150                            < option value = "http:/jpkc.nwu.edu.cn/course.php#xb_jpkc">西北大学精品课程建设网</option>
151                            < option value = "http://www.cncourse.com/portal/indexdefault">中国高校课程网</option>
152                            < option value = "http://www.intel.com/cn/index.htm">中国教育和科研计算机网</option>
153                        </select>
154                    </li>
155                    <li>
156                        web 前端开发技术课程建设小组 2015－2020&copy;保留所有权利,未经允许不得复制、镜像</li>
157                </ul>
158            </div>
159        </div>
160    </body>
161 </html>
```

2) 二级导航菜单切换显示 qiehuan.js 代码

```
1  /* 切换菜单显示 qiehuan.js */
2  function qiehuan(num){
3      for(var id = 0;id<=8;id++){
4          if(id==num){
```

```
5              document.getElementById("qh_con" + id).style.display = "block";
6              document.getElementById("mynav" + id).className = "nav_on";
7          } else {
8              document.getElementById("qh_con" + id).style.display = "none";
9              document.getElementById("mynav" + id).className = ""; }
10     }
11 }
```

3）图像切换 switchpic.js 代码

```
1   /* switchpic.js */
2   //定义全局变量
3   var CurScreen = 1;                                          //当前显示的图像
4   var MaxScreen = 5;                                          //最多可切换图像数
5   var timer = null;                                           //定时器变量
6   function $(id){return document.getElementById(id);}
7   function switchPic(){                                       //切换图像函数,定时触发
8       if (CurScreen == MaxScreen){CurScreen = 1;    }else{CurScreen++;}
9       //切换图像到最大值时返回 1
10      $("pic").src = "images/example" + CurScreen + ".png"; //更换图像的文件名
11  }
12  function reStart(){                                         //重新开始,鼠标移出时触发
13      switchPic();                                           //切换下一张图
14      init();                                                //开始定时器
15  }
16  function pause(){                                          //暂停切换,鼠标悬停时触发
17      clearInterval(timer);                                  //清除定时器
18  }
19  function init(){                                           //初始化函数,在 body 加载时触发
20      timer = setInterval('switchPic();',1000);
21  }
```

4）页面 CSS 样式文件 style2menu.css 代码

```
1   /* JS + DIV + CSS 二级导航菜单 style2menu.css */
2   @charset "utf - 8";
3   /* 全局样式 */
4   * {font - size:12px;color: #666666;
5      font - family: "宋体", Arial, Helvetica, sans - serif;      }
6   body{margin:0px auto;padding:0px;text - align:center;}
7   #container{width:960px;padding:0 auto;margin:0 auto;}
8   img{width:960px;height:160px;}
9   /* 主导航菜单 */
10  #menu ul{
11      padding:0;       border:0;
12      list - style:none;    line - height:150%;
13      margin - top: 0;    margin - right: 0;
14      margin - bottom: 0;    margin - left: 40px;
15  }
16  #menu_out{
17      width:960px;    padding - left:4px;
18      margin - left:auto;    margin - right:auto;
19      background:url("images/menu_left.gif") no - repeat left top;
```

```
20      overflow:hidden;                        /* 溢出部分隐藏 */
21 }
22 #menu_in{
23      background:url("images/menu_right.gif") no-repeat right top;
24      padding-right:4px;
25 }
26 #menu{
27      background:url("images/menu_bg.gif") repeat-x;
28      height:73px;width:960px;
29 }
30 .menu_line{
31      background:url("images/menu_line.gif") no-repeat center top;
32      width:8px;
33 }
34 .menu_line2{
35      background:url("images/menu_line2.gif") no-repeat center top;
36      width:15px;
37 }
38 #nav{ padding-left:20px;width:960px;}
39 #nav li{float:left;      height:35px;}
40 #nav li a{
41      float:left;      display:block;      padding-left:6px;
42      height:35px;cursor:pointer;      text-decoration:none;
43      background:url("images/menu_on_left.gif") no-repeat left top;
44 }
45 #nav li a span{
46      float:left;      padding:11px 14px 10px 10px;
47      line-height:14px;text-decoration:none;
48      background:url("images/menu_on_right.gif") no-repeat right top;
49      font-size:14px;      font-weight:bold;      color:#FFFFFF;
50 }
51 #nav li .nav_on{                              /*鼠标经过时变换背景,方便JS获取样式*/
52      background-position:left 100%;
53 }
54 #nav li .nav_on span{                         /*鼠标经过时变换背景,方便JS获取样式*/
55      background-position:right 100%;
56      color:#333333;text-decoration:none;
57      padding:14px 14px 7px 10px;
58 }
59 /* 子栏目 */
60 #menu_con{
61      text-align:left;      padding-left:20px;      clear:both;
62 }
63 #menu_con li{
64      float:left;      height:22px;margin-top:8px;
65 }
66 #menu_con li a{
67      display:block;      float:left;
68      background:url("images/menu_on_left2.gif") no-repeat left top;
69      cursor:pointer;      padding-left:3px;
70 }
71 #menu_con li a span{
72      float:left;      padding:6px 10px 4px 10px;line-height:12px;
73      background:url("images/menu_on_right2.gif") no-repeat right top;
74 }
75 #menu_con li a:hover{
76      text-decoration:none;
```

```
77        background:url("images/menu_on_left2.gif") no - repeat left bottom;
78    }
79    #menu_con li a:hover span{
80        background:url("images/menu_on_right2.gif") no - repeat right bottom;
81    }
82    #main{width:960px;height:300px;}
83    #leftbar{width:298px;height:298px;float:left;
84        border:1px solid #F1F1F1;}
85    #leftbar img{width:298px;height:298px;}
86    #right{width:660px;height:300px;float:left;}
87    #right iframe{width:660px;height:298px;border:0px;padding:0px;margin:0px;}
88    .bottom{clear:both;height:80px;
89        background:#FF9820;text - align:center;padding - top:20px;
90        color:white;font - size:18px;width:960px;
91    }
92    .bottom ul{list - style:none;color:#FFEEDD;}
```

　　上述代码中第 6 行设置 padding:0px 和 margin:0px auto 可以保证在不同的浏览器中显示效果相同,因为有些浏览器默认的顶部或左右空白。第 7 行设置容器的样式,可以保证在不同浏览器和不同分辨率的设备显示效果相同。第 9 行～第 81 行设置主导航和二级导航区的样式,其中第 20 行设置 overflow 属性,主要解决 IE 浏览器溢出部分的显示问题。第 82 行～第 87 行设置主体区的样式。第 88 行～第 92 行设置版权区的样式。

　　最后利用 MultiBrowser 软件检测网页在不同浏览器中的兼容性。通过 View 打开所设计 Web 前端开发技术网络课程网站,可以看到在 Chrome18、Firefox3.6、Firefox11、IE 7、IE8 等浏览器中网站的显示效果相同,如图 16-4-3 所示。

图 16-4-3　网站在多浏览器兼容性测试软件中页面效果

第
16
章

DOM 和 BOM

本 章 小 结

本章介绍了 JavaScript 对象的概念及 Array、Date、Math、Number、String、Boolean 等常用的核心对象。通过大量的示例讲解了在实际开发中如何运用这些对象的方法和属性。

HTML 文档中的每个标记都是一个节点,这些标记之间存在着一定的关系,这种描述页面标记关系的树型结构称为 DOM 节点树。对于 DOM 节点的访问除了通过 form 对象的 elements 属性或该节点的 name 属性来访问外,还可以通过 document 对象的 getElementById()、getElementsByName()、getElementsByTagName()等方法来访问;document 对象应用非常广泛,除了访问节点外,还可以调用该对象的方法和属性来动态地创建和修改节点、设置节点的属性。

BOM 定义了浏览器对象(window、history、document、location、screen、navigator、frame 等对象)的组成和相互关系,描述了浏览器对象的层次结构。在 BOM 中,每个对象都含有若干属性和方法,使用这些属性和方法可以操作 Web 浏览器窗口中的不同对象,控制和访问 HTML 页面中的不同内容。

练习与实验

练习 16

1. 选择题

(1) 定义 JavaScript 数组方法正确的是(　　　)。

    (A) var arrayList ＝{"cat" , "dog" , "monkey"}

    (B) var arrayList ＝new Array{"cat" , "dog" , "monkey"}

    (C) var arrayList ＝new Array("cat" , "dog" , "monkey")

    (D) var arrayList ＝new Array["cat" , "dog" , "monkey"]

(2) 利用下标来访问数组时,最小下标是从(　　　)开始的。

    (A) 0　　　　　　　　(B) 1　　　　　　　　(C) −1　　　　　　　　(D) 2

(3) 求 3 和 5 中的最小数正确的函数是(　　　)。

    (A) Math. min(3,5)　　　　　　　　(B) Math. ceil(3,5)

    (C) Math. max(3,5)　　　　　　　　(D) min(3,5)

(4) 以下选项中,可以获得值为 false 的 Boolean 对象的是(　　　)。

    (A) var a ＝ new Boolean(1)　　　　　　　　(B) var a ＝ new Boolean("abc")

    (C) var a ＝ new Boolean(true)　　　　　　　(D) var a ＝ new Boolean( )

(5) 下列不属于访问指定节点的方法的是(　　　)。

    (A) obj. value　　　　　　　　(B) getElementsByTagName()

    (C) getElementsByName()　　　　　　(D) getElementById()

(6) 能够创建元素节点的方法的是(　　　)。

    (A) createElement()　　　　　　　　(B) getElementById()

    (C) getElementByName()　　　　　　(D) forms. length

（7）下列代码分析正确的是（　　　）。

```
1  function createNode(){
2      var p1 = document.createElement("p");
3      var txt = document.createTextNode("Hello!");
4      p1.appendChild(txt);
5      document.appendChild(p);
6  }
```

　　　（A）代码第 2 行是创建一个<p>元素标记

　　　（B）代码第 4 行是为文档添加文本节点

　　　（C）<p>是文本节点的子节点

　　　（D）函数的功能是创建新的文本节点

（8）在告警消息框中输出"hello world!"信息正确的是（　　　）。

　　　（A）alertBox("hello world!")　　　　　　（B）msgBox("hello world!")

　　　（C）alert("hello world!")　　　　　　　（D）alertMsg("hello world!")

（9）下面这两行代码的功能是（　　　）。

```
1  <a herf = "javascript:history.back()"></a>
2  <a herf = "javascript:history.forward()"></a>
```

　　　（A）代码第 1 行的功能相当于后退按钮　　（B）代码第 2 行的功能相当于后退按钮

　　　（C）代码第 1 行的功能相当于前进按钮　　（D）以上表述都不正确

（10）对 location 对象的 href 属性的叙述错误的是（　　　）。

　　　（A）可以获取当前路径　　　　　　　　（B）可以改变当前路径

　　　（C）可以用来刷新页面　　　　　　　　（D）是只读属性

（11）使用 location 对象的（　　　）方法可以实现用新 URL 取代当前窗口的 URL。

　　　（A）load　　　　　（B）onload　　　　　（C）replace　　　　　（D）open

2. 填空题

（1）可以通过 Array 对象的_____属性来获得数组的长度。

（2）使用 Math 对象的_____方法可以获得 0～1 之间的随机数,使用 Math 对象的_____属性可以获得圆周率。

（3）在 JavaScript 中,Boolean 对象只有两种状态,分别是_____和_____。

（4）DOM 是_____的英文缩写,一个最基本的 DOM 树通常由三种类型的节点组成,分别是_____、_____和_____。

（5）document 对象中包含了三个访问文档节点的方法,这三个方法分别是_____、_____和_____。

（6）document 对象包含一些创建和修改节点的方法,如可以通过调用 document 对象的_____方法来创建一个元素节点,通过调用 document 对象的_____方法来删除一个子节点,通过调用 document 对象的_____方法来添加一个子节点。

（7）使用 document 对象_____和_____属性可以获取节点的内容。

（8）浏览器对象模型(BOM)主要包含_____、_____、_____、_____、_____、frame 和 document 等七个对象,_____对象是最顶层对象。

(9) 在实际的开发中,使用 window 对象的_____方法可以产生确认框,使用 window 对象的_____方法可以产生告警框,使用 window 对象的_____方法可以产生提示框。

(10)_____对象用于获取用户浏览器的相关信息。

3. 简答题

(1) 什么是 document 对象? 如何获取文档对象上的元素?

(2) 什么是浏览器对象模型? 它包含哪些对象?

(3) 简述 window 对象有哪些常用的属性和方法。

实验 16

1. 设计模拟幸运数字机游戏。设幸运数字为 8,每次由计算机随机生成 3 个 1~9 之间的随机数,当这 3 个随机数中有一个数字为 8 时,就算赢了一次,如图 16-1 所示。

图 16-1　幸运数字机游戏页面

2. 按图 16-2 所示布局,完成下列功能。

(1) 单击"随机产生 20 个整数"按钮时,能够随机产生 20 个 4 位整数(1000~9999),并将产生的 20 个整数写入到数组中,将其从小到大进行排序,输出在多行文本框中;

(2) 单击"找出能被 5 整除的整数"按钮时,从产生的 20 个随机整数中找出能够被 5 整除的整数,并在多行文本框中输出;

(3) 单击"重置"按钮时,将多行文本框中的所有内容清空。

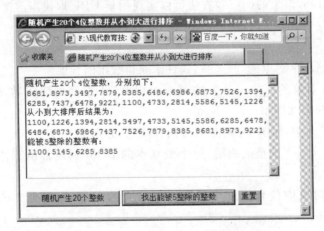

图 16-2　随机产生批量整数、排序、找特征数

1. TestSwarm——多浏览器测试 JS 代码工具

TestSwarm 是 Mozilla 实验室推出的一个开源项目,它旨在为开发者提供在多个浏览器

版本上快速轻松测试自己 JavaScript 代码的方法。

2. WebStorm——一个专门为 Web 开发人员设计的 IDE

WebStorm 是一款强大的 HTML5/JavaScript 开发工具。被广大 JS 开发者誉为“Web 前端开发神器”。WebStorm 9 全新特性中包括对 AngularJS 的支持,能够高效准确地智能感知 Angular 语法、指令。WebStorm 9 还完美支持 Spy-js,合并了这款 JavaScript 调试利器,大大提高了开发者们的工作效率。此外,WebStorm 9 还整合了多光标编辑功能,方便了对代码的替换和编辑。

WebStorm 官方网站 http://www.jetbrains.com/webstorm/download/index.html。

第 17 章　浏览器兼容性测试、网站调试与发布

本章学习目标

通过 Web 前端开发技术的深入学习，已经掌握了 HTML、CSS、JavaScript 三大主流技术，理解了各种技术在 Web 网页开发中的作用。能够将三大技术有机融合在一起尝试去设计一个商业网站是 Web 前端开发人员必须具备的基础技能，但是所开发的网站能否满足不同的浏览器和不同的设备的访问需要，还有待进一步检测。本章主要介绍浏览器兼容性测试工具和网站发布平台，着重培养 Web 前端开发工程师如何通过测试工具去检测一个网站的跨系统、跨浏览器、跨设备的支持能力，学会使用多种平台发布自己所设计的网站。

Web 前端开发工程师应掌握以下内容：

- 掌握常用的浏览器兼容性测试工具。
- 能够根据浏览器兼容性测试结果对网站进行微调和优化。
- 学会使用各类 Web 网页调试工具。
- 熟悉各类网站发布平台的特点。
- 学会安装与配置 Web 服务器。

对于 Web 前端开发工程师来说，要确保所编写的代码在不同的主流浏览器的各个版本中都能正常显示是一项费时、低效的工作。对网站进行跨浏览器、跨设备、跨系统的测试是 Web 前端开发工程师发布网站前必须进行的基础性工作。因为浏览器软件多、版本多，加上用户的使用习惯不尽相同等因素，为了达到网页在主流浏览器中显示相同效果的目标，不可能安装所有上述浏览器来进行测试，所以借助于各类浏览器兼容性测试工具，对网站进行跨浏览器、跨设备的测试逐渐成为网站测试的主流趋势。

17.1　浏览器兼容性测试工具

造成网页在不同浏览器中显示效果差异性的主要原因有两个方面：一是不同浏览器使用内核及所支持的 HTML 等语言标准不同；二是用户客户端的环境不同（如分辨率不同）。最常见的问题就是网页元素位置混乱、错位，有些元素显示不出来。

解决浏览器兼容性问题需要从多个方面着手：

- 网站设计人员。在设计和制作网站的过程中，做好浏览器兼容性测试工作，尽量回避使用极易造成页面显示效果差异的 HTML 标记属性、CSS 属性，这样才能够让网站在不同的浏览器下都正常显示。
- 浏览器软件开发人员。在开发和升级浏览器软件时应自觉遵守 W3C 推荐的 HTML、CSS、JavaScript 各类版本的规范，让所开发的浏览器软件对标准的更好兼容能够给用户更好的使用体验。

- 最终用户。建议用户尽量使用世界五大主流的浏览器，分别是 IE、Chrome、Firefox、Safari、Opera；尽量使用最新版本的浏览器。
- 网站测试人员。测试人员需要选择好的浏览器兼容性测试工具，及时完成网站跨系统、跨设备、跨浏览器的测试工作，及时将结果反馈给网站开发人员，让开发人员对网站进行深度优化设计，从而使开发的网站有更高的可用性和更好的用户体验。

当然如果要使所开发的网站具有比较理想的效果，建议在开发过程中使用当前比较流行的 CSS、JS 框架，如 Elastic、jQuery、BootStrp 等，因为这些框架无论是在底层的还是应用层的设计上对浏览器的兼容性做得都很好。除此之外，CSS 提供了很多 hack 接口可供使用，hack 既可以实现跨浏览器的兼容，也可以实现同一浏览器不同版本的兼容。

常用的浏览器兼容性测试工具实现的原理是采用虚拟机技术来模拟在不同的设备、操作系统、浏览器上进行网站的呈现。Web 开发人员不需要安装任何真实的虚拟浏览器。

浏览器兼容性测试工具分两类：一类是在线测试，不需要安装任何软件，在提供浏览器兼容性测试的 Web 网站上输入需测试网站的 URL，即可以进行在线测试，例如 BrowserStack、BrowserShots、CrossBrowserTesting、Spoon Browser Sandbox、Viewlike 等；另一类是本地测试，需要本地安装相关软件，然后进行测试，例如 IETester、SuperPreview、Multibrowser 等。

17.1.1　在线测试工具

所谓在线测试工具，是指在提供浏览器兼容性测试服务的 Web 网站上进行跨浏览器、跨设备、跨系统的测试工作，然后通过屏幕截图或在线查看等方式将测试结果反馈给网站管理员。例如 BrowserStack 网站就是一个提供网站浏览器兼容性测试的在线云端应用，该测试工具支持 9 大操作系统上的 100 多款浏览器。支持本地测试，并且预装有完备的开发者工具。BrowserStack 在近期发布了 API，移动开发者将会进一步提高测试效率。

提供在线测试的网站一般需要用户进行注册，获取账号后再进行测试，有些功能丰富的测试平台，还需要付费。此处以 BrowserStack 为例介绍在线测试方法。

BrowserStack(官方网址 http://www.browserstack.com/)可以帮助开发者在 Windows 和 Mac 两个系统上都可以对浏览器中的 HTML、CSS、JavaScript 语言进行安全的测试，如图 17-1-1 所示。除了 PC 环境，BrowserStack 还支持移动手机和平板设备的环境。BrowserStack 现在支持的浏览器有 Chrome、Firefox、Opera、Safari 和 Internet Explorer，其主要功能如图 17-1-2 所示。

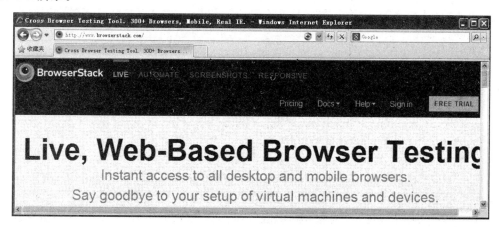

图 17-1-1　BrowserStack 首页

浏览器兼容性测试、网站调试与发布

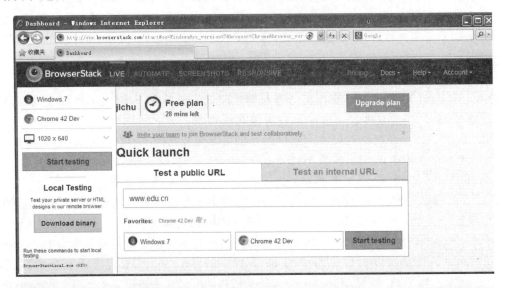

图 17-1-2 BrowserStack 主要功能

BrowserStack 网站首页上有 4 个水平导航菜单,分别是 LIVE、AUTOMATE、SCREENSHOTS、RESPONSIVE。

LIVE 是用户注册、功能简介和在线测试。用户注册登录后,选择 Start testing 选项,进入测试界面,选择 Quick launch→Test a public URL 选项,进入测试阶段,如图 17-1-3 所示。选

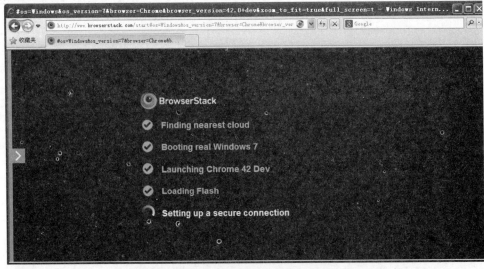

图 17-1-3 LIVE 在线测试公有 URL 的设置及启动测试页面

择在 Windows 7 和 Chrome 浏览器下进行测试,结果如图 17-1-4 所示。

图 17-1-4　在 Windows7 和 Chrome 上测试 edu. cn 结果页面

BrowserStack 支持本地测试,如图 17-1-5 所示。需要激活支持本地测试功能,然后下载二进制文件 BrowserStackLocal. exe,然后在参照本地测试页面上的帮助文档进行内部 URL 测试,具体过程此处省略。

图 17-1-5　LIVE 上测试内部 URL 及下载文件页面

AUTOMATE 是在 700 多种真实桌面和移动浏览器上进行 Selenium 云测试平台,如图 17-1-6 所示。用户先注册、登录,然后选择 Start Testing 选项后进入图 17-1-6(b)所示的免费使用 100 分钟倒计时计划的页面,用户每使用一次需要刷新一次。

SCREENSHOTS 是通过 700 多种浏览器快速测试您的网站跨浏览器兼容性,如图 17-1-7 所示。在 URL 中输入 http://www. edu. cn 进行测试,结果如图 17-1-8 所示。

RESPONSIVE 是跨设备响应式设计测试,如图 17-1-9 所示。在页面中的 URL 中输入 http://www. seu. edu. cn 进行测试,各种设备上的测试结果如图 17-1-10 所示。

BrowserShots、CrossBrowserTesting、Spoon Browser Sandbox 等在线测试工具功能与 BrowserStack 功能相当,用户可以自行选择测试网站,此处不再赘述。

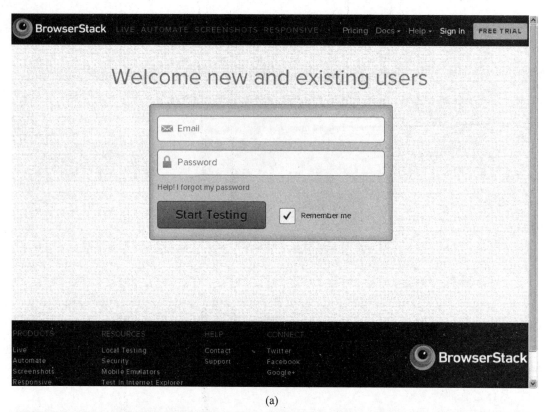

(a)

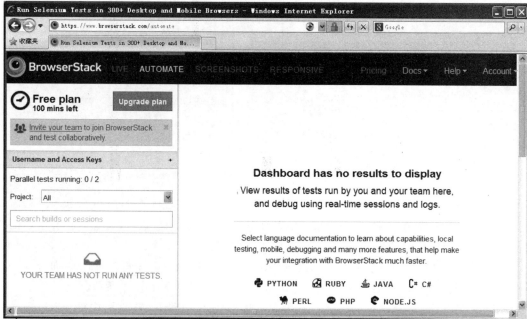

(b)

图 17-1-6　AUTOMATE 注册登录页面

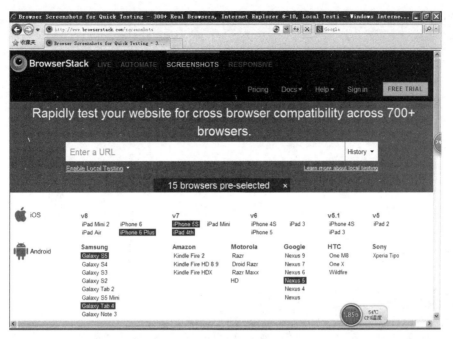

图 17-1-7 BrowserStack 截屏页面

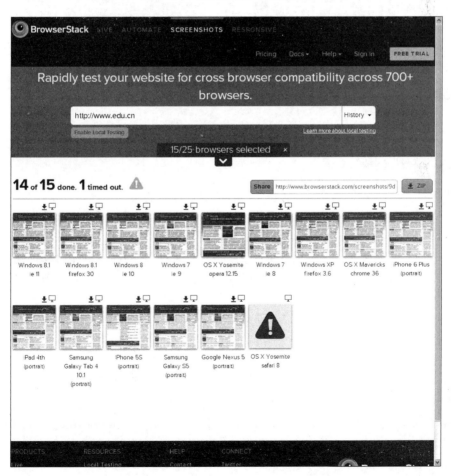

图 17-1-8 edu.cn实测截屏页面

浏览器兼容性测试、网站调试与发布

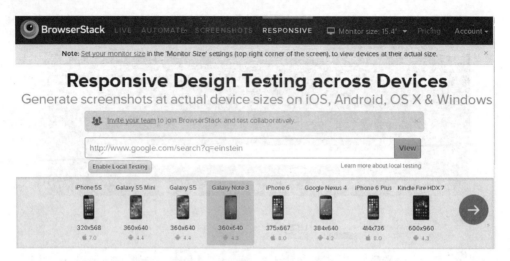

图 17-1-9　BrowserStack 跨设备响应式设计测试

图 17-1-10　网站在手机、iPad、宽屏 PC 上的测试结果

17.1.2　本地测试工具

所谓本地测试工具，是指需要下载相关的软件包进行本地安装和设置后才能对网站进行跨浏览器、跨设备、跨系统的测试工作，可以现场在不同版本的浏览器中查看页面的显示效果，一目了然。例如比较有名的是 IE Tester、SuperPreview，不过只能测试 IE 各个版本的兼容性。现在 Chrome、Firefox、Safari、Opera 等浏览器所占市场份额越来越高，要测试在非 IE 浏览器中的兼容性，还需要使用其他的本地化测试工具。下面以 Multibrowser 为例介绍多浏览器兼容性测试。

1. MultiBrowser 的主要功能

- 完整的网页浏览器功能。尽管只是测试使用，但带有多个浏览器的所有功能。
- 自带文本编辑器。编辑器带有高亮功能，可以方便地编辑、修改 CSS、PHP 等代码，并且还支持多种文本格式，比如 utf-8 和 GB2132。还可以支持外部编辑器。
- 单击一次能够看到网页在所有浏览器中的变化。输入一个网址，目前可以同时查看 Chrome、Frefox、IE 至少三个版本浏览器的渲染情况。
- 带有标尺、缩放等开发者工具。通过拖动标尺，能够比较出网页在每个浏览器中最细小的差异。
- 通过 Source Code 能够方便地查看 HTML 源代码。
- 具有优秀、友好的用户界面。

- 刷新页面时能够清理缓存,这一点对于 Web 前端开发工程师来说非常重要。在修改网站的 CSS 样式时,由于缓存的存在会使修改后的样式不能及时渲染在网页上。同时具有 Refresh、Refresh(no cache)的功能。
- 能够模拟各种尺寸的显示器。一般使用 1024×768 以及更大分辨率的显示器,而用户使用 800×600 的显示器的越来越少。
- 多网页比较功能,通过 Compare 界面,可以同时横向对比两张不同的网页之间的区别。
- 能够隐藏功能区和把按钮添加到标题栏,便于在显示器腾出更多的空间来显示网页。

2. MultiBrowser 功能区操作

MultiBrowser(官方网址 http://www.multi-browser.com/en)不仅可以同时在 Chrome、Firefox、IE 等浏览器中检查同一网页显示是否正常,而且其中的代码编辑器和开发者工具还能够大大提高工作效率,同时也是完全免费的,如图 17-1-11 所示。

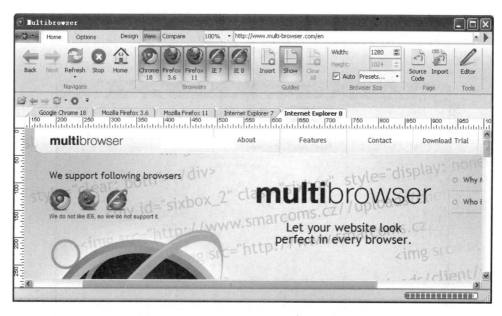

图 17-1-11 MultiBrowser 测试工具软件界面

该软件菜单栏中有 Home、Option、Design、View、Compare 等菜单,每一个菜单又包括若干个功能区。分别简述如下。

1) Home 菜单

Home 菜单包括六大功能区,分别是 Navigate、Browsers、Guides、Browser Size、Page、Tools,如图 17-1-12 所示。

图 17-1-12 Home 菜单界面

2) Option 菜单

Option 菜单包括六大功能区,分别是 View、Project、Home Page、Options、Help、License,如图 17-1-13 所示。

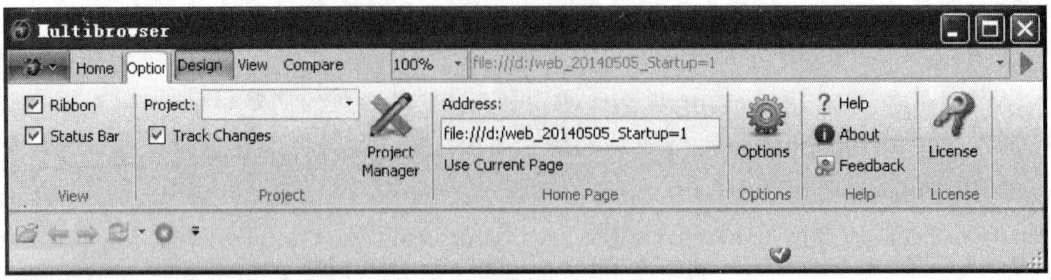

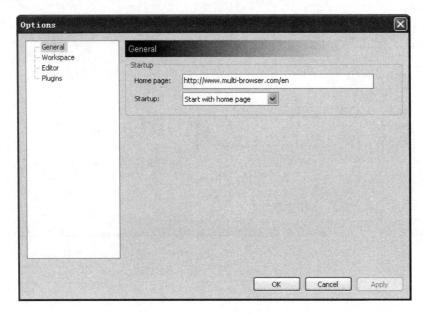

图 17-1-13 Option 菜单界面

选择 Options 功能区中的 Options 选项,进入选项设置界面,如图 17-1-14 所示。选择 General→startup 选项,分别设置 Home Page 和 Startup。然后选择 Editor 选项,进入编辑器设置界面,如图 17-1-15 所示。

图 17-1-14 Options 设置主页

在 External Editor 框架中选中复选框如 EditPlus,设置外部编辑器为 EditPlus,此时编辑时不再使用记事本,而是使用用户设置的外部编辑器(如 EditPlus),如图 17-1-16 所示。选择 Plugins 选项,选中浏览器插件列表项前的复选框,如图 17-1-17 所示。

3) Design 菜单

Design 菜单与 Home 菜单所包含的功能区是相同的,如图 17-1-12 所示。在 Design 菜单下可以选择 Tools 功能区中的 Editor 选项来编辑自己的代码;也可以选择 Browsers 功能区中的指定浏览器类型,最多可以同时在工作区打开 4 个窗口来查看页面在 4 个浏览器中的显示效果;也可以选择 Browser Size 区域中不同的屏幕分辨率来测试页面在浏览器中的显示效果,如图 17-1-18 所示。

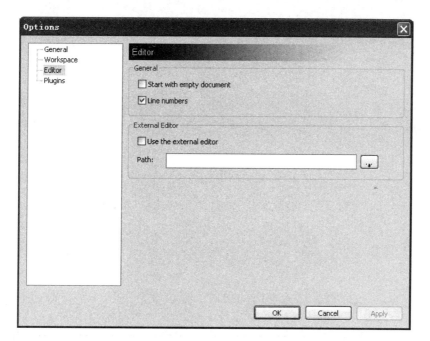

图 17-1-15　Option 设置编辑器

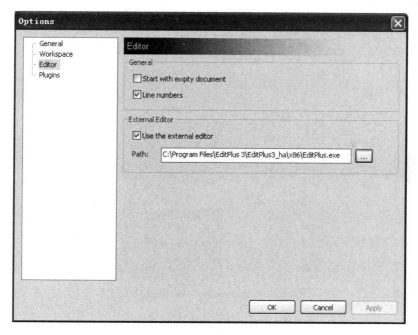

图 17-1-16　Option 设置外部编辑器

　　（1）WebTool 窗口。在 Design 的功能区 Tools 中还提供了 WebTool 功能，可以方便 Web 前端开发工程师进行网站脚本调试，如图 17-1-19 所示。在 WebTool 中左边区域中有 4 个选项卡，分别是 HTML、CSS、Validator、Console；右边区域中有 3 个选项卡，分别是 Style、Computed、Layout。

　　（2）操作 WebTool 窗口。WebTool 窗口支持 Floating（浮动）和 Docking（停靠）方式。右击 WebTool 标题栏通过弹出式菜单来切换显示方式。

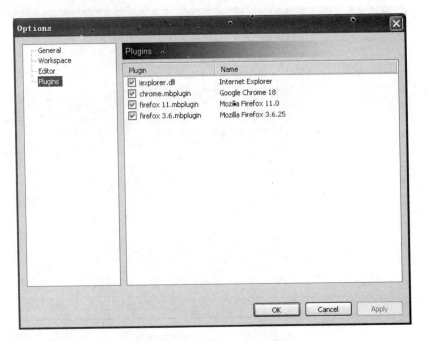

图 17-1-17　Option 设置插件

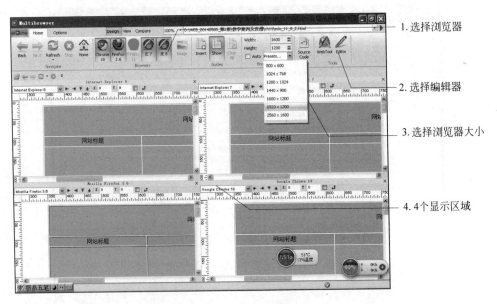

图 17-1-18　Design 功能区分布图

（3）操作 HTML。在 WebTool 中，选择左边 HTML，右边区域中 Style、Computed、Layout 被激活。可以分别查看样式、计算结果、布局情况。选择左边区域中其他 3 个选项卡时，右边区域为空。

选择右边区域中的 Style 选项，可以通过右击任一个 CSS 规则中的声明部分弹出菜单，从弹出菜单中选择相关菜单进行属性的编辑、修改、删除和查找等操作，如图 17-1-20 所示。

在右边的区域中选择 Computed 选项，可以查看某一元素（标记）的各个属性值的计算结果，如图 17-1-21 所示。

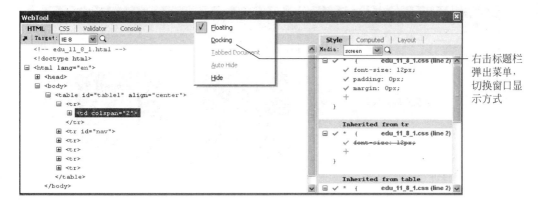

图 17-1-19   WebTool 界面设置

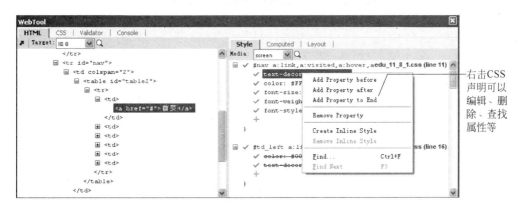

图 17-1-20   WebTool 中 HTML-Style 操作界面

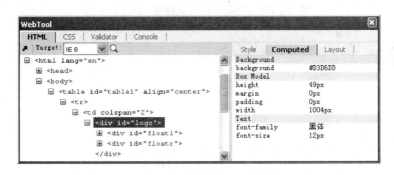

图 17-1-21   WebTool 中 HTML-Computed 操作界面

在右边的区域中选择 Layout 选项,可以查看指定元素的布局情况。如在左边区域中选择 HTML 中<div>标记,在右边区域选择 Layout 布局,就可以查看此元素在不同浏览器中 CSS Box 模型中的 margin、border、padding、content 属性的具体设置情况,清晰地看到页面布局效果,如图 17-1-22 所示。

(4) 操作 CSS。在 WebTool 中,选择 CSS 选项卡,选择"＋"号可添加 CSS 声明部分,每个声明前面有个"√"号表示 CSS 样式在使用,单击"√"号可使样式失效。选择工具栏中右起第 2 个图标 Save as,可以另外保存样式文件。如图 17-1-23 所示。

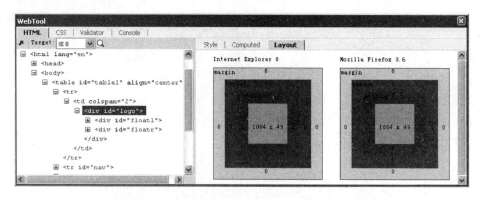

图 17-1-22　WebTool 中 HTML-Layout 操作界面

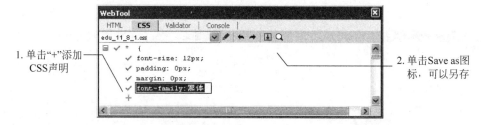

图 17-1-23　WebTool 中 CSS 样式修改与保存操作

4）View 菜单

View 菜单所包含的功能区分别是 Navigate、Browsers、Guides、Browser Size、Page、Tools，如图 17-1-24 所示。主要功能是在不同的浏览器中显示同一个网页，能将网页细微的差异直观地显示在不同的浏览器上，便于设计人员调试页面布局效果。

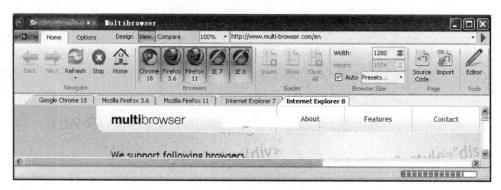

图 17-1-24　View 的功能区示意图

在使用 View 菜单查看网页效果时，也可以同时查看代码、调用编辑器、选择不同的屏幕分辨率来调试网页。如果需要做一些简单的改变或者需要增加一些新有代码行，可以使用集成 HTML 编辑器，其具有高亮度语法提示。在功能区中选择 Source Code 或者右击网页的任意位置，从弹出的快捷菜单中选择 View Source Code 命令，如图 17-1-25 所示。此时调用的默认的编辑器，如果用户设置了外部编辑器，则会自动加载外部编辑器。

5）Compare 菜单

Compare 菜单可以横向比较两个不同网页之间的区别。Trial 版本页面比较界面，如图 17-1-26 所示。可以选择一种浏览器同时打开两个网页进行显示效果比较。

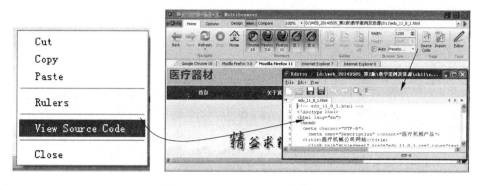

图 17-1-25　Source Code 操作图

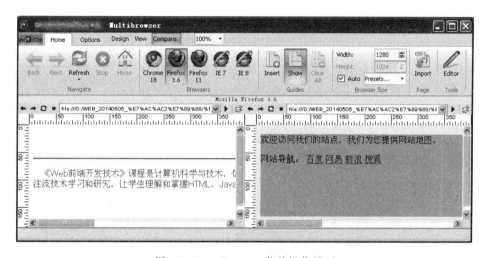

图 17-1-26　Compare 菜单操作界面

17.2　Web 网页调试工具

Web 前端开发工程师在进行网站设计与开发的过程中,总是需要对所开发的网站进行调试,虽然前端的调试比服务端的调试要简单一些,但使用一些调试工具或插件能提高调试的工作效率。下面是一些主要用于主流浏览器环境下的调试工具。

17.2.1　IE IETester

IETester(http://www.my-debugbar.com/wiki/)是一款 IE 浏览器多版本测试工具,能方便在 IE5.5～IE11 之间切换,只需安装一个软件,不需要安装多个 IE 浏览器,具有 Office 2007 的可视化界面。支持 Windows 7、Windows 8 desktop、Windows Vista 和 Windows XP 等系统,支持多种语言。下载并安装 install-ietester-v0.5.4.exe,如图 17-2-1 所示。

IETester 界面上有五个菜单,分别是主页、开发人员工具、View、选项、隐藏功能区。单击每一个菜单可以显示相对应的功能区。

1. 主页功能区

如图 17-2-1 所示,分为导航、DebugerBar、新建、收藏夹。选择 DebugerBar 后,页面显示被划分成左右两个区,左边是 DebugerBar 区,右边是页面显示区。可以从新建功能区中选择

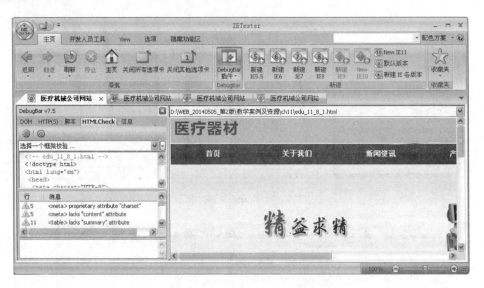

图 17-2-1　IETester 软件界面

新建单一浏览器、新建 IE 各版本。

- 选择新建单一 IE 浏览器,如图 17-2-2 所示。从"新建"功能区中选择 IE7 浏览器,然后在 URL 中输入 http://www.nju.edu.cn,在 IE7 浏览器中打开南京大学网站。

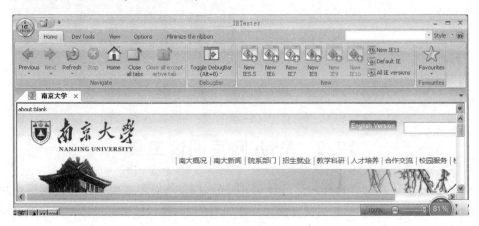

图 17-2-2　新建 IE7 浏览器界面

- 选择新建 IE 各版本,如图 17-2-3 所示。选择相应浏览器,并通过单击"浏览"按钮选择指定的网页,再单击"确定"按钮,在指定的浏览器中打开页面。

图 17-2-3　新建 IE 各版本浏览器界面

2. 开发人员工具功能区

选择 DebugerBar 插件,可以对 HTML 文档进行调试。如图 17-2-4 所示。单击"查看源文件"图标可以查看该网页的源代码,如图 17-2-5 所示。

图 17-2-4　IETester 开发人员工具操作界面

图 17-2-5　查看源文件操作界面

浏览器兼容性测试、网站调试与发布

在"开发者工具"界面打开指定网页,选择"Debugbar 插件"进行调试,使用该功能需要 DebugBar(最新版本 V7.5.1)软件的支持,安装此软件后,此功能才可用。

DebugBar 调试面板上有 DOM、HTTP(S)、脚本、HTMLCheck、信息 5 项功能。其主要功能操作界面分别如图 17-2-6～图 17-2-8 所示。

图 17-2-6　DOM 查看器操作界面

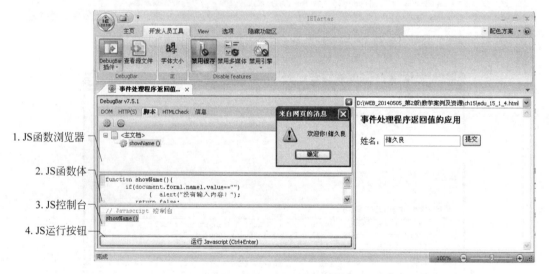

图 17-2-7　脚本操作界面

3. View 功能区

View 功能区包含全屏、隐藏功能区等文档显示操作,如图 17-2-9 所示。

4. 选项功能区

选项功能区包含打印、Internet 属性、IETester 选项等设置功能,如图 17-2-10 所示。

5. 隐藏功能区

选择"隐藏功能区"菜单后,功能区所有信息均不见,此时"隐藏功能区"菜单的名称替换为"显示功能区",如图 17-2-11 所示。

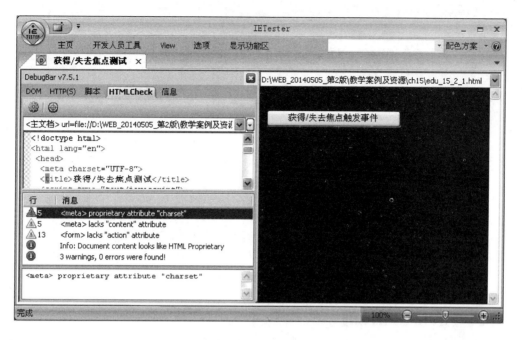

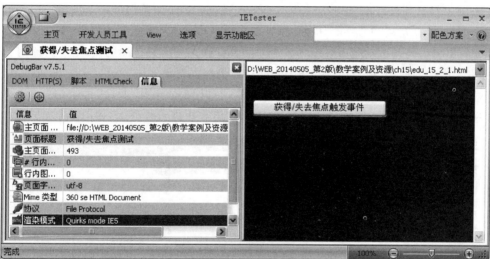

图 17-2-8　HTMLCheck 和信息操作界面

图 17-2-9　View 功能区界面

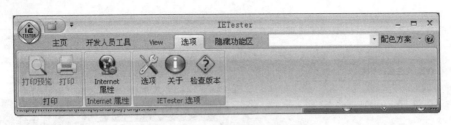

图 17-2-10　选项功能区界面

图 17-2-11　隐藏功能区操作界面

17.2.2　Firefox Firebug

Firebug（最新插件版本 firebug-2.0.8-fx.xpi）是 Firefox 浏览器下一个出色的网页设计插件，随着浏览器的发展，Firebug 也推出了支持 IE、Opera、Chrome 的 Firebug Lite。凭借 Firebug 的出色代码调试功能，Firefox 成为了网页设计人员的必备浏览器，虽然其他浏览器软件也开发了类似的插件，但总体来说 Firebug 功能仍然占据了上风。

下载 Firefox 最新版本的浏览器并完成安装，打开浏览器从"工具"菜单中选择"附加组件"命令，如图 17-2-12 所示。选择"附加组件"命令进入组件管理界面，如图 17-2-13 所示。

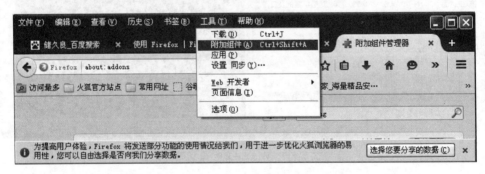

图 17-2-12　Firefox 浏览器添加组件界面

从"工具"菜单中选择"Web 开发者"→Firebug 命令或者直接按 F12 键，打开调试界面，Firebug 界面位置有五种，分别是独立窗口状态、上、下、左、右。选择"独立窗口状态"命令进入调试界面，如图 17-2-14 所示。

通过浏览器打开一个含有 JavaScript 代码测试网页，进行调试。在 Firebug 菜单中选择"脚本"命令，可在 JavaScript 代码中选择行号单击，会在行号左边出现红色●标记，表示此行设置了断点，当然可以设置多个断点，然后可以进行调试，如图 17-2-15 所示。

常用的调试快捷键有：F8 键断续调试、F11 键单步进入、F10 键单步跳过、Shift＋F11 快捷键单步退出、Shift＋F8 快捷键重新运行。

图 17-2-13　Firebug 搜索并安装界面

图 17-2-14　Firebug Web 开发者使用界面

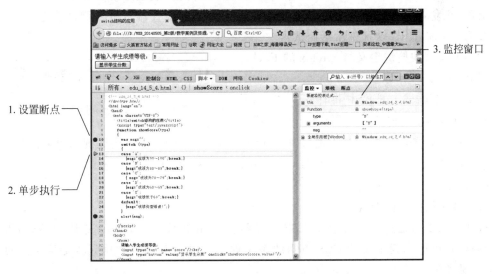

图 17-2-15　Firebug Web 开发者调试界面

浏览器兼容性测试、网站调试与发布

17.2.3　Opera Dragonfly

Dragonfly(蜻蜓)是类似 Firebug 的开发工具,允许开发者在 Opera 浏览器上调试网页或 Web 应用程序。Opera 在 BSD 许可证下公布了 Dragonfly 的源代码。

Dragonfly 能够调试 JavaScript,查看 CSS 和 DOM,显示任何网页的错误,Dragonfly 让开发工程师无论是在计算机上还是手机上通过 Opera 调试网页更加简单。Opera 浏览器 Dragonfly 开发者调试界面,如图 17-2-16 所示。

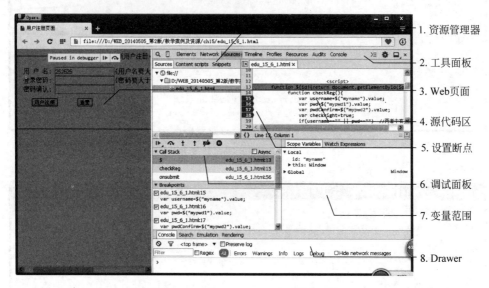

　　　　　　　　　1. 资源管理器
　　　　　　　　　2. 工具面板
　　　　　　　　　3. Web页面
　　　　　　　　　4. 源代码区
　　　　　　　　　5. 设置断点
　　　　　　　　　6. 调试面板
　　　　　　　　　7. 变量范围
　　　　　　　　　8. Drawer

图 17-2-16　Dragonfly 开发者调试界面

Dragonfly 启用方法。单击浏览器左上角的 Opera 按钮,从弹出菜单中选择"更多工具"→"启用开发者工具"命令,在菜单项前面打上"√",表示启用;再次单击"启用开发者工具"命令将取消菜单前面的"√",表示不启用。然后单击选择浏览器左上角的 Opera 按钮,弹出菜单中会出现"开发者工具"命令。选择"开发者工具"→"Web 检查器",进入调试状态,以后可以直接按 Ctrl+Shift+I 快捷键激活调试器。

常用的调试快捷键定义与 Firefox 的 Firebug 相同,如图 17-2-17 所示。

图 17-2-17　Dragonfly 调试工具栏

Dragonfly 调试工具栏中共有 6 个图标,其中 ▮▮ 表示断续调试(F8 键); ⟳ 表示单步跳过(F10 键); ↓ 表示单步进入(F11 键); ↑ 表示单步退出(shift+F11 快捷键); ⟋ 表示断点是否激活; ⓪ 表示异常是否暂停。在源代码中单击代码行号,可设置断点。

Dragonfly 具有如下功能。

1. DOM 和样式查看器

查找功能支持通过正则表达式、CSS 选择器、XPath 和普通文本匹配实现。CSS 查看器中增加链接,可以追溯到定义该 CSS 声明的源文件。可显示对伪类和伪元素的声明。可显示 SVG 表现属性。

2. JavaScript 调试器

JavaScript 调试器支持正则表达式,可选择是否忽略大小写,在所有 JS 中查找时可选择是否忽略注入式 JS(Opera 本身的 Browser.js、用户 JS、扩展 JS)。

3. 存储查看器

改进本地存储、进程存储和 Widget 首选项查看器的用户界面,和 V1.0 版本的 Cookie 查看器界面风格协调一致。

4. 控制台

为本地对象新增自动完成功能、内置的可扩展对象、控制台高亮显示警告、信息、错误。

5. 错误日志

错误日志具有流畅的用户界面。错误按资源类型分类显示,不再使用以往的按严重级别分类的显示方式。每行错误后面增加了链接,能追溯对应代码的行号。过滤器可使用户快速找到想要查看的错误。

其他方面的功能与 Firefox 的 Firebug 相同,此处不再赘述。

17.3　网站发布工具

只有经过规范性设计并反复调试、测试运行过的 Web 网站才能投入实际运营,最终并交付用户使用。接下来需要为用户考虑如何搭建服务器、申请域名或租用空间等一系列工作。

搭建 Web 服务器是一项重要工作。Web 服务器也称为 WWW(World Wide Web)服务器,主要功能是提供网上信息浏览服务。WWW 是 Internet 的多媒体信息查询工具,是 Internet 上发展最快和目前应用的最广泛的服务。

17.3.1　常用的 Web 服务器

在 UNIX 和 Linux 平台下使用最广泛的免费 HTTP 服务器是 Apache 服务器,而 Windows NT/2000/2003/2008 使用 IIS 的 Web 服务器。在选择 Web 服务器时应考虑的因素包括性能、安全性、日志和统计、虚拟主机、代理服务器、缓冲服务和集成应用程序等。

下面介绍几种常用的 Web 服务器。使用最多的 Web Server 服务器软件有两个:微软的 IIS(Internet Information Server)和 Apache Group 发行的 Apache。

1. Apache

Apache(官方网站 http://www.apache.org)是世界排名第一的 Web 服务器,世界上 50% 以上的 Web 服务器都在使用 Apache。1995 年 4 月,最早的 Apache(0.6.2 版)由 Apache Group 公布发行。它是由当时最流行的 HTTP 服务器 NCSA httpd 1.3 的代码修改而成的,因此是"一个修补的(a patchy)"服务器。世界上很多著名的网站都是 Apache 的产物,它的成功之处主要在于它的源代码开放、有一支开放的开发队伍、支持跨平台的应用(可以运行在几乎所有的 UNIX、Windows、Linux 系统平台上)以及它的可移植性等方面。

2. Microsoft IIS

Microsoft 的 Web 服务器产品为 Internet Information Server(IIS),IIS 是允许在公共 Intranet 或 Internet 上发布信息的 Web 服务器。IIS 是目前最流行的 Web 服务器产品之一,很多著名的网站都是建立在 IIS 的平台上。IIS 提供了一个图形界面的管理工具,称为 Internet 服务管理器,可用于监视配置和控制 Internet 服务。

IIS 是一种 Web 服务组件,其中包括 Web 服务器、FTP 服务器、NNTP 服务器和 SMTP 服务器,分别用于网页浏览、文件传输、新闻服务和邮件发送等方面,它使得在网络(包括互联网和局域网)上发布信息成了一件很容易的事。它提供 ISAPI(Intranet Server API)作为扩展 Web 服务器功能的编程接口;同时,它还提供一个 Internet 数据库连接器,可以实现对数据库的查询和更新。

17.3.2　常用的 Web 服务器发布平台

Web 服务器针对不同操作系统有许多不同的安装包,例如,适合在 Windows 平台上安装的软件包有 WAMP、XAMPP、EasyPHP 等。适合在 Linux、UNIX 等平台上安装的软件包有 LAMP、XAMPP 等。以下重点介绍在 Windows 平台上安装 EasyPHP 软件包。

1. 在 Windows 操作系统上安装的 Web 发布平台

1) WAMP

Windows 下的 Apache+MySQL/MariaDB+Perl/PHP/Python,一组常用来搭建动态网站或者服务器的开源软件,本身都是各自独立的程序,但是因为常被放在一起使用,于是拥有了越来越高的兼容度,共同组成了一个强大的 Web 应用程序平台。

WAMP 最新版本是 WampServer WAMP5。WampServer 2.5 包括 x86 和 64b 两个版本,去除了原先 2.2e 和 2.4 的各种版本混杂,利用 Addon 可以轻松地安装任何组件的其他版本,并进行快速切换,这样更有利于测试代码在各版本组件下的运行情况。

WampServer 并不仅仅是一个软件包,它会在工具栏中安装一个界面,帮助你启动、监控、关闭各项服务。使用 Wamp Server 的一大优势在于:用户不再需要修改配置文件。同时,它还能创建一个目录,所有文件都将存储在名为 www 的根目录下。

WampServer 2.5 包括以下组件:Apache 2.4.9、MySQL 5.6.17、PHP 5.5.12、PHPMyAdmin 4.1.14、SqlBuddy 1.3.3、XDebug 2.2.5。

2) XAMPP

XAMPP(Apache+MySQL+PHP+PERL)是一个功能强大的建站集成软件包。这个软件包原来的名字是 LAMPP,但是为了避免误解,最新的几个版本就改名为 XAMPP。它可以在 Windows、Linux、Solaris 三种操作系统下安装使用,支持英文、简体中文、繁体中文、韩文、俄文、日文等多语言。XAMPP 的确非常容易安装和使用,只需下载、解压缩,启动即可。

目前最新 XAMPP 版本为 XAMPP 1.8.3,包含组件 Apache 2.4.4、MySQL 5.6.11、PHP 5.5.3、phpMyAdmin 4.0.4、XAMPP Control Panel、FileZilla FTP Server。

3) EasyPHP

EasyPHP 是一个 Windows 下的 Apache+Mysql+Perl/PHP/Python 开发包,包中集成了 PHP、Apache、MySQL,同时也集成了一些辅助的开发工具,如数据库管理工具 PhpMyAdmin 和 php 调试工具 Xdebug,无须配置,就可运行。EasyPHP 是由法国人开发的,经过 EasyPHP 整合后的 Apache、MySQL 及 PHP 精简很多,运行速度比独立安装的 Apache、MySQL 及 PHP 相对较快且比较稳定。

目前 EasyPHP 最新版本是 EASYPHP 12.1,包含组件 PHP 5.4.6 VC9、Apache 2.4.2 VC9、MySQL 5.5.27、PhpMyAdmin 3.5.2.2、Xdebug 2.2.1。

2. UNIX/Linux 操作系统上安装的 Web 发布平台

1) LAMP

LAMP(Linux+Apache+MySQL+PHP)网站架构是目前国际流行的 Web 框架,该框架包括 Linux 操作系统、Apache 网络服务器、MySQL 数据库、Perl、PHP 或者 Python 编程语

言,所有组成产品均是开源软件,是国际上成熟的架构框架,很多流行的商业应用都是采取这个架构,和 Java/J2EE 架构相比,LAMP 具有 Web 资源丰富、轻量、快速开发等特点;和微软公司的.NET 架构相比,LAMP 具有通用、跨平台、高性能、低价格的优势,因此 LAMP 无论是性能、质量还是价格都是企业搭建网站的首选平台。

由于 Linux 操作系统有很多个不同的发行版,如 Red Hat Enterprise Linux、SUSE Linux Enterprise、Debian、Ubuntu、CentOS 等。每一个发行版都有自己的特色,例如 RHEL 的稳定,Ubuntu 的易用。基于稳定性和性能的考虑,操作系统选择 CentOS (Community Enterprise Operating System)是一个理想的方案。LAMP 一般运行在 CentOS、RHED 等操作系统上。该组件包含 Apache 2.2.22 或 Apache 2.4.2、MySQL 5.5.24、PHP 5.2.17 或 PHP 5.3.13、phpmyadmin 3.5.1,5、ZendOptimizer 3.3.9(可选)、xcache 1.3.2(可选)、pure-ftpd-1.0.36(可选)。

2)XAMMP

XAMPP 为了适用于不同的操作系统,提供适用于 Linux、Windows、Solaris SPARC、Mac OS X 等多种版本,具体参见 Windows 操作系统中 XAMPP 的介绍。

17.3.3 Windows 上 EasyPHP 配置与发布

Windows XP/NT/2003 Server 下配置 IIS 6.0 Web 服务器过程比较简单,这里以 EasyPHP 为例,说明 Windows 环境下如何配置 Apache+Mysql+Perl/PHP/Python 环境。

目前 EasyPHP 最新版本是 EasyPHP-DevServer-14.1VC11-install.exe。包含组件 Apache 2.4.10、MySQL 5.6.19、PHP 5.4.31、PhpMyAdmin 4.2.6。

EasyPHP 安装步骤如下:单击 EasyPHP-DevServer-14.1VC11-install.exe 文件执行安装,弹出安装对话框,单击 Next 按钮,直到完成安装。

1. 中文环境配置

EasyPHP 安装后默认为英文界面,如图 17-3-1 所示。在系统托盘上右击 EasyPHP 图标,选择 configuration→EasyPHP 命令,从 Language 下拉列表框中选择 Chinese 选项,界面转换为中文,如图 17-3-2 所示。

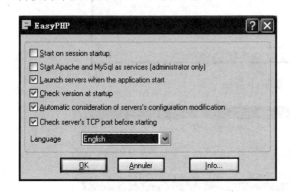

图 17-3-1　默认为英文界面　　　　　　图 17-3-2　设置语言为中文界面

2. EasyPHP 配置与管理

实际上 EasyPHP 主要是一个本地性质的开发测试环境,默认不开放非本地访问。使用默认端口为 8887,这样设置可以不用考虑 80 端口被占用的情况,确保网站能够访问。单击系统托盘中的 ▇ 图标,弹出 EasyPHP 控制对话框,如图 17-3-3 所示;单击 Apache 按钮左侧的

■图标,弹出上下文菜单,如图 17-3-4 所示。

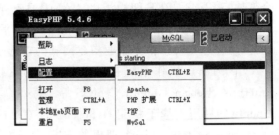

图 17-3-3　EasyPHP 控制对话框　　　　　　　图 17-3-4　EasyPHP 控制菜单

3. Web 网站发布与管理

1) 资源准备

以第 11 章的综合实例(医疗机械公司网站)edu_11_8_1.html 为例,将公司网站的所有文件 COPY 到 D:\Program Files\EasyPHP-12.1\www\demo 的子文件夹中,然后将 edu_11_8_1.html 更名为 index.html。

2) 网站发布

右击系统托盘中■图标,选择"打开本地 Web 页面"选项,弹出浏览本地 Web 页面,如图 17-3-5 所示;该页面上列出存放在 www 子目录下所有网站文件夹,其中 my portable files 文件夹是 EasyPHP 自动创建的。选择子文件夹 demo,即可进入医疗机械公司网站,如图 17-3-6 所示,默认网站访问端口 8080。

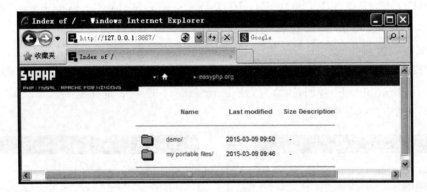

图 17-3-5　本地 Web 页面

图 17-3-6　医疗机械公司网站首页

以后只要启动 EasyPHP 服务器程序，打开浏览器，并在 URL 中输入 http://127.0.0.1：8080/demo/即可访问自己的网站，完成网站文件发布。

为了便于公网访问，可以修改 Apache 配置文件 httpd.conf，将 IP 地址和默认端口修改为真实的对外访问的 IP 和 80 端口，修改位置如图 17-3-7 所示。

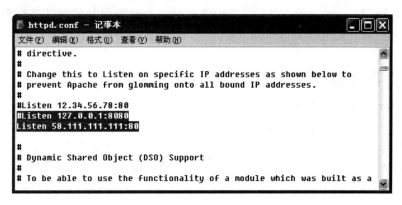

图 17-3-7　修改 Apache 的配置文件页面

将 Listen 127.0.0.1:80 改为 Listen 58.111.111.111:80，然后保存配置文件，并重新重启服务，在浏览器 URL 中输入 http://58.111.111.111/demo 即可访问网站；如果在 DNS 服务器上配置域名，就可以通过域名来访问网站。

借助于 FTP 工具软件实现页面更新上传功能，完成网站文件更新工作。

本 章 小 结

作为 Web 前端开发工程师除了会开发和设计网站外，还需要掌握常用的网站多浏览器兼容性测试和调试方法。只有经过严格的测试和试运行的网站才能交付给用户使用。本章重点介绍了多浏览器兼容性测试工具及使用方法、Web 网站调试常用工具软件以及主流的网站发布平台。

常用的多浏览器兼容性测试分在线测试和本地测试。用户可以根据实际需要选择测试方法，能够清楚地知道所开发的网站在跨系统、跨设备和跨浏览器下的网站显示效果。常用的网站调试方法主要介绍了基于 IE、Firefox、Opera 三大主流浏览器的调试工具和使用方法，便于 Web 开发工程师进行网站代码和网页效果调试。最后介绍了不同操作系统上常用的 Web 服务器发布平台，更方便于 Web 开发人员完成各类网站的发布工作。

练 习 与 实 验

练习 17

1. 学会安装与使用各类多浏览器兼容性测试工具。
2. 学会使用网站调试工具和插件，分别在 IE、Firefox、Opera 浏览器安装相应的调试插件，熟悉调试界面，并掌握具体的调试方法。

实验 17

1. 以 Firefox 的 Firebug 插件为例,完成调试插件的安装、启用,并结合具体的网站进行 HTML 代码、CSS 样式、JavaScript 脚本调试、DOM 对象查看等操作。

2. 学会安装 MultiBrowser 软件,并使用该软件对自己所设计的网站进行多浏览器兼容性测试,将网站代码优化成为支持多浏览器、多系统、多设备的网站。

 **工具介绍**

1. Spoon Browser SandBox——多浏览器测试工具

Browser Sandbox 可以让你直接在 Windows 同时运行各种主流浏览器而无须安装它们。由于 Spoon Browser Sandbox 和 IE Tester 不同,其工作原理是基于虚拟机技术,它是通过在浏览器下安装插件(spoon-plugin.exe)的方式来运行不同浏览器模块来进行测试,是一个很好的测试平台。

官方网站 https://spoon.net/。

2. Browsershots——多浏览器在线测试工具

Browsershots 是一个免费的在线工具,能在不同的浏览器中显示网站,用来检查所设计的网站对不同的浏览器的兼容性。这是一个免费的开放源代码,创建人为 Johann C. Rocholl。当提交待测试网站的地址后,将被加入到任务队列。大量分布的计算机会以不同的浏览器打开所提交的网站,然后再将画面上传到中央服务器,可以进行查看。

目前 Browsershots 支持 Windows、Linux、Mac OS、BSD 共 4 种不同的操作系统,并对这 4 个操作系统上的几十种不同的浏览器进行了测试。用户可以选择截图大小、颜色深度、JavaScript、Java 和 Flash 等。

Browsershots 官方网站 http://browsershots.org/。

一、选择题(每题 1 分,共 20 分)

1. 以下表示 IITML 文档的标记是_____。
   (A) <html></html>　　　　　　(B) <JavaScript></JavaScript>
   (C) <style></style>　　　　　　(D) <body></body>

2. 下列可以实现网页交互功能的语言是_____。
   (A) HTML　　　(B) CSS　　　(C) C++　　　(D) JavaScript

3. 以下标记中用于设置页面标题的是_____。
   (A) <html>　　　(B) <title>　　　(C) <head>　　　(D) <caption>

4. 下面_____是换行符标记。
   (A) <enter>　　　(B)
　　　(C) <font>　　　(D) <p>

5. 在 HTML 中,标记<pre>的作用是_____。
   (A) 转行标记　　　(B) 标题标记　　　(C) 文字效果标记　　　(D) 预排版标记

6. 下列不属于字体<font>标记的属性的是_____。
   (A) color　　　(B) face　　　(C) align　　　(D) size

7. 以下关于列表标记说法错误的是_____。
   (A) <ol>有序列表　(B) <ul>无序列表　(C) <dl>定义列表　(D) <li>嵌套列表

8. 下列选项中表示相对路径的是_____。
   (A) images/tu.gif　　　　　　(B) ftp://219.11.65.123
   (C) /root　　　　　　　　　　(D) http://www.baidu.com

9. 图像文件名为 myhome.jpg,要访问目标网站为 http://www.edu.cn,以下创建一个图像链接正确的是_____。
   (A) <a href="http://www.edu.cn">myhome.jpg</a>
   (B) <a href="http://www.edu.cn"><img src="myhome.jpg">
   (C) <img src="myhome.jpg"><a href="http://www.edu.cn"></a>
   (D) <a href="http://www.edu.cn"><img src="myhome.jpg"></a>

10. 在设置 CSS 的文字、排版、边界等属性时,经常用到长度单位,下列是相对单位的是_____。
    (A) in　　　(B) pc　　　(C) cm　　　(D) px

11. 以下关于<select>标记说法正确的是_____。
    (A) <select>定义的表单元素在一个下拉菜单中显示选项
    (B) rows 和 cols 属性可以定义其大小
    (C) <select>定义的表单元素是一个单选按钮

(D) <select>定义的表单元素通过设置 multiple 属性可以实现多选

12. CSS 文件的扩展名为_____。

    (A) txt   (B) htm   (C) css   (D) html

13. 要使表格行高为 16px,以下方法正确的是_____。

    (A) <table border="1" height="16cm">…</table>

    (B) <tr border="1" height="16pt">…</tr>

    (C) <tr height="16px">…</tr>

    (D) <table border="1" height="16pc">…</table>

14. 下列_____选项的 CSS 语法是正确的。

    (A) body:color=black   (B) {body:color=black(body)}

    (C) body{color:black;}   (D) {body:color:black}

15. 下列设置"上边距:20px、下边距:30px、左边距:40px、右边距:50px"边距属性正确的是_____。

    (A) margin:20px 30px 40px 50px   (B) border:20px 30px 40px 50px

    (C) margin:20px 50px 30px 40px   (D) margin-top:20px 30px 40px 50px

16. 在 JavaScript 中,下列满足变量 x 大于等于 20 且小于 100 条件的正确表达式是_____。

    (A) (X>=20 & x<100)   (B) (x>=20 and x<100)

    (C) (X>=20 or x<=100)   (D) (x>=20 && x<100)

17. 设 s1 和 s2 均为字符类型变量,s1="How Are You!";s2="a",则 s1.indexOf(s2) 的结果是_____。

    (A) −1   (B) 4   (C) 5   (D) 以上都不是

18. 引用外部 compute.js 脚本正确的语法是_____。

    (A) <script href="compute.js">   (B) <style href="compute.js">

    (C) <script src="compute.js">   (D) <style src="compute.js">

19. 下列声明自定义函数 selectNumber()正确的是_____。

    (A) function : selectNumber(){}   (B) function selectNumber(){ }

    (C) function = selectNumber(){}   (D) function {selectNumber()}

20. 下列选项中_____是求出两个数最大数。

    (A) Math.ceil(20,50)   (B) Math.max(20,50)

    (C) Math.min(20,50)   (D) top(20,50)

二、填空题(每空 0.5 分,共 10 分)

1. HTML 中标记类型分为两种:一种是 __(1)__ 标记,另一种是 __(2)__ 标记。

2. 在 HTML 文件里,版权符号的代码是 __(3)__ 。

3. <font>标记常用的属性有三个,分别是 color、__(4)__ 、__(5)__ (以首字母为序)。

4. 要实现超链接在新窗口中打开目标网页需要将 target 属性值设置为 __(6)__ 。

5. 将表格的标题设置"课程成绩表"的完整 HTML 语句(利用表格标记)是 __(7)__ 。

6. 框架集水平分割成三个框架,比例分别为 20%、60%、20% 的语句是<frameset __(8)__ >。

7. 定义一个表单元素普通按钮,可通过<input type= __(9)__ name="select" id="select"/>来定义。

8. CSS 中类选择符以 ___(10)___ 符号为开始,ID 选择符以 ___(11)___ 符号为开始。

9. 定义一个变量 today 为日期对象语句是 ___(12)___。

10. Math. round(Math. random() * 100)产生的数据范围是 ___(13)___。

11. CSS 中样式表的定义有 4 种,分别是行内样式表、___(14)___、___(15)___、___(16)___。

12. 插入背景音乐可使用标记是 ___(17)___。

13. 设置表格跨行属性是 ___(18)___。

14. 加载名为 image1. gif 图像可在＜img＞标记中这样设置:___(19)___ = "image1. gif"。

15. 使无序列表的列表项符号显示为"○",可通过＜ul type=" ___(20)___ "＞。

三、看图编程(每空 2 分,共 42 分)

1. 执行下面程序,并在浏览器中打开,效果如图 A-1 所示,根据网页呈现的信息,完美代码。

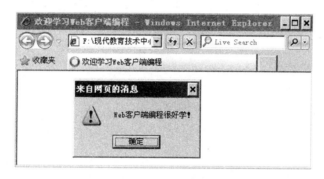

图 A-1　JavaScript 初步应用

```
<html>
    <head>
        <title> (1) </title><!--写上标题-->
    </head>
    <body>
      <script type = "text/javascript">
                (2)           //提示信息如右边所示
      </script>
    </body>
</html>
```

2. 按图 A-2 所示的页面效果和代码中注释部分提示信息完善程序代码。

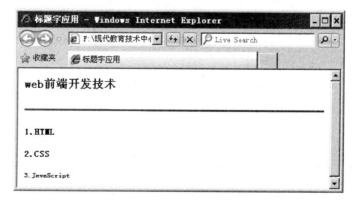

图 A-2　标题字应用

```
<html>
    <head>
        <title>标题字应用</title>
    </head>
    <body>
        ___(3)___        <!-- 3号标题 -->
        ___(4)___        <!--水平线宽度：3,颜色：红色,对齐方式：居中    -->
          ___(5)___        <!-- 5号标题显示"1.HTML" -->
        ___(6)___        <!-- 5号标题显示"2.CSS " -->
        ___(7)___        <!-- 6号标题显示"3.JavaScript " -->
    </body>
</html>
```

3. 按图 A-3 所示的页面效果和代码中注释部分提示信息完善程序代码。

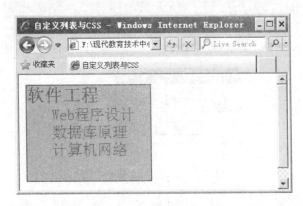

图 A-3   自定义列表与 CSS

```
<html>
  <head>
    <title>自定义列表与CSS</title>
        ___(8)___                        /*定义样式表的开始标记 */
        dl{ ___(9)___ ;                  /*定义背景颜色为#99ff99 */
           width:200px;height:150px;
            border: ___(10)___ ;}        /*定义边框为2px、双线、颜色为#ff3333 */
            dt{font-size:28px;color:red;font-weight:bold;}
            dd{ color:green;
           ___(11)___ ; }                /*定义字大小为24px */
    </style>
    </head>
  <body>
        ___(12)___  <!--自定义列表 -->
        ___(13)___  <!--定义项目名称为"软件工程" -->
            <dd>Web程序设计</dd>
            <dd>数据库原理</dd>
            <dd>计算机网络</dd>
    </dl>
  </body>
</html>
```

4. 按图 A-4 所示的页面效果和代码中注释部分提示信息完善程序代码。

程序功能：单击"投注"按钮随机产生 1 注福利彩票号码,每 1 注号码由 7 个 01～30 之间的整数构成；单击"清空"按钮,将文本框清空。

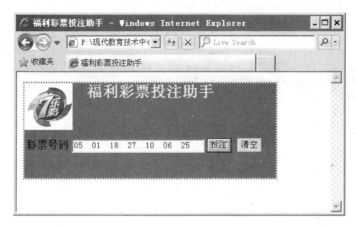

图 A-4 福利彩票投注助手

```html
<html>
  <head>
    <title>福利彩票投注助手</title>
    <style type = "text/css">
        div{
        background: #009933 url("ico_7l.gif") left top no-repeat;
          (14)  ;                    /* 图层的宽度 400px */
        height:150px;
        margin:100px auto;
        border:2px dotted #ff3300;
          (15)  ;                    /* 图层的颜色为白色,值用英文颜色名 */
      }
        form{ margin:0 auto;}
        table{margin:0 auto;
          (16)  ;                    /* 表格字体粗体 */
      }
      h2{font-size:24px;text-align:center;}
    </style>
    <script type = "text/javascript">
        function selectnumber(num){
        //彩票选号助手
        var number = new Array();              //number 定义为数组
        for (i = 0;   (17)  ;i++)              //产生 7 个 01～30 之间的整数,补充循环判断表达式
        {
        number[i] = Math.floor(Math.random() * 30 + 1);   //下舍入
        if (number[i]<10) {   (18)  ;}       //如果数组元素的值小于 10,加上前导"0"
        }
          (19)  .value = number.join(" ");  //通过 ID 号获取 num 文本框对象,并将计算结果赋值给它
    }
    </script>
  </head>
<body>
    <div id = "" class = "">
        <h2>福利彩票投注助手</h2><br><br>
        <form method = "post" action = "">
          <table>
```

```
        <tr>
         <td>彩票号码</td>
       <!-- 设置 number1 文本框为只读 -->
     <td>< input type = "text" name = "number1" size = "28" id = "number1"(20)></td>
          <!-- 事件句柄与事件代码绑定 -->
         <td>< input type = "button" value = "投注" onclick = "  (21)  ;">
         < input type = "reset" value = "清空">
         </td>
        </tr>
        </table>
      </form>
    </div>
  </body>
</html>
```

四、编程题(12 分)

1. 表格编程(6 分)

按照如下要求编程实现如图 A-5 所示的表格。

图 A-5　教材表

(1) 表格标题占表格一行并跨列居中;

(2) 表格边框宽度为 1;

(3) 单元格内容水平居中,字体为"黑体",必须采用内部样式表定义。

2. JavaScript 编程(6 分)

按下面要求编程实现计算 $1+2+3+\cdots+N$ 的和。

(1) 采用 For 循环结构实现计算累加和;

(2) 采用提示信息框输入整数 N 并赋值给变量 n,如图 A-6 所示;

图 A-6　提示信息框界面

(3) 采用分支结构判断 n 的值是否有效,有效时输出计算结果,如图 A-7 所示,无效时提示重新输入,如图 A-8 所示;

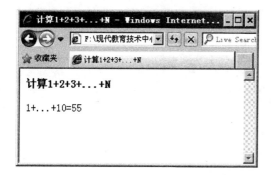

图 A-7　计算 1+2+…+N 累加和页面图　　　　　图 A-8　告警信息框界面

（4）采用 4 级标题显示"计算 1+2+3+…+N"；

（5）按图 A-7 所示的格式显示计算结果；

（6）其他方法和页面效果不限。

五、问答题（16 分）

1. 简述 HTML 组成结构，每一组成部分至少列举三个以上标记（或元素）。（5 分）

2. 写出 HTML、CSS、JavaScript 三大部分程序注释的方法。（6 分）

3. JavaScript 关于标记符命名的规定是什么？（5 分）

模拟试卷 2

一、选择题(每空 1 分,共 20 分)

1. 以下标记中,用于设置页面标题的是_____。
   (A) <html></html>　　　　　　　　(B) <head></head>
   (C) <caption></caption>　　　　　(D) <title></title>

2. CSS 文件后缀名通常为_____。
   (A) *.html 或 *.htm　　　　　　　(B) *.js
   (C) *.css　　　　　　　　　　　　(D) *.txt

3. 以下标记中可以导入外部样式表的标记的是_____。
   (A) <script></script>　　　　　　(B) <style></style>
   (C) <link>　　　　　　　　　　　　(D) <form></form>

4. 下列能够实现页面内容与样式相分离的语言是_____。
   (A) CSS　　　　(B) JavaScript　　　　(C) VFP　　　　(D) HTML

5. 下列代码中设置 4 号标题字正确的语句是_____。
   (A) <h4>Web 页面设计</h4>
   (B) <h*> Web 页面设计</h*>
   (C) <font size=4>Web 页面设计</font>
   (D) <h size=4> Web 页面设计</h4>

6. 下列具有字体加粗功能的标记是_____。
   (A) <font></font>　　　　　　　　(B) <b></b>
   (C) <pre></pre>　　　　　　　　　(D) <center></center>

7. 以下关于文本格式标记描述正确的是_____。
   (A) <b>斜体标记　　　　　　　　(B) <p>定义列表标记
   (C) <del>删除线标记　　　　　　(D) <sub>设置上标

8. 超链接的 target 属性值为_____时可以在父窗口中打开目标网页。
   (A) _self　　　　(B) _blank　　　　(C) _top　　　　(D) _parent

9. 使单元格中的内容垂直居中对齐的正确标记是_____。
   (A) <td valign="middle">　　　　　(B) <td valign="top">
   (C) <td align="middle">　　　　　 (D) <td valign="bottom">

10. 以下标记中用于定义表单中文本域的标记是_____。
    (A) <table>…</table>　　　　　　(B) <input type="textarea">
    (C) <caption>…</caption>　　　　(D) <textarea> </textarea>

11. 以下关于<select>标记说法正确的是_____。

(A) rows 和 cols 属性可以定义其大小

(B) <select>定义的表单元素通过设置 multiple 属性可以实现多选

(C) <select>定义的表单元素是一个单选按钮

(D) 单独使用<select>标记就可以生成下拉列表框

12. 利用框架集_____属性以实现水平分割框架集。

(A) src   (B) cols   (C) rows   (D) name

13. 在 DOM 中通过对象 id 访问对象正确方法是_____。

(A) document. getElementsById("id")

(B) document. getElementsByName（"name "）

(C) document. getElementById("id")

(D) document. getElementsByTagName（"tagname "）

14. 通过_____属性可以设置字符间距。

(A) letter-spacing   (B) text-indent   (C) cellspacing   (D) cellpadding

15. 下列 JavaScript 语句中能正确执行的是_____。

(A) document. printf("Welcome to You!");

(B) var x＝5;if (x) {alert("Hello World! ");}

(C) var z,if;

(D) {var x＝4,y＝9;alert("Hello World! ");}

16. 在 JavaScript 中,下列表示返回函数运行结果的语句是_____。

(A) return;   (B) document. write(number);

(C) alert(number);   (D) return number ;

17. 在 CSS 中设置_____属性的值为"none",可以去除超链接的下划线效果。

(A) line-through   (B) text-transform   (C) text-decoration   (D) text-indent

18. 下列表达式的计算结果为真的是_____。

(A) (10>−1) && (null==undefined)   (B) false && true

(C) (true ||false) &&(! true)   (D) 8=== "8"

19. 下面选项表示绝对路径的是_____。

(A) www. sina. com. cn   (B) ftp://219. 153. 40. 150/software/

(C) .. /a. html   (D) /a. html

20. 下列标识符命名合法的是_____。

(A) switch   (B) 1true   (C) if   (D) $ mail_123

二、填空题(每空 1 分,共 20 分)

1. HTML 文档结构是由 __(1)__ 和 __(2)__ 两部分构成(用标记名)。

2. 在 JavaScript 中将赋值语句 sum＝sum＋1/(2 * n−1)转换为复合赋值语句 __(3)__ 。

3. <font>标记常用的属性有三个,分别是 color、 __(4)__ 、 __(5)__ (以首字母为序)。

4. 有序列表<ol>的 type 属性的取值有 __(6)__ 种。

5. 在 HTML 文件中,超链接可以分为内部链接和 __(7)__ 。

6. 表格的标题可以使用 __(8)__ 标记来设置,页面标题是使用<title></title>标记来设置。

7. 在<form>中设置一个文件选择按钮必须设置<input>标记的 type 属性为" __(9)__ "。

8. CSS 规则中的声明部分是由 __(10)__ 和 __(11)__ 两部分构成。

9. 要将数组 num 中所有成员用"一"号串接在一起输出,可以使用的方法是 num. ___(12)___ 。

10. 在 p{background:♯FF00FF;}这个样式中背景颜色使用 ___(13)___ 表示方法。

11. CSS 样式优先级从低到高分别是 ___(14)___ 、 ___(15)___ 、 ___(16)___ 、行内样式。

12. 字符串 str＝"JavaScript 易学!",则 str. indexOf("S")结果是 ___(17)___ 。

13. 浮动框架必须包含在＜body＞标记内,而子框架必须放在 ___(18)___ 标记内。

14. Math. min(100,200,－300)的结果为 ___(19)___ 。

15. 函数 parseFloat("2014-12-14")的值是 ___(20)___ 。

三、看图编程(每空 2 分,共 36 分)

1. 按图 B-1 所示的页面效果,完善程序代码(4 分)。

图 B-1　简易 Web 页面

填充说明:(1)设置居中显示;(2)段首空 4 个空格。

```
<html>
 <head>
<title>最后一次登月 42 周年: 为何美国未重返月球</title>
  </head>
  <body>
   <h2 __(1)__> 最后一次登月 42 周年: 为何美国未重返月球</h2>
   <p>__(2)__ 新浪科技讯 北京时间 12 月 16 日消息,据美国科学网站 io9.com 报道,刚刚过去的 12
月 11 号是人类最后一次登陆月球 42 周年纪念日。1972 年 12 月 11 日,美国阿波罗 17 号在月球表面着
陆。这不仅是人类最后一次载人登月,也是人类最后一次离开低地球轨道。</p>
   </body>
</html>
```

2. 按图 B-2 所示的页面效果,完成代码填充(8 分)。

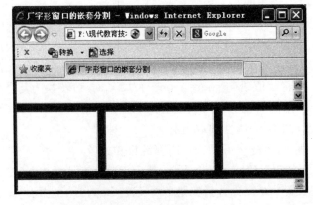

图 B-2　框架分割页面

填充说明：(3)水平分割成 3 部分；(4)框架边框属性；(5)顶部框架名称为 top；(6)垂直分割成 3 部分。

```
<html>
   <head>
     <title>"厂"字形窗口的嵌套分割</title>
   </head>
   <frameset __(3)__ = "20%,70%,*" __(4)__ = "12" bordercolor = "#3366ff">
     <frame src = ""    __(5)__ = "top">
     <frameset __(6)__ = "30%,*,30%">
        <frame src = "" name = "left">
        <frame src = "" name = "center">
        <frame src = "" name = "right">
        </frameset>
     <frame name = "bottom">
   </frameset>
</html>
```

3. 按图 B-3 所示的页面效果，完成代码填充(12 分)。

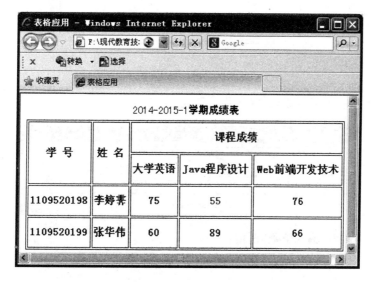

图 B-3　学期成绩表

填充说明：(7)行垂直居中；(8)字体粗细属性；(9)表格边框颜色；(10)行水平居中；(11)跨 3 列居中；(12)应用样式，不及格显示为红色。

```
<html>
<head>
   <title>表格应用</title>
   <style type = "text/css">
        tr{text-align:center; vertical-align: __(7)__;height:18px;}
        td{__(8)__:bold}
        .red{color:red;}   /* 成绩不及格级别为红色 */
        </style>
   </head>
   <body>
   <table __(9)__ = "#000011" border = "1" width = "500px" height = "200px">
     <caption><font face = "黑体" size = "3" color = "#000000">2014-2015-1 学期成绩表</font></caption>
     <tr __(10)__>
```

```
        < td rowspan = "2">学      号</td>
            < td rowspan = "2">姓    名</td>
        < td __(11)__>课程成绩</td>
    </tr >
    < tr >
     < td>大学英语</td>
        < td>Java 程序设计</td>
        < td>Web 前端开发技术</td>
     </tr >
    < tr >
            < td>1109520198</td>
            < td>李婷霁</td>
            < td>75</td>
    < td  __(12)__ >55</td>
    < td>76</td>
   </tr >
    < tr >
       < td>1109520199</td>
       < td>张华伟</td>
       < td>60</td>
       < td>89</td>
       < td>66</td>
     </tr >
    </table></body>
</html >
```

4. 按图 B-4 所示的页面效果,完成代码填充(12 分)。

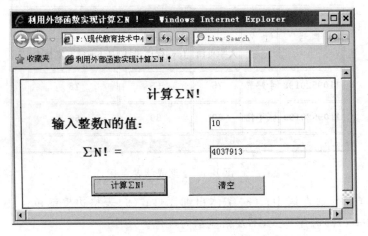

图 B-4 Web 页面

填充说明:(13)调用外部 sum_factorial. js ;(14)累加和文本框只读;(15)定义为普通按钮;(16)计算累加和赋值语句;(17)调用函数计算累加和;(18)输出累加和。

```
< html >
 < head >
  < title > 利用外部函数实现计算ΣN!</title>
  < script type = "text/javascript" __(13)__ ></script >
  < style type = "text/css">
    table{width:500px;height:200px; cellspacing:0px;
        margin:0 auto;border:2px solid #339933 ; }
    td{font - size:20px;font - weight:bold;text - align:center;}
    #button{width:120px;height:30px;}
```

```
        </style>
  </head>
   <body>
     <form method = "post" action = "">
      <table>
      <tr><td colspan = 2>计算∑N!</td></tr>
      <tr>
              <td>输入整数 N 的值: </td>
              <td><input type = "text" name = "" id = "n_text"></td>
      </tr>
      <tr><td>∑N!=</td>
              <td><input type = "text" name = "" id = "sum_text" __(14)__ ></td>
      </tr>
      <tr>
          <td colspan = "2">
         <input id = "button" __(15)___ value = "计算∑N!" onclick = "show();">  
         <input id = "button" type = "reset" value = "  清空   ">
          </td>
      </tr>
      </table>
   </form>
  </body>
</html>
// 以上是外部 JS 文件名为 sum_factorial.js
function compute_sum(n){
    var result = 1, sum = 0;
    for (i = 1;i <= n;i++) {
              result * = i;
              __(16)___; //累加和}
     return sum;
}
function show(){      //显示累加和的函数
    var n = parseFloat(document.getElementById("n_text").value);      // 取文本框的值
    var sum = _(17)____;                                              //阶乘计算累加和
        document.getElementById("sum_text").value = __(18)__;        //向累加和文本框赋值
    return; //结束函数}
```

四、编程题(12 分)

1. 表单编程(6 分)

按照如下要求编程实现如图 B-5 所示的页面布局效果。

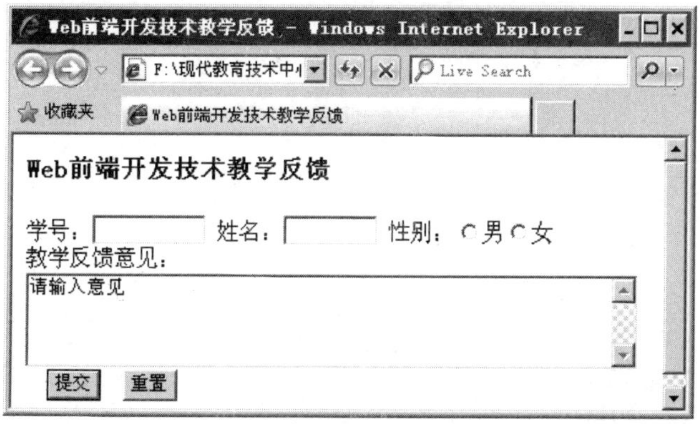

图 B-5　教学反馈表

（1）页面标题为"Web 前端开发技术教学反馈"；

（2）表单中添加 2 个文本框、2 个单选按钮、1 个文本区域、1 个提交按钮、1 个重置按钮，其中学号文本框最大长度为 10、姓名文本框最大长度为 8、文本区域为 4 行 60 列；性别：两个单选按钮（男、女）；

（3）用 3 号标题设置页面上的"Web 前端开发技术教学反馈"。

2．JavaScript 编程（6 分）

计算 100～500 之间所有能被 11 整除的 3 位整数的和，如图 B-6 所示。

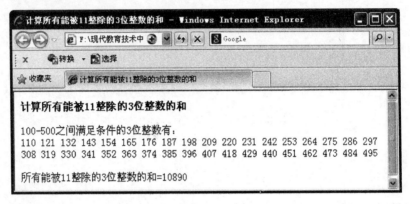

图 B-6　计算满足条件的整数和

（1）编写 sum3()函数，实现计算所有能被 11 整除的 3 位整数的和，要求采用 do…while 循环结构进行编程；

（2）采用 4 号标题字显示标题；

（3）在循环体内依次输出满足条件的数；

（4）将计算结果直到输出在页面上。

五、问答题（12 分）

1．简述有序列表的定义语法，并说明有序列表的编号有几种，分别是什么。（5 分）

2．举例说明 CSS 中边界 margin 多种定义的方法。（4 分）

如：

`div{margin:                   ;}`

3．举例说明 window 对象中常用的消息框函数。（3 分）

参 考 文 献

[1] 储久良. Web 前端开发技术——HTML、CSS、JavaScript[M]. 清华大学出版社,2013.

[2] 储久良. Web 前端开发技术实验与实践——HTML、CSS、JavaScript[M]. 北京:清华大学出版社,2013.

[3] 朱印宏. JavaScript 征途[M]. 北京:电子工业出版社,2009.

[4] 贾素玲,王强. JavaScript 程序设计[M]. 北京:清华大学出版社,2009.

[5] 黄斯伟等. HTML 完全使用详解. 北京:人民邮电出版社 2006.

[6] 黄晓庆. 移动微技(Mobile Widget)应用开发权威指南. 北京:电子工业出版社,2010.

[7] 《HTML/CSS/JavaScript 标准教程实例版》编委会. HTML/CSS/JavaScript 标准教程. 北京:电子工业出版社,2011.

[8] 前沿科技. 精通 CSS+DIV 网页样式与布局. 北京:人民邮电出版社,2007.

[9] 郑娅峰,张永强. 网页设计与开发——HTML、CSS、JavaScript 实例教程[M]. 北京:清华大学出版社,2009.

[10] 杨磊,张志美. JavaScript 网页特效经典 300 例[M]. 北京:电子工业出版社,2014.

图书资源支持

感谢您一直以来对清华版图书的支持和爱护。为了配合本书的使用，本书提供配套的素材，有需求的用户请到清华大学出版社主页（http://www.tup.com.cn）上查询和下载，也可以拨打电话或发送电子邮件咨询。

如果您在使用本书的过程中遇到了什么问题，或者有相关图书出版计划，也请您发邮件告诉我们，以便我们更好地为您服务。

我们的联系方式：

地　　　址：北京海淀区双清路学研大厦 A 座 707

邮　　　编：100084

电　　　话：010－62770175－4604

资源下载：http://www.tup.com.cn

电子邮件：weijj@tup.tsinghua.edu.cn

QQ：883604(请写明您的单位和姓名)

扫一扫
资源下载、样书申请
新书推荐、技术交流

用微信扫一扫右边的二维码，即可关注清华大学出版社公众号"书圈"。